ArcGIS API for JavaScript开发

刘光 李雷 刘增良 著

清華大学出版社
北京

内容简介

随着互联网的迅速发展以及人们对地理信息系统需求的日益增长，互联网成为GIS新的操作平台，它与GIS结合而形成的Web GIS是GIS软件发展的必然趋势。ArcGIS API for JavaScript是ESRI推出的地图API，它可以帮助用户运用ArcGIS Server提供的服务去搭建轻量级的高性能Web GIS应用程序，将一幅交互式的地图或一个地理处理任务（例如查询空间数据）嵌入Web应用程序中。与3.x版本相比，近年发布的4.x版本增加了对三维数据和三维地图场景的支持，并更加深入地与ArcGIS Enterprise和ArcGIS Online集成。本书以循序渐进的方式，通过大量的实例介绍如何使用ArcGIS API for JavaScript访问ArcGIS Server提供的地图、空间数据与空间分析服务，开发功能较为复杂的Web GIS应用程序，并通过扩展已有类、访问底层API、混搭其他网络API以及充分利用HTML 5和WebGL的新特性等多种方式，开发制图美观、形式多样、功能独特的富互联网应用的Web GIS。此外，本书提供了几个开发框架，读者可在此基础上加入专业的应用，从而实现Web GIS应用的快速开发。

本书适合政府、企业相关部门的GIS研究与开发人员，以及高等院校地理学、地理信息系统、房地产、环境科学、资源与城乡规划管理、区域经济学等专业的学生参考，也适合作为相关培训学员的学习教材与参考书。

图书在版编目（CIP）数据

ArcGIS API for JavaScript开发 / 刘光，李雷，刘增良著. —北京：清华大学出版社，2022.11
ISBN 978-7-302-62212-3

Ⅰ.①A… Ⅱ.①刘… ②李… ③刘… Ⅲ.①理信息系统－软件开发②JAVA语言－程序设计 Ⅳ.①P208 ②TP312

中国版本图书馆CIP数据核字（2022）第221031号

责任编辑：赵 军
封面设计：王 翔
责任校对：闫秀华
责任印制：刘海龙
出版发行：清华大学出版社
网 址：http://www.tup.com.cn，http://www.wqbook.com
地 址：北京清华大学学研大厦A座 邮 编：100084
社 总 机：010-83470000 邮 购：010-62786544
投稿与读者服务：010-62776969，c-service@tup.tsinghua.edu.cn
质 量 反 馈：010-62772015，zhiliang@tup.tsinghua.edu.cn
印 装 者：天津安泰印刷有限公司
经 销：全国新华书店
开 本：190mm×260mm **印 张：**26.25 **字 数：**708千字
版 次：2022年12月第1版 **印 次：**2022年12月第1次印刷
定 价：119.00元

产品编号：094741-01

前　　言

在过去的 10 年中，人们逐渐适应了定位技术。大多数用户可能没有完全意识到，当他们在手机上收到关于回家路上的交通预警时，或者当他们从手机上的应用程序获得当地餐馆的优惠券时，表明他们手机的应用程序正在使用定位技术。智能手机不再仅仅是用于拨打电话、发短信和查看电子邮件的设备。对于许多人来说，智能手机不仅取代了用于导航的沉重而笨拙的地图册，还取代了车辆中昂贵的仪表板 GPS 系统。如今，对着手机说出商店或某地的名称，就能在几秒钟内收到如何到达的路线与指示。虽然在某些特殊的情况下，可能会被引导到湖泊中，但不可否认的是，定位技术已成为我们日常生活的一部分。我们很高兴与朋友和家人分享我们当前的位置，就像几年前分享照片一样热情。地图及其可以传达的信息是很值得开发人员花费时间学习的。

目前美国环境系统研究所公司（Environmental Systems Research Institute，ESRI）是世界最大的地理信息系统技术供应商，为地理数据采集、管理、制图、服务发布以及系统开发提供全方位的解决方案，产品统称 ArcGIS，主要包括 ArcGIS Pro、ArcGIS Enterprise、ArcGIS Online 与 ArcGIS Developer。ArcGIS Pro 是 ArcGIS Desktop 的更现代版本，用于替换 ArcMap，除了数据处理与制图外，也用于在 ArcGIS Online 与 ArcGIS Enterprise 中发布地图服务。ArcGIS Enterprise 主要包括 ArcGIS Server 与 ArcGIS 门户，用于提供强大的地理信息 Web 服务。ArcGIS Online 是一个面向全球用户的公有云 GIS 平台，包含全球范围内的底图、地图数据、应用程序，以及可配置的应用模板和开发人员使用的 GIS 工具和 API。ArcGIS Developer 提供了一系列 API、工具和位置服务，开发人员可用来构建满足业务需求的桌面或 Web 地理信息系统。其中最主要的就是 ArcGIS API for JavaScript，该 API 使用一种开放的、基于 REST 的行业标准架构，连接并使用 ArcGIS Server、ArcGIS Online 以及网络上的其他开放式用户制图服务发布的地图服务及其他相关的 GIS 服务，从而创建满足需求的应用程序。本书要介绍的就是 ArcGIS API for JavaScript 的使用。

第 1 章介绍 GIS 及相关技术的发展趋势，并介绍 OGC 的 Web 服务规范，以及当前成熟且使用广泛的地图服务与空间分析服务发布软件——ArcGIS Server。

第 2 章首先通过简单的实例分别演示 3.x 版本、4.x 版本的 AMD 方式与 4.x 版本的 ESM 方式的 ArcGIS API for JavaScript 应用代码结构，然后介绍它的构成及其出现的必然性，着重介绍开发与调试工具，最后介绍 Dojo 的基础知识。

第 3 章首先介绍如何通过 Dojo 布局小部件设计几种不同类型的页面总体框架，然后介绍如何通过扩展小部件类来管理页面中的元素。

第 4 章主要介绍二维图层、地图视图的使用，包括图层控制、地图操作、地图配置、视图加载等内容，以及如何扩展 ArcGIS API for JavaScript 未提供的相关功能，并简单介绍如何自定义图层。

第 5 章介绍空间参考系统及其转换，并通过实例演示如何绘制各种几何对象。

第 6 章介绍与符号相关的类以及地理要素符号化以后的图形类及其组成。

第 7 章首先介绍要素图层，然后介绍如何使用 ArcGIS API for JavaScript 提供的几个渲染器类来绘制专题图，还将介绍如何绘制直方图与饼图专题图，以及高密集数据的可视化，最后介绍如何通过字段进行智能制图和图层的标注方法。

第 8 章介绍如何使用 ArcGIS API for JavaScript 中的一系列查询类（identify、query、find、RouteTask、ClosestFacilityTask 以及 ImageServiceIdentifyTask 等）实现空间与属性的双向查询与空间分析功能。

第 9 章介绍三维图层与场景视图的使用，包括如何加载三维模型，设置场景、相机、符号等内容，并讲述三维专题图、艺术风格制图以及要素的高亮显示和标注方法，最后讨论如何在性能与质量之间谋求平衡。

第 10 章介绍图层列表、量测、卷帘、搜索、时间滑块与打印 6 个小部件的使用方法。

第 11 章介绍如何利用 Canvas API、WebGL（包括辅助库及引擎）、自定义外部渲染器等方式创建自定义图层与图层视图。

第 12 章通过实例综合演示如何利用来自多家的 API 创建混搭式地图应用，如新冠疫情地图等。

本书所有实例的源代码均可扫描以下二维码下载：

如果下载有问题，请发送电子邮件至 booksaga@126.com，邮件主题为“求 ArcGIS API for JavaScript 开发范例程序代码”。

本书绝大部分实例都是纯粹的前端代码，直接用浏览器打开对应的 HTML 页面即可运行。个别包含服务器端代码的实例可以部署到 IIS 中，也可以在 Visual Studio 这种集成开发环境中以站点的方式运行。

除了封面署名作者外，参与本书编写的人员还有唐大仕、韩光瞬、刘小东、贺小飞、李珍贵与陈艳玲等。

由于编者水平所限，书中难免存在疏漏之处，希望广大专家、读者批评指正。

编　者

2022 年 12 月

目　　录

第 1 章

Web GIS 基础

基于 Web 服务的 Web GIS 是当前网络 GIS 的主流开发方式。当前主要有 SOAP（Simple Object Access Protocol，简单对象访问协议）风格与 REST（Representational State Transfer，表征状态转移或表述性状态转移）风格的两种 Web 服务。SOAP 风格的 Web 服务将应用逻辑封装起来，对用户只提供标准接口，对客户端，服务器上的数据和应用逻辑是透明的，因此它能够灵活组织网络资源，较好地解决地图的共享问题。但是基于 SOAP 的 Web 服务依赖于定制，每个 SOAP 消息使用独特的命名资源的方法，每个 SOAP 应用需要定义自己的接口，SOAP 的这些特点对于服务间的互操作的实现十分不利。另外，SOAP 协议栈并不是专门为 GIS 而设计的，没有考虑 GIS 数据具有空间参考、海量存储等特点，除了简单、小规模的 GIS 应用外，SOAP 协议栈很难不加改动地应用在地理信息服务领域。而 REST 为解决上述问题提供了新的契机，它以更贴近 WWW 基础协议的方式来实现 Web 服务，极大地简化了 Web 服务的设计与调用。因此，当前更流行的是基于 REST 风格的 Web 服务。

1.1 GIS 及相关技术的发展

随着计算机技术、网络技术、数据库技术等的发展以及应用的不断深化，GIS 技术的发展呈现出新的特点和趋势，基于互联网的 Web GIS 就是其中之一。Web GIS 除了应用于传统的国土、资源、环境等政府管理领域外，也正在促进与老百姓生活息息相关的车载导航、移动位置服务、智能交通、抢险救灾、城市设施管理、现代物流等产业的迅速发展。

1.1.1 Web 开发技术的发展

本小节从 Web 开发技术发展的 6 个阶段进行介绍。

1. 静态内容阶段

在这个最初的阶段，使用 Web 的主要是一些研究机构。Web 由大量的静态 HTML 文档组成，其中大多是一些学术论文。Web 服务器可以被看作支持超文本的共享文件服务器。

2. CGI 程序阶段

在这个阶段，Web 服务器增加了一些编程 API。通过这些 API 编写的应用程序，可以向客户端提供一些动态变化的内容。Web 服务器与应用程序之间的通信通过 CGI（Common Gateway Interface）协议完成，应用程序被称作 CGI 程序。

3. 脚本语言阶段

在这个阶段，服务器端出现了 ASP、PHP、JSP、ColdFusion 等支持 Session（会话）的脚本语言技术，浏览器端出现了 Java Applet、JavaScript 等技术。使用这些技术可以提供更加丰富的动态内容。

4. 瘦客户端应用阶段

在这个阶段，在服务器端出现了独立于 Web 服务器的应用服务器。同时出现了 Web MVC 开发模式，各种 Web MVC 开发框架逐渐流行，并且占据了统治地位。基于这些框架开发的 Web 应用通常都是瘦客户端应用，因为它们是在服务器端生成全部的动态内容。

5. RIA 应用阶段

在这个阶段，出现了多种 RIA（Rich Internet Application，富互联网应用）技术，大幅改善了 Web 应用的用户体验。应用最为广泛的 RIA 技术是 DHTML+Ajax。Ajax 技术支持在不刷新页面的情况下动态更新页面中的局部内容。同时诞生了大量的 Web 前端 DHTML 开发库，例如 Prototype、Dojo、ExtJS、jQuery/jQuery UI 等，很多开发库都支持单页面应用（Single Page Application）的开发。其他的 RIA 技术还有 Adobe 公司的 Flex、微软公司的 Silverlight、Sun 公司的 JavaFX（现在为 Oracle 公司所有）等。

6. 移动 Web 应用阶段

在这个阶段，出现了大量面向移动设备的 Web 应用开发技术。除了 Android、iOS、Windows Phone 等操作系统平台原生的开发技术之外，基于 HTML5 的开发技术也变得非常流行。

从上述 Web 开发技术的发展过程看，Web 从最初设计者所构思的主要支持静态文档的阶段，逐渐变得越来越动态化。Web 应用的交互模式变得越来越复杂：从静态文档发展到以内容为主的门户网站、电子商务网站、搜索引擎、社交网站，再到以娱乐为主的大型多人在线游戏、手机游戏。

1.1.2 GIS 的发展

在一定意义上，地理信息系统是计算机和信息系统技术在地理科学中运用发展的产物。因此，地理信息系统不仅受其应用和需求的推动，同时也受计算机和信息科学技术的推动。

20 世纪 60 年代末，世界上第一个地理信息系统——加拿大地理信息系统（CGIS）诞生，该系统主要用于自然资源的管理和规划；随后，美国哈佛大学研制出 SYMAP 系统。地理信息系统因日益引起各国政府和科学家的高度重视而迅速发展。GIS 的发展经历了 20 世纪 70 年代的大量试验开发阶段，20 世纪 80 年代的商业开发和运作阶段，以及 20 世纪 90 年代以用户为主导的阶段。在 GIS 发展初期，只有地理研究人员、地质调查局、土地森林管理部门、人口调查等专业部门和研究人员对其感兴趣，而目前 GIS 已深入政府管理、城市规划、科学研究、资源开发利用、测绘、军事等广大的领域。21 世纪，地理信息系统已远远不是地理学界或测绘学领域的概念，而将成为人们采集、管理、分析空间数据，共享全球信息资源，为政府管理提供决策，科学研究和实施可持续发展战略的工具和手段。其内涵从狭义的地理信息系统（管理地理信息的计算机系统）到更广泛的空间信息系统（Spatial Information System，SIS），并逐渐形成地理信息科学（Geographic Information Science，GIS）。

从 20 世纪 60 年代以来，计算模式的发展已经经历了单机计算、集中计算到 C/S 模式、B/S 模式（三层结构模式）的不同阶段，现在正处于以 Web 服务（Web Service）为主要特征的面向服务的计算模式。

就技术层面而言，地理信息系统的发展也经历了三代，现在正在向第四代过渡。从 GIS 中引入的网络技术方面来看，其中第一代（20 世纪 60 年代—80 年代中期）以单机单用户为平台，以系统为中心；第二代（20 世纪 80 年代中期—90 年代中期）开始引用网络，实现了多机多用户的 GIS；第三代（20 世纪 80 年代中期—本世纪初）引入了互联网技术，开始向以数据为中心的方向过渡，实现了较低层次（浏览型或简单查询型）的 B/S 结构。

在以前的地理信息系统中，基本上以系统为中心，不同系统之间壁垒比较分明，数据共享与服务共享困难。在三十多年的时间里，形成了许多 GIS 软件，它们在不同的环境中独自发展，有自己的文化背景、领域背景和技术背景，形成了自己的数据模型和功能组织结构。虽然在功能和问题描述、实际操作上差别甚大，加上内部空间数据组织不同或者互相保密，形成了不同的壁垒，为信息共享增加了许多困难。

由于互联网技术和 Web 技术的成熟与大规模普及应用，GIS 开始面向传统行业和广大民众，Web GIS 开始出现和发展，并逐渐成为 GIS 应用的一种重要方式。Web GIS 是将 Web 技术应用于 GIS 开发的产物，是一个交互式的、分布式的、动态的地理信息系统，是由多台主机、多个数据库和无数终端，并由客户机与服务器（HTTP 服务器及应用服务器）相连接所组成的。在 Web GIS 中，空间信息应用主要采取的是 B/S（浏览器/服务器）方式。

1.1.3 传统 Web GIS 的不足

网络技术及分布式计算技术给 GIS 提供了更好的支持，同时也提出了更高的要求。随着网络信息基础设施和技术的不断发展与完善，分布式地理信息服务正成为人们获取地理信息的主要手段。与传统方式相比，分布式地理信息服务具有更广泛的访问范围、平台独立性、低系统成本、更简单的操作等优点，是今后 GIS 发展的重要方向。

但是，传统的 Web GIS 还有相当的不足，主要有如下几点：

- Web GIS 主要用于地图的发布，这类系统基本上是浏览型或功能相对简单的查询型系统。即使有少量的对空间数据的操作，但这种操作功能也很弱，无法进行复杂的一体化操作，离全面的互操作及分布式的地理信息系统的要求还很遥远。
- Web GIS 中主要是服务端与客户端的通信，由于服务端与客户端的地位没有形成对等的实体，因而难以建立分布式的地理信息系统。

- Web GIS 中传递的数据主要是以矢量形式表达的少量地图数据或者以栅格形式表达的地图，这样的地图数据在各个应用系统中的格式不统一，语义也不统一。由于缺乏统一的标准，数据的共享难以实现。
- Web GIS 中实现的操作以在各个系统中没有统一的描述机制（虽然也有一些系统制定了一定的查询语言（如 GeoSQL），但这不是所有的系统都采用的），也没有对这些操作和服务提供注册和发现的机制，因此服务的共享难以实现。
- Web GIS 还没有形成一套有效的集成机制。新一代的 GIS 要求有效的分布式空间数据管理和计算，包括：多用户同步空间数据操作与处理机制；数据、服务代理和多级 B/S 体系结构；异种 GIS 系统互连与互操作；空间数据分布式存储与数据安全；空间数据高效压缩与解压缩；同时要求强大的应用集成能力，包括有效的遥感、地理信息系统、全球定位系统集成；强大的应用模型支持能力；GIS 与 MIS（管理信息系统），特别是 ERP（企业资源计划）的有机集成；GIS 与 OA（办公自动化）的有机集成；GIS 与 CAD（计算机辅助设计）的有机集成；GIS 与 DCS（决策支持系统）的有机集成；有一定实时能力、微型化、嵌入式 GIS 与各类设备的集成等。

从以上几点来看，GIS 中大量的数据不断积累，各个层次的各种软件也越来越多，Web 技术的发展给 GIS 提出了更高的要求，GIS 的分布式、可互操作性显得越来越重要，这恰恰是当前 Web GIS 要着重解决的问题，也是新一代（即第 4 代）GIS 的一个重要发展方向。

1.1.4 Web 服务成为解决方案

随着 Web 技术、组件技术、分布式系统技术等的发展，在近几年出现了 Web 服务技术，逐渐引起了人们的注意，并成为分布式异构 GIS 进行互操作集成的首选技术。

在 Web 应用不断发展的过程中，人们发现在 Web 应用和传统桌面应用（比如企业内部管理系统、办公自动化系统等）之间存在着连接的鸿沟，人们不得不重复地将数据在 Web 应用和传统桌面应用之间迁移，这成为阻碍 Web 应用进入主流工作流的一个巨大障碍。

从 1998 年开始发展的 XML 技术及其相关技术已证明可以解决这个问题。而随后蓬勃发展的 Web 服务技术则正是基于 XML 技术针对这一问题的最佳（在当时看来）解决方案。Web 服务的主要目标就是在现有的各种异构平台的基础上构筑一个通用的与平台和语言无关的技术层，各种不同平台上的应用依靠这个技术层来实施彼此的连接和集成。Web 服务与传统 Web 应用技术的差异在于：传统 Web 应用技术解决的问题是如何让人来使用 Web 应用所提供的服务，而 Web 服务则要解决如何让计算机系统来使用 Web 应用所提供的服务。

将 Web 服务应用于 GIS 可以使传统的地理信息系统由独立的 C/S 结构或 B/S 结构实现到基于 Web 服务体系的 GIS 的跨越，如图 1.1 所示。

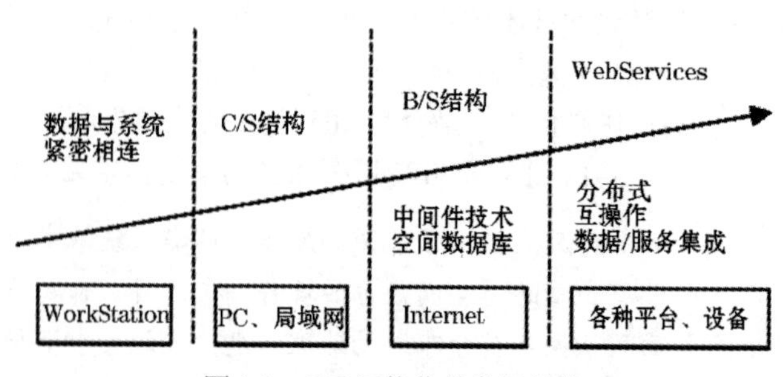

图 1.1　GIS 网络化的发展趋势

1.1.5 Web 服务的发展

在 Web 服务发展的初期，XML 格式化消息的第一个主要用途是应用于 XML 远程过程调用（XML-RPC）协议，其中 RPC（Remote Procedure Call）代表远程过程调用。在 XML-RPC 中，客户端发送一条特定的消息，该消息中必须包括名称、运行服务的程序以及输入的参数。

之后为了标准化，跨平台又产生了基于 SOAP 的消息通信模型。SOAP 是在 XML-RPC 基础上，使用标准的 XML 描述 RPC 的请求信息（URI/类/方法/参数/返回值）。XML-RPC 只能使用有限的数据类型和一些简单的数据结构，而 SOAP 能支持更多的类型和数据结构。SOAP 优点是跨语言，非常适合异步通信和针对松耦合的 C/S；缺点是必须做很多运行时检查。

但随着时间的推移和 SOAP 的推广情况，大家很快发现，其实世界上已经存在一个最为开放、最为通用的应用协议，那就是 HTTP。使用 SOAP 的确让进程间通信变得简单易用，但并不是每个厂商都愿意将自己的旧系统再升级为支持 SOAP，而且 SOAP 的解析也并不是每种语言都内置支持，比如 JavaScript，而 HTTP 正好完美解决了这个问题。我们就设计一种使用 HTTP 来完成服务端与客户端通信的方法，于是 REST（Representational State Transfer，表征状态转移或表述性状态转移）应运而生。REST 一般用来和 SOAP 做比较，它采用简单的 URL 方式来代替一个对象，优点是轻量，可读性较好，不需要其他类库支持，缺点是 URL 可能会很长，不容易解析。

1.1.6 Web GIS 2.0

早期的 Web GIS 是依据当时的网络环境提出的，近年来由于 Web 2.0（主要包括 Web 服务、REST 与 AJAX 等技术）的迅速发展，原本 Web GIS 中所依赖的方法与技术也不断更新，表 1-1 列出了 Web GIS 1.0 与 Web GIS 2.0 之间的一些重要区别。

Web GIS 1.0（2005 年以前的 Web GIS 技术）主要关注的是静态二维地图，Web GIS 2.0 主要关注对二维动态地图和三维地图的研究（例如 Google 地球、Microsoft Bing 地图和 ESRI ArcGIS Explorer）。这些 Web GIS 2.0 新增的技术提升了用户体验，而且使使用地理网络技术的用户拓展了一个数量级。Web GIS 获取地理信息的方式同时也发生了转变，从使用 FTP（文件传输协议）来传输地理信息方式，转变为直接使用 XML 格式数据流的 Web 服务和一组 API（SOAP/XML）。另一个重要变换是使用融入式技术。

表 1-1 Web GIS 1.0 与 Web GIS 2.0 之间的重要区别

Web GIS 1.0	Web GIS 2.0
静态的二维地图	动态的二维全球性地图，用户互动性高（例如 Google 地图、Google 地球等）
文件传输（FTP）	直接使用网络服务
地理数据交换中心	地理网络服务目录入口网站（例如 Geodata.gov 等）
独立 Web 站点	网络服务融入技术
用户端点服务	远程网络服务 API（例如 ArcWeb 服务等）
数据单方向给予	用户参与地理数据制作（例如 Open Street Map）
用户发表意见困难	互动机制提升，用户之间交流增加（例如 Blog 等）
私人通信协议	标准的通信协议（例如 OGC 标准、SOAP 与 WSDL 等）

融入式技术指整合网络上多个资料来源或功能，以创造新服务的网络应用程序。该词源自流

行音乐将两种不同风格的音乐混合，以产生新的趣味的做法。虽然在古老的 HTML 2.0 版本中早有这个概念（将提供图片视为一种服务，一个网页中的文字与图片可以来自不同的网站，一个图文并茂的网页就是一种原始的混搭），一般还是将融入式技术视为 Web 2.0 的特性之一。Web 技术的这种发展为 GIS 的实施提供了一种新的模式。一个用户可以从一个服务器获得一层信息，再从另一个服务中获取其他数据或专业模型，将它们融合在一起，进而产生基于 Web 的新 GIS 应用模式。这种新的模式将极大地拓展 GIS 的应用范畴和服务领域。

融入式技术在地理信息融入方面有着许多应用，特别是因为 Google 等公司推出了属于自己的 API，降低了以往开发电子地图的门槛，让许多以 Google 地图等电子地图为显示底图的应用网站如雨后春笋般诞生。ProgrammableWeb 网站上列出了超过 1400 个地理信息融入式应用（http://www.programmableweb.com/tag/mapping）。最为成功的是 24 岁的 Adrian Holovaty，他把芝加哥警察局的犯罪统计信息覆盖在 Google 地图上（www.chicagocrime.org）。这样，人们在地图上就可以精确查明 30 天内发生性侵犯罪的地点。在地图上，每一个犯罪地点都用一个图钉符号标出，芝加哥人能迅速获知应该避开哪些危险的火车站、街区。社区活动家 James Cappleman 对 Holovaty 的芝加哥犯罪网印象深刻，因为这样居民们就不会再轻信那些街区安全的说法了。而包括旧金山在内的其他一些城市希望 Holovaty 也能为它们开发犯罪定位网站。同样，佛罗里达性犯罪网（MapSexOffender.com）把 Google 地图和被宣判的性犯罪者的资料结合起来，访问者可以调阅所在社区的地图，单击图标即可查看每一个犯罪者的姓名、最新地址和照片。而美国的驾车者如果要找最便宜的加油站，只需单击结合了 Google 地图和汽油伙伴网站（Gas-buddy.com）加油站价格的数据库链接就可以了。同样，购房者可以利用 Google 地图精确查明适合的房源地点。以搜索房源的 HousingMaps.com 网站为例，Google 地图 2 月份刚发布，计算机动画工程师 PaulRademacher 随即开发了 Hous-ingmaps.com。他将 Google 地图和全美所有在 Craigslist 上公布的公寓名单对接。此外，还有提供飞机航班即时信息的 FBOWeb.com，结合天气信息的 Weather Underground，等等。

而 ArcGIS API for JavaScript 正是一套与 Google 地图 API 类似的构建 Web GIS 2.0 应用的 API，用于帮助用户运用 ArcGIS Server 提供的服务搭建轻量级的高性能客户端 GIS 应用程序，将一幅交互式的地图或一个地理处理任务（例如查询空间数据）嵌入网络应用程序中。

1.2 OGC 的 Web 服务规范

在 GIS 分布式、互操作方面，一些组织（如 OGC、UCGIS 等）正在制定了相应标准和进行一些实验项目，其中 OGC（Open Geospatial Consortium，开放地理空间信息联盟）在空间信息 Web 服务方面继续制定了一系列规范。

OGC 是一个由多个企业、大学、政府部门组成的非盈利性组织，最初的目的是提供一套综合的开放性接口规范，以便开发商可以根据这些规范来编写互操作组件，以满足 GIS 互操作的需求，后来就成为一个专门发展 OpenGIS 规范的机构，以制定和推进开放的空间数据互操作规范为目标。

对于 Web 服务在空间信息领域的应用，OGC 表现了极大的关注。2001 年 3 月，OGC 发出 OGC Web Services Initiative Phase 1 的技术请求，启动了 OWS 标准的开发进程。当前处于 Phase 9 阶段。

在 OGC 制定的规范中，从规范的名称中也可以看出向 Web 服务的发展趋势，从 OGC01-065：Web Feature Server Implementation Specification 到 OGC02-058：Web Feature Service Implementation Specification（如图 1.2 所示），原先用 Server，后来用 Service，这实际上体现了从传统的 Web GIS 向 Web 服务观念的转变。

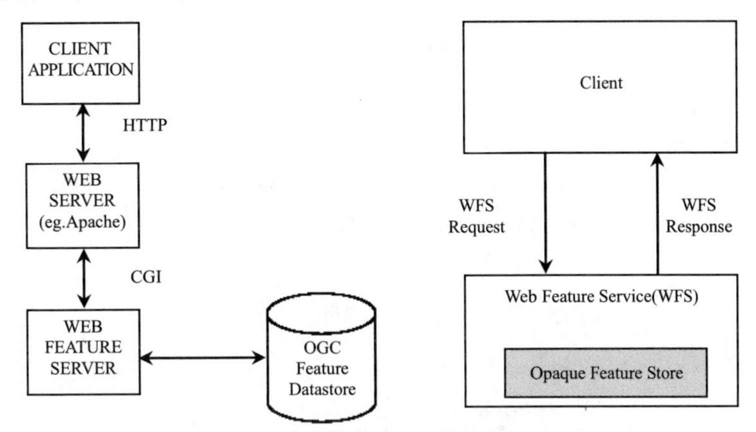

图 1.2　传统 Web GIS 与基于 Web 服务的 GIS 的对比

1.2.1　OWS 服务体系

在 OWS 服务体系中，主要包括：

- 地理数据服务（Data Service）：提供对空间数据的服务，主要有 WFS（Web Feature Service，矢量数据服务）和 WCS（Web Coverage Service，栅格数据服务）。地理数据服务返回的结果通常是带有空间参照系的数据。
- 地图描绘服务（Portrayal Service）：提供对空间数据的描绘，主要有 WMS（Web Map Service，地图服务），其中地图可以由多个图层组合起来，每个地图可以用 SLD（Styled Layer Descriptor）来对地图进行描述。地图服务的返回结果通常是矢量图形或栅格图形。
- 过程处理服务（Processing Service）：提供地理数据的查找、索引等服务，主要有 Geocoder（地学编码服务）、Gazetteer（地名索引服务）、Coordinate Transfer Service（坐标转换服务等）。
- 发布注册服务（Registry Service）：提供对各种服务的注册服务，以便于服务的发现。其中包括数据类型、数据实例、服务类型、服务实例的注册服务。注册服务提供了各个注册项的登记、更新及查找服务。
- 客户端应用（Client Application）：即客户端的基本应用，如地图的显示、地图浏览以及其他一些增值服务。

1.2.2　空间信息 Web 服务的角色与功能划分

空间信息 Web 服务是一种 Web 分布式计算的框架，根据在 Web 服务中的作用，可以划分为三种基本的角色：服务的提供者、服务的请求者以及服务的中介，如图 1.3 所示。

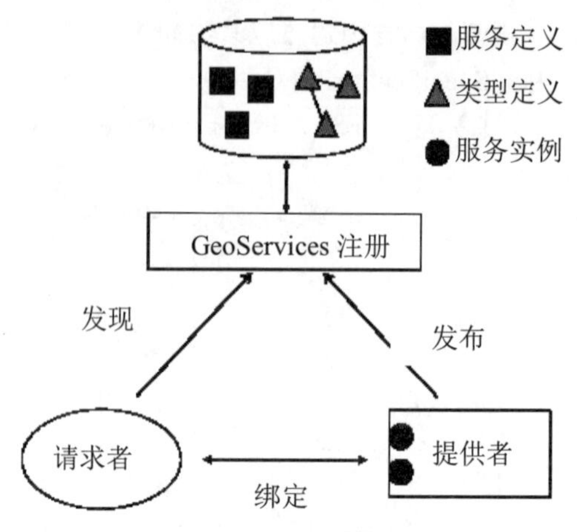

图 1.3　服务中的角色划分

根据这三种角色，对 OGC 定义的 OWS 中的相应规范进行划分，如图 1.4 所示。

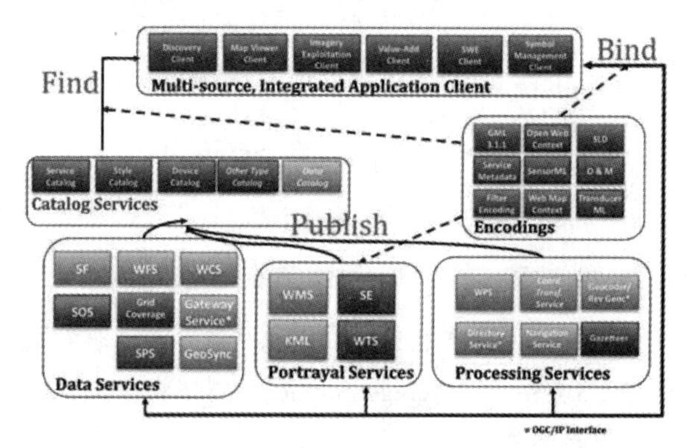

图 1.4　基于 Web 服务的 GIS 系统的体系结构

另外，服务与客户端的关系如图 1.5 所示。

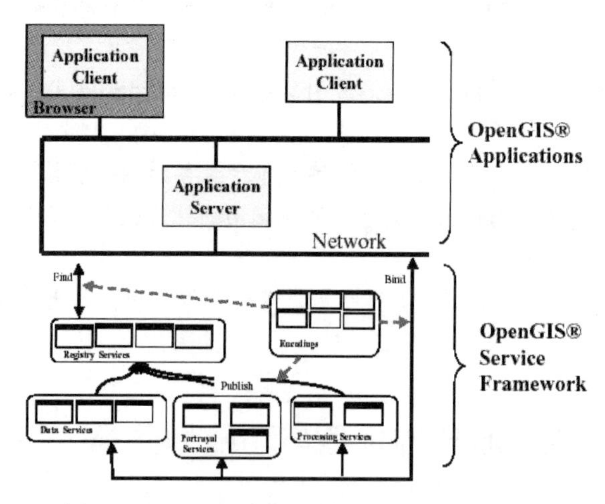

图 1.5　OpenGIS 框架下的应用客户和服务器

OpenGIS 服务框架里的应用客户又称为客户端应用程序（Client-Side Application），它有以下特点：

- 通过搜索和发现机制（使用注册服务），提供找到基于地理空间（Geospatial-Based）的服务和数据资源。
- 提供到影像和其他基于地理空间的应用服务和数据服务的访问。
- 与Web/门户平台的整合。
- 以图形、图像或文字形式表现地理空间信息。
- 支持通过键盘、鼠标或其他人机界面与用户交互。

应用服务器又称为服务器端的应用客户程序（Server-Side Application Client），它在网络的服务器上而不是在用户的桌面或手持设备上执行，例如计算密集型（或I/O 密集型）的基于服务器的应用程序，如图像处理。它有以下特点：

（1）由调用支撑的注册、处理、描绘和数据服务的业务逻辑组成。
（2）通过Web/门户服务器，与客户端应用程序交互。

从逻辑功能上，应用客户程序基本上可以分为五种类型：

- 发现客户程序（Discovery Client）：收集并提交用户输入，通过注册服务查询元数据，选择一个资源（服务或数据）实例，并把该资源加到其他应用客户层里。查询屏幕包括三个部分，以分别定义文字、关键字和地理上的搜索限制。
- 地图查看客户程序（Map Viewer Client）：用于地图或地形视图，如在地图背景上渲染、显示轨迹和动态的叠加层，这些信息可以来自不同的来源。提供交互控制能力，添加和移去图层的能力，创建、选择和显示风格的能力。
- 增值客户程序（Value-Add Client）：用于收集并提交用户输入，利用用户自己的数据增加数据生产者的地理空间信息，创建新地物，更新或删除已有地物。类似于地图查看客户程序，提供交互控制能力，添加与移去图层的能力，创建、选择和显示制图风格的能力。
- 影像开发客户程序（Imagery Exploitation Client）：提供对影像的访问和查看以及开发影像的工具。客户工具的例子包括平滑连续的漫游、镶嵌显示、图像闪烁、图像增强、测量、分类和注解。影像开发客户程序还可能与影像一起查看和创建矢量特征数据（即支持增值客户程序的能力）。
- 传感器网客户程序（Sensor Web Client）：提供访问、管理和开发基于网络的传感器资源的方法。

1.2.3 空间信息Web服务的系统框架

在空间信息Web服务中，不仅要能存取内容，还要能存取服务。用户和软件代理可以发现、调用、组合和监控提供内容和服务的资源，不仅能提供静态的内容，而且动态控制数据、地图的产生以至相关的物理设备。

在空间信息Web服务中，重要的是建立一个资源描述可共享的框架，它能够发布、发现、建立及协调Web服务。一个空间信息Web服务的实现系统应具备以下功能：

- 每个服务类型可以有多个相互独立开发的实例。
- 不同种类的服务可以有相互独立的提供者。

- 在运行时能够根据服务类型、可存取的内容、服务的特点或服务质量来查找相应的服务实例。
- 可以存取时空数据所引用的元数据。
- 存取描述服务的元数据。
- 根据发现的元数据来调用相应的服务。
- 能够允许组织、协调及序列化相关的服务。

根据这些要求，可以将空间信息 Web 服务应用体系分成以下几个层次：

- 空间数据库层。
- 基础空间数据及空间操作服务层。
- 元数据及目录服务层。
- 服务管理、事务、安全控制。
- 服务链、工作流支持层。
- 应用集成层。
- 具体的应用层。

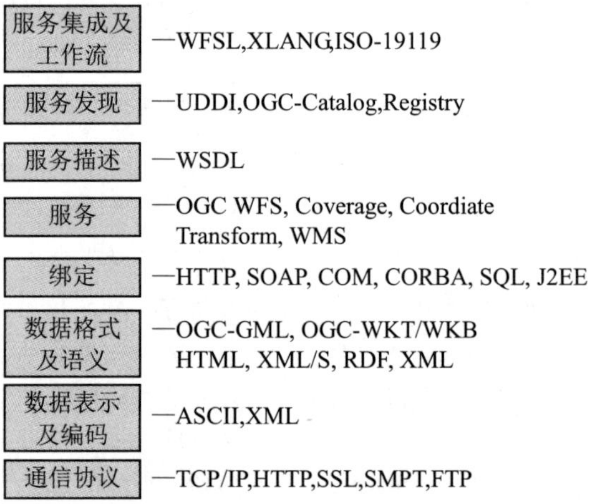

各个层次的主要协议如图 1.6 所示。为了便于实现各个 Web 服务的发布、查找、绑定及调用，在可互操作的 GIS 中要基于一些已有的协议。

最底层是通信协议，如 TCP/IP、HTTP、SSL、SMTP、FTP 等；在数据表示及编码层，使用 XML；在数据格式及数据 Schema 层，使用 HTML 以及 OGC 提出的表示地理要素的 GML 等。

服务集成及工作流	—WFSL,XLANG,ISO-19119
服务发现	—UDDI,OGC-Catalog,Registry
服务描述	—WSDL
服务	—OGC WFS, Coverage, Coordiate Transform, WMS
绑定	—HTTP, SOAP, COM, CORBA, SQL, J2EE
数据格式及语义	—OGC-GML, OGC-WKT/WKB HTML, XML/S, RDF, XML
数据表示及编码	—ASCII,XML
通信协议	—TCP/IP,HTTP,SSL,SMPT,FTP

图 1.6　各个层次的主要协议

绑定层主要使分布服务成为可能，绑定是在网络上连到服务端点的机制，为了使用传统的组件，在该层可以使用 COM、CORBA、J2EE 及 SQL 标准，而 HTTP 及 SOAP 是绑定到 Web 服务的基本协议。

在服务层，可以建立在 OGC 已定义了简单要素的 COM、CORBA 及 SQL 规范的基础上，另外一些规范包括栅格 Coverage 规范、坐标转换、Portrayal、Gazetteer、Geocoder、Geoparser 等服务规范。

服务描述层用来产生用于发现服务的基本信息，包括：服务类型信息、操作、绑定规则、服务提供者的网络地址。其中 WSDL 是现阶段的标准协议。

服务的发现层用于发布和查找服务。服务的发现层使用服务描述层的信息。UDDI 是现在 Web 服务注册和发现的标准方式；OGC 制定的 Catalog Service 规范是关于空间信息内容和发现服务的。

最顶层是服务集成层，它用于支持决策分析、模型化、工作流、流程处理集成等。已有的一些协议如 WSFL、XLANG 等，可以用来表示工作流及 Web 服务的交互与集成。

1.2.4　OWS 中制定的信息服务接口

GC 制定了不少地理服务的标准，一般都提供基于 HTTP 对服务的调用以及 SOAP 风格的 Web 服务（基于 XML）调用两种方式。

同其他的 Web 服务一样，核心的地理信息服务也用接口（Interface）来进行表达，相同的服务都要实现相同的接口，接口之间还可以有继承关系，如表 1-2 与图 1.7 所示。

表 1-2　核心的地理信息服务接口

服务种类	接口继承	主要接口	说明
WS（Web Service）		GetCapabilities	服务能力的查询
Web Registry Service	WS	RegisterService	注册服务信息描述
		GetDescriptor	
WMS（Web Map Service）	WS	GetMap	获取地图
		GetFeatureInfo	Feature 信息
WFS（Web Feature Service）	WS	GetFeature	获取 Feature
		DescribeFeatureType	Feature 类型描述
WCS（Web Coverage Service）	WS	GetCoverage	获取 Coverage
SLD（Styled Layer Description）	WMS	DescribeLayer	图层样式
TWFS（Transaction WFS）	WFS	Transaction	事务服务
		LockFeature	Feature 加锁
Geocoder	WFS	GeocodeFeature	地理编码

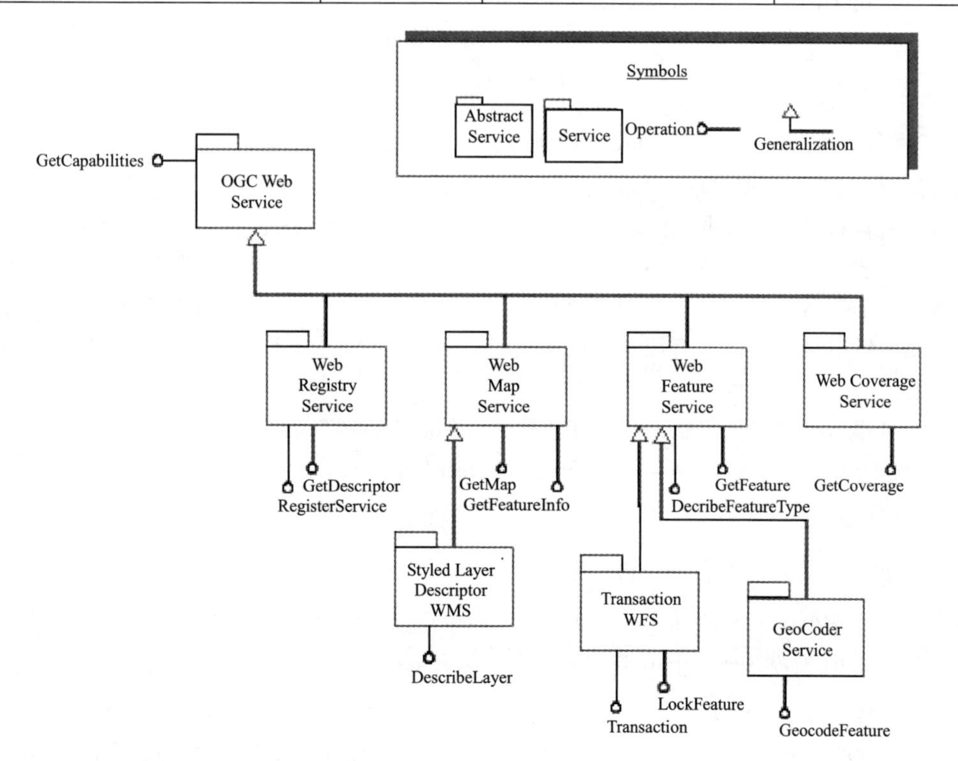

图 1.7　核心的地理信息服务接口

表 1-2 列出了不同种类的服务，分别介绍如下：

- WMS（Web Map Service）是地图服务，它将有相同的空间参照系的各个图层（包括 Feature 图层及 Coverage 图层）组合在一起。WMS 的主要接口是 GetMap，通过给定空间坐标及边界范围可以得到相应的地图，图形的格式有 PNG、GIF、JPEG、TIFF 等。
- SLD（Styled Layer Descriptor）是 WMS 中的一种重要方式，它是将图层中的各个要素用 Style 进行处理，即用几何对象或图标来表示图层中的各个对象，并用 XML 进行描述。基于 SLD 的 WMS 的服务结果通常是 SVG、CGM、PS 等矢量图形格式。
- WFS（Web Feature Service）提供对地理 Feature（要素）的存取。Feature 的结果通常用基于 XML 的 GML（Geographic Markup Language）进行表达；而客户向服务方提出的查询请求可以用基于 XML 的 Filter Encoding Specification（过滤条件编码语言）进行表达。
- WRS（Web Registry Service）为 Web 注册服务，是对元数据及服务进行的注册服务。其中，注册库中的信息可以包括：地理要素字典、服务注册库、数据模式注册库、传感器注册。
- Geocoder 服务是地理编码服务，是按地名或其他属性查询到相应的地理对象的服务，它可以提供任何地理对象相对应的网络资源的地址。

常用的服务包括注册服务（Registry Services）、处理服务（Processing Services）、描绘服务（Portrayal Services）以及数据服务（Data Services）等。

1. 注册服务

注册服务提供了一个分类、注册、描述、搜索、维护和访问 Web 资源信息的公共机制。注册中心有不同的角色，例如数据类型目录（地理特征、覆盖、传感器、符号等类型）、在线数据实例目录（数据集、数据仓库、符号库等）、服务类型目录（Web Feature Server、Web Coverage Server、Web Map Server 等）、在线服务实例目录。

2. 处理服务

处理服务提供对地理空间数据进行操作的服务和增值服务。给定一个或多个输入，处理服务在这些数据上执行增值处理并产生输出。处理服务可以被串联起来以完成信息生产的工作流和决策支持。这种服务序列被称为服务链（Service Chain），对每一对相邻的服务来说，后面服务的执行依赖于前面服务的输出。加入服务链后，多个服务就组合成一个互相依赖的序列以完成更大的任务。服务链要求在链内所有服务之间维持接口的一致性，这说明相对于独立的服务，服务链内各服务之间的耦合性要紧密得多。

典型的处理服务的例子包括：坐标转换服务（Coordinate Transformation Service）、地理编码服务（Geocoder Service）、地名词典服务（Gazetteer Service）。

3. 描绘服务

描绘服务提供对地理空间信息进行可视化的能力。给定一个或多个输入，描绘服务会产生渲染后的输出，例如地图的制图描绘、地形的透视图、影像的注解图、特征地物在时间和空间上的动态改变等。OGC 的规范中定义了两种类型的描绘服务：

- Web Map Service（WMS）：传递以图形方式表示的地图作为对客户查询的响应。地图是地理数据的可视化表现，而不是数据本身。通常渲染的图片格式有 PNG、GIF、JPEG，以及基于矢量的 SVG 和 Web CGM 等。客户在从 WMS 请求地图时，需指定图层名称和图形大小及使用的空间参考系等参数。客户还可以向不同的 WMS 实例发出请求，将结果叠加以形成更丰富的地图层叠。

- Coverage Portrayal Service（CPS）：定义了对覆盖数据（Coverage Data）产生可视化图片的标准接口。覆盖数据是指网格化的地理空间数据，如高程数据或遥感影像。CPS 通过在瘦客户（如浏览器）上显示覆盖的视图而拓宽了覆盖数据的应用。CPS 是 WMS 的特例，请求者需要指定附加的对覆盖数据特有的参数。有时，CPS 还需要请求者指定目标 WCS（Web Coverage Service，即实际提供覆盖数据的服务）。

4. 数据服务

数据服务提供对数据库和数据仓库内数据集合的访问。数据服务访问的资源通常通过一个名称（如标识符或地址等）被引用，给定一个名称，然后数据服务找到这个资源。数据服务通常以采用维护索引的方式来加快通过名称或其他属性查找数据项的过程。OpenGIS 框架定义了公共的编码和接口，使多个分布式数据服务的内容以一致的方式“暴露”给框架的其他部分。OGC 的规范定义或计划定义的数据服务如下：

- Web Feature Service（WFS）：提供 GML 表示的简单地理空间特征数据，支持 INSERT、UPDATE、DELETE、QUERY 和 DISCOVERY 等操作。
- Web Coverage Service（WCS）：提供对覆盖数据的访问，数据以原始值而非渲染后的图片传递给客户，支持图像、多光谱影像、高程数据和其他科学数据。
- Sensor Collection Service（SCS）：提供一个收集和访问传感器观察数据的标准接口。
- Image Archive Service（IAS）：该服务提供对大数据量的图像和相关元数据的存储和访问，支持新图像的添加和旧图像的删除，本身可能不支持客户端定义搜索标准的查询。

5. 编码

所有 OpenGIS 框架的编码规范都采用 XML Schema 来定义。这些编码描述了特定的词汇表，用于在应用客户与服务之间、服务与服务之间封装成消息的数据传输。OGC 的规范定义或计划定义的编码如下：

- Geography Markup Language（GML）：地理置标语言（GML）是一种用于地理信息（包括地理特征的几何和属性）传输和存储的 XML 编码。如同 OpenGIS 简单特征规范（OpenGIS Simple Feature Specification），GML 也采用了 OpenGIS 抽象规范（OpenGIS Abstract Specification）的几何模型。与简单特征规范不同的是，GML 规范包含处理复杂类型属性的能力。
- XML for Image and Map Annotation（XIMA）：XIMA 定义了一个 XML 词汇表来对影像、地图和其他地理空间数据上的注记进行编码。XIMA 利用 GML 来表达这些注记的位置，并把每个注记和其描述的地理空间资源关联起来。
- Styled Layer Descriptor（SLD）：风格化图层描述符指定了一种地图风格语言的格式，以产生具有用户定义风格的地图。它满足了人或机器对地理空间数据的可视表现进行控制的需要。一个风格化的图层代表图层和风格的特别组合，图层定义了特征流，风格定义了这些特征被符号化后的风格。一个图层可被符号化成多种风格，这种关系类似于 XML 可被表现成 HTML、WML、PDF、RTF 等多种形式。
- Location Organizer Folder（LOF）：LOF 是一个 GML 应用程序模式，提供了一个结构来组

织特定区域或感兴趣区域的相关信息。它可以被用于各种分析应用里，如灾害分析、情报分析等。LOF 是一个信息容器，包含在空间上组织的属于某个地理区域的信息资源（空间的和非空间的）集合。许多其他的服务可以通过添加、修改或引用里面的资源来操作 LOF。

- Service Metadata：服务元数据是一个 XML 词汇表，由描述一个服务不同方面的几个单元组成。第一单元以足够的细节描述服务的接口，使一个自动化的进程能够读取描述并调用该服务所宣称的操作。第二单元描述了服务的数据内容（或其操作的数据），使服务请求者能够动态地制作请求。这个部分是可选的，取决于该服务是否包含或操作数据内容。余下的描述单元提供特定的服务类型或服务实例专有的信息。
- Image Metadata：图像元数据是一个 XML 编码，改编自 ISO/DIS 19115 元数据国际标准草案，以充分描述 OGC 服务模型可以处理的所有图像类型。
- SensorML Sensor：置标语言定义了一个 XML Schema，描述传感器类型和实例的几何、动态和观测特性。
- Observations and Measurements：观察和测量定义了一个框架和 XML 编码，主要用于传感器网的环境中。

1.2.5 服务的请求与响应

请求方式有两种，分别是 Get 与 Post。下面以访问“全国地理信息资源目录服务系统”（https://www.webmap.cn/main.do?method=index）为例来介绍 WMS 或 WFS 服务对数据进行互操作的方法。

首先调用 GetCapabilities 接口来获得服务的描述。在浏览器的地址栏中输入如下地址：

```
https://www.webmap.cn/geoserver/ngcc/wms?SERVICE=WMS&VERSION=1.1.1&REQUEST=GetCapabilities
```

上面是一个 Get 请求，其中 https://www.webmap.cn/geoserver/ngcc/wms 是响应请求的路径，后面是参数。其中 request=GetCapabilities 表示请求的是 GetCapabilities 操作，service=WMS 表示服务是 WMS，version=1.1.1 表示使用 1.1.1 版本，这些都是 OGC 规范中明确要求的。

上面的地址返回或打开一个 XML 格式的文件，内容如下（为了节省篇幅，简化了一些重复内容）：

```
<?xml version="1.0" encoding="UTF-8"?>
<!DOCTYPE WMT_MS_Capabilities SYSTEM "http://192.168.0.127:8000/
geoserver/schemas/wms/1.1.1/WMS_MS_Capabilities.dtd">
<WMT_MS_Capabilities version="1.1.1" updateSequence="626">
  <Service>
    <Name>OGC:WMS</Name>
    <Title>GeoServer Web Map Service</Title>
    <Abstract>A compliant implementation of WMS plus most of the SLD extension (dynamic
styling). Can also generate PDF, SVG, KML, GeoRSS</Abstract>
    <KeywordList>
      <Keyword>WFS</Keyword>
      <Keyword>WMS</Keyword>
      <Keyword>GEOSERVER</Keyword>
    </KeywordList>
    <OnlineResource xmlns:xlink="http://www.w3.org/1999/xlink" xlink:type="simple"
xlink:href="http://geoserver.org"/>
    <ContactInformation>
      <ContactPersonPrimary>
        <ContactPerson>Claudius Ptolomaeus</ContactPerson>
        <ContactOrganization>The Ancient Geographers</ContactOrganization>
      </ContactPersonPrimary>
```

```
        <ContactPosition>Chief Geographer</ContactPosition>
        <ContactAddress>
          <AddressType>Work</AddressType>
          <Address/>
          <City>Alexandria</City>
          <StateOrProvince/>
          <PostCode/>
          <Country>Egypt</Country>
        </ContactAddress>
        <ContactVoiceTelephone/>
        <ContactFacsimileTelephone/>
        <ContactElectronicMailAddress>claudius.ptolomaeus@gmail.com</
ContactElectronicMailAddress>
      </ContactInformation>
      <Fees>NONE</Fees>
      <AccessConstraints>NONE</AccessConstraints>
    </Service>
    <Capability>
      <Request>
        <GetCapabilities>
          <Format>application/vnd.ogc.wms_xml</Format>
          <Format>text/xml</Format>
          <DCPType>
            <HTTP>
              <Get>
                <OnlineResource xmlns:xlink="http://www.w3.org/1999/xlink" xlink:type="simple"
xlink:href="http://192.168.0.127:8000/geoserver/ngcc/ wms?SERVICE=WMS&amp;"/>
              </Get>
              <Post>
                <OnlineResource xmlns:xlink="http://www.w3.org/1999/xlink" xlink:type="simple"
xlink:href="http://192.168.0.127:8000/geoserver/ngcc/ wms?SERVICE=WMS&amp;"/>
              </Post>
            </HTTP>
          </DCPType>
        </GetCapabilities>
        <GetMap>
          <Format>image/png</Format>
          <Format>application/atom xml</Format>
          <Format>application/json;type=utfgrid</Format>
          <Format>application/openlayers</Format>
          <Format>image/gif</Format>
          <Format>image/jpeg</Format>
          <DCPType>
            <HTTP>
              <Get>
                <OnlineResource xmlns:xlink="http://www.w3.org/1999/xlink" xlink:type="simple"
xlink:href="http://192.168.0.127:8000/geoserver/ngcc/ wms?SERVICE=WMS&amp;"/>
              </Get>
            </HTTP>
          </DCPType>
        </GetMap>
        <GetFeatureInfo>
          <Format>text/plain</Format>
          <Format>application/vnd.ogc.gml</Format>
          <Format>text/xml</Format>
          <Format>application/json</Format>
          <DCPType>
            <HTTP>
              <Get>
                <OnlineResource xmlns:xlink="http://www.w3.org/1999/xlink" xlink:type="simple"
xlink:href="http://192.168.0.127:8000/geoserver/ngcc/ wms?SERVICE=WMS&amp;"/>
              </Get>
              <Post>
                <OnlineResource xmlns:xlink="http://www.w3.org/1999/xlink" xlink:type="simple"
xlink:href="http://192.168.0.127:8000/geoserver/ngcc/ wms?SERVICE=WMS&amp;"/>
              </Post>
            </HTTP>
          </DCPType>
        </GetFeatureInfo>
        <DescribeLayer>
          <Format>application/vnd.ogc.wms_xml</Format>
```

```
        <DCPType>
          <HTTP>
            <Get>
              <OnlineResource xmlns:xlink="http://www.w3.org/1999/xlink" xlink:type="simple"
xlink:href="http://192.168.0.127:8000/geoserver/ngcc/ wms?SERVICE=WMS&amp;"/>
            </Get>
          </HTTP>
        </DCPType>
      </DescribeLayer>
      <GetLegendGraphic>
        <Format>image/png</Format>
        <Format>image/jpeg</Format>
        <Format>application/json</Format>
        <Format>image/gif</Format>
        <DCPType>
          <HTTP>
            <Get>
              <OnlineResource xmlns:xlink="http://www.w3.org/1999/xlink" xlink:type="simple"
xlink:href="http://192.168.0.127:8000/geoserver/ngcc/ wms?SERVICE=WMS&amp;"/>
            </Get>
          </HTTP>
        </DCPType>
      </GetLegendGraphic>
      <GetStyles>
        <Format>application/vnd.ogc.sld+xml</Format>
        <DCPType>
          <HTTP>
            <Get>
              <OnlineResource xmlns:xlink="http://www.w3.org/1999/xlink" xlink:type="simple"
xlink:href="http://192.168.0.127:8000/geoserver/ngcc/ wms?SERVICE=WMS&amp;"/>
            </Get>
          </HTTP>
        </DCPType>
      </GetStyles>
    </Request>
    <Exception>
      <Format>application/vnd.ogc.se_xml</Format>
      <Format>application/vnd.ogc.se_inimage</Format>
      <Format>application/vnd.ogc.se_blank</Format>
      <Format>application/json</Format>
    </Exception>
    <UserDefinedSymbolization SupportSLD="1" UserLayer="1" UserStyle="1" RemoteWFS="1"/>
    <Layer>
      <Title>GeoServer Web Map Service</Title>
      <Abstract>A compliant implementation of WMS plus most of the SLD extension (dynamic
styling). Can also generate PDF, SVG, KML, GeoRSS</Abstract>
      <!--All supported EPSG projections:-->
      <SRS>AUTO:42001</SRS>
      <SRS>EPSG:2000</SRS>
      <SRS>EPSG:2001</SRS>
      <LatLonBoundingBox minx="-180.0" miny="-90.0" maxx="1007.5" maxy="781.5"/>
      <Layer queryable="0">
        <Name>mlhj</Name>
        <Title>mlhj</Title>
        <Abstract>Layer-Group type layer: mlhj</Abstract>
        <KeywordList/>
        <SRS>EPSG:3857</SRS>
        <LatLonBoundingBox minx="73.50098576000002" miny="2.3155219700000784"
maxx="135.0872711900001" maxy="53.56026110500004"/>
        <BoundingBox SRS="EPSG:3857" minx="8182092.307606854" miny="257832.92042681438"
maxx="1.5037846241523664E7" maxy="7087311.005072073"/>
      </Layer>
      <Layer queryable="0">
        <Name>spearfish</Name>
        <Title>Spearfish</Title>
        <Abstract>Spearfish City in Lawrence County, South Dakota&#13;
  &#13;
  The area covered by the data set is in the vicinity of Spearfish and includes a majority
of the Black Hills National Forest (i.e., Mount Rushmore).</Abstract>
        <KeywordList/>
        <SRS>EPSG:26713</SRS>
```

```
        <LatLonBoundingBox minx="-103.87791475407893" miny="44.37246687108142" maxx="-103.62278893469492" maxy="44.50235105543566"/>
        <BoundingBox SRS="EPSG:26713" minx="589425.9342365642" miny="4913959.224611808" maxx="609518.6719560538" maxy="4928082.949945881"/>
      </Layer>
    </Layer>
  </Capability>
</WMT_MS_Capabilities>
```

其中，<Service>与</Service>之间的内容描述的是该服务的名称、关键词以及联系信息等。

<Capability>与</Capability>之间的内容描述了该服务支持的操作以及包含的图层。其中<Request>与</Request>之间的内容描述的是该服务支持的操作，从上述响应可以看出，该服务支持 GetCapabilities、GetMap（得到地图）、GetFeatureInfo（得到地物属性）、DescribeLayer（描述图层）、GetLegendGraphic（得到图例）、GetStyles（得到样式）操作。<Layer>与</Layer>之间罗列了该服务所包含的所有图层数据。

在<GetMap>与</GetMap>中的 Format 列出了 GetMap 请求所支持的返回图片的格式，包括 PNG、JSON、GIF、JPEG、OpenLayers 等格式，DCPType 中规定了请求的方式，上面的例子表示支持 HTTP 的 Get 与 Post 两种方式。从该响应我们可构造 GetMap 请求获取某图层或某些图层指定范围的地图。

在浏览器的地址栏中输入如下 GetMap 请求，将得到如图 1.8 所示的一张图片。

```
https://www.webmap.cn/geoserver/ngcc/wms?SERVICE=WMS&VERSION=1.1.1&REQUEST=GetMap&FORMAT=image/png&TRANSPARENT=true&STYLES=&env=inputstoreid:2&LAYERS=ngcc:sngcc_dlg_250000&SRS=EPSG:4326&WIDTH=1020&HEIGHT=590&BBOX=87,33,137,55
```

其中，REQUEST=GetMap 表示执行 GetMap 操作，SERVICE=WMS 表示使用 WMS 服务，SRS=EPSG:4326 表示使用的坐标参考系统为 EPSG:4326，bbox=87,33,137,55 表示地图范围（这里以经纬度表示），LAYERS=ngcc:sngcc_dlg_250000 表示请求图层为 ngcc:sngcc_dlg_250000，FORMAT=image/png 表示返回的地图图片格式为 PNG，TRANSPARENT=true 表示透明显示。由于 STYLES 参数为空，因此表示使用默认样式绘制图层。

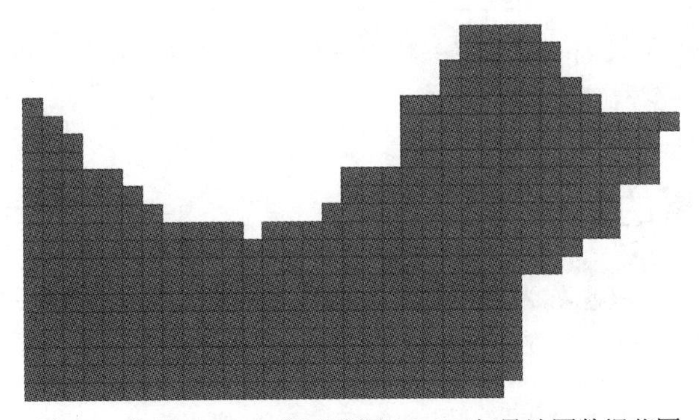

图 1.8　使用 GetMap 得到我国 1:25 万矢量地图数据范围

1.3　REST 及 REST 风格的 Web 服务

单纯就 REST 术语的出现而言，它是 Roy Fielding 在 2000 年的论文中首次提出的一种软件架构。目前在三种主流的 Web 服务实现方案中，因为 REST 模式的 Web 服务与复杂的 SOAP 和

XML-RPC 对比来讲明显更加简洁，越来越多的 Web 服务开始采用 REST 风格设计和实现。例如，Amazon.com 提供接近 REST 风格的 Web 服务进行图书查找，Google、雅虎提供的 Web 服务也是 REST 风格的，国内百度地图、高德地图提供的地图服务也是 REST 风格的。

1.3.1 REST

REST 的基础概念包括：

- 在 REST 中的一切都被认为是一种资源，每个资源由 URI 标识。
- 对资源的操作包括获取、创建、修改和删除，这些操作正好对应 HTTP 提供的 GET、POST、PUT 和 DELETE 方法。也就是说使用统一的接口，而不像 SOAP 风格的服务那样，每个服务的名称都是不同的。
- 无状态。每个请求是一个独立的请求。从客户端到服务器的每个请求都必须包含所有必要的信息，以便于理解。
- 资源的表现形式是 JSON（JavaScript Object Notation）、XML 或者 HTML，取决于读者是机器还是人，是消费 Web 服务的客户软件还是 Web 浏览器。当然，也可以是任何其他的格式。

REST 架构风格最重要的约束有如下 6 方面：

- 客户/服务器：通信只能由客户端单方面发起，表现为请求/响应的形式。
- 无状态：通信的会话状态应该全部由客户端负责维护。
- 缓存：响应内容可以在通信链的某处被缓存，以改善网络效率。
- 统一接口：通信链的组件之间通过统一的接口相互通信，以提高交互的可见性。
- 分层系统：通过限制组件的行为（即每个组件只能“看到”与其交互的紧邻层），将架构分解为若干等级的层。
- 按需代码（可选）：支持通过下载并执行一些代码（例如 Java Applet、Flash 或 JavaScript），对客户端的功能进行扩展。

1.3.2 REST 风格的 Web 服务

REST 风格的 Web 服务（也称为 REST 风格的 Web API）是一个使用 HTTP 并遵循 REST 原则的 Web 服务。它从以下三个方面对资源进行定义：

- URI，比如 http://example.com/resources/。
- Web 服务接受与返回的互联网媒体类型，比如 JSON、XML、YAML 等。
- Web 服务在该资源上所支持的一系列请求方法，比如 POST、GET、PUT 或 DELETE。

表 1-3 列出了在实现 REST 风格 Web 服务时 HTTP 请求方法的典型用途。

表 1-3 HTTP 请求方法在 REST 风格 Web 服务中的典型应用

资源	GET	PUT	POST	DELETE
一组资源的 URI，比如 http://example.com/resources/	列出 URI，以及该资源组中每个资源的详细信息（后者可选）	使用给定的一组资源替换当前整组资源	在本组资源中创建/追加一个新的资源。该操作往往返回新资源的 URL	删除整组资源
单个资源的 URI，比如 http://example.com/resources/142	获取指定资源的详细信息，格式可以自选一个合适的网络媒体类型（比如 XML、JSON 等）	替换/创建指定的资源，并将其追加到相应的资源组中	把指定的资源当作一个资源组，并在其下创建/追加一个新的元素，使其隶属于当前资源	删除指定的元素

1.3.3 REST 风格的 Web 服务实例

这里通过一个实例（实例 1-1，对应代码的文件夹为 Sample1-1）来帮助读者理解 REST 及 REST 风格的 Web 服务。本书使用 Visual Studio 2019 作为集成开发环境，后台语言为 C#。

1. 新建项目

在 Visual Studio 2019 中创建新项目，选择“WCF 服务应用程序”（需要安装 Windows Communication Foundation 组件），名称为 Sample1-1。新建后删除 IService1.cs 和 Service1.svc。

2. 增加服务

在项目中新增一个名为 RESTService 的 WCF 服务，该操作将在项目中增加 IRESTService.cs 与 RESTService.svc 文件。

3. 创建实体

在 IRESTService.cs 文件中创建一个名为 Person 的实体类。代码如下：

```
[DataContract]
public class Person
{
    [DataMember]
    public string ID;
    [DataMember]
    public string Name;
    [DataMember]
    public string Age;
}
```

4. 在接口中声明方法

将 IRESTService 接口修改为如下代码：

```
[ServiceContract]
public interface IRESTService
{
    //POST 操作
    [OperationContract]
    [WebInvoke(UriTemplate = "", Method = "POST")]
    Person CreatePerson(Person createPerson);
```

```
    //GET 操作
    [OperationContract]
    [WebGet(UriTemplate = "")]
    List<Person> GetAllPerson();
    [OperationContract]
    [WebGet(UriTemplate = "{id}")]
    Person GetAPerson(string id);

    //PUT 操作
    [OperationContract]
    [WebInvoke(UriTemplate = "{id}", Method = "PUT")]
    Person UpdatePerson(string id, Person updatePerson);

    //DELETE 操作
    [OperationContract]
    [WebInvoke(UriTemplate = "{id}", Method = "DELETE")]
    void DeletePerson(string id);
}
```

这时 Visual Studio 集成开发环境会提示 WebInvoke 不存在，需要加入 System.ServiceModel.Web 的引用，并在 IRESTService.cs 文件的头部加入如下代码：

```
using System.ServiceModel.Web;
```

5. 实现接口中的方法

切换到 RESTService.svc.cs 文件中，加入如下代码：

```
using System.ServiceModel.Activation;
```

并将 namespace Sample1_1 中的内容修改为如下代码：

```
    [AspNetCompatibilityRequirements(RequirementsMode =
AspNetCompatibilityRequirementsMode.Allowed)]
    [ServiceBehavior(InstanceContextMode = InstanceContextMode.Single)]
    public class RESTService : IRESTService
    {
        List<Person> persons = new List<Person>
        {
            new Person { ID = "1", Age = "20", Name = "黄文华" },
            new Person { ID = "2", Age = "25", Name = "刘亲秋" },
        };
        int personCount = 2;

        public Person CreatePerson(Person createPerson)
        {
            createPerson.ID = (++personCount).ToString();
            persons.Add(createPerson);
            return createPerson;
        }

        public List<Person> GetAllPerson()
        {
            return persons.ToList();
        }

        public Person GetAPerson(string id)
        {
            return persons.FirstOrDefault(e => e.ID.Equals(id));
        }

        public Person UpdatePerson(string id, Person updatePerson)
        {
            Person p = persons.FirstOrDefault(e => e.ID.Equals(id));
            p.Name = updatePerson.Name;
            p.Age = updatePerson.Age;
            return p;
        }
```

```
    public void DeletePerson(string id)
    {
        persons.RemoveAll(e => e.ID.Equals(id));
    }
}
```

6. 承载服务

在解决方案资源管理器中右击 RESTService.svc，然后选择“查看标记”菜单项，打开 RESTService.svc 文件。该文件只包含一行代码，在其中加入如下代码：

```
Factory="System.ServiceModel.Activation.WebServiceHostFactory"
```

7. 修改 Web.config 文件

将 Web.config 文件的 system.serviceModel 部分修改为如下代码：

```
    <system.serviceModel>
        <behaviors>
            <serviceBehaviors>
                <behavior>
                    <serviceMetadata httpGetEnabled="true" httpsGetEnabled="true"/>
                    <serviceDebug includeExceptionDetailInFaults="true"/>
                </behavior>
            </serviceBehaviors>
            <endpointBehaviors>
                <behavior>
                    <webHttp helpEnabled="true" />
                </behavior>
            </endpointBehaviors>
        </behaviors>
        <protocolMapping>
            <add binding="basicHttpsBinding" scheme="https" />
        </protocolMapping>
        <serviceHostingEnvironment aspNetCompatibilityEnabled="true"
multipleSiteBindingsEnabled="true" />
    </system.serviceModel>
```

编译并运行该应用程序，在浏览器的地址栏中输入“http://localhost:53410/RESTService.svc/”（请读者根据实际情况调整端口号），就会列出所有人员信息，如图 1.9 所示。

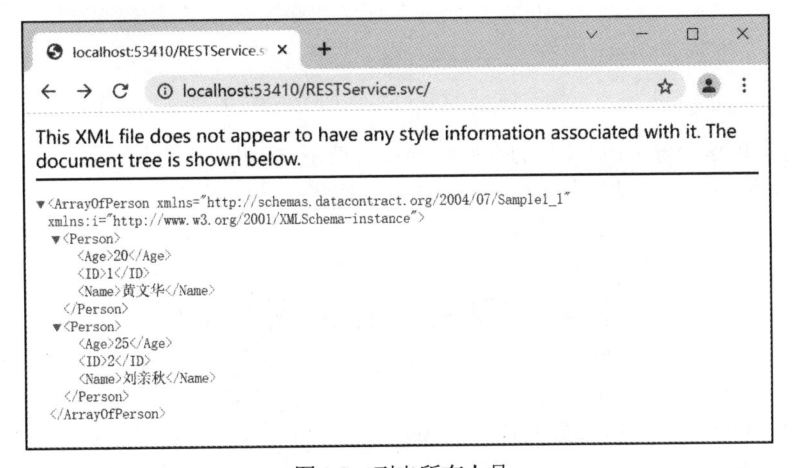

图 1.9 列出所有人员

如果要定位到某个人，在地址栏的 URI 中加入这个人的 ID 即可，例如图 1.10 显示的第一个人的信息。

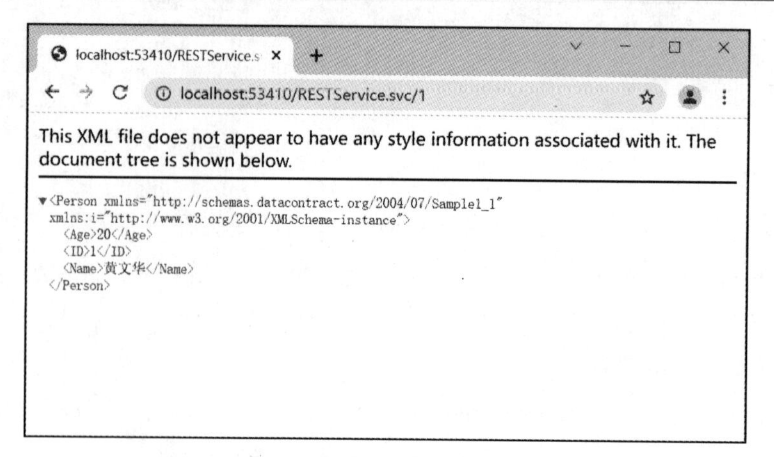

图 1.10 个人信息

上面显示的是 XML 格式的数据，如果要返回 JSON 格式的数据，只需要在接口声明中指定 ResponseFormat，指定方式如下：

```
[OperationContract]
[WebGet(UriTemplate = "", ResponseFormat = WebMessageFormat.Json)]
List<Person> GetAllPerson();
[OperationContract]
[WebGet(UriTemplate = "{id}", ResponseFormat = WebMessageFormat.Json)]
Person GetAPerson(string id);
```

通过上述方式指定了返回结果的格式为 JSON，如图 1.11 所示。

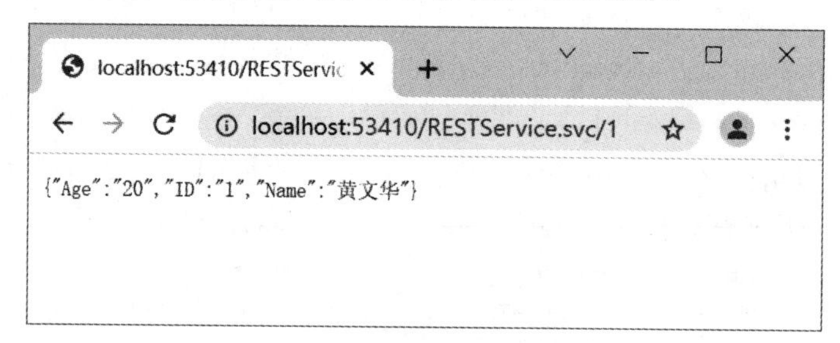

图 1.11 格式为 JSON 的 Web 服务

对于 PUT、POST 与 DELETE 的操作，读者可使用 Fiddler 工具构造请求来测试服务，在本书的后续章节中将介绍如何使用 JavaScript 构造这些操作来访问服务。

1.4 Web GIS 的组成

当前主流的 Web GIS 大都是基于 REST 风格的 Web 服务。

1.4.1 基于 REST 风格的 Web 服务的 Web GIS 系统架构

基于 REST 风格的 Web 服务的 Web GIS 系统架构如图 1.12 所示，在该架构中 GIS 服务与其他中间层的功能（例如用户管理、日志等）都部署在同一个应用中。

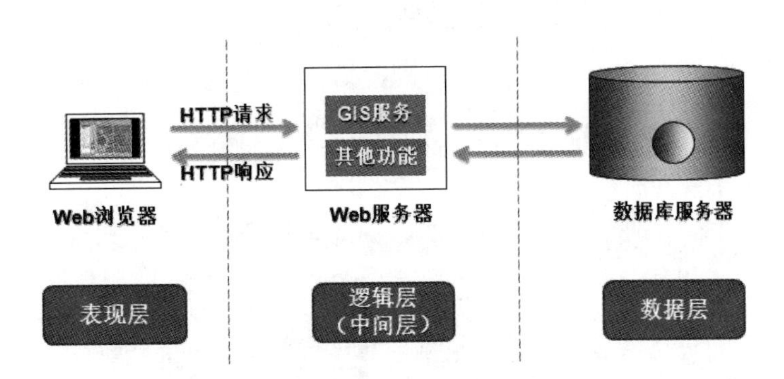

图 1.12 GIS 服务与其他功能合并部署的系统架构

但是为了在更大程度上方便地理信息数据及 GIS 功能的共享，以及方便二次开发，通常将 GIS 服务单独部署，这时的系统架构如图 1.13 所示。

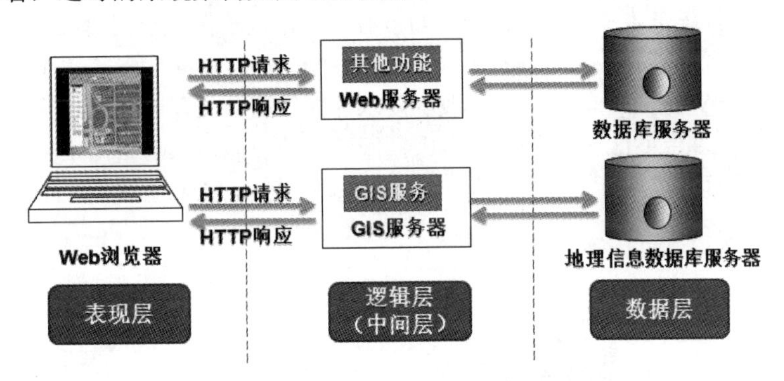

图 1.13 GIS 服务单独部署的系统架构

在上述系统架构中，可以利用现有的 GIS 服务，例如 Google、Microsoft、百度、高德的地图服务，也可以利用 ArcGIS Server 等地理信息服务软件，将地理信息发布为服务，在系统客户端利用 JavaScript 调用这些服务，从而在系统中集成地图及 GIS 功能。

1.4.2 Web GIS 的物理组成

通常一个 Web GIS 应用系统会使用几台物理计算机来存储数据、处理数据、制作地图、发布服务以及访问应用等，一般使用系统架构图来描述，这些不同的计算机处于不同的层中。

一个完整的 Web GIS 系统通常包括数据服务器、GIS 服务器、Web 服务器与使用该系统的各种终端（桌面端、移动端、浏览器等），以及服务管理员与服务发布者，如图 1.14 所示。

（1）数据服务器是很容易理解的，用于存储 GIS 服务所需要的各种空间数据，有可能是文件服务器，存储了地图切片或 Shapefile 等格式的空间数据，也可能是数据库服务器，以数据库的方式存储空间数据。这些服务器通常会要求有冗余存储机制以及定期备份脚本，以防止数据丢失。

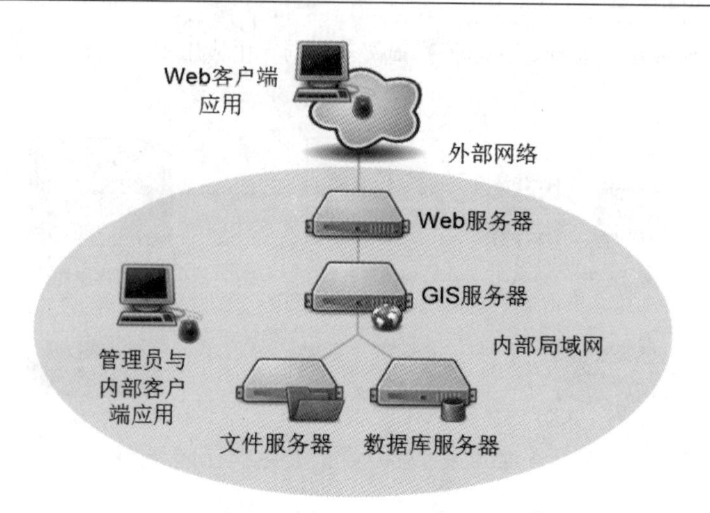

图 1.14　Web GIS 系统架构图

（2）GIS 服务器是安装在服务器机器上的核心软件，该软件用于创建 Web 服务。这些 Web 服务包括绘制地图、同步数据库、投影几何对象、搜索数据，并执行许多其他空间分析操作。由于 GIS 服务器是一个 Web GIS 的核心，一般都要求性能较高、处理能力强。不过，可以同时使用多台 GIS 服务器，在多台 GIS 服务器中可以根据服务器的性能，或者根据应用的不同进行分组，不同的组用于处理不同的服务，比如性能比较好的机器用于处理地理服务，性能一般的机器用于处理地图服务，这种结构如图 1.15 所示。

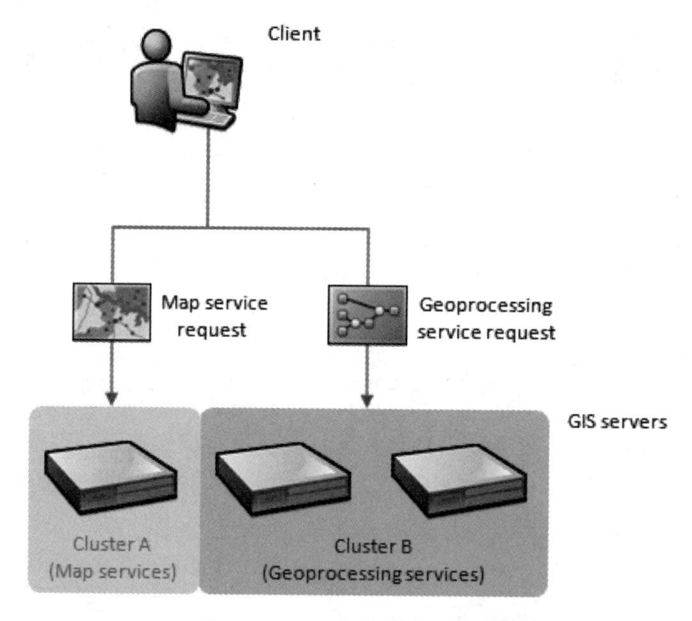

图 1.15　不同性能的机器处理不同类型的服务

本书实例中访问的大多数服务是使用 ArcGIS Server 发布的空间信息 Web 服务。

（3）Web 服务器是运行 Web GIS 应用程序或非空间信息 Web 服务的计算机。该服务器是访问 Web GIS 的入口，也是放置 Web GIS 应用程序代码（包括 HTML 与 JavaScript 文件等）的地方。

此外，由于当前主流的 Web GIS 直接使用 JavaScript 访问 Web 服务，而 JavaScript 是运行在浏览器上的，因此是直接访问 Web 服务，而不需要 Web 服务器。因此，对于那些没有使用.NET 或 Java 代码的 Web GIS，作为测试，并不需要将这些代码部署到 Web 服务器中，直接在浏览器中打开包含 JavaScript 代码的 HTML 页面即可。当然，如果需要其他计算机的浏览器也能访问该 Web GIS 应用，则必须将其部署到 Web 服务器中。本书后面也会介绍该方法。

（4）Web GIS 应用需要管理员来安装软件、配置 Web 应用程序以及调整站点以获取最佳性能。例如 GeoServer 管理员使用 GeoServer Web 管理页面来发布与管理空间信息 Web 服务。管理员可以寻求开发人员的帮助或自己学习脚本技巧，从而通过 Administrator API 自动执行管理任务。内容创作者需要使用桌面端应用程序来创建要发布到站点的 GIS 资源（例如地图和地理数据库）。在将资源发布到服务器的过程中，这些应用程序也可以起到辅助作用。

（5）Web、移动和桌面应用程序都可连接到 GIS 服务器发布的空间信息 Web 服务。这些应用程序的终端用户依靠 Web 服务来获得 GIS 数据或实现分析；但是，他们可能不知道有关该 Web 服务的详细信息或者不知道可获得哪些服务。当规划部署的规模和范围时，全面了解访问 Web 服务的终端用户数以及他们对该站点的使用模式很有价值。

1.4.3　Web 地图的组成

Web 地图是引用一组地图和空间信息 Web 服务构成的有效地图，可以在任意客户端进行使用（桌面应用程序、Web 应用程序、移动设备等）。每个 Web 地图都由一个或多个 Web 地图服务组成，这些地图服务共同为用户提供有效的地图体验。

Web 地图通过交互式的地理信息展示，可以用来讲述故事以及回答问题。例如，可以找到或创建解决此问题的地图："美国有多少人居住在距离超市合理的步行距离或车程内？"。此 Web 地图包含显示了哪些住宅区在距离超市 10 分钟的车程或 1 英里的步行距离内的图层。为提供背景环境，此 Web 地图还应包含地形底图，其中包括城市、道路以及叠加在土地覆被上的建筑物和晕渲地貌影像。

制作 Web 地图与用桌面端 GIS 软件创建地图存在非常大的差异，主要表现在以下几个方面：

（1）在 Web 地图中，用户看到的所有信息都是通过网络由服务器发送到浏览器的，因此引入了延迟。

（2）在 Web 地图中，地图的内容可以同时来自几个不同的服务器，因此地图性能受到服务器的可访问性与速度的限制。

（3）在 Web 地图中，性能可能受到同时在线用户数量的影响。

（4）在 Web 地图中，用户的体验同时也受到客户端应用程序显示技术的影响。该客户端应用程序通常就是网页浏览器。

这些考虑因素对于部分人来说显得很奇怪。例如，对于那些只使用过 QGIS 或 ArcMap 的人来说，肯定不习惯考虑带宽或与他人共享计算机。

更难的是，对于新的 Web 地图制作者来说，最大的挑战在于了解他们制作的地图显示的数据量，以及如何以亚秒级的速度获取在 Web 用户屏幕上绘制的所有信息。熟悉桌面 GIS 软件的人，习惯在地图中加入几十个甚至上百个图层，然后根据需要切换是否显示。强大的桌面计算机或许能够处理这类地图，但是，如果将该地图直接移动到互联网上，那么性能必然会是难以忍受得慢。服务器需要宝贵的时间循环访问所有的图层，获取数据，然后绘制，最后将图片返回到客户端。

针对这些问题，解决方案是根据不同的处理方法将图层归组，将那些只提供背景信息、地理框架信息的图层归为一组，并绘制为一个切片基础底图。相对应的，专题图层（地图中的核心图层）作为一个或多个 Web 服务，叠加在底图上。此外，通常还需要包含一些与专题图层交互的小组件，例如弹出式窗口、图表以及分析工具等。包含这三部分的 Web 地图如图 1.16 所示。

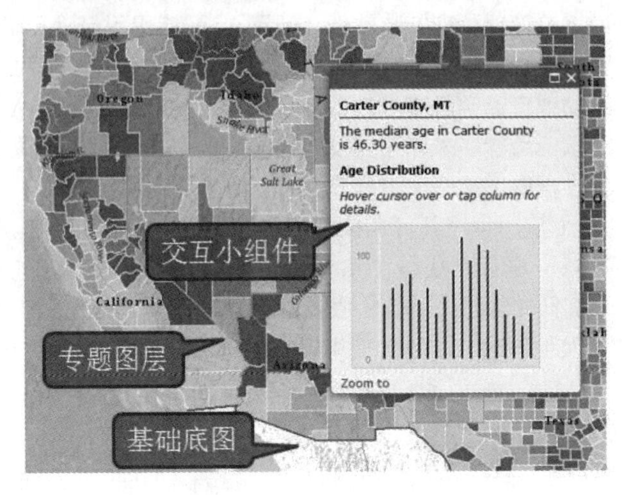

图 1.16　包含基础底图、专题图层与交互小组件的 Web 地图

下面更详细地介绍这三个部分：基础底图、专题图层以及交互小组件。

基础底图将重要数据组织起来，构成各种地图可重复使用的基础。底图为操作提供了基础，或者说画布。底图可用于常规用途，例如地形底图、影像底图或街道底图，还可用于某一特定主题，例如水纹底图或地质底图，可在底图上绘制任何数据。底图提供了地理环境和参考详细信息。底图用于位置参考，并为用户提供叠加或聚合业务图层、执行任务以及可视化地理信息的框架。底图是执行所有后续操作和地图制图的基础，它为地理信息的使用提供了环境和框架。

虽然地图可能包含许多图层，例如道路、湖泊、建筑物等，通常会将这些图层栅格化为一系列的图像切片，并作为 Web 地图中一个图层来对待。这些切片地图包含成千上万个预先绘制的图片，保存在服务器上，当用户漫游地图时，直接把这些图片返回给用户。

有时用两层切片地图来构成一个底图。例如，当使用航空影像作为切片地图图层时，由于没有注记，这时为了方便定位，在该切片地图上增加道路、地名等矢量数据组成第二个切片地图，共同组成底图。Google 地图就采用了这种方式。天地图将注记单独作为一个切片图层。这样做的目的一是可以使单独切片地图占用较少的磁盘空间，二是易于更新。

专题图层也称业务图层或操作图层，叠加在底图上，这也是用户访问这类地图的原因。由于大多数人并不关心专题图层，因此不能放置在底图中。但是一旦将其作为 Web 地图的专题图层，那么这些专题图层就是用户最感兴趣的。专题图层用于显示特定现象的位置和分布的空间信息。如果地图标题为“北京市银行网点”，那么银行网点就是专题图层。如果地图标题为“亚洲鸟类迁徙模式”，那么迁徙模式就是专题地图。

专题图层有时可以像底图一样，处理为地图切片，但是地图切片不适用于变化迅速的数据。

例如，如果需要在地图中显示警车的实时位置，这时就不能使用事先绘制好的切片地图了，而需要使用其他方式来绘制数据。这时可使用 WMS 等用于动态绘制地图的 Web 服务来绘制专题图层。另一种方式是从服务器查询得到所有的数据，返回客户端，然后在浏览器中绘制。这种方法还可以进一步使用弹出窗口等交互小组件来丰富页面。

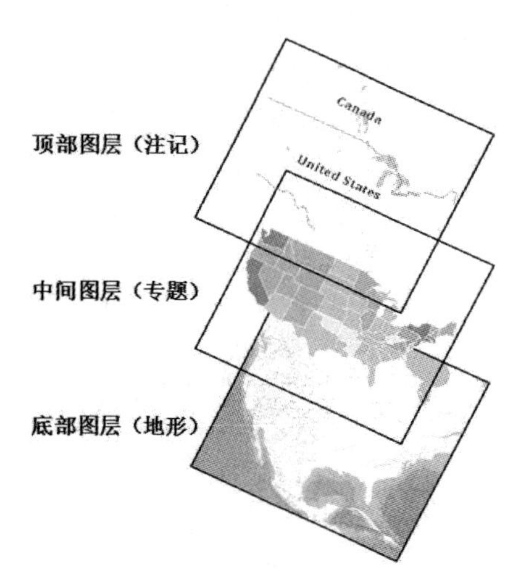

图 1.17　地图三明治

专题图层与底图图层共同组成一个实际的 Web 地图。不过要特别注意的是，专题图层并不一定总是处于地图的最上层。专题图层可以处于两个切片地图之间。一个实例就是，最底层是地形要素底图，最上层是注记底图，中间是专题图层，如图 1.17 所示，可形象地称为“地图三明治”。

我国的天地图就是按照这种方式处理的，也就是将地形要素与注记分别处理为切片地图，共同组成为底图，以方便在其间插入专题图层，如图 1.18 所示。

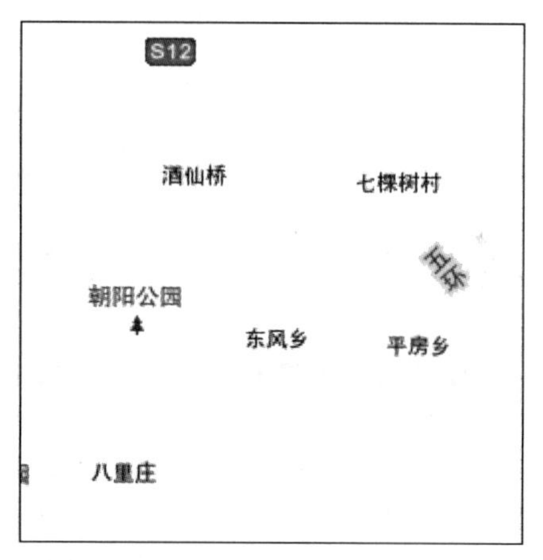

图 1.18　天地图中同范围内的地形要素与注记切片地图

Web 地图中常常带有交互小组件，以便用户进一步查询地图中的图层。例如，当用户单击一地物要素时，弹出一小窗口显示其信息，在页面的另一部分显示图表，地图中还显示一个时间轴以便切换数据显示年代等。一些 Web 地图还提供实时编辑 GIS 数据的功能，或能向服务器提交地理处理任务，并在浏览器中绘制服务器响应的结果。一些 Web 地图提供空间分析功能，例如路径分析、可达范围、通视分析等。

这些交互小组件使得 Web 地物鲜活起来。要想使自己的 Web 地图有用，其中一个关键就是包含这些交互小组件，但是也只需要包含那些对用户最有用的，而不是提供一大堆选项，或功能非常复杂，让用户望而却步。有时即使是一点点的进一步开发工作，例如在弹出窗口中使用用户友好的字段别名，就可能使得地图更有用、更可用。

交互小组件是需要编码的部分，其可使用性与 JavaScript 的编码量息息相关。不过，可以使用 ArcGIS API for JavaScript、OpenLayers 或 Leaflet 等这些开放的地图 API 来简化开发工作，此外，还可以使用更为基础的 JavaScript 类库，例如 Dojo、jQuery 等，来提供更基础的帮助。

1.5 ArcGIS Enterprise 与 ArcGIS Server

ArcGIS Enterprise 是新一代的 ArcGIS 服务器产品，是在用户自有环境中打造 Web GIS 平台的核心产品，它提供了强大的空间数据管理、分析、制图可视化与共享协作能力。它以 Web 为中心，使得任何角色、任何组织可以在任何时间、任何地点通过任何设备去获得地理信息、分享地理信息，使用户可以基于服务器进行影像和大数据的分析处理，以及物联网实时数据的持续接入和处理，并在各种终端（桌面、Web、移动设备）访问地图和应用，同时还以全新方式开启了地理空间信息协作和共享的新篇章，使得 Web GIS 应用模式更加生动鲜活。

ArcGIS Enterprise 具有灵活的部署模型，可支持在云中、在本地物理硬件或在虚拟化环境中以及在本地和云混合部署等多种部署方式。另外，Esri 提供了易于部署的工具 ArcGIS Enterprise Builder，所有组件部署在同一台计算机时也可以使用。Chef 脚本可以自动化进行重复的部署过程，快速启动机器镜像实现在 Amazon Web Services 或 Microsoft Azure 云端的部署。

ArcGIS Enterprise 具有一个门户（Portal），其作为平台访问入口，可通过浏览器进行访问。portal 允许组织成员检索、组织、分析、存储以及分享空间信息，使用它无须写一行代码，就可以将原始数据转化为全功能的 Web 和移动端应用。

ArcGIS Enterprise 的核心是强大的服务器软件，提供地理信息的多样服务发布、制图以及分析能力。这些庞大多样的能力 ArcGIS Enterprise 通过不同的服务器产品来提供，每一个服务器产品提供自己的特有功能。

1.5.1 ArcGIS Enterprise 站点的架构

一个完整的 ArcGIS Enterprise 服务器站点由四大组件组成，分别是 ArcGIS Server、Portal for ArcGIS、ArcGIS Data Store 和 ArcGIS Web Adaptor。其中 ArcGIS Server 是 ArcGIS Enterprise 的核心组件，又分为 5 种不同的服务器产品，分别提供 5 种不同的能力：

- ArcGIS GIS Server：提供基础 GIS 服务资源，如地图服务、要素服务和地理处理服务等。
- ArcGIS GeoAnalytics Server：提供分布式矢量和表格大数据分析处理能力。
- ArcGIS GeoEvent Server：提供物联网实时数据持续接入和处理分析的能力。
- ArcGIS Image Server：提供基于镶嵌数据集的大规模影像的管理、服务发布、信息提取、共享与应用的能力，并提供栅格大数据分析能力。
- ArcGIS Business Analyst Server：提供基于人口、经济等各种数据进行商业分析的能力。

一个完整的 ArcGIS 服务器站点架构包括数据服务器、GIS 服务器、Web 服务器与使用 ArcGIS Server 服务的各种终端（桌面端、移动端、浏览器等），以及服务管理员与服务发布者，如图 1.19 所示。

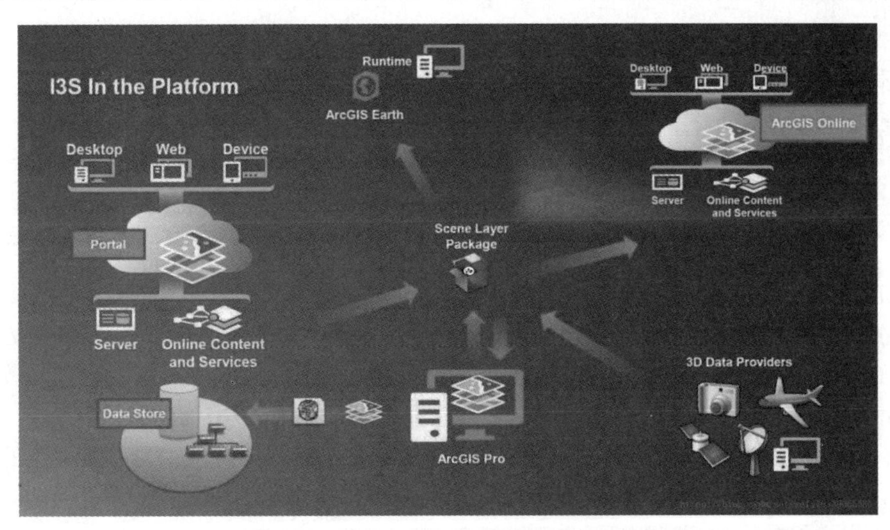

图 1.19 ArcGIS Enterprise 服务器站点架构

ArcGIS Enterprise 包含多个组件，要构建一个基本功能的 Web GIS 环境，需至少包含 ArcGIS GIS Server、ArcGIS Data Store、Portal for ArcGIS 和 ArcGIS Web Adaptor 四个组件，这个最低配置被叫作 ArcGIS Enterprise Base Deployment（ArcGIS Enterprise 的基础部署）。ArcGIS GIS Server 服务器是默认包含在 ArcGIS Enterprise Base Deployment 中的，其他 4 种可选服务器 GeoAnalytics Server、GeoEvent Server、Image Server 和 Business Analyst Server 需要按需增购。

ArcGIS Server 作为 Web GIS 平台的托管服务器，用于托管 GIS 资源（例如地图、地理处理工具和地址定位器等），将它们作为服务呈现给客户端应用程序。当客户端应用请求某种特定服务时，GIS Server 产生响应并且将其返回客户端应用。要搭建基本功能的 Web GIS 平台，ArcGIS Enterprise 的基础部署中需要 ArcGIS GIS Server 标准版或高级版，并将其作为 Portal for ArcGIS 的托管服务器。Portal for ArcGIS 是 Web GIS 平台的门户中枢，通过 Portal for ArcGIS，用户可集中管理托管的在线资源，实现资源在组织机构内部以及跨组织、跨部门的分享，通过其提供的强大的查询检索机制快速定位目标资源，并快速搭建应用，同时 Portal for ArcGIS 还提供了基于角色的管理和访问控制，使得不同角色的用户可以安全使用各种 GIS 资源。ArcGIS Data Store 是新一代 Web GIS 平台的数据存储组件。ArcGIS Data Store 包含三种类型的数据库存储：关系数据、切片缓存数据存储和时空大数据存储。

- 关系数据存储用于存储门户的托管要素图层数据，包括从空间分析工具的输出结果中创建托管要素图层、从 Portal for ArcGIS 中上传 Shapefile 等文件并发布托管的要素服务等。
- 切片缓存数据存储用于存储三维图层缓存，打造 ArcGIS 平台的三维 GIS 应用。
- 时空大数据存储用于存储 ArcGIS GeoEvent Server 获取的实时观测数据，以及存储 GeoAnalytics Server 大数据分析的结果。要搭建基本功能的 Web GIS 平台，ArcGIS Enterprise 的基础部署中，需开启关系数据存储和切片缓存数据存储。ArcGIS Web Adaptor 用于整合 ArcGIS GIS Server 与企业级 Web 服务器。Web Adaptor 接收 Web 服务请求，并向站点中的 GIS 服务器发送请求。也可以通过 HTTP 负载均衡、路由器或第三方负载均衡软件来暴露站点，在一些情况下，Web Adaptor 与负载均衡方案联合使用更为适用。

ArcGIS Enterprise 的基础部署能够提供强大的 Web GIS 功能，如常见的制图可视化、空间分析、数据管理、协作分享、三维等，同时，用户还可以通过更多的服务器产品扩展平台能力，如选择 GeoAnalytics Server 扩展平台的矢量大数据分析能力，选择 GeoEvent Server 扩展平台的物联网实时数据接入能力，选择 Image Server 实现影像大数据的分析和处理能力等。

1.5.2 ArcGIS Server 发布的服务类型

ArcGIS Server 是 ArcGIS Enterprise 的核心，它可以单独使用搭建传统的二维服务，或组建完整的 Enterprise 搭建三维服务。ArcGIS Server 是一个基于 Web 的企业级 GIS 解决方案，它从 ArcGIS 9.0 版本开始加入 ESRI 产品家族，当前版本是 10.8。ArcGIS Server 为创建和管理基于服务器的 GIS 应用提供了一个高效的框架平台。它充分利用了 ArcGIS 的核心组件库 ArcObjects（简称 AO），并且基于工业标准提供 Web GIS 服务。ArcGIS Server 将两项功能强大的技术——GIS 和网络技术结合在一起，GIS 擅长与空间相关的分析和处理，网络技术则提供全球互联，促进信息共享。

与过去的 Web GIS 产品相比，ArcGIS Server 不仅具备发布地图服务的功能，而且还能提供灵活的编辑和强大的分析能力，这对于 Web GIS 发展可以说是具备里程碑意义的。由于 ArcGIS Server 基于强大的核心组件库 ArcObjects 搭建，并且以主流的网络技术作为其通信手段，所以它具有许多优势和特点，例如：

- 集中式管理带来成本的降低。无论是从数据的维护和管理上还是从系统升级上来说，都只需要在服务器端进行集中的处理，而无须在每一个终端上做大量的维护工作，这不但极大地节约了投入的时间成本和人力资源，而且有利于提高数据的一致性。
- 瘦客户端也可以享受到高级的 GIS 服务。过去只能在庞大的桌面软件上才能实现的高级 GIS 功能的时代终止于 ArcGIS Server。通过 ArcGIS Server 搭建的企业 GIS 服务使得客户端通过网页浏览器即可实现高级的 GIS 功能。
- 使 Web GIS 具备了灵活的数据编辑和高级的 GIS 分析能力。用户在野外作业时可以通过移动设备直接对服务器端的数据库进行维护和更新，大大减少了回到室内后的重复工作量，为野外调绘和勘察提供了极大的便利。另外，ArcGIS Server 可以实现网络分析和 3D 分析等高级的空间分析功能。
- 支持大量的并发访问，具有负载均衡能力。ArcGIS Server 采用分布式组件技术，可以将大量的并发访问均衡地分配到多个服务器上，可以大幅度降低响应时间，提高并发访问量。
- 可以根据工业标准很好地与其他的企业系统整合，进行协同工作，为企业经营管理提供支持。例如，GIS 和客户关系管理系统（CRM）整合，发挥 GIS 的独特优势，使得企业可以打破地域的限制，更好地进行客户资源的开发，提供客户满意的产品和服务。
- ArcGIS Server 的出现使得我们可以利用主流的网络技术（例如.Net、Java、JavaScript）来定制适合自身需要的网络 GIS 解决方案，使得解决方案具有更大的可伸缩性来满足多样化的企业需求。

ArcGIS Server 能发布很多不同类型的服务，包括地图服务、要素服务、影像服务等，如表 1-4 所示。

表 1-4　ArcGIS Server 能发布的 Web 服务类型

服务类型		功能	备注
地　图服务	切片地图	为快速显示地图，预先将地图切成一定规格的图片	对于静态数据推荐使用该方式
	动态地图	根据每个请求动态地绘制地图	
	KML	生成 Google Earth 等支持 KML 格式的数据	
	OGC	返回遵循 OGC 相关标准的地图数据	支持的标准包括 WCS、WFS、WMS 与 WMTS
要　素服务	OGC	返回地图或图层中矢量要素的空间几何位置与属性信息，由应用程序的客户端而不是服务器端负责绘制要素，OGC 用于返回遵循 OGC 相关标准的数据	通常与地图服务一同发布，支持的标准包括 WCS、WFS、WFS-T、WMS 与 WMTS
地　理处　理服务	OGC	将地理处理功能发布为 Web 服务，例如 Web 打印等，OGC 用于返回遵循 OGC 相关标准的服务	只有在 ArcMap 中成功执行的功能才能发布，支持的标准为 WPS
影像服务		提供栅格与影像服务	
切　片服务	OGC	包含事先切片好的栅格或影像，返回遵循 OGC 相关标准的影像数据	适合静态数据，支持的标准包括 WCS、WMS 与 WMTS
地理编码服务		将地址匹配功能发布为 Web 服务	
地　理数　据服务	OGC	将地理数据复制、抽取以及查询的功能发布为 Web 服务，OGC 用于返回遵循 OGC 相关标准的数据	适用于文件与多用户的地理数据库，支持的标准包括 WCS 与 WFS
网络分析服务		提供交通网络分析，例如查找最近的设施、最优路径选择、目的地成本矩阵计算以及生成服务区域	
几何服务		将几何计算功能发布为服务，例如缓冲区计算、多边形简化、面积与长度计算、投影	同时可用于编辑过程中创建与修改要素的几何特征
逻辑示意图服务		允许 Web 应用程序通过 Web 服务的形式访问逻辑示意图	该服务需要使用 Schematics 扩展模块
搜索服务		在本地网络上提供 GIS 内容的可搜索索引	主要用于 GIS 数据分布在多个数据库及文件共享中的大型企业级部署
Globe 服务		将 ArcGlobe 文档（.3dd）发布为 Web 服务	用于三维数据
移动数据服务		利用移动数据服务，ArcGIS Mobile 应用程序可通过 Web 服务访问地图文档的源数据	
工作流管理器服务		将工作流管理功能发布为 Web 服务	

上述每种服务对应着不同的 GIS 资源，它们的对应关系如表 1-5 所示。

表 1-5　Web 服务与 GIS 资源的对应关系

服务类型	所需的 GIS 资源
地图服务	地图文档（.mxd）
地理编码服务	地址定位器（.loc、.mxs、SDE 批量定位器）

（续表）

服务类型	所需的 GIS 资源
地理数据服务	数据库连接文件（.sde）或文件地理数据库
地理处理服务	ArcMap、ArcCatalog 中来自结果窗口的地理处理结果
Globe 服务	Globe 文档（.3dd）
影像服务	栅格数据集、镶嵌数据集，或者引用栅格数据集或镶嵌数据集的图层文件
搜索服务	想要搜索的 GIS 内容所在的文件夹和地理数据库
工作流管理器服务	ArcGIS Workflow Manager 资料档案库

1.5.3 服务发布

GIS 资源包括地图、工具、地理数据库，以及可通过 ArcGIS Server 公开的其他项目。虽然可发布到服务器上的 GIS 资源多种多样，但发布服务的步骤均遵循一种共同的模式。基本的步骤如下：

步骤01 如果要发布地图或 Globe 文档，打开 ArcMap 或 ArcGlobe 文档，然后从主菜单中选择“文件”→“共享为”→“服务”。如果要发布地理处理模型或工具，浏览结果窗口中的模型或工具的一个成功结果，则右击并选择“共享为”→“地理处理服务”；如果要发布其他内容，例如地理数据库或地址定位器，浏览 ArcCatalog 或目录窗口中的相应项目，则右击并选择“共享为服务”。

步骤02 在“共享为服务”窗口中，选择“发布服务”，然后单击“下一步”按钮。

步骤03 从“选择连接”下拉列表中选择要使用的 ArcGIS Server 连接。如果要使用的服务器连接并未列出，可单击“连接到 ArcGIS Server”，创建一个新的连接。

步骤04 默认情况下，会根据 GIS 资源的名称生成服务的名称。还可以在“发布服务”窗口中，输入新的服务名称。名称长度不能超过 120 个字符，并且只能包含字母、数字、字符和下画线。然后单击“下一步”按钮。

步骤05 默认情况下，服务会发布到 ArcGIS Server 的根文件夹下。也可将服务组织到根文件夹下的子文件夹中。选择要将服务发布到的文件夹，或创建一个用于包含此服务的新文件夹，然后单击“继续”按钮。将打开“服务编辑器”对话框。

步骤06 设置要使用的服务属性。此处，可以选择用户对服务执行的操作，也可精细控制服务器显示服务的方式。还可单击“导入”从现有服务定义或已发布的服务自动导入属性。

步骤07 单击“分析”按钮，该操作可对 GIS 资源进行检查，以确定其是否能够发布到服务器。

步骤08 将 GIS 资源发布为服务之前，必须修复准备窗口中出现的所有错误。另外，还可以修复警告和通知消息，以进一步完善服务的性能和显示。

步骤09 单击“预览”按钮，了解在 Web 上查看服务时服务的外观。

步骤10 修复错误以及警告和消息（可选）后，单击“发布”按钮。

至此，服务已运行在服务器上，可供网络中的用户和客户端访问。如果服务器管理员允许 Web 访问服务，则服务此时在 Web 上也可用。

1.5.4　Web 服务的 URL 及元数据

要访问 Web 服务的客户端需要获知相应的 URL。要通过 REST 访问服务器，请使用以下格式：

```
http://<服务器名称>:<端口号</arcgis/rest/services
```

将显示一个名为“服务目录”的页面。

本计算机中 ArcGIS Server 的 REST 风格服务的 URL 通常为 http://localhost/ArcGIS/rest/services，而 ArcGIS 在线提供的 REST 风格的 Web 服务的 URL 为 http://server.arcgisonline.com/ArcGIS/rest/
services。此外，ArcGIS 在线还提供另外几个 ArcGIS Server 服务，分别是 http://sampleserver1
.arcgisonline.com/arcgis/rest/services、http://sample- server3b. arcgisonline.com/arcgis/rest/services、https://sampleserver5.arcgisonline.com/ arcgis/rest/ services 与 https:// sampleserver6.arcgisonline.com/ arcgis/rest/services，原来的 http://sample- server2.arcgisonline. com/arcgis/rest/services 已停止服务。

在浏览器中输入上述 ArcGIS 在线的 URL，就会看到如图 1.20 所示的列表，列出了所有服务目录以及含有更多服务的文件夹。除了服务名称外，还可以看到服务类型，如地图服务或地理编码服务等。

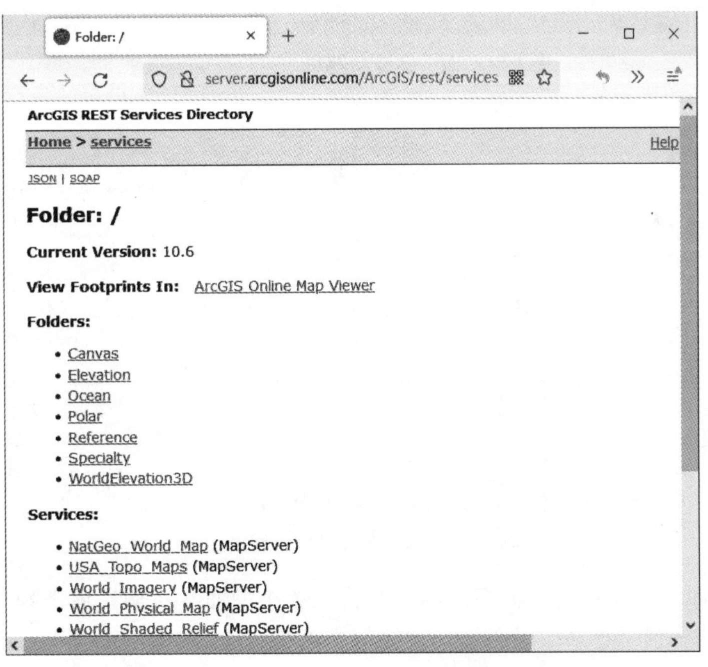

图 1.20　ArcGIS Online 提供的 Web 服务的目录页面

在该页面中列出了该服务器上部署的服务及服务文件夹。

重要提示：要注意版本信息，因为对于旧版本发布的服务，一些新版本的 API 并不支持。ArcGIS API for JavaScript 4.9 版本开始不再支持 JSONP 访问服务的方式，这意味着从该版本以后的 API 只能访问支持 CORS（Cross-Origin Resource Sharing，跨域资源共享）的服务。

sampleserver1.arcgisonline.com 上服务的版本是 10.01，并不支持 CORS。如果非要用 4.9 以上版本的 API 访问这些服务，则需要自己调用 Dojo 的 request 模块来实现跨域访问。可以使用 http://test-cors.org 网站来查看某服务是否支持 CORS。例如图 1.21 是测试 http://server.arcgisonline.com/ArcGIS/rest/services 的结果，表明支持跨域访问，图 1.22 是测试 http://sampleserver1.arcgisonline.com/arcgis/rest/services 的结果，表明不支持跨域访问。

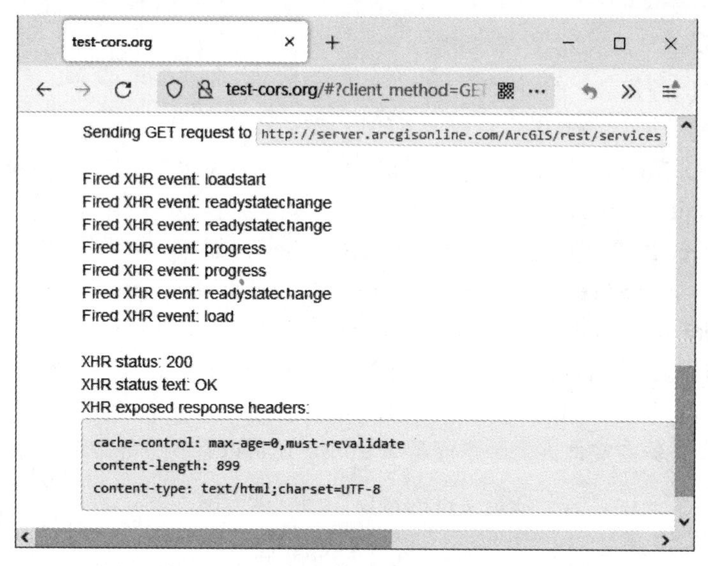

图 1.21 服务器支持跨域访问返回的结果

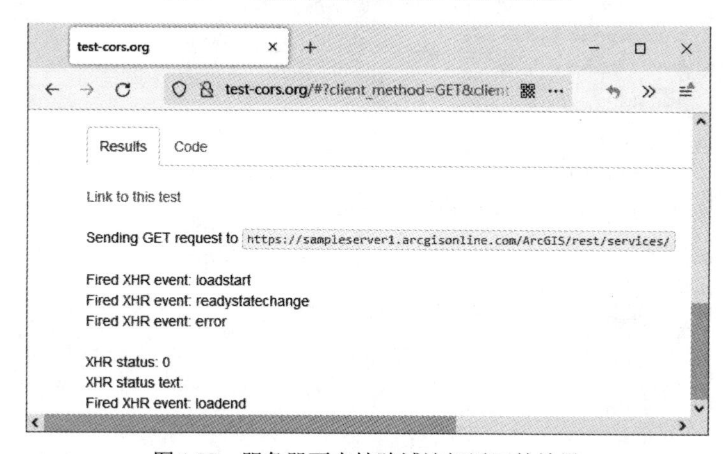

图 1.22 服务器不支持跨域访问返回的结果

单击服务名称，可以获得更多信息，信息因服务类型而异。如果单击地图服务（地图服务器），用户将看到的信息包括图层名称、文档信息以及支持的程序接口等。如果继续单击链接，就可以了解服务中每个图层的信息、空间参考、单位信息以及分级信息，如图 1.23 所示。在分级信息中，还可以通过链接实际查看一些地图切片。通过这种方式，服务目录可以展示服务的大量元数据。

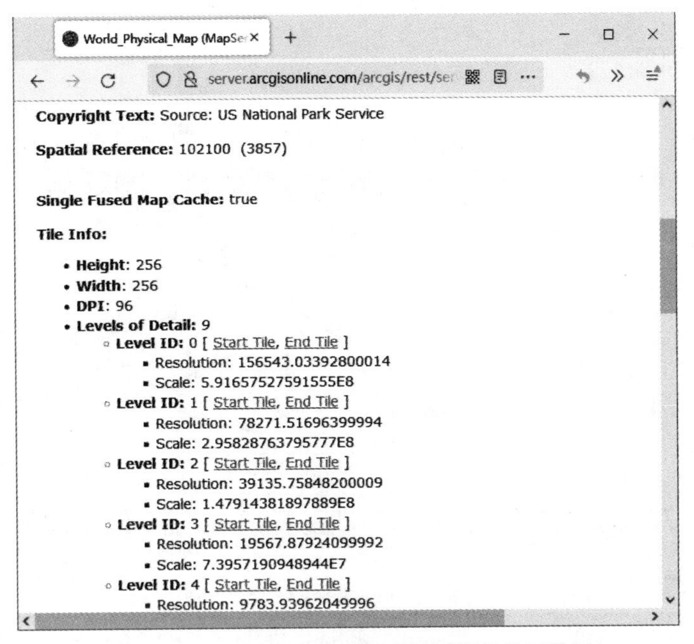

图 1.23　ArcGIS 服务目录显示地图服务的元数据

在上面的服务页面中，另一项是支持的接口，通常列出来的是 REST 与 SOAP，表示同时支持两种方式访问服务。单击 REST 链接，则可以再次看到图层、空间参考等信息，不过这次是以 JSON 格式显示的，如图 1.24 所示。

图 1.24　查看 ArcGIS Server REST 风格 Web 服务的元数据

1.5.5 查看地图

发布地图服务之后，就可以利用服务目录以不同格式来查看地图。当浏览到一个地图服务的主页，就会看到 View In 提供了使用不同应用程序查看服务内容的选项，如图 1.25 所示。

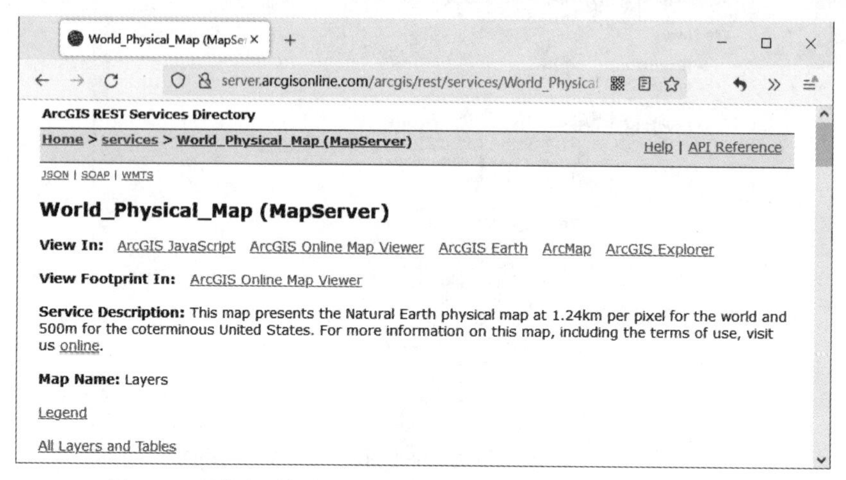

图 1.25 服务主页提供了使用不同应用程序查看服务内容的选项

- ArcMap：该网址提供了一个图层文件（.lyr）来参考服务。用户可将图层添加到任何 ArcMap 文件中。利用图层文件的优势使其包含链接信息，不必手动连接服务器。
- ArcGIS Explorer：这个网址提供了一个 ArcGIS Explorer 地图文件（.nmf）参考服务。使用此选项，用户可以在 ArcGIS Explorer 中浏览服务。
- ArcGIS JavaScript：这个网址提供了 Web 浏览器中地图的一个简单预览。这个选项的优势是，在客户端不需要任何特殊的软件。
- Google 地球：本网址将地图的内容作为网络连接的 KML（.kmz），适合在 Google 地球中应用。KML 使用底层叠加来显示栅格化的地图。如果地图缓存在一个支持的坐标系统中，KML 区域就被使用。如果服务使用基于令牌环的认证安全机制，服务就不再可用。
- 微软虚拟地球：本网址提供微软虚拟地球的一个预览图。此链接只适用于已缓存且为 Web 墨卡托（MerCator）投影的服务（102113）。
- 谷歌地图：本网址提供谷歌地图的预览图。此链接只能适用于已缓存且为 Web 墨卡托投影的服务（102113）。

1.5.6 使用 ArcGIS Server REST 风格的 Web 服务的过程

使用 ArcGIS Server 发布出来的 REST 风格的 Web 服务（也就是使用其 REST API）的过程基本分为 4 个步骤。

1. 构建请求 URL

URL 由服务的“端点+参数”构成。

步骤 01 确定端点。每个 GIS 服务都有一个端点，例如 ArcGIS 在线 sampleserver1 上

Demographics 文件夹下名为 ESRI_Census_USA 的一个地图服务的端点为 http://sampleserver1.arcgisonline.com/ArcGIS/rest/services/Demographics/ESRI_Census_USA/MapServer。

步骤 02 确定操作。不同地理信息系统服务支持不同的操作，不同的操作会返回不同的结果。地图服务可以输出地图，识别、查找和生成 KML。输出地图可以生成地图，同时识别给出地图服务层的属性表。

步骤 03 确定参数。不同的操作需要不同的参数。例如，请求地图图片，需要提供地图范围四周角点的坐标参数，也就是地图覆盖范围。

步骤 04 确定输出格式。REST API 支持很多输出格式，例如 JSON、KMZ、图片和 HTML。基于这一考虑，需要构建的 URL 格式为：

```
    http://{ArcGIS Server name}/ArcGIS/rest/services/{folder name}/{service name}/{service
type}/{operation}?{parameter1}={some values}& parameter2={some values}
```

2. 提交 URL 请求到 ArcGIS Server

可以不通过编程发送 URL 请求。例如，只需在网页浏览器的地址栏中输入网址。每种编程语言都有不同的提出请求方式。

3. 接收 ArcGIS Server 的响应

ArcGIS Server 处理请求并返回响应到客户端。对于一个同步的工作，客户端一直等待，直到收到服务器的响应。对于异步工作，服务器发送一份工作编号来定期跟踪客户端的工作状态。

4. 解析和使用响应

ArcGIS Server REST Web 服务的响应可以有多种格式，例如 JSON、KMZ、HTML 和图片。客户端可判断响应是成功还是失败。如果失败了，客户端可以判断错误消息。如果响应是成功的，客户端可以解析响应所需的信息（例如输出地图图像、几何特征和属性等），并恰当地利用这些信息（例如在影像地图上突出显示返回的要素等）。

提 示

ArcGIS API for JavaScript 集成了 REST API，可以自动地执行上述 4 个步骤。使用 JavaScript API 不需要自己完成这 4 个步骤。

1.5.7 支持的输出格式

使用查询参数 f，用户就可以指定返回响应的格式。REST API 支持很多种格式的响应，下面一一介绍。

1. html

这是默认格式，响应格式就是 HTML 网页格式。每个资源的 HTML 网页集就是所谓的服务目录。例如使用以下网址，可以查看 ArcGIS 在线根目录的服务目录的网页：

```
http://server.arcgisonline.com/arcgis/rest/services?f=html
```

注 意

如果 HTML 是默认值，网址中就不包含这个参数。也就是说，上述网址等同于以下网址：
http://server.arcgisonline.com/arcgis/rest/services

2. json

REST API 的响应就是一个 JSON 对象。这种格式主要用于 JavaScript API。要检索 JSON 对象的信息，可以使用以下网址：

```
http://server.arcgisonline.com/arcgis/rest/services?f=json
```

也可以在网址中引用一个回调函数，如下所示：

```
http://server.arcgisonline.com/arcgis/rest/services?f=json&callback=myMethod
```

如果要使 JSON 对象更具可读性，就可以使用 pjson 或 pretty 标记。但是在应用程序中不必包含影响表达的参数，这些参数只用于调试。例如：

```
http://server.arcgisonline.com/arcgis/rest/services?f=pjson
http://server.arcgisonline.com/arcgis/rest/services?f=json&pretty=true
```

3. image

响应格式就是一个影像流，没有任何其他信息。例如：

```
http://sampleserver1.arcgisonline.com/ArcGIS/rest/services/Specialty/ESRI_StateCityHighway_USA/MapServer/export?bbox=-117,35.79,-122,42.38&f=image
```

4. help

响应的就是一个上下文帮助文件。下面的网址打开页面上的帮助，提供有关地图服务资源的信息：

```
http://sampleserver1.arcgisonline.com/ArcGIS/rest/services/Demographics/ESRI_Census_USA/MapServer?f=help
```

5. lyr

响应就在 ArcMap 中生成 layer 文件。当然前提是必须安装 ArcMap。例如：

```
http://sampleserver1.arcgisonline.com/ArcGIS/rest/services/Demographics/ESRI_Census_USA/MapServer?f=lyr
```

6. nmf

响应的就是在 ArcGIS Explorer 中生成的 layer 文件。例如：

```
http://sampleserver1.arcgisonline.com/ArcGIS/rest/services/Demographics/ESRI_Census_USA/MapServer?f=nmf
```

7. jsapi

响应的是使用 ArcGIS API for JavaScript 在 Web 浏览器中显示地图服务的网页。

第 2 章

ArcGIS API for JavaScript 介绍

ESRI 提供了一组 JavaScript API 用于构建轻量级的、高性能的、纯浏览器的 GIS 应用，目的是利用 ArcGIS Server 发布的地图服务为定位框架与空间分析工具，集成网络上的其他服务与内容，从而构建融入式（Mashup）Web GIS——Web GIS 2.0。这组 API 统称为 ArcGIS API for JavaScript。

本章首先通过一个简单的实例演示基于 ArcGIS API for JavaScript 应用的代码结构，然后介绍 ArcGIS Server JavaScript API 的构成及其出现的必然性，着重介绍开发与调试工具，最后介绍 ArcGIS Server JavaScript API 的基础——Dojo 的基础知识。

2.1 ArcGIS API for JavaScript 版的 Hello World

ArcGIS API for JavaScript 自 2008 年发布以来，已经枝繁叶茂。为了支持三维 GIS 的开发以及向后兼容，当前 ESRI 仍然同时更新着两大版本，一个是 3.x 版本，另一个是 4.x 版本，其中 3.x 版本延续了原来最早发布的版本，里面对二维地图的操控比较详细，4.x 版本是后来发布的版本，主要增加了三维地图场景这一块的内容。在编写本书的时候，3.x 版本目前有许多新版是 3.39，4.x 版本目前新版是 4.22。4.x 版本几乎包含 3.x 版本的所有功能，并且 4.x 版本独有的创新，例如三维可视化、地图旋转以及更深入与 ArcGIS Enterprise 和 ArcGIS Online 集成。虽然并非所有 3.x 功能都包含在 4.x 中，但每个新版本都会增加更多功能，直到它不仅与 3.x 匹配，并且远远超过它。因此，一般建议使用 4.x 版本，除非需要使用 3.x 版本中特有的功能，例如分析小部件。

2.1.1 3.x 版本的 Hello World

ESRI 在其 ArcGIS 中提供了在线的 ArcGIS API for JavaScript，在 Web 应用中直接引用即可，无须下载安装，也无须证书、授权等。当然，也可以将其下载，然后部署到自己的 Web 服务器上。下载地址是：

```
https://developers.arcgis.com/downloads/#javascript
```

下载内容包含详细安装方法与修改说明。

此外，ArcGIS 在线还提供了许多地图服务，包括全球的影像、街道与地形图服务等。对于要创建一个实现基本 GIS 功能的 Web 应用，只需要一个文本编辑工具即可（当然，可以利用一些集成开发工具生成 HTML 框架），可以称得上是“空手套白狼”。

> **提 示**
>
> 并不一定需要将 ArcGIS Server 在本地计算机上安装并发布服务，只需要有一个或多个通过网址访问的 ArcGIS Server 服务，就可以应用 ArcGIS API for JavaScript 编程。

下面以实例 2-1（对应代码的文件夹为 Sample2-1）来介绍使用 JavaScript API 初始化一个 Web GIS 应用通常包含的步骤。

步骤01 新建一个名 HelloWordV3.html 的网页文件。

步骤02 在<head>部分增加引用 ESRI 提供的样式表：

```
<link rel="stylesheet" href=" https://js.arcgis.com/3.39/esri/css/esri.css">
```

esri.css 样式表主要用于 ESRI 提供的小部件与组件（例如地图、信息框等）。

此外，还可以引用 Dojo 提供的样式表。Dojo 提供了 4 组样式，分别是 claro、tundra、soria 以及 nihilo，每种是一组定义用户界面的字体、颜色与大小等设置。在 ArcGIS API for JavaScript 中最常用的是 tundra 与 claro。它们的 URL 如下：

https://js.arcgis.com/3.39/dijit/themes/claro/claro.css

https://js.arcgis.com/3.39/dijit/themes/tundra/tundra.css

https://js.arcgis.com/3.39/dijit/themes/nihilo/nihilo.css

https://js.arcgis.com/3.39/dijit/themes/soria/soria.css

读者可以通过如下地址来了解每组样式中不同 Dojo 小部件的显示情况：

http://archive.dojotoolkit.org/nightly/dojotoolkit/dijit/themes/themeTester.html

（3）除了提供样式表的引用外，还需要增加一个<script>标签，在该标签中引用 ArcGIS API for JavaScript，代码如下：

```
<script src="https://js.arcgis.com/3.39/"></script>
```

上述引用也同时包含对 Dojo 的引用，原因是该 API 建立在 Dojo 之上。

此外，上述几行代码中的 3.39 是当前应用的 API 的版本号。编写该书时，3.x 系列最高的版本就是 3.39。读者可以使用最新的版本号。

（4）在<body>区域增加一个<div>元素，用于显示地图，并通过设置类型，应用在第一步引用的风格。代码如下：

```
<body class="tundra">
   <div id="mapDiv"></div>
</body>
```

（5）回到<head>部分，加入如下代码，加载地图模块并确保 DOM 已经可用。

```
    <script>
    require(["esri/map", "esri/layers/ArcGISTiledMapServiceLayer", "dojo/domReady!"],
function (Map, ArcGISTiledMapServiceLayer) {
            // 以下是创建地图与加入底图的代码
        });
    </script>
```

ArcGIS API for JavaScript 包含许多类，这些类是依据用途安装模块组织的，例如 esri/map 用于地图、几何对象、图形与符号，esri/tasks/locator 用于地理编码。要在应用程序中使用这些资源，需要先调用 Dojo 提供的全局 require 函数加载。

require 函数需要两个参数，第一个参数是依赖项，第二个参数是一个回调函数。

require 函数的第一个参数又包括两类，一类是真正依赖的类，另一类是插件，比如 dojo/dom、dojo/fx、dojo/domReady!等。

对于依赖的类，如果不存在，Dojo 就会根据目录结构去加载。当加载完成之后，将执行回调函数。

插件是用来扩展加载器功能的。插件的加载方式和常规模块没什么区别，只是在模块标识符的结尾使用了特殊符号“!”来表明它的请求是插件请求。Dojo 默认带有一些插件，4 个最重要的插件是：dojo/text、dojo/i18n、dojo/has 与 dojo/domReady。对于 dojo/domReady 插件，意思是当 DOM 解析完毕以后再执行回调函数，这样就可以确保在执行任何代码前 DOM 可用。

在回调函数中的参数依次是 require 函数的第一个参数指定的依赖类的别名，当然指定为不重复的变量名即可，但是为了代码的可读性、可维护性以及一致性，最好是对于同一个模块使用统一的别名。

（6）初始化地图以及在地图中加入内容。在 require 函数指定的回调函数中加入如下代码。

```
    var map = new Map("mapDiv");
    var agoServiceURL = "https://server.arcgisonline.com/ArcGIS/rest/services/
World_Street_Map/MapServer";
    var agoLayer = new ArcGISTiledMapServiceLayer(agoServiceURL, { displayLevels: [0, 1, 2, 3,
4, 5, 6, 7] });
    map.addLayer(agoLayer);
```

上面的第一行代码使用 Map 类（加载自 esri/map 模块）来创建一个新的地图。参数 mapDiv 是在 HTML 页面中包含地图的 DIV 的名称。第二行代码指定了一个地图服务的 URL。第三行代码根据地图服务的 URL 创建了一个地图切片图层。第四行代码是将创建好的地图切片图层加入地图中。

ArcGIS API for JavaScript 提供了两类图层，一类是事先做成地图切片的图层（又称为缓存地图），另一类是需要根据参数动态生成地图的图层，分别对应 esri/layers/ArcGISTiledMapServiceLayer 与 esri/layers/ArcGISDynamicMapServiceLayer。

如果使用的是 ArcGIS 在线的切片地图作为底图，还有如下一种更便捷的书写方式：

```
    var map = new Map("mapDiv", {
       center: [-56.049, 38.485],
       zoom: 3,
       basemap: "streets"
    });
```

上述代码通过 Map 构造函数的第二个参数指定了地图的其他属性，例如底图、初始中心点与层级。除了 streets 之外，ArcGIS 还提供了 streets-vector、satellite、hybrid、topo-vector、gray-vector、dark-gray-vector、oceans、national-geographic、terrain、osm、dark-gray、gray、streets、streets-night-vector、streets-relief-vector、streets-navigation-vector 与 topo 等基础底图。

如果使用的是自己用 ArcGIS Server 发布出来的切片地图服务，只需要将 URL 换成自己的服务地址即可。例如：

```
    require(["esri/map", "esri/layers/ArcGISTiledMapServiceLayer"], function(Map,
ArcGISTiledMapServiceLayer ) {
      var map = new Map("mapDiv");
      var myServiceURL = "http://myserver/ArcGIS/rest/services/myservice/MapServer";
      var myLayer = new ArcGISTiledMapServiceLayer(myServiceURL,
{ displayLevels:[8,9,10,11,12]});
      map.addLayer(myLayer);
    });
```

提 示

这里图层的概念与普通图层的概念既有联系又有一定的区别。在该上下文中指的是一个地图服务，返回的是地图。但是该地图又可以作为整体地图的一部分，因此又与图层类似。

（7）设置样式。回到<head>部分，加入如下代码，让地图重返整个浏览器窗口。

```
    <style>
       html, body, #mapDiv { padding: 0; margin: 0; height: 100%;
       }
    </style>
```

至此，我们就完成了一个具有初步 GIS 功能的 Web 应用。整体代码如下：

```
    <!DOCTYPE html>
    <html>
    <head>
       <meta charset="utf-8">
       <title>第一个 JavaScript API 应用</title>
       <link rel="stylesheet" href="https://js.arcgis.com/3.39/esri/css/esri.css">
       <style>
          html, body, #mapDiv { padding: 0; margin: 0; height: 100%;
          }
       </style>
       <script src="https://js.arcgis.com/3.39/"></script>
       <script>
          require(["esri/map", "esri/layers/ArcGISTiledMapServiceLayer", "dojo/domReady!"],
function (Map, ArcGISTiledMapServiceLayer) {
             // 以下是创建地图与加入底图的代码
             var map = new Map("mapDiv");
             var agoServiceURL = "https://server.arcgisonline.com/ArcGIS/rest/
services/World_Street_Map/MapServer";
             var agoLayer = new ArcGISTiledMapServiceLayer(agoServiceURL, { displayLevels:
[0, 1, 2, 3, 4, 5, 6, 7] });
             map.addLayer(agoLayer);
          });
       </script>
    </head>
    <body class="tundra">
       <div id="mapDiv"></div>
    </body>
    </html>
```

怎么查看效果呢？最简单的就是直接利用浏览器（Internet Explorer、Google Chrome 或 Firefox 等）打开该文件。当然，也可以将其部署到 IIS 或 Tomcat 服务器上。运行结果如图 2.1 所示。在地图上拖曳鼠标进行漫游；使用鼠标滚轮向前放大地图、向后缩小地图；按住 Shift 键，然后拖曳鼠标执行放大选择范围；同时按住 Shift 与 Ctrl 键，然后拖曳鼠标执行缩小选择范围；按住 Shift 键，单击地图选择地图中心；按住 Shift 键，双击地图选择地图中心并放大地图；使用方向键漫游；使用“+”键放大一级地图，使用“-”键缩小一级地图。

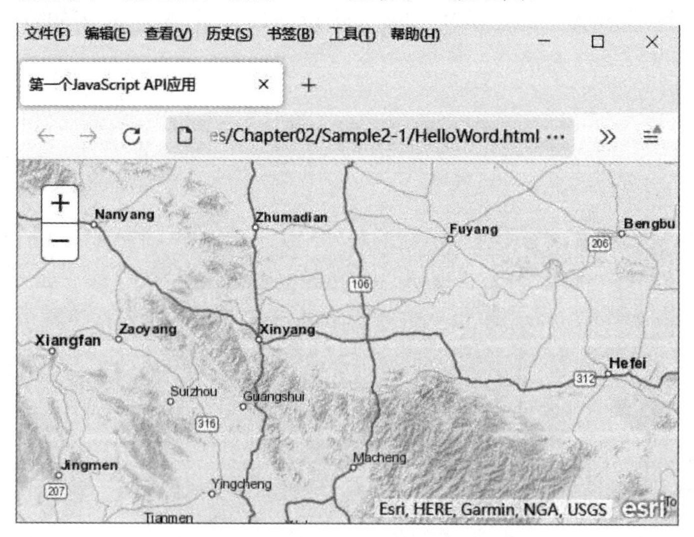

图 2.1　第一个 JavaScript API 应用程序

2.1.2　基于 4.x 版本使用 AMD 方式的 Hello World

ArcGIS API for JavaScript 使用了模块化的思想。模块化就是把逻辑代码拆分成独立的块，各自封装，互相独立，每个块自行决定对外暴露什么，同时自行决定引入执行哪些外部代码。ArcGIS API for JavaScript 可用作 AMD（Asynchronous Module Definition，异步模块定义）和 ES（ECMAScript）模块。从 4.0 版开始，API 已作为 AMD 提供。从 4.18 版开始，该 API 也可用作 ES 模块。

AMD 模块实现了异步模块定义格式，它调用 require()方法和第三方脚本加载器来加载模块及其依赖项。正如 2.1.1 节中所介绍的，对于 API 的引用有两种方式：一是直接使用 CDN（Content Delivery Network，内容分发网络）上的 API；二是将 API 部署在本地，然后引用本地 API。在实例 2-1 中使用的是 CDN 方式。

ES 模块也称为 ECMAScript 模块，或简称 ESM，是一种官方的标准化模块系统，它通过 import 语句在所有现代浏览器本地工作，因此 ES 模块不需要单独的脚本加载器。

下面以实例 2-2（对应代码的文件夹为 Sample2-2）为例来介绍使用 JavaScript API 初始化一个 Web GIS 应用通常包含的步骤。

步骤 01　新建一个名为 HelloWord.html 的网页文件。

步骤 02　在<head>部分增加 CSS 文件与 JavaScript API 的引用：

```
<link rel="stylesheet" href="https://js.arcgis.com/4.22/esri/themes/light/main.css">
<script src="https://js.arcgis.com/4.22/"></script>
```

步骤 03　在<body>区域增加一个<div>元素，用于显示地图，并通过设置类型，应用在第一步引用的风格。代码如下：

```
<body >
    <div id="viewDiv"></div>
</body>
```

步骤04 回到<head>部分，加入如下代码，加载需要使用的 Map 与 MapView 模块。

```
<script>
require(["esri/config","esri/Map", "esri/views/MapView"], function (esriConfig,Map,
MapView) {
        // 以下是创建地图与加入底图的代码
    });
</script>
```

步骤05 获取 API 密钥。由于这里访问的是 ESRI 公司提供的 ArcGIS 服务，因此需要提供 API 密钥。该密钥可前往 https://developers.arcgis.com/dashboard/免费获取。如果不需要访问 ESRI 公司提供的 ArcGIS 服务，则不需要提供 API 密钥。在学习环节，也可以不提供有效的密钥，只需要一个有内容的字符串即可。

步骤06 初始化地图以及在地图中加入内容。在 require 函数指定的回调函数中加入如下代码。

```
esriConfig.apiKey = "自己的 API 密钥或任意字符";
const map = new Map({
  basemap: "arcgis-topographic" // 基础底图服务
});
const view = new MapView({
  map: map,
  center: [-118.805, 34.027], // 纬度，经度
  zoom: 13, // 缩放层级
  container: "viewDiv" // Div 元素
});
```

4.x 版本与 3.x 版本在地图模块方面有很大的不同，在 4.x 版本将 3.x 版本中的地图功能分为地图与视图，类似于将内容与表现分离，地图只负责管理基础底图与图层的引用，用视图来负责显示地图内容、处理用户交互、弹出信息框、管理组件等。

使用 Map 类来创建地图，再将创建好的地图实例传递给视图对象。用于显示地图的视图类有 MapView 与 SceneView，分别用于二维地图与三维地图。

创建地图对象时，可通过 basemap 来指定基础底图，该参数的值可为三种类型。

第一种是如前面的代码所示的 arcgis-topographic 字符串。其他类似的还有 arcgis-imagery、arcgis-imagery-standard、arcgis-imagery-labels、arcgis-dark-gray、arcgis-navigation、arcgis-navigation- night、arcgis-streets、arcgis-streets-night、arcgis-streets-relief、arcgis-oceans、osm-standard、osm-standard-relief、osm-streets、osm-streets-relief、osm-light-gray、osm-dark-gray、arcgis-terrain、arcgis-community、arcgis-charted-territory、arcgis-colored-pencil、arcgis-nova、arcgis-modern-antique、arcgis-midcentury、arcgis-newspaper、arcgis-hillshade-light、arcgis-hillshade-dark，都是以 arcgis 或 osm 开头，osm 代表 OpenStreetMap。大家从字面上就能理解其内容，或者把前面的代码中的 arcgis-topographic 替换成某个字符串，查看其对应的地图内容。这类字符串对应的基础底图需要设置 API 密钥，当然如前所述，也可以是内容不为空的字符串。

第二种是 2.1.1 节中介绍的基础底图字符串，例如 satellite、oceans、terrain、osm、streets 与 topo 等，对于这些可以不设置 API 密钥。

第三种是 BaseMap 类的实例。可以使用这种方式指定我们自己的基础底图。代码如下：

```
let basemap = new Basemap({
```

```
      baseLayers: [
        new WebTileLayer ({
          url: "url to your MapServer",
          title: "Basemap"
        })
      ],
      title: "basemap",
      id: "basemap"
    });

    let map = new Map({
      basemap: basemap
    });
```

其实，在 ArcGIS API for JavaScript 的内部，用字符串指定的基础底图还是会转换为 BaseMap 类的一个实例。这种变化称为 autocasting，这是 ArcGIS API for JavaScript 4.x 的一个新特性，将 JSON 对象转换成对应的 ArcGIS API for JavaScript 类型实例，而不需要导入对应的 JavaScript 模块。例如在实例 2-2 的代码中，我们创建基础底图就没有引用 BaseMap，指定中点时没有引用 Point，使用的就是这一特性。表 2-1 列出了使用与不使用 autocasting 特性编码方式的对比，可以发现使用该特性可以加快开发速度。

表 2-1　使用与不使用 autocasting 特性编码的对比

不使用 autocasting	使用 autocasting	使用 autocasting（用 lon/lat 数组）

require([
  "esri/Map",
  "esri/geometry/Point",
  "esri/views/MapView"
], function(Map, Point, MapView) {
 	
  var map = new Map({
    basemap: "streets"
  });
 	
  var pt = new Point({
    latitude: 65,
    longitude: 15
  })
  var view = new MapView({
    container: "viewDiv",
    map: map,
    zoom: 4,
    center: pt
  });
});
	require([
	  "esri/Map",
	  "esri/views/MapView"
	], function(Map, MapView) {
	
	  var map = new Map({
	    basemap: "streets"
	  });
	
	  var view = new MapView({
	    container: "viewDiv",
	    map: map,
	    zoom: 4,
	    center: {
	      latitude: 65,
	      longitude: 15
	    }
	  });
	});
		require([
		  "esri/Map",
		  "esri/views/MapView"
		], function(Map, MapView)
		{
		
		  var map = new Map({
		    basemap: "streets"
		  });
		
		  var view = new MapView({
		    container: "viewDiv",
		    map: map,
		    zoom: 4,
		    center: [15, 65]
		  });
		});

要知道一个类能否被自动转换，得查看这个类在 ArcGIS API for JavaScript 中对应类的文档，

如果一个属性能够自动进行转换，就会出现 autocast 标记。例如 Map 的 Basemap 就有 autocast 标记，如图 2.2 所示。

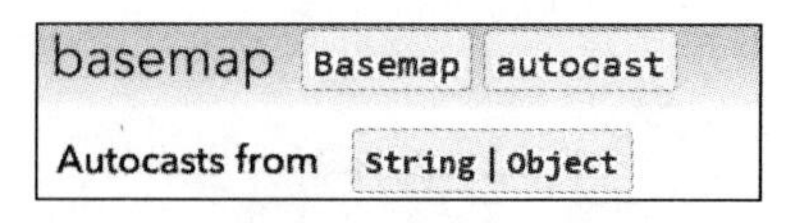

图 2.2 查看某属性是否可自动转换

创建好地图对象之后，将该对象作为参数创建 MapView 对象，在创建时可通过设置 center 属性来指定地图窗口中心点的经纬度，通过设置 zoom 属性指定缩放级别，通过设置 container 属性指定在哪个页面元素中显示地图内容。

（7）设置样式。回到<head>部分，加入如下代码，让地图占据整个浏览器窗口。

```
<style>
  html, body, #viewDiv { padding: 0; margin: 0; height: 100%;
  }
</style>
```

至此，我们就完成了一个具有初步 GIS 功能的 Web 应用。整体代码如下：

```
<html>
  <head>
    <meta charset="utf-8" />
    <title>基于 4.x 版本使用 AMD 方式的 Hello World</title>
    <style>
      html, body, #viewDiv { padding: 0; margin: 0; height: 100%;
      }
    </style>
    <link rel="stylesheet" href="https://js.arcgis.com/4.22/esri/themes/ light/main.css">
    <script src="https://js.arcgis.com/4.22/"></script>
    <script>
      require(["esri/config","esri/Map", "esri/views/MapView"], function (esriConfig,Map,
MapView) {

        esriConfig.apiKey = "自己的 API 密钥或任意字符";

        const map = new Map({
          basemap: "arcgis-topographic" // 基础底图服务
        });

        const view = new MapView({
          map: map,
          center: [-118.805, 34.027], // 纬度，经度
          zoom: 13, // 缩放层级
          container: "viewDiv" // Div 元素
        });
      });
    </script>
  </head>
  <body>
    <div id="viewDiv"></div>
  </body>
</html>
```

编码完成后，直接利用浏览器打开该文件即可，效果如图 2.3 所示。

图 2.3　基于 4.x 版本使用 AMD 方式的 Hello World

以上介绍了如何在 4.x 版本中使用 AMD 方式创建二维地图应用，对于三维地图应用，创建过程完全一样，只不过需要将 MapView 换成 SceneView。

2.1.3　基于 4.x 版本使用 ESM 方式的 Hello World

从 4.18 版本开始，ArcGIS API for JavaScript 也可作为 ES 的模块来使用，主要的使用场景是与框架或构建工具一起使用，这些框架主要有 React、Angular 与 Vue，构建工具包括 Rollup 与 Webpack 等。

使用 ESM 方式时，通常使用的是本地模块，一般通过 npm install @arcgis/core 命令来安装到本地，然后通过 import 来加载模块，例如下面的语句用于加载地图模块：

```
import Map from "@arcgis/core/Map";
```

注　意

ES 模块包命名约定使用/core，而 AMD 模块使用的是/esri。

引入模块以后，代码编写基本一致了。图 2.4 显示了两种方式的异同，左边是使用 ES 模块的方式，右边是使用 AMD 模块的方式。

```
import Map from "@arcgis/core/Map";
import MapView from "@arcgis/core/views/MapView";

const map = new Map({
  basemap: "topo-vector"
});

const view = new MapView({
  container: "viewDiv",
  map: map,
  zoom: 4,
  center: [15, 65]
});
```

```
24  require(["esri/Map", "esri/views/MapView"],
25  (Map, MapView) => {
26
27    const map = new Map({
28      basemap: "topo-vector"
29    });
30
31    const view = new MapView({
32      container: "viewDiv",
33      map: map,
34      zoom: 4,
35      center: [15, 65]
36    });
37  });
```

图 2.4　两种模块编码方式的异同

由于这种使用本地 ES 模块的方式需要安装 Node.js 等一系列的开发环境，本着循序渐进的原则，这些较复杂的操作将在后面的章节再介绍，这里先用实例 2-3（对应代码的文件夹为 Sample2-3）来介绍如何直接使用 ArcGIS 在线的 ES 模块，不过这种方式只推荐在原型设计与开发阶段使用。

步骤 01 新建一个名为 HelloWorld.html 的网页文件。

步骤 02 在<head>部分增加 CSS 文件的引用。

```
<link rel="stylesheet"
href="https://js.arcgis.com/4.22/@arcgis/core/assets/esri/themes/light/main.css ">
```

步骤 03 在<body>区域增加一个<div>元素，用于显示地图，并通过设置类型应用在第一步引用的风格。代码如下：

```
<body >
   <div id="viewDiv"></div>
</body>
```

步骤 04 在 viewDiv 这个元素下加入如下代码，加载需要使用 Map 与 SceneView 模块。

```
<script type="module">
  import Map from "https://js.arcgis.com/4.22/@arcgis/core/Map.js";
  import SceneView from 'https://js.arcgis.com/4.22/@arcgis/core/views/SceneView.js';
</script>
```

由于使用的是 ES 模块，因此 script 的类型指定为 module，以便浏览器知道。

步骤 05 加载模块之后，需要初始化地图以及在地图中加入内容，并将地图实例传递给场景视图。

```
const map = new Map({ basemap: 'topo' });
const view = new SceneView({
container: 'viewDiv',
map,
center: [ -118.182, 33.913 ],
scale: 836023
});
```

步骤 06 设置样式。回到<head>部分，加入如下代码，让地图占据整个浏览器窗口。

```
<style>
   html, body, #viewDiv { padding: 0; margin: 0; height: 100%;
   }
</style>
```

至此，我们就完成了一个具有初步三维 GIS 功能的 Web 应用。整体代码如下：

```
<html>
  <head>
    <meta charset="utf-8" />
    <title>基于 4.x 版本使用 ESM 方式的 Hello World</title>
    <style>
      html, body, #viewDiv { padding: 0; margin: 0; height: 100%;
      }
    </style>
    <link rel="stylesheet" href="https://js.arcgis.com/4.22/@arcgis/core/
assets/esri/themes/light/main.css">
  </head>
  <body>
    <div id="viewDiv"></div>

      <script type="module">
      import Map from "https://js.arcgis.com/4.22/@arcgis/core/Map.js";
```

```
      import SceneView from 'https://js.arcgis.com/4.22/@arcgis/core/ views/SceneView.js';

       const map = new Map({ basemap: 'topo' });
       const view = new SceneView({
          container: 'viewDiv',
          map,
          center: [ -118.182, 33.913 ],
          scale: 836023
       });
    </script>
  </body>
</html>
```

编码完成后，直接利用浏览器打开该文件即可，效果如图 2.5 所示。

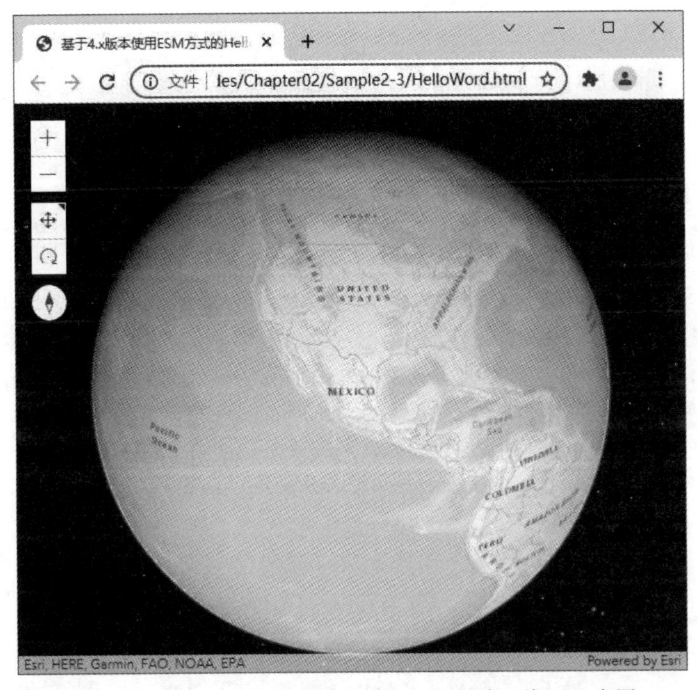

图 2.5　使用 ArcGIS 在线 ES 模块 API 创建三维 GIS 应用

2.2　ArcGIS API for JavaScript 与 Dojo

ArcGIS API for JavaScript 是 ArcGIS Server 9.3 新增的一套 API 框架，为创建 Web GIS 应用提供了轻量级的解决方案，在客户端可以轻松地利用 JavaScript API 来调用 ArcGIS Server 所提供的服务，实现地图应用和地理处理功能。从 2.1 节直接使用浏览器打开文件运行程序，可以看出这一切操作都是在客户端仅仅用脚本调用服务器端的接口完成的，不需要写任何的服务器端代码。也就是说，所有的开发和代码编写都是在客户端脚本中进行的，不再像基于 ADF 的 Web 应用那样，既要处理编写客户端的 JavaScript 代码，又要处理编写服务端的 C#或 Java 代码，这样就大大地降低了开发的复杂度。

2.2.1 ArcGIS API for JavaScript 的构成

通过 ArcGIS API for JavaScript 可实现如下一些功能：

- 以自己的数据与服务器上的数据组合显示交互性的地图。
- 在 ArcGIS 在线基础地图上叠加自己的数据。
- 在 GIS 数据中查找要素或者属性并显示结果。
- 搜索地址并显示结果。
- 在服务器上执行 GIS 模型并显示结果。

ArcGIS API for JavaScript 包含的内容有：

- 地图显示：支持在 ArcGIS Server 上动态生成和缓存的两种地图的显示，并可指定投影参考系。
- 地图绘制：可以通过鼠标单击或者悬停进行绘图，或者提供弹出的信息窗口来增强应用程序的功能。
- 地图任务：以任务的方式实现属性与空间几何图形的相互查询、地址查找、缓冲区分析、地理处理等功能。
- 使用 Dojo 与其他类库进行扩展：由于 ArcGIS API for JavaScript 是基于 Dojo 工具包开发的，因此可以无缝使用 Dojo 的小部件与其他工具。程序员还可以在应用程序中集成其他类库，例如 Google 的图表 API 等。

2.2.2 ArcGIS API for JavaScript 与 Dojo 的关系

ArcGIS API for JavaScript 构建于 Dojo 之上，可以充分利用 Dojo 来屏蔽各种浏览器的差异，如图 2.6 所示。

图 2.6 ArcGIS API for JavaScript 与 Dojo 的关系

那么 Dojo 又是什么呢？

伴随 Web 2.0、Ajax（Asynchronous JavaScript and XML，异步 JavaScript 和 XML）和 RIA（Rich Internet Application，富互联网应用程序）的热潮，各种 Ajax 开发工具包如雨后春笋般蓬勃发展，Dojo 正是这些工具包中的佼佼者。Dojo 为 RIA 的开发提供了完整的端到端的解决方案。

Dojo 是一个 JavaScript 实现的开源 DHTML 工具包。Dojo 的最初目标是解决开发 DHTML 应用程序遇到的一些长期存在的历史问题。Dojo 先进的功能特点有：

- 更容易为 Web 页面添加动态能力，可以在其他支持 JavaScript 的环境中使用 Dojo。

- 利用 Dojo 提供的组件，可以提升 Web 应用程序的可用性和交互能力。
- Dojo 设计的包加载机制和模块化的结构，能保持更好的扩展性，提高执行性能，减少用户开发的工作量，并保持一定的灵活性（用户可以自己编写扩展）。
- Dojo 很大程度上屏蔽了浏览器之间的差异性，因此不必再担心 Web 页面是否在某些浏览器中可用。
- 通过 Dojo 提供的工具，还可以为代码编写命令行式的单元测试代码。
- Dojo 的打包工具可以帮助优化 JavaScript 代码，并且只生成部署应用程序所需的最小 Dojo 包集合。

Dojo 主要由三大模块组成，分别是 Core、Dijit 和 DojoX。

- Core 提供 Ajax、事件、基于 CSS 的查询、动画以及 JSON 等相关操作 API。
- Dijit 是一个可更换皮肤，基于模板的 Web 界面控件库，包含许多简单易用的小部件（Widget）。
- DojoX 包括一些新颖的代码和控件，例如 DateGrid、Chart、离线应用、跨浏览器矢量绘图等。

此外，Dojo 还包含一个工具库（Util）模块，该模块包含单元测试框架（Dojo Objective Harness，DOH）、从 Dojo 源代码中生成的文档工具以及 JavaScript 资源打包与压缩工具（Rhino）。这几个模块之间的相互关系如图 2.7 所示。

Dojo 的体系架构如图 2.8 所示，总体上来看，Dojo 是一个分层的体系架构。最下面的一层是包系统，Dojo API 的结构与 Java 很类似，它把所有的 API 分成不同的包（Package），当用户要使用某个 API 时，只需导入这个 API 所在的包即可。包系统上面一层是语言库，这个语言库里包含一些语言工具 API，类似于 Java 的 util 包。再上面一层是环境相关包，这个包的功能是处理跨浏览器的问题。

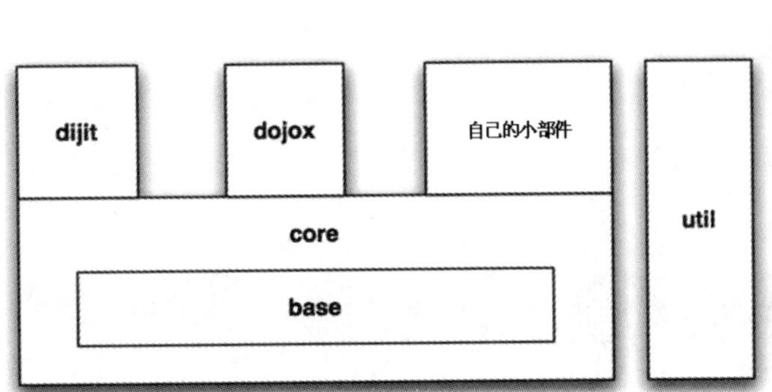

图 2.7 Dojo 的几个模块之间的关系

图 2.8 Dojo 的体系架构

Dojo 中的大部分代码都位于应用程序支持库，由于图片大小的限制，图 2.8 中没有列出所有的包。开发人员大部分时候都在调用这个层中的 API，比如用 IO 包可以进行 Ajax 调用。最上面的一层是 Dojo 的小部件系统，小部件指的是用户界面中的一个元素，比如按钮、进度条和树等。Dojo 的小部件基于 MVC 结构。它的视图以模板（Template）的方式进行存放，在模板中放置着 HTML 和 CSS 片段，而控制器用于对该模板中的元素进行操作。小部件不仅支持自定义的样式表，还能够对内部元素的事件进行处理，用户在页面中只需要加入简单的标签即用。在这一层中，存在数百个功能强大的小部件方便用户使用，包括表格、树、菜单等。

Dojo 提供了上百个包，这些包分别放在 Dojo、Dijit 和 DojoX 三个一级命名空间中。由于 Dojo 包种类繁多，表 2-2 只列举了最常用的一些包及其功能，方便读者有个初步了解或供以后查阅。

表 2-2 Dojo 常用包

包名	功能
dojo/io	不同的输入输出传输方式，包括 Script、IFrame 等
dojo/dnd	拖曳功能的辅助 API
dojo/string	这个包可以对字符串进行修整、转换为大写、编码、填充等处理
dojo/date	解析日期格式的有效助手
dojo/event	事件驱动 API，支持 AOP 开发，以及主题、队列的功能
dojo/back	用来撤销用户操作的栈管理器
dojo/rpc	与后端服务（例如理解 JSON 语法的 Web 服务）进行通信
dojo/colors	颜色工具包
dojo/data	Dojo 的统一数据访问接口，可以方便地读取 XML、JSON 等不同格式的数据文件
dojo/fx	基本动画效果库
dojo/regexp	正则表达式处理函数库
dijit/forms	表单控件相关的小部件库
dijit/layout	页面布局小部件库
dijit/popup	这个包用于以弹出窗口方式使用小部件
dojox/charting	用于在页面上画各种统计图表的工具包
dojox/collections	很有用的集合数据结构（List、Query、Set、Stack、Dictionary 等）
dojox/encoding	实现加密功能的 API（Blowfish、MD5、Rijndael、SHA 等）
dojox/math	数学函数（曲线、点、矩阵）
dojo/reflect	提供反射功能的函数库
dojox/storage	将数据保存在本地存储中（例如，在浏览器中利用 Flash 的本地存储来实现）
dojox/xml	XML 解析工具包

关于 Dojo 更详细的基础知识请参看 2.5 节。

2.3 开发与调试工具

一位优秀的 Web 开发人员需要顾及很多层面。例如，要写出漂亮的 HTML 代码，要编写精致的 CSS 样式表展示每个页面模块，要调试 JavaScript 给页面增加一些更活泼的要素，要使用 AJAX 给用户带来更好的体验。尽管 Java、C#等各种高级语言的开发工具琳琅满目，但作为 AJAX 的主角的 JavaScript 语言，配套的开发工具总保持着不相称的沉寂。缺乏良好开发工具的支持，编写 JavaScript 程序，特别是超过 500 行的 JavaScript 程序变得极富挑战性——没有代码诱导功能，没有实时错误检查，没有断点跟踪调试……开发 JavaScript 代码有时就像在黑暗的隧道里靠触觉摸索着前行。在代码中不小心增加了一个多余的“(”或“{”，整段代码可能马上像一堵轰然倒塌的城墙，在 IE 中报出的错误往往似是而非，甚至和真实原因相差十万八千里，让人如堕云雾。编写 JavaScript 程序的感受是战战兢兢、如履薄冰。不过现在有很多工具来减轻代码编写、测试和调试的负担。

工欲善其事，必先利其器。充分利用好各种工具软件，必能做到事半功倍。

由于 ArcGIS API for JavaScript 是纯 JavaScript，因此一般也没有特殊的要求，可以根据自己的习惯选择集成开发环境。不过，在应用中也常常需要服务器端的代码，所以一个好的集成开发工具是必不可少的。此外，集成开发环境还包括在服务器上发布应用、源代码控制等有助于项目开发的工具。根据 ESRI 对 ArcGIS API for JavaScript 的计划，推荐两个集成开发工具，本节将一一介绍。

2.3.1　Visual Studio Code

Visual Studio Code（VS Code）是微软 2015 年推出的一个轻量但功能强大的源代码编辑器，如图 2.9 所示，其基于 Electron 开发，支持 Windows、Linux 和 macOS 操作系统，笔者在编写本书时的最新版本是 1.70.2。它内置了对 JavaScript、TypeScript 和 Node.js 的支持，并且通过扩展可以对其他语言（如 C++、C#、Java、Python、PHP、Go）和运行环境（如.NET、Unity）进行支持。Visual Studio Code 是一款免费开源的现代化轻量级代码编辑器，几乎支持所有主流开发语言的语法高亮、智能代码补全、自定义快捷键、括号匹配和颜色区分、代码片段、代码对比、GIT 命令等特性，支持插件扩展，并针对网页开发和云端应用开发做了优化。

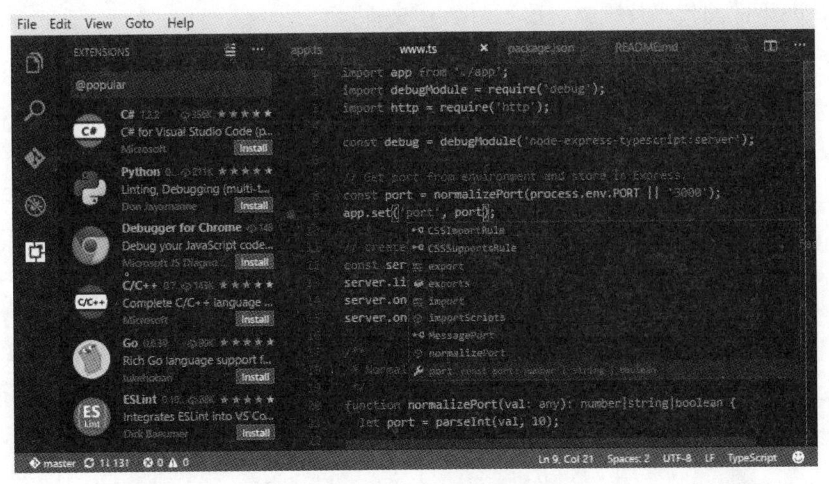

图 2.9　VS Code 开发环境

VS Code 提供了强大的 IntelliSense 功能，其由语言服务提供支持。如果语言服务知道可能完成的输入，则会在输入时弹出建议。如果继续输入字符，则会过滤列表（变量、方法等），仅包含输入字符的列表，按 Tab 键或 Enter 键将插入所选的内容。VS Code IntelliSense 提供了非常有用的语法高亮器，同时为变量类型、方法定义和模块引入提供了自动补全功能，而且可以在设置中（settings.json）自定义 IntelliSense。通过按 Ctrl + Space 组合键或输入触发器字符在编辑器窗口中触发 IntelliSense。VS Code 的智能感知提供 JavaScript、TypeScript、JSON、HTML、CSS、SCSS 等的支持。VS Code 支持各种编程语言的“单词”完成功能，也可以通过安装语言扩展配置为更丰富的 IntelliSense。

此外，微软发布了网页版的 VS Code，对编程语言的支持分为三档。第一档体验几乎与桌面端相同，包括“Webby”语言，比如 JSON、HTML、CSS 和 LESS；第二档是 TypeScript、JavaScript 和 Python，由在浏览器中本地运行的语言服务提供支持，语法高亮、单文件自动补全、语法错误提示等功能全部具备，使用体验“良好”；第三档是 C/C++、C#、Java、Rust、Go 等，只提供语法高亮、括号对上色、文本补全功能。

2.3.2 Visual Studio 2019

Visual Studio 自 2008 版本就支持客户端 JavaScript IntelliSense。该功能类似于其他集成开发环境中的自动补全功能。Visual Studio 2019 为所有的.aspx 文件、.htm 文件以及外部的.js 文件都提供完整的 JavaScript 自动完成功能。它不仅对普通的 JavaScript 代码提供了 IntelliSense，还对新的 ASP.NET AJAX 客户端 JavaScript 框架和用它编写的 JavaScript 代码提供了丰富的支持。

在 Visual Studio 2019 中，开发人员不需要对 JavaScript 文件运行别的工具来建立 IntelliSense 提示，也不用以某种方式来修饰 JavaScript。如果在外部 JavaScript 文件中建有一个标准的 JavaScript 函数或原型类型，那么在 Visual Studio 2019 中使用它时就应该自动提供 IntelliSense 功能。

很明显，当外部 JavaScript 文件具有 IntelliSense 功能时，开发人员就可以像使用内部的 JavaScript 语句块一样进行调用。如此一来，就可以自动调用外部 JavaScript 文件中定义的函数及变量。例如，在下面的代码片段中引用了两个.js 文件：

```
<html>
<head>
    <title>IntelliSense 功能测试</title>
    <script type="text/javascript" src="Util.js"></script>
    <script type="text/javascript" src="MyLibrary.js"></script>
```

于是，在该文件中即可使用 IntelliSense 功能调用 Util.js 与 MyLibrary.js 文件中定义的方法。当然，也可以在 MyLibrary.js 中让 Util.js 具有 IntelliSense 功能，只需在 MyLibrary.js 文件的顶部加入注释即可，如图 2.10 所示。

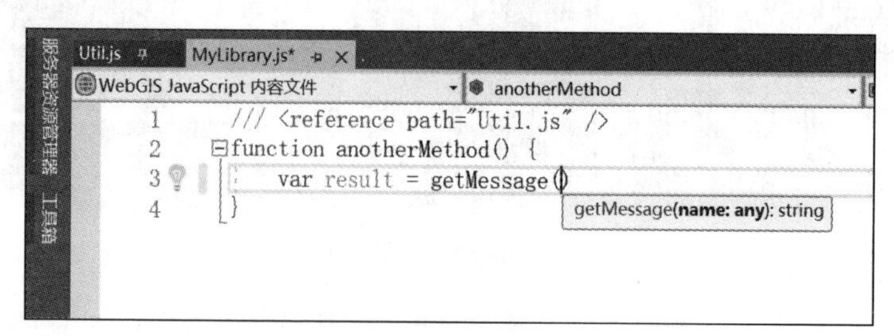

图 2.10　自动提示另一个 JavaScript 文件中定义的方法

Visual Studio 2019 还允许开发人员选择性地在代码/库中添加文档注释，来进一步帮助 IntelliSense 引擎，IntelliSense 引擎可以收集这些注释，用作摘要注释和类型描述与验证检查。

例如，开发人员可以把如图 2.11 所示的注释添加到 getMessage 函数中，当在其他文件中进行编码时，Visual Studio 2019 会自动显示 getMessage 函数的相关信息，包括摘要的细节以及在输入参数值时提供行内的帮助。

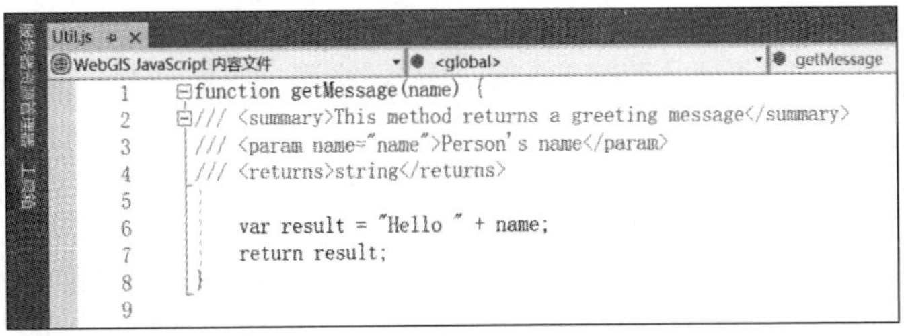

```
Util.js
WebGIS JavaScript 内容文件    <global>    getMessage
1  function getMessage(name) {
2  /// <summary>This method returns a greeting message</summary>
3  /// <param name="name">Person's name</param>
4  /// <returns>string</returns>
5
6      var result = "Hello " + name;
7      return result;
8  }
9
```

图 2.11　JavaScript 文档注释

提　示

增加文档注释是为了在编写代码阶段提高代码的可读性，帮助 IntelliSense 引擎，但是在程序部署阶段，需要利用工具去掉这些注释，以提高 JavaScript 文件的下载效率。

本书使用 Visual Studio 2019 作为集成开发环境。

2.4　调试工具

面对一大段的 JavaScript 脚本，以前总是会很头疼，找不到调试这些代码的方法。如果出现什么错误或异常，总是要从头分析，然后插入很多 alert()语句，调试起来很麻烦。现在所有主流的浏览器都会内置调试器，内置的调试器在打开的状态下可将错误报告给用户。通过调试器也可以设置断点（代码执行被暂停的位置），并在代码执行时检查变量。此外，目前较为常见的浏览器有 Chrome、Firefox、Edge 和 Safari，通常通过 F12 键启动浏览器中的调试器。

2.4.1　Google Chrome

Google Chrome 是一款免费的跨平台 Web 浏览器，2008 年针对 Microsoft Windows 平台推出，随后在 Mac、Linux 和移动设备上发布。它在世界范围内广受欢迎，具有文件下载、密码设置和书签等工具，可以加载多个网页或使用搜索引擎查找互联网上的任何主题，笔者编写本书时的最新版本为 104.0.5112.102。Google Chrome 内置了开发者工具（DevTools），可以监视、编辑和调试任何 Web 站点的层叠样式表（CSS，或称为级联样式表）、HTML、文档对象模型（DOM）和 JavaScript。Chrome 开发者工具包括一个 JavaScript 控制台、一个日志记录 API 以及一个有用的网络监视器。利用 Chrome 开发者工具，可从各个不同的角度剖析 Web 页面内部的细节，可以很轻松地调试和优化 Web 和 Ajax 应用程序，给 Web 开发者带来很大的便利。

1. 启用调试工具

先用 Chrome 浏览器打开需要测试的页面，然后单击右上角的三点形状按钮，选择“更多工具”中的“开发者工具”，也可以使用快捷键 Ctrl+Shift+I 或 F12 启用开发者工具，它会将当前页面分成左右或上下两个框架，同时用户可以通过选择将开发者工具面板与浏览器分离。

Chrome 开发者工具有 11 个主要的面板，分别是 Elements（HTML 及层叠样式表工具）、Console（控制台）、Sources、Network（网络状况监视）、Performance、Memory、Application、Security、Ligthhouse、Script（脚本调试器）、DOM（文档对象模型查看器）。这里介绍前 5 个面板。

2. 控制台

控制台能够显示当前页面中的 JavaScript 错误以及警告，并提示出错的文件和行号，方便调试，这些错误提示比起浏览器本身提供的错误提示更加详细且具有参考价值。而且在调试 AJAX 应用的时候也特别有用，因为能够在控制台看到每一个 XMLHttpRequests 请求的参数、URL、HTTP 头以及回馈的内容，原本似乎在幕后黑匣子里运作的程序被清清楚楚地展示在面前。

在我们的第一个实例中，如果将 var map = new esri.Map("mapDiv")行代码中的 mapDiv 改写成 map，引用一个不存在的 DOM 节点，就会在控制台中出现如图 2.12 所示的错误警告。

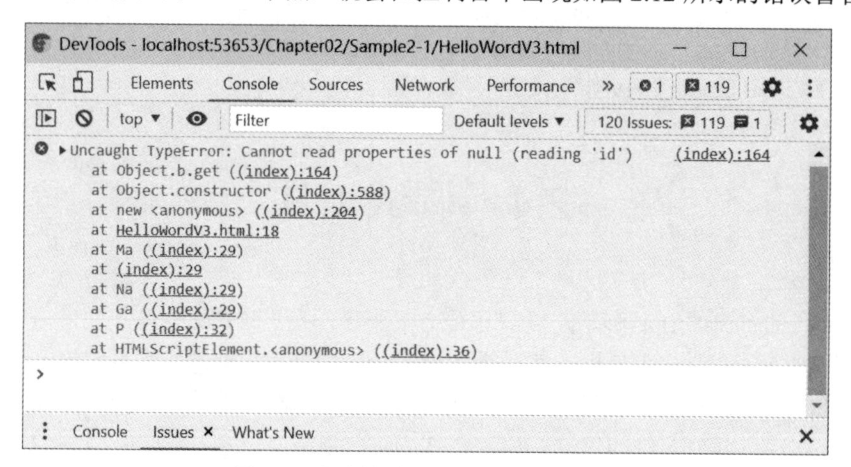

图 2.12　控制台中显示的代码错误警告

除了看到页面的运行信息以外，还可以直接在控制台窗口中输出调试信息。浏览器支持的调试语句较为常用的是 console.log。

在实例 2-1 的 require 函数的回调函数中加入一条语句 console.log("调用 init 函数!")，然后刷新页面，即可在控制台窗口中看到如图 2.13 所示的输出。

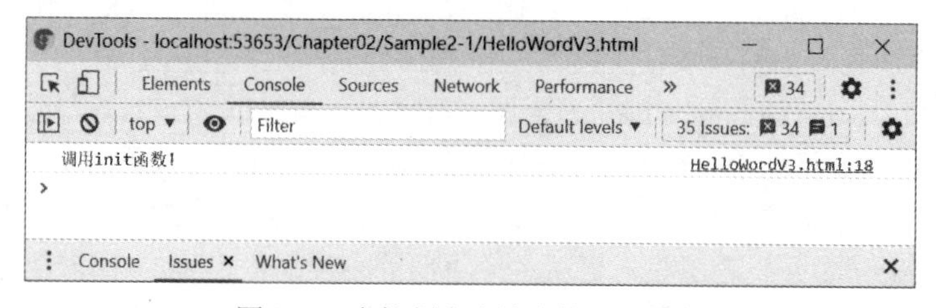

图 2.13　在控制台中输出的调试信息

console.log 除了可以直接将字符串输出以外，还可以使用如 C 语言的 printf 一样的格式控制进行输出。例如：

```
var num = 222;
console.log("num 的值为%d",num);
console.log(num, window);
```

此外，为了方便区分不同类别的调试信息输出（比如错误信息和警告信息），可以使用另外三种调试输出语句。在实例 2-1 的 require 函数的回调函数中加入如下代码，然后刷新页面，即可在控制台窗口中看到如图 2.14 所示的输出。

```
console.info("纯粹是信息");
console.warn("警告");
console.error("严重错误");
```

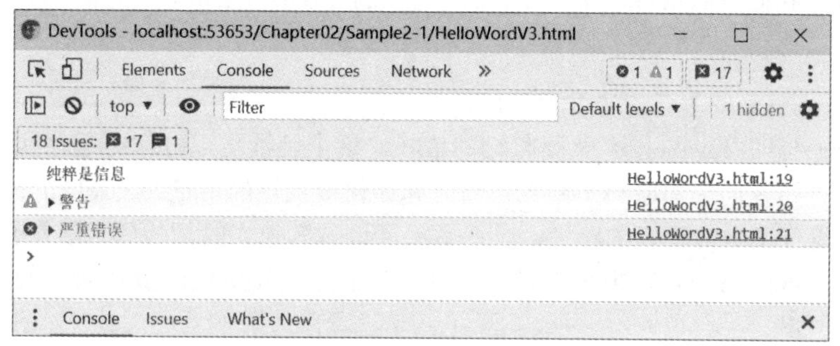

图 2.14　不同类别的调试信息

对于错误，能查看调用堆栈。

有时候，为了更清楚方便地查看输出信息，我们可能需要将一些调试信息分组输出，那么可以使用 console.group 来对信息进行分组，在组信息输出完成后用 console.groupEnd 结束分组。例如：

```
console.group('分组 1: ');
console.info('信息!');
console.warn('警告!');
console.error('错误!');
console.groupEnd();
```

如果需要，还可以通过嵌套的方式在组内再分组。

有时候，我们需要写一个 for 循环列出一个对象的所有属性或者某个 HTML 元素中所有的节点，有了浏览器开发者工具后，不需要再写这个 for 循环了，只需要使用 console.dir(object)或 console.dirxml(element)就可以了。例如：

```
console.dir([
   {attribute: "first_name", sortDescending: true},
   {attribute: "last_name", sortDescending: true}
]);
```

运行结果如图 2.15 所示。

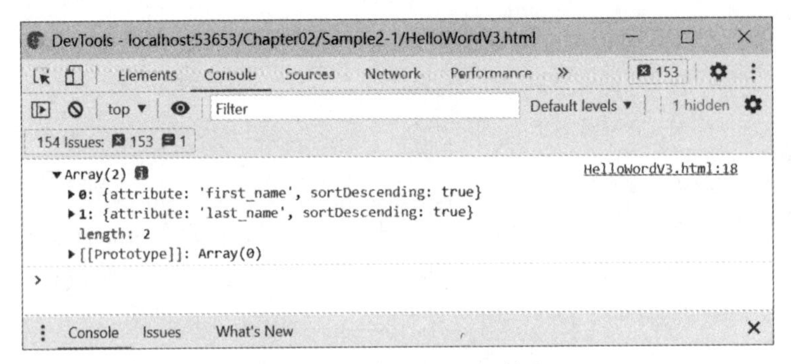

图 2.15　通过 console.dir 输出

通过这种方式我们可以查看某个对象中是否有某个属性。例如：

```
console.dir(dojo);
```

可以查看 dojo 对象中所有的属性及其属性值。

console.trace()打印 JavaScript 执行时刻的堆栈。这个函数可以打印出程序执行时从起点到终点的路径信息。比如我们想知道某个函数是何时和如何被执行的，把 console.trace()放在这个函数中，就能够看到这个函数被执行的路径。该函数用于调试其他人的源代码时非常有用。

console.time(timeName)可以用来计时，这个在我们需要知道代码执行效率的时候特别有用，例如：

```
function consoleTime(){
    var timeName = "timer1";
    console.time(timeName);
    var a = 0;
    for(var i = 0; i < 100; i++){
        for(var j = 0; j < 100; j++){
            a = a + 1;
        }
    }
    console.log("a = %d", a);
    console.timeEnd(timeName);
}
```

有 JavaScript 经验的读者可能习惯使用 alert()进行调试信息的输出，但是将调试信息在控制台窗口中输出是一个更优的选择。首先，如果页面有很多 alert()，则单击 OK 按钮让弹出框消失是一个非常烦人的事情。其次，如果调试的信息量很大，则使用 alert()语句弹出的窗口将无法很好地完整展示调试信息。还有，alert()无法查看对象和数组的细节信息。此外，如果在一个循环中使用 alert()，很容易造成页面无法正常运行。

3. 查看和修改 HTML

在 Elements 窗口中可以查看到页面的源代码，还可以使用编辑功能直接对页面进行编辑。

在 Elements 窗口以格式化的方式显示 HTML 代码，具有清晰的层次，能够方便地分辨出每一个标签之间的从属并行关系，标签的折叠功能能够帮助用户集中精力分析代码。源代码下方还标记出了 DOM 的层次，如图 2.16 所示，它清楚地列出了一个 HTML 元素的父、子以及根元素。还可以在 Elements 查看器中直接修改 HTML 源代码，并在浏览器中第一时间看到修改后的效果。

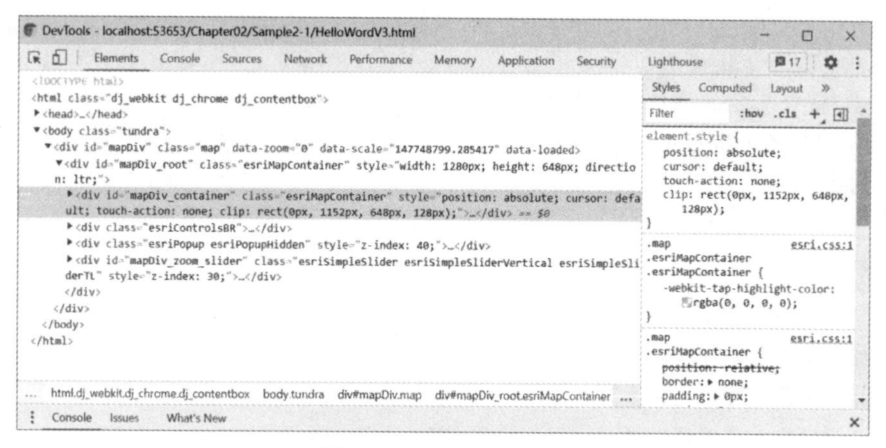

图 2.16　Elements 查看器

在 Elements 窗口模式下，在窗口右边有 Styles、Computed、Layout、Event Listeners、DOM Breakpoints、Properties 与 Accessibility 七个用于查看页面对应元素相关属性的窗口。当选中页面中的某个元素时，Styles 显示选中元素的 CSS 属性及其集成样式，此外还列出每个样式在哪个样式文件中定义。当鼠标经过这些样式时，左边会出现一个复选框，如果取消选中该复选框，那么这个样式就被禁用了。单击样式名或样式值可以编辑样式，单击空白处可以新建样式，单击样式所在的文件名可以跳转到 CSS 文件中该样式定义处等。所有这些修改都是在浏览器上即时显示编辑后的效果。Computed 显示 CSS 的盒式模型，从中可以看出元素的高度和宽度，以及内间距（Padding）和外间距（Margin）。结合使用可以方便选择页面中需要关注的部分。在图 2.16 中显示的是地图容器元素的 CSS 修饰。这些 CSS 修饰是通过加载 ArcGIS API for JavaScript 的 CSS 文件来实现的。

有时候页面中的 JavaScript 代码会根据用户的动作（如鼠标的 onmouseover）来动态改变一些 HTML 元素的样式表或背景色，HTML 查看器会将页面上改变的内容也抓下来，并以紫色高亮标记。

利用检查功能（选择工具栏中最左边的按钮激活该功能），还可以用鼠标在页面中直接选择一些区块，查看相应的 HTML 源代码和 CSS 样式表，真正做到所见即所得，在 HTML 窗口中将鼠标移动到某元素上，即可看到在页面中对应的元素被叠加一半透明的矩形框，比例尺控制条如图 2.17 所示。

图 2.17　通过 HTML 查看器查看页面中对应的元素

提　示

在 HTML 窗口或 CSS 窗口中调试出正确的源代码和 CSS 后，别忘记将源代码和 CSS 的修改结果复制到源代码文件中，不然调试结果在页面刷新后会付之东流。

4. JavaScript 工具

JavaScript 工具包括断点、监视表达式和典型调试器中常见的其他工具。该工具能实现如下功能：

- 直接导航到 JavaScript 中的特定行。
- 监视表达式（可以是任意的 JavaScript 表达式）。
- 以可视化格式显式调用堆栈。
- 条件断点。
- 错误后进行调试的能力。

在 Sources 窗口下，可以选择不同的脚本文件进行调试。在选择好需要调试的脚本文件以后，直接使用鼠标单击代码行的左端可以添加断点，断点的标志是带右箭头的长方形。然后刷新页面，当脚本执行到断点位置的时候，停止执行。此时，可以选择 Source 窗口右边的几种调试按钮对当前代码进行调试，在该过程中可通过右面部分查看变量的值，也可以直接将鼠标移动到某变量的上面进行查看。在图 2.18 中，在代码的 18 行添加了断点，且此时脚本单步运行到了第 20 行。

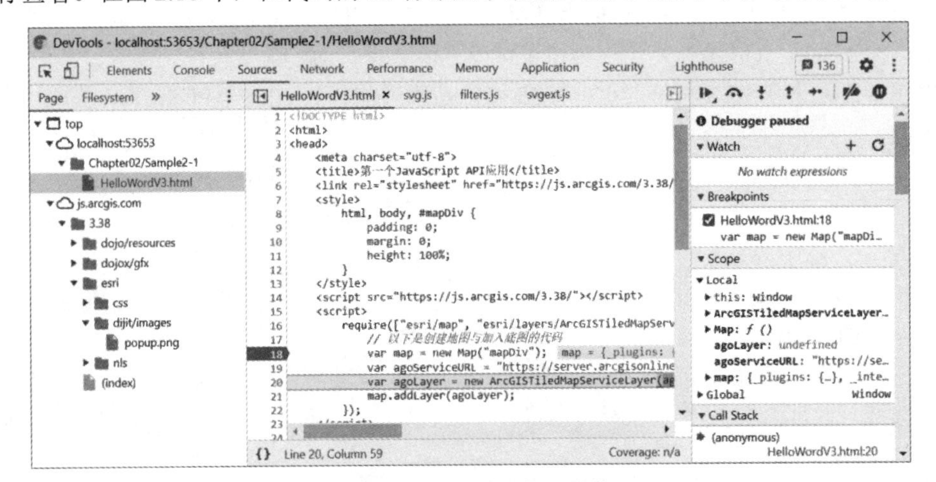

图 2.18　JavaScript 代码调试

此外，还可以在程序代码中增加如下代码行，让程序运行到该行后暂停：

```
debugger;
```

为什么要这样呢？在编写 Dojo 的小部件等时，程序运行时，Dojo（或 ArcGIS API for JavaScript）将我们编写的 JavaScript 代码加载到它自身内部，因此我们无法利用 Script 窗口设置断点，此时可以利用 debugger 语句来设置断点。不过虽然运行时程序会暂时停在该行，但是在 Sources 窗口中显示的却是 ArcGIS JavaScript 文件，不过此时可以通过 Sources 窗口右边部分查看变量的值。

5. JavaScript命令行

JavaScript 命令行是开发者工具最为强大的特性之一。这种命令行的使用方式与其他命令行一样，它执行编写的所有 JavaScript 代码好像就是页面的一部分。通过命令行可以检查 DOM、获得属性等，所有返回值都显示在控制台上。

JavaScript 命令行工具通常是在控制台窗口的最下面，有“>”提示符号，可以输入并执行单行语句（可为多条语句），按回车键以后立即执行。命令行有命令记忆功能，可通过上、下箭头键选择已经输入过的命令。

在下半部分窗口（称为“脚本运行区域”）输入 JavaScript 语句，然后按键盘上的回车键执行所编写的多行 JavaScript 语句。例如在控制台窗口的 JavaScript 语句编写窗口输入如下代码：

```
var node = document.createElement('div');
var subNode = document.createElement('a');
subNode.href = "http://www.bism.cn";
node.appendChild(subNode);
console.dirxml(node);
```

上述代码运行结果如图 2.19 所示。

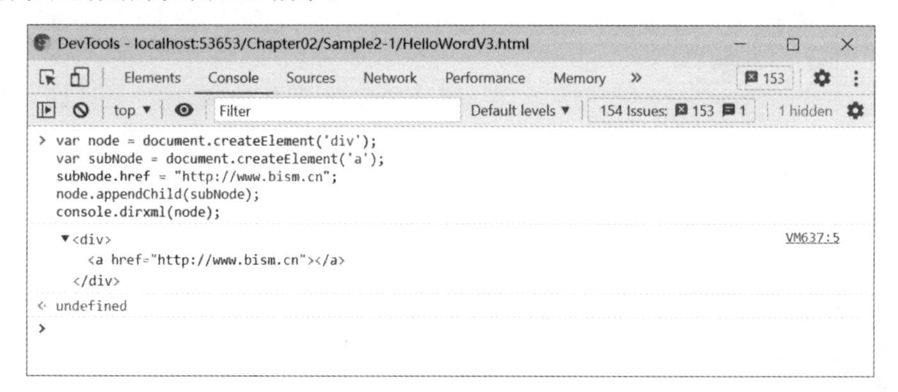

图 2.19　执行 JavaScript 命令

单行命令行和多行命令行各有各的优点，例如在单行模式时可利用 Tab 键来自动补全，因此可以根据不同的场景使用不同的命令行。

调试与学习技巧

搭建 ArcGIS API for JavaScript 的 JavaScript 命令行测试框架，我们可以在一个 HTML 页面中引用该 JavaScript API，然后利用 JavaScript 命令行功能测试与学习 Dojo 与该 JavaScript API。在 2.5 节中我们将利用该测试框架来学习 Dojo 基础知识。

下面用实例 2-4 来介绍 JavaScript 命令行测试框架。创建一个名为 ConsoleTest.htm 的文件，在其中加入如下代码：

```
<!DOCTYPE html>
<html>
<head>
    <meta charset="utf-8">
    <title>第一个 JavaScript API 应用</title>
    <script src="https://js.arcgis.com/4.22/"></script>
</head>
<body class="tundra">
    <p>
```

```
        这是一个基于控制台开发测试的文件。
    </p>
</body>
</html>
```

那么如何使用呢？用浏览器运行该文件后，打开开发者工具的控制台面板，就可以充分利用 Dojo 的功能了。例如有一个简单的 XML 文件，我们想加载该文件并确保正确解析，在 Firebug 的脚本运行区域输入如下代码：

```
require(["dojox/xml/DomParser"], function (DomParser) {
    var xml='<?xml version="1.0"?>'
        + '<root><node>第一个节点</node>'
        + '<node>第二个节点</node>'
        + '</root>';
    var doc=dojox.xml.DomParser.parse(xml);
    console.log(doc);
});
```

然后按回车键，这时在控制台列出了此对象，单击该对象，便可检查相关变量，如图 2.20 所示。

图 2.20　查看运行结果

在代码中利用 Dojo 的 require 函数加载 Dojo 的模块，这里主要是 dojox/xml/DomParser，然后调用其中的方法。由于 require 可以动态运行，因此不需要在页面加载的时候预先加载模块，甚至可以在 onload 事件很久之后再加载，可以根据需要在任何时间加载任何模块。

该技巧不局限于非界面代码，对于整个 Dojo 工具包都适用。也就是说，可以用来加载 Dojo 的小部件。

2.4.2　Mozilla Firefox

Mozilla Firefox 中文俗称“火狐”，是一个由 Mozilla 开发的自由及开放源代码的网页浏览器。其使用 Gecko 排版引擎，支持多种操作系统，如 Windows、macOS 及 GNU/Linux 等。英国防病毒公司 Sophos 在 2015 年的调查数据显示，Firefox 连续三年成为互联网用户最受信赖的浏览器，笔者编写本书时 Firefox 的最新版本是 104.0。

从 50.x 版本起，Firefox 不再支持 Firebug 调试工具，不过 Firefox 同样内置了开发者工具，可以实现与 Firebug 和 Chrome 浏览器相同的调试功能。Firefox 开发者工具打开的方式是单击浏览器右上角的三个横线按钮，选择“更多工具”下的“Web 开发者工具”，或使用组合键“Ctrl+Shift+I”以及快捷键“F12”。

Firefox 开发者工具包括：查看器、控制台、调试器、网络、样式编辑器、性能、内存、存储、无障碍环境和应用程序，具体使用方法可参照 Google Chrome 开发者工具的相关内容。

2.4.3　其他工具软件

除了集成开发环境与浏览器自带的开发者工具外，辅助工具软件对我们的开发与调试同样有帮助。

1. Fiddler

因为 AJAX 的核心依赖于向服务器提交的请求以及从服务器得到的响应，所以对于 AJAX 应用程序进行调试的关键之一就是透彻了解与服务器的交互——向服务器提交了什么以及从服务器获取了什么。虽然浏览器自带的开发者工具可以查看通过 XHR 对象的请求与响应，但是这只是典型会话过程中的很小一部分，还有许多请求根本就没有使用 XHR 来发送。解决该问题的途径就是使用 HTTP 代理。

HTTP 代理是运行在客户端计算机上的一个很小的程序，它劫持了所有的 HTTP 请求与响应。对于一个正常的 HTTP 通信，浏览器通过互联网向服务器发送请求，服务器接到请求后将响应发送回浏览器，然后浏览器操作得到的数据。当应用 HTTP 代理后，所有的请求首先发送到代理，然后由代理将请求发送给服务器，对于响应也是发送到代理中，然后由代理转发给浏览器，如图 2.21 所示。

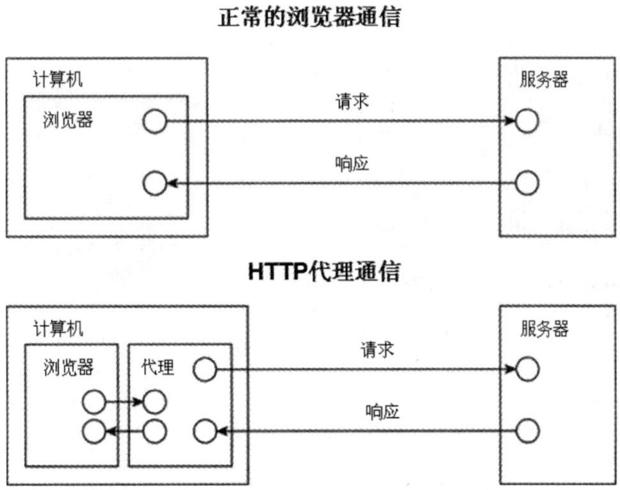

图 2.21　正常通信与代理通信的区别

但是，HTTP 代理的真正价值不在于简单地劫持请求与响应，而在于记录该通信的详细信息的能力。由于可以完整查看每个请求与响应，因此可为调试提供很大的便利。

Fiddler 正是这样一个代理。它能够记录所有客户端和服务器间的 HTTP 请求，允许监视、设置断点，甚至修改输入输出数据。同时，它也支持多种数据转换和预览，比如解压缩 GZIP、

DEFLATE 或者 BZIP2 格式的文件，以及在预览面板显示图片。

Fiddler 的新版本的免费下载地址为：https://www.telerik.com/download/fiddler。如果需要抓取 Chrome、Firefox 等浏览器的数据包，则需要在软件中进行相应的设置。启动 Fiddler 以后，打开菜单栏中的 Tools→Options，选择 HTTPS 标签，选中 Capture HTTPS CONNECTS（捕捉 HTTPS 连接）和 Decrypt HTTPS traffic（解密 HTTPS 通信），在弹出的选项框中选择 from browsers only，并勾选 Ignore server certificate errors(unsafe)复选框，单击 Actions 并选择 Trust Root Certificate，最后重启软件使配置生效。

Fiddler 窗口界面很简单，分成左右两部分。左边部分按照顺序列出了所有从该计算机发起的会话，每个会话占一行，该行最左端的图标显示该请求所返回的数据类型，行中还包括响应的状态、使用的协议（通常为 HTTP）、服务器名、服务器 URL、缓存类型、响应的长度以及内容的类型等。

Fiddler 窗口右半部分包含 10 个面板。Get Started 面板显示一些介绍性的内容；Statistics 面板用于进行性能统计，显示了数据传输相关信息，包括发送与接收数据的字节数、域名解析时间、TCP/IP 连接时间、服务器响应信息等，还包括使用不同连接方式连接到世界不同地点进行数据收发可能会花费的时间。此外，还可以以图形的方式显示不同部分的比例。可以选择一个或多个会话来统计，如图 2.22 所示。

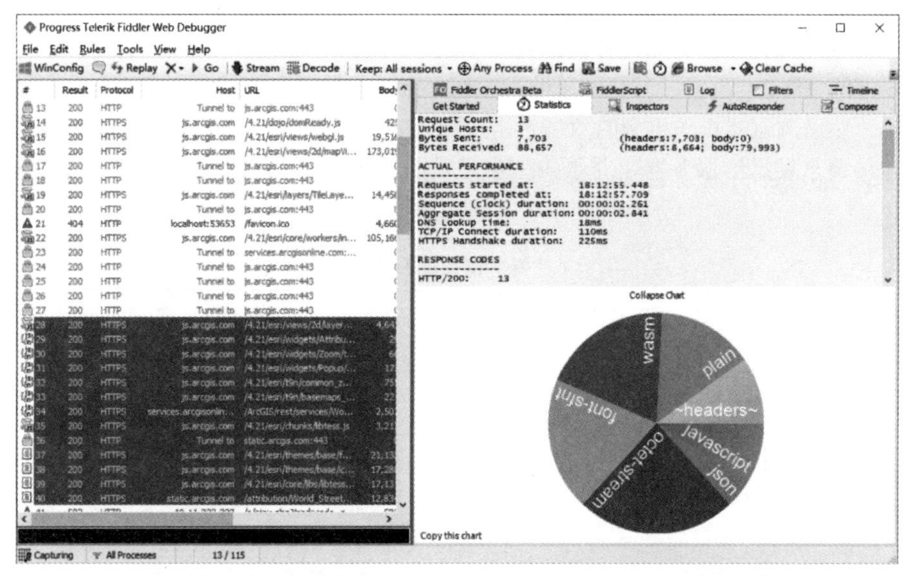

图 2.22 Fiddler 性能统计面板

第三个面板 Inspectors 面板用于查看会话的相关信息，该面板的窗口又被分为上下两部分，分别用于显示请求与响应的信息，如图 2.23 所示。在请求部分又包含不同的数据视图，Headers 显示了从客户端发送给服务器的 HTTP 请求头；TextView 显示了请求体（只用于 POST 请求）；WebForms 显示了请求包含的查询信息；HexView 以十六进制显示请求；Auth 显示了来自认证的信息；Raw 以简单文本的方式显示整个请求；XML 也就是以 XML 方式显示请求体。在响应部分也包含不同的数据视图，其中 Transformer 显示了响应的编码信息，对于 CSS、JavaScript 文件通常都是 GZIP 压缩格式；Headers 以树状显示响应头；TextView 以文本方式显示响应体；如果响应是一个图像，ImageView 可显示该图像；HexView 以十六进制显示响应的内容；Auth 显示认证信息；Caching 显示响应的缓存信息；Raw 以原始文本格式显示响应；若响应是一个 XML 文档，可用 XML 视图来显示。

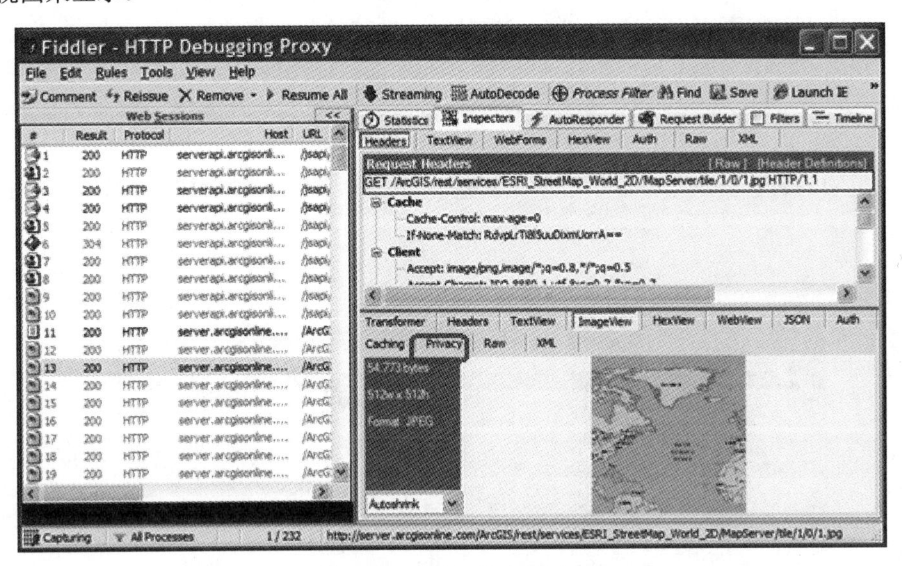

图 2.23 Fiddler 的会话查看

AutoResponder 面板可以用来从本地计算机上返回文件，而不再从服务器上获取，该功能对于直接调试线上页面的 JavaScript 与 CSS 非常有用。假设我们线上的某个页面出现了错误，需要紧急修复，这时候传统做法是将问题页面另存为本地 HTML 文件，然后疯狂地寻找并修复错误，修改后，再将 JavaScript 和 CSS 上传到线上，并检查错误是否已修正。上面的方法对于简单页面是够用的，但是对于稍微复杂的页面，浏览器的“另存为”功能经常不保真，如果页面中涉及 AJAX 等错误，保存到本地更是难以调试。这时有一个很自然的做法是将开发环境运行起来，当时怎么开发的，现在就怎么调试。这样做肯定能解决问题，但要调动很多资源，后台开发工程师、前台开发工程师等都要参与。对于小团队来说，也许是可行的，但对于大团队来说，如此大动干戈，除非到了最后，是不会这样做的。那么我们应该怎么做呢？这时候可利用 AutoResponder 来调试错误。在会话列表窗口中选择有问题的会话，然后在该面板中选中 Enable rules，并利用 Add Rule 按钮增加规则，这时选择的会话的 URL 自动显示在规则编辑器中，选择一个本地文件作为该请求的响应。对于前面假设的场景，可以将有问题的 JavaScript 与 CSS 文件保存到本地，然后利用规则指定使用本地文件代替服务器中的文件，这样便可以对本地文件进行调试修改，等错误解决了，再压缩并上传相应的文件即可。

Composer 面板可以手动创建一个 HTTP 请求（包括请求头与请求体），然后观察响应结果。当然，也可以从会话列表中拖一个请求过来。这对于测试服务器端特别有用。

Fiddler Orchestra Beta 面板用于远程调试。FiddlerScript 面板显示的是该请求的 JS 脚本（JavaScript 脚本）。Log 面板能够查看这次请求的日志。Filters 面板用于过滤信息，比如禁用 JS、设置断点等。TimeLine 面板以图形化的方式显示各个请求的消耗时间，从中可以分析出哪些请求耗时最多，从而对页面的访问进行速度优化。

2. JSON Viewer

JSON Viewer 是一款不错的 JSON 格式数据查看器，以树形结构显示。JSON Viewer 下载地址为 http://www.mitec.cz/Downloads/JSONView.zip，目前新版本是 1.9.0。

下载以后，要独立运行 JSON Viewer 的话，可以直接运行 JsonView 目录下的 JsonView.exe。操作也很简单，直接把要查看结构的 JSON 串粘贴入新建的面板中或者打开.json 文件即可查看其结构。例如在浏览器中用如下地址访问 ArcGIS 在线的街道地图的元数据：

```
    http://server.arcgisonline.com/ArcGIS/rest/services/World_Street_Map/MapServer?f=json&pre
tty=true
```

将该网页中的内容复制到 JSON Viewer 新建的面板中，然后关闭面板即可，效果如图 2.24 所示。

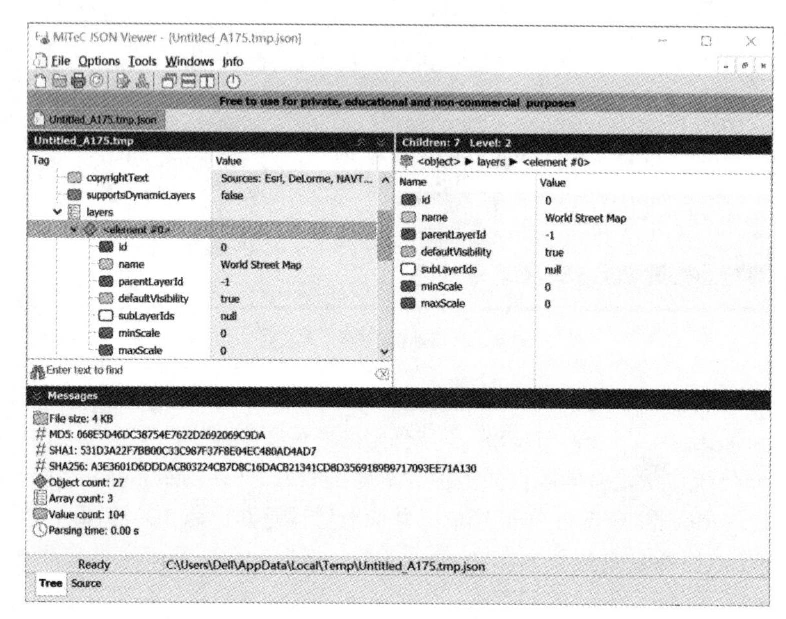

图 2.24　利用 JSON Viewer 查看 JSON 数据

3. JavaScript 语法检查工具

JSLint 是一个 Script 验证工具（www.jslint.com），可以扫描 JavaScript 源代码来查找问题。如果 JSLint 发现一个问题，JSLint 就会显示描述这个问题的消息，并指出错误在源代码中的大致位置。有些编码风格约定可能导致未预见的行为或错误，JSLint 除了能指出这些不合理的约定外，还能标志出结构方面的问题。尽管 JSLint 不能保证逻辑一定正确，但确实有助于发现错误，这些错误很可能导致浏览器的 JavaScript 引擎抛出错误。

但是 JSLint 以网页的形式运行，需要将要检查的 JavaScript 代码复制到该网页中，然后进行检查，因此不是很方便。不过对于 Visual Studio 和 Visual Studio Code，JSLint 都提供了相关插件。

2.5 Dojo 基础知识

正如前面所介绍的，ArcGIS API for JavaScript 是建立在 Dojo 基础之上的，要用好 ArcGIS API for JavaScript，必须有扎实的 Dojo 基础。本节主要针对习惯于 C#与 Java 的“强”面向对象的开发人员，介绍基于“弱”面向对象语言 Dojo 的一些基础知识。

2.5.1 JavaScript 对象

对于习惯使用 C#或 Java 的开发人员，最需要面对的一个挑战就是正确理解调用 Dojo 函数时使用的语法，特别是 JavaScript 对象。JavaScript 对象实际上就是键值对应的哈希。哈希被表示为使用逗号间隔的一组属性，并使用大括号括起来。下面的代码定义了一个 JavaScript 对象，该对象包含 6 个属性，分别是一个字符串、一个整数、一个布尔值、一个未定义的属性、一个哈希和一个函数：

```
var myHash = {
    str_attr : "foo",
    int_attr : 7,
    bool_attr : true,
    undefined_attr : null,
    hash_attr : {},
    func_attr : function() {}
};
```

提　示

在最后一个属性之后绝不能使用“,”（即逗号），因为一些浏览器（如 Firefox）将忽略它，但是其他浏览器（如 Internet Explorer）会将其当成一个错误，而且完全无法根据错误提示发现这个问题。不过可以利用前面介绍的工具 JSLint 或 JSLint.vs 来发现是否多增加了逗号。

定义了 JavaScript 对象之后，可以使用“点”操作符访问或设置对象中的每个属性，例如：

```
// 访问对象中的属性
console.log(myHash.str_attr);

// 设置对象中的属性
myHash.str_attr = "bar";
```

myHash 对象的前 4 个属性的含义不言自明。第 5 个属性是一个 JavaScript 对象，因此可以看出 JavaScript 对象可以作为另一个 JavaScript 对象的属性。第 6 个属性是一个函数，这是最需要花时间去理解的。

2.5.2 函数也是对象

在 JavaScript 中，函数也是一个对象，因此函数可以像其他对象一样被设置、被引用以及作为另一个函数的参数。

JavaScript 的函数与 C#或 Java 中的方法的一个重要区别是，JavaScript 函数可以运行在不同的上下文中。在 C#或 Java 中，在方法前面使用的 this 关键字表示该类的实例，但是在使用 JavaScript 的函数时，this 指的是该函数运行的上下文。通常 JavaScript 的函数运行在定义它的闭包内，但是也可以指定运行于其他上下文中。

在最简单的情况下，闭包可以看作使用大括号（{}）包含的任意 JavaScript 代码。JavaScript 文件内部声明的函数可以使用 this 访问在文件中声明的任何变量，但是在 JavaScript 对象（即哈希）内声明的函数使用 this 只能引用在哈希内部声明的变量，除非提供其他上下文。

由于经常需要使用封闭的函数作为 Dojo 函数的参数，因此理解如何设置上下文将省去大量没有必要的调试工作。

在 Dojo 中，用于指定上下文的函数主要是 dojo/_base/lang 模块的 hitch 函数（Dojo 1.7 以下版本使用 dojo.hitch 函数）。虽然可能从来都不使用 hitch，但必须了解它是怎样工作的，因为这是 Dojo 的关键部分，其他很多函数都在内部调用该函数。

例如在 Sample2-4 中创建一个名为 ConsoleTest.htm 的文件，在其中加入如下代码：

```
<!DOCTYPE html>
<html>
<head>
    <meta charset="utf-8">
    <title>第一个 JavaScript API 应用</title>
    <script src="http://js.arcgis.com/4.22/"></script>
</head>
<body class="tundra">
    <p>
        这是一个基于控制台开发测试的文件。
    </p>
</body>
</html>
```

利用浏览器打开 ConsoleTest.html 网页文件，并将以下代码输入 Run 窗口中，然后单击 Run 按钮运行代码，该网页程序的运行结果如图 2.25 所示。

```
var globalContextVariable = "foo";

function accessGlobalContext() {
    // 这里可以成功访问 globalContextVariable，输出“foo”
    console.log(this.globalContextVariable);
};

var myHash = {
    enclosedVariable : "bar",
    enclosedFunction : function() {
        // 显示全局上下文变量
        console.log(this.globalContextVariable);

        // 显示闭包上下文变量
        console.log(this.enclosedVariable);
    }
};

console.log("调用 accessGlobalContext()...");
accessGlobalContext();

console.log("调用 myHash.enclosedFunction()...");
myHash.enclosedFunction();

console.log("使用 dojo.hitch 改变上下文...");
require(["dojo/_base/lang"], function (lang) {
    var switchContext = lang.hitch( myHash.enclosedFunction);
    switchContext();
});
```

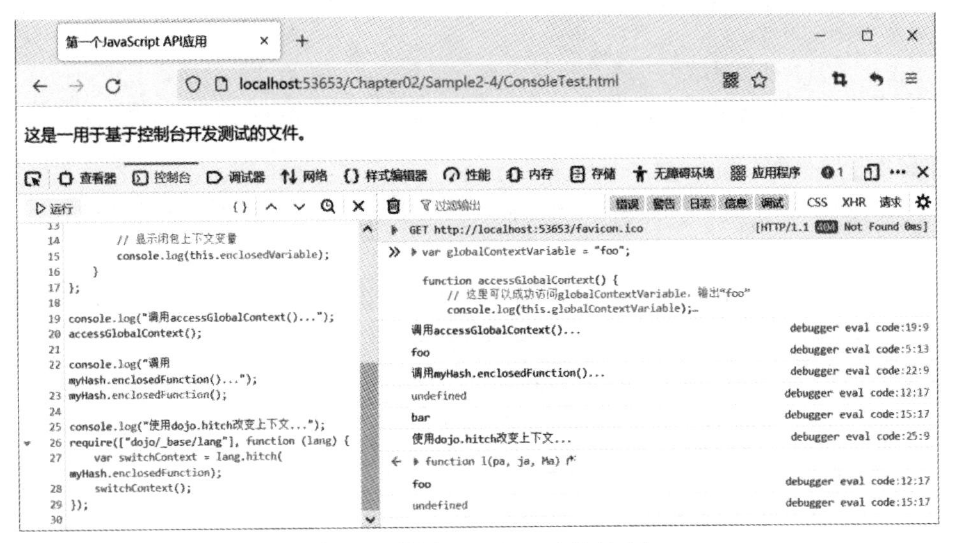

图 2.25　使用 dojo.hitch 改变上下文

从代码与运行结果可以看出：

- 在全局上下文中定义了一个变量 globalContextVariable，在一个哈希上下文中声明了另一个变量 enclosedVariable。
- accessGlobalContext()函数可以成功访问 globalContextVariable 变量并显示其值。
- enclosedFunction() 函数只可以访问其本地变量 enclosedVariable，不能访问 globalContextVariable，因此在控制台中显示为“未定义”（undefined）。
- 使用 hitch 将 enclosedFunction 连接到全局上下文，这样就可以显示 globalContextVariable 了，但是此时却不能访问 enclosedVariable 变量（这可以从控制台输出的 undefined 看出），这是因为它已经不是在运行 enclosedFunction 函数的上下文中声明的了。

2.5.3　模拟类与继承

JavaScript 是一门基于对象的语言，对象可以继承自其他对象，但是 JavaScript 采用的是一种基于原型的（Prototype Based）的继承机制，与开发人员熟知的基于类的（Class Based）继承机制有很大的差别。在 JavaScript 中，每个函数对象（实际上就是 JavaScript 中 function 定义代码）都有一个属性 prototype，这个属性指向的对象就是这个函数对象的原型对象，这个原型对象也有 prototype 属性，默认指向一个根原型对象。如果以某个特定的对象为原型对象，而这个对象的原型对象又是另一个对象，如此反复将形成一条原型链，原型链的末端是根原型对象。JavaScript 访问一个对象的属性时，首先检查这个对象是否有同名的属性，如果没有，则顺着这条继承链往上找，直到在某一个原型对象中找到，而如果到达根原型对象都没有找到，则表示该对象不具备此属性。这样低层对象仿佛继承了高层对象的某些属性。

使用基于原型的继承有几个缺点：

- 原型只能设为某一个对象，而不能设为多个对象，所以不支持多重继承。
- 原型中的属性为多个子对象共享，如果某个子对象修改了原型中的某一属性值，则其他的子对象都会受影响。

- 原型的设置只能发生在对象都构造完之后，这会造成在子对象的构造函数中无法修改父对象的属性，而在基于类的继承中，子类对象在自己的构造函数中可以调用父对象的构造函数。

为了解决上述问题，Dojo 对 JavaScript 已有的基于原型的继承机制进行了包装，使其更容易理解和使用。在 Dojo 中可以使用 dojo/_base/declare 来定义普通类、单继承的类甚至是多重继承的类。

这里将通过实例 2-5 来演示如何使用 Dojo 的 declare 来模拟类与继承。要实现的类及其之间的相互关系如图 2.26 所示。

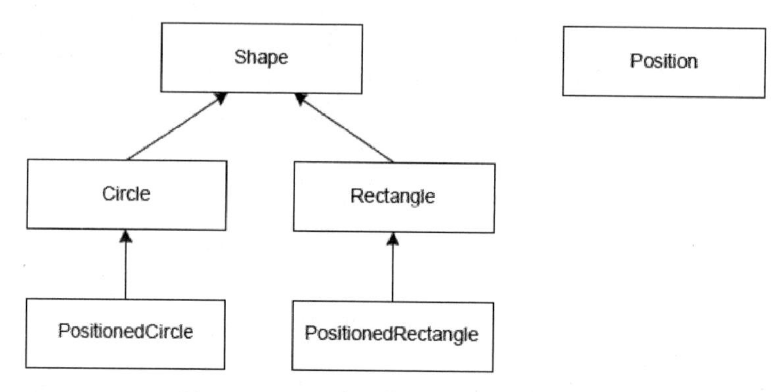

图 2.26　Shape 类及其子类之间的继承关系

1. 定义简单类

在 JavaScript 中，定义类也就是定义一个构造函数，该函数将创建一个带属性与方法的类的对象。dojo/_base/declare 模块是 Dojo 中创建类的基础，该模块中的 declare 方法用于创建类。该函数的形式如下：

```
    var foo: Function=declare(className: String, superclass: Function|Function[], props:
Object);
```

其中 className 参数是类的名称，也是构造函数的名称，Dojo 将在全局对象空间创建该名称。由于在全局对象空间中创建变量通常属于不好的行为，因此可以使用“.”分隔的名称在另一对象空间存储该新构造函数。例如使用 myNamespace.Shape，那么将首先判断在全局对象空间中是否已经存在 myNamespace，如果不存在，就创建该对象，然后在 myNamespace 对象中再创建 Shape 属性，表示该类的构造函数。

superclass 参数说明父类以及额外需要 Mixin 的类。如果创建一个独立的新对象，可以设为 null，当需要从其他一个或多个对象继承时，则为对象名称，这样就方便地实现了对象继承。对于多个对象继承，该参数为一个数组，第一个元素为原型父对象，其他的为 Mixin 对象。

props 参数为一个哈希，用来定义该类的属性。如果在其中包含一个名为 constructor 的函数，那么该函数称为初始化器，用于初始化新对象。

下面是 Shape 类的定义代码：

```
require(["dojo/_base/declare"], function(declare) {
    declare("myApp.examples.Shape", // 类名
        null, // 无父类，使用 null
        {
            color: 0,
```

```
            setColor: function(color) {
                this.color = color;
            }
        }
    );
});
```

可以按照如下方式来测试该类。首先将上述代码保存为 DeclareClass.js 文件，然后以实例 2-4 中的 ConsoleTest.html 网页文件为基础，在其中加入对上述 JavaScript 文件的引用（代码在本书源代码的 Chapter02/Sample2-5 目录下），其中的代码如下（确保 HTML 文件与 JavaScript 文件在同一目录下）：

```
<script type="text/javascript" src="DeclareClass.js"></script>
```

最后使用如下代码在 Firefox 的控制台下进行测试：

```
var s = new myApp.examples.Shape();     // 创建一个新的 Shape 实例
console.log(s.color);     // 输出 0
s.setColor(0x0000FF);     // shape.color 现在为红色了
console.log(s.color);     // 输出 255
```

测试结果如图 2.27 所示。

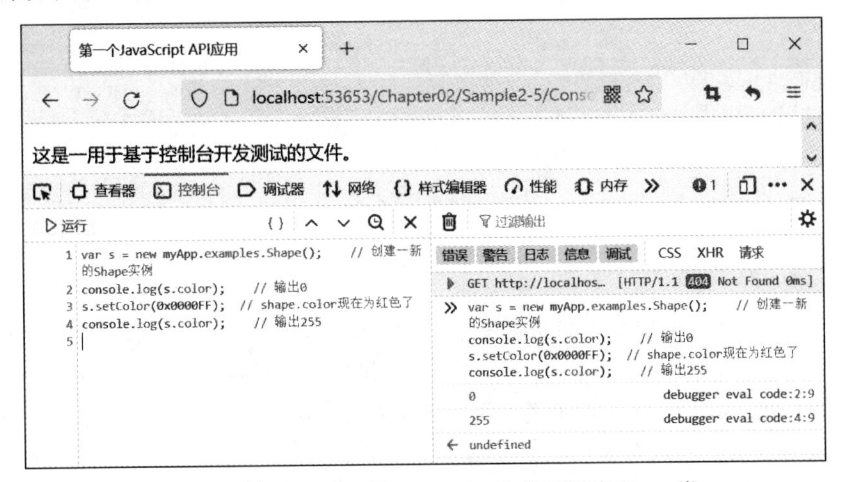

图 2.27　使用 Firefox 的 JavaScript 命令行测试 Shape 类

2. 单继承

在图 2.26 中，Circle 与 Rectangle 也是一种类型的 Shape。也就是说 Circle 与 Rectangle 具有 Shape 所有的属性，此外还具有自己额外的属性。这两个类的定义代码如下：

```
declare("myApp.examples.Circle", myApp.examples.Shape, {
        radius: 0,

        constructor: function(radius) {
            this.radius = radius || this.radius;
        },

        setRadius: function(radius) {
            this.radius = radius;
        },

        area: function() {
            return Math.PI * this.radius * this.radius;
        }
    }
);
```

```
declare("myApp.examples.Rectangle", myApp.examples.Shape, {
        length: 0,
        width: 0,

        constructor: function(l, w) {
            this.length = l || this.length;
            this.width = w || this.width;
        },

        setLength: function(l) {
            this.length = l;
        },

        setWidth: function(w) {
            this.width = w;
        },

        area: function() {
            return this.length * this.width;
        }
    }
);
```

将上述代码加入 DeclareClass.js 文件中，然后在 Firefox 中重新加载，便可以在控制台中使用如下代码测试这两个类：

```
var c = new myApp.examples.Circle(5);
console.log(c.area());
c.setColor(0x0000FF);  // Circle 同样是一个 Shape，因此可以调用 Shape 中的方法
console.log(c.color);

var r = new myApp.examples.Rectangle(3, 4);
console.log(r.area());
```

从前面的代码可以看出，要继承一个父类，只需要在 declare 函数中将第二个参数设置为父类的构造函数即可。

在基于类的面向对象编程中，通常需要在子类中扩展某些父类的方法，这时可以在子类的方法中先调用从父类集成的方法，再执行子类自定义的操作。凡是使用 declare 函数创建的类，都可使用一个特殊的 inherited 方法，在子类中调用父类中被覆盖的方法。也就是说，当子类中任何方法调用 this.inherited 时，它都会调用父类中同名的方法。

例如，当调用 Circle 的 setColor 方法时，如果新设置的颜色参数的红、绿、蓝三部分的总和大于 350，就接受设置，否则不接受，也就是说不调用 setColor 方法，可在 Circle 类中加入如下代码实现：

```
setColor: function (color) {
   var total=  ((color & 0xFF0000) >> 16) +
      ((color & 0x00FF00) >> 8) + (color & 0x00FF);
   if (total>350) {
      this.inherited(arguments);
   }
}
```

提　示

当我们在一个类中新增方法时，一定要在最后一个方法后面加上“,”，否则会出错。这是 C#、C++或 Java 开发人员经常忘记的，不过好在 Visual Studio 集成开发环境会提示。

此外，有时需要在用 declare 定义的类中增加或修改一个方法，却又不希望派生一个子类或改变类定义的源代码，例如我们想扩展 esri/Map 类，可以在其中增加获取当前比例尺的方法。这可

通过在类的原型中增加或改变属性来实现。例如，可以通过下面的代码在 Shape 类中增加 setBorderStyle 方法：

```
myApp.examples.Shape.prototype.setBorderStyle = function(style) {
   this.borderStyle = style;
}
```

Dojo 为此提供了一个帮助函数，即 dojo/_base/lang 模块的 extend。该函数包括两个参数，第一个参数是需要扩展的类的构造函数，另一个参数是一个哈希。该函数将哈希中的内容复制给构造函数的原型属性。对于上面的 setBorderStyle 方法，用 extend 实现的代码如下：

```
require(["dojo/_base/lang", "myApp.examples.Shape"], function(lang, Shape){
    lang.extend(Shape, {
        setBorderStyle: function(style) {
                this.borderStyle = style;
        }
    });
});
```

3. 多继承

在图 2.26 中，PositionedCircle 与 PositionedRectangle 类模拟在 HTML 文档中定位好的形状。由于从概念上来说，形状与位置是相互独立的，因此不能从位置派生形状，也不能从形状派生位置。那么要模拟指定位置的圆与矩形，就需要同时继承圆或矩形的位置，这就是多继承。Dojo 是通过 Mixin（混合）的概念实现多继承的。

位置 Position 类的代码如下：

```
declare("myApp.examples.Position", null, {
        x: 0,
        y: 0,

        constructor: function(x, y) {
            this.x = x || this.x;
            this.y = y || this.y;
        },

        setPosition: function(x, y) {
            this.x = x;
            this.y = y;
        },

        move: function(deltaX, deltaY) {
            this.x += deltaX;
            this.y += deltaY;
        }
    }
);
```

下面利用 declare、Position 与 Circle 来定义 PositionedCircle 类，代码如下：

```
declare("myApp.examples.PositionedCircle",
    [myApp.examples.Circle, myApp.examples.Position], {
        constructor: function(radius, x, y) {
            this.setPosition(x, y);
        }
    }
);
```

在上面的代码中，declare 的第二个参数是一个数组，该数组中的第一个元素为父类，其他元素为 Mixin 类。

可以使用如下代码在浏览器的开发者工具中测试 PositionedCircle 类：

```
var pc = new myApp.examples.PositionedCircle(5, 1, 2);
```

```
// 测试 Shape 的功能
var color1 = pc.color; // color1 为黑色
pc.setColor(0x0000FF);
var color2 = pc.color; // color2 为红色
// 测试 Circle 的功能
var radius1 = pc.radius; // radius1 为 5
var area1 = pc.area(); // area1 为 78.54
pc.setRadius(10);
var radius2 = pc.radius; // radius2 为 10
var area2 = pc.area(); // area2 为 314.16
// 测试 Position 的功能
var position1 = [pc.x, pc.y]; // position1 为[1, 2]
pc.move(3, 5);
var position2 = [pc.x, pc.y]; // position2 为[4, 7]
```

在上面的代码中，使用如下代码创建并初始化一个新的 PositionedCircle 对象：

```
// radius=5, x=1, y=2
var pc = new myApp.examples.PositionedCircle(5, 1, 2);
```

但是在初始化函数中并没有指定第一个参数用于设置 radius，那么 Dojo 是按照什么规则来设置的呢？如果不指定，传到构造函数中的参数首先会传递给父类的构造函数，然后依次传递给 Mixin 类的构造函数，最后传递给本类的初始化函数。上面一行代码相当于如下代码：

```
Circle.apply(this, [5, 1, 2]);
// 调用 Circle 父类
Shape.apply(this, [5, 1, 2]);
// 调用 PositionedCircle 的 Mixin 类
Position.apply(this, [5, 1, 2]);
// 调用 PositionedCircle 的初始化函数
if(myApp.examples.PositionedCircle.prototype._constructor) {
    myApp.examples.PositionedCircle.prototype._constructor.apply(this, [5, 1, 2]);
}
```

由于 Circle 类只需要一个参数，即 radius，因此可以被正确初始化（使用第一个参数，忽略其他两个参数）。同样，Shape 会忽略所有的参数。不幸的是，Position 不会被正确初始化，它期待的是两个参数(x, y)，但是得到的却是三个参数(radius, x, y)。因此，它将 radius 解析为 x，将 x 解析为 y，而忽略最后一个参数。我们在 PositionedCircle 类中提供了一个初始化函数，显式初始化了 Position 这个 Mixin 类，代码如下：

```
constructor: function(radius, x, y) {
    this.setPosition(x, y);
}
```

我们通过提供上面这个初始化函数，从而使 PositionedCircle 正确处理三个参数。结果是，该函数使用正确的 x 与 y 重新初始化 Position 实例。但是在该初始化函数中调用 setPosition 之前，还是按照前面讲述的方式将 radius 解析为 x，将 x 解析为 y。

该技巧虽然有点绕，但是通常可以解决初始化错误，但是并不适用于所有的情况。这时可以通过一个前处理函数实现。该函数将构造函数的参数重新格式化，然后传递给父类与 Mixin 类的构造函数。可以通过在 declare 函数的第三个参数中提供 preamble 函数指定该前处理函数。如果存在该函数，那么就将构造函数中的参数传递给该函数，该函数返回一个参数数组，该数组将传递给父类与 Mixin 类的构造函数。

例如，如果在 PositionedCircle 类中提供了 preamble 函数，那么当一个新的 PositionedCircle 对象创建时，代码如下：

```
var o = new myApp.examples.PositionedCircle(radius, x, y);
```

PositionedCircle 构造函数将按照如下方式调用父类与 Mixin 类的构造函数：

```
    var superArgs = myApp.examples.PositionedCircle.prototype.preamble.apply(this, [radius, x,
y]);
    myApp.examples.PositionedCircle.prototype.superclass.apply(this, superArgs);
    myApp.examples.PositionedCircle.prototype.mixin.apply(this, superArgs);
```

虽然在 preamble 中并没有限制完成什么样的功能，但是通常将适用于该类的参数格式化为适合父类与 Mixin 类的参数，而且该算法将沿单继承一直往上传递。例如，可以在 Circle 中指定另一个 preamble 函数，用于将参数调整为适用于 Shape 的构造函数。

但是 preamble 只解决了如下情形的参数重新格式化：当没有 Mixin 类或父类与 Mixin 类需要同样的参数，而父类与 Mixin 类需要不同格式的参数时，preamble 无能为力。PositionedCircle 类就是这样一个例子，父类 Circle 与 Mixin 类 Position 需要不同格式的参数。

对于这种情况，可以使用一个哈希来指定参数，从而解决问题，例如：

```
var shape = new myApp.examples.PositionedCircle({
    x: 1,
    y: 2,
    radius: 5
});
```

4. 复杂的属性规则

类属性可以在声明时进行初始化，但是如果使用复杂对象类型（例如哈希或数组）初始化属性，该属性将类似于 Java 类中的公共静态变量。这意味着任何实例无论在何时更新它，修改将反映到所有其他实例中。为了避免这个问题，应当在初始化函数中初始化复杂属性，然而，对于字符串、布尔值等简单属性则不需要这样做。

例如，可以使用 Firefox 的 JavaScript 命令行工具查看如下代码的输出：

```
require(["dojo/_base/declare"], function(declare) {
    declare("myClass", null, {
            globalComplexArg : { val : "foo" },
            localComplexArg : null,

            constructor : function() {
                this.localComplexArg = { val:"bar" };
            }
        }
    );

    // 创建 myClass 类的两个实例 A 与 B
    var A = new myClass();
    var B = new myClass();

    // 输出 A 的属性
    console.log("A 的全局属性: " + A.globalComplexArg.val);
    console.log("A 的实例属性: " + A.localComplexArg.val);

    // 更新 A 的两个属性
    A.globalComplexArg.val = "updatedFoo";
    A.localComplexArg.val = "updatedBar";

    // 查看 B 属性的变化
    console.log("B 的全局属性: " + B.globalComplexArg.val);
    console.log("B 的实例属性: " + B.localComplexArg.val);
});
```

上述代码的运行结果如图 2.28 所示。

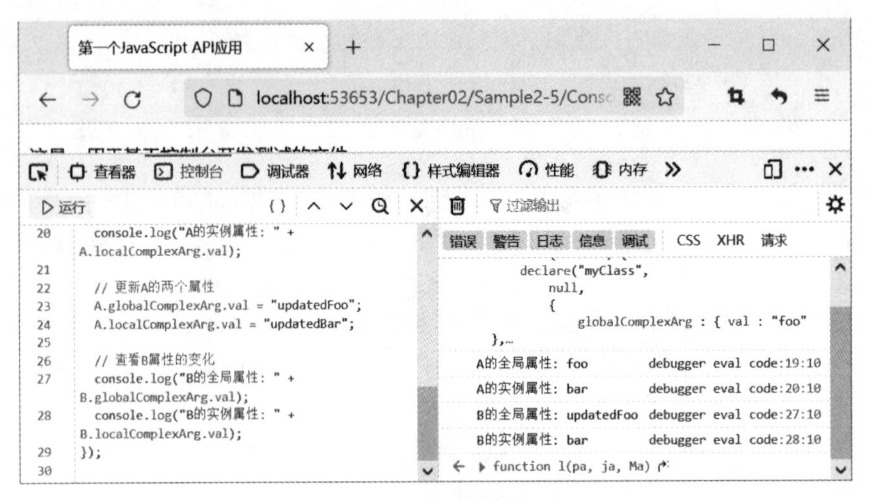

图 2.28 复杂属性的规则

从输出结果可以看到，由于我们在类的初始化函数中没有初始化 globalComplexArg，因此当更新了 A 实例中的 globalComplexArg 属性值时，B 实例中该属性的值也同样更新了，但是由于在初始化函数中初始化了 localComplexArg 属性，因此更新实例中该属性的值并不影响其他实例中的该属性。

2.5.4 使用模块与包管理源代码

Dojo 的代码被划分为逻辑单元，称为模块，这有点类似于 Java 中的包（package），只是 Dojo 的模块能够同时包含类（类似于 Java 中的类）与简单函数。例如模块 dojo/html 包含一系列的函数，像 getContentBox()，模块 dojo/dnd 包含一系列的 HtmlDragObject 的类。模块又常称为“命名空间”。

注意名称约定，函数的首字母为小写，类的首字母为大写。

在多数情况下，Dojo 的模块只需要定义在一个文件中就可以了。但有时一个模块可能划分到多个文件，例如模块 dojo/html，本来是定义在一个文件中，可是由于功能的增强，文件逐渐变大，不得不将其拆分为多个文件。这主要是考虑性能，以便浏览器可以只下载其需要用到的代码。不幸的是，这样一来其实现细节对于 Dojo 的用户看起来就不那么透明了，开发人员必须知道想要用的功能到底包含在哪个文件中，然后才能 require 并使用它。这样的每一个文件都称之为一个包。

这样做的好处之一是使得熟悉面向对象的编程人员能够很快熟悉 Dojo；另外，模块化把 Dojo 的代码按照功能划分为不同的逻辑单元；最后也是最大的好处是，Dojo 引擎可以实现按需载入，也就是说，Dojo 并不会一开始就把所有的功能都载入客户端的浏览器上，它只会把用到的模块发送给客户端。

通常情况下，Dojo 的模块结构与 Dojo 的目录结构是一样的，如图 2.29 所示。最上面的三个目录是 dijit、dojo 和 dojox，目前 Dojo 中所有模块的前缀都是这三者之中的一个。在 Dojo 中，模块与子模块之间用“/”分隔，对应到目录中，就是目录与子目录。

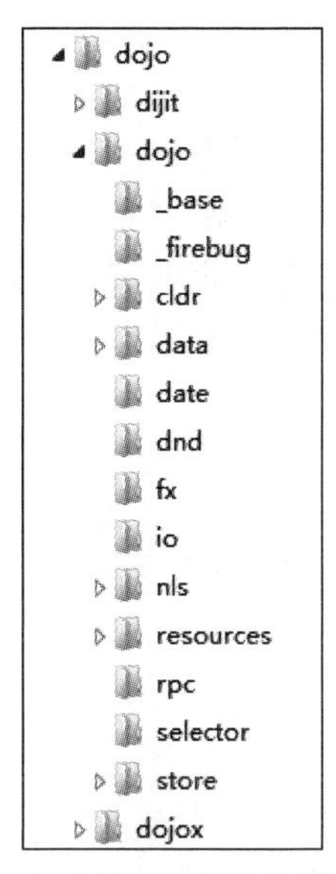

图 2.29　Dojo 的目录结构与模块的对应

在代码中使用某一模块前，要先显式地用 require 导入该模块。例如：

```
require(["dijit.form.Button"], function(Button) {});
```

Dojo 引擎一碰到 require 函数，就会把相应的 JavaScript 文件载入，上例中所对应的文件是 <DOJO 根目录>/dijit/form/Button.js。如果所引入的包还依赖于其他包，require 也会把所依赖的包载入。如果所要求的包已经载入，require 不会重复载入，它保证所有包只会被载入一次。

下面按照 Dojo 模块化的机制重构实例 2-5 中的代码（实例 2-6，对应代码文件夹为 Sample2-6），演示如何使用 Dojo 模块化相关函数。

在应用程序的根目录下建立 js/com/WebGIS2/Graphics 的路径，然后在该路径下加入名为 Shape.js 的 JavaScript 文件。文件目录结构在 Visual Studio 集成开发环境中如图 2.30 所示。

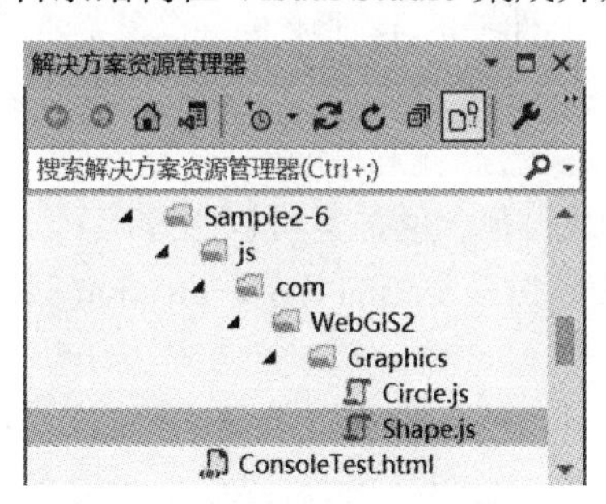

图 2.30　模块与目录结构

在 Shape.js 文件中定义 Shape 类，代码如下：

```
define(["dojo/_base/declare"], function(declare) {
    return declare( // 类名省略
        null, // 无父类，使用 null
        {
            color: 0,
            setColor: function(color) {
                this.color = color;
            }
        }
```

```
    );
});
```

在上述代码中，define 函数用于定义模块。除了回调函数返回值被新模块保存和利用外，define 调用和 require 调用是完全等同的。注意，这里我们省略了第一个可选参数：模块签名。

定义类的代码与实例 2-5 基本相同，不同的是，这里省略了第一个可选参数。

下面来看怎么使用这个类。在应用程序的根目录下加入一个 ConsoleTest.html 网页文件，该网页文件包含的代码如下：

```
<!DOCTYPE html>
<html>
<head>
    <meta charset="utf-8">
    <title>模块与包</title>
    <script>
     var dojoConfig = {
         packages: [{
              name: "com",
              location: "/Chapter02/Sample2-6/js/com"
         }]
       };
    </script>
    <script src="https://js.arcgis.com/4.22/"></script>
    <script>
       require(["com/WebGIS2/Graphics/Shape", "dojo/domReady!"], function (Shape) {
          var shape = new Shape();
          shape.setColor(0x0000FF);
          console.log("形状的颜色为: " + shape.color);
       });
    </script>
</head>
<body class="tundra">
    <p>
       这是一个基于控制台开发测试的文件。
    </p>
</body>
</html>
```

在上述代码中，首先使用 dojoConfig 对象的 baseUrl 属性指明寻找本地模块的起点路径，“js/”表示当前 HTML 文件所在文件夹的 js 子文件夹。然后在 dojoConfig 中通过 packages 指定如何寻找包。从基本原理来讲，包就是模块的集合。dojo、dijit 以及 dojox 都是包的例子。与一个文件夹下模块集合不同的是，包还包含着额外的特征，这些特征的目的就是显著地增强模块的可移植性并更加易用。一个便携包是自包含的，也可以通过工具安装，例如 cpm。包通常包含两个主要的配置选项。第一个是 name，也就是包的名字。location 就是包的位置，可以是 baseUrl 的相对地址，也可以是绝对地址。

接下来定义 Circle 类。在 Graphics 路径中加入 Circle.js 文件，代码如下：

```
define(["dojo/_base/declare", "./Shape"], function(declare, Shape) {
     return declare( // 类名省略
          Shape, // 父类
          {
               radius: 0,

          constructor: function(radius) {
               this.radius = radius || this.radius;
          },

          setRadius: function(radius) {
               this.radius = radius;
          },
```

```
            area: function() {
                return Math.PI * this.radius * this.radius;
            }
            }
        );
});
```

上述代码与定义 Shape 类代码不同的是，需要先调用 require 引用 Circle 的父类 Shape。

可以先运行 ConsoleTest.html 网页文件（即运行该网页文件中的程序代码），然后利用 Firefox 命令行工具运行如下代码：

```
require(["com/WebGIS2/Graphics/Circle", "dojo/domReady!"], function (Circle) {
    var circle = new Circle(5);
    console.log(circle.area());
});
```

可根据控制台输出结果查看是否调用成功。调用成功的结果如图 2.31 所示。

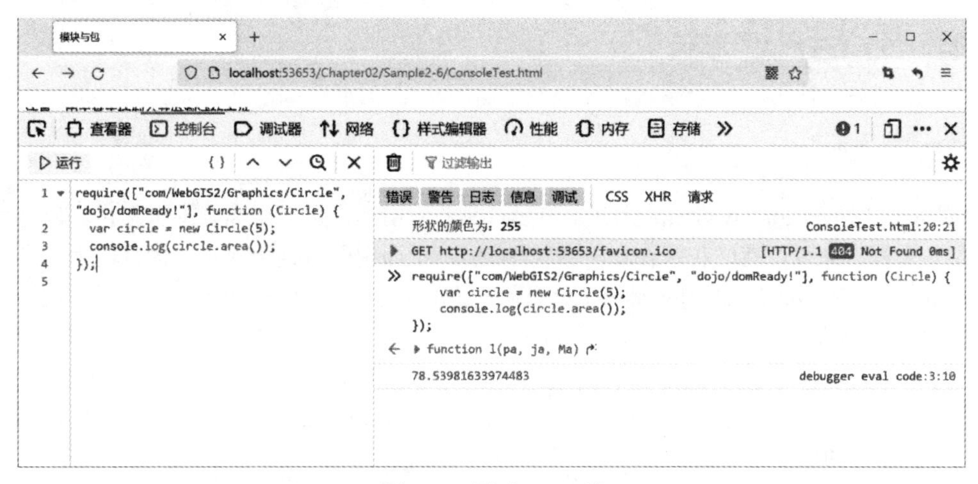

图 2.31　测试 Circle 类

第 3 章

页面布局设计

虽然 ArcGIS API for JavaScript 为开发 WebGIS 的应用提供了一个高效的工具包，但是对于开发 Web 应用程序来说，有时花费在如何布置 HTML 页面中的可视化元素上的时间远远多于花费在使用 ArcGIS API for JavaScript 编码上的时间。而且对于 Web 应用程序来说，开发人员最先着手的是页面整体布局的设计，而不是某个具体功能的实现。因此，在具体介绍如何使用 ArcGIS API for JavaScript 的详细功能之前，有必要介绍如何利用 Dojo 来设计页面布局。这样也有助于进一步帮助读者了解 Dojo，能否成功利用 ArcGIS API for JavaScript 开发 WebGIS 应用，很大程度上取决于对 Dojo 的掌握程度。

本章将首先介绍通过 Dojo 布局小部件设计几种不同类型的页面总体框架，然后介绍通过扩展小部件类来管理页面中元素的两种框架。

3.1 使用布局小部件设计页面框架

Web 应用的页面布局一直是令 Web 开发者头疼的一件事情。在 Web 2.0 时代，Web 页面布局的设计越来越多样化，仅仅依靠表格和 CSS 控制的页面布局已很难满足用户的需求。为此，Dojo 提供了一系列的布局小部件辅助 Web 开发人员实现复杂的页面布局。

3.1.1 小部件与布局小部件简介

Dojo 提供的小部件数量众多，从功能的角度可分为三大类，分别是表单小部件、布局小部件与应用小部件。可以说每一个 HTML 表单控件都可以在 Dijit 中找到与其对应的表单小部件，主要包括 Form（类似于 HTML 的 Form 控件，同时提供了一些有用的方法和扩展点）、Button（类似于 HTML 的 Button 风格的控件，同时增加了一些高级的特性）、CheckBox、RadioButton、

ToggleButton、ComboBox、FilteringSelect、Textbox、Validation、Currency、Date、Time、Integer、Textarea、Slider 与 NumberSpinner 等。而应用小部件主要包括 Editor、ProgressBar、Tooltip、ColorPalette、Tree 与 Dialog 等。

Dojo 中提供的布局小部件可以分为如下三类，主要在 Dijit 中：

- 面板：盛放和显示大块的内容，包括文本、图片、图表以及其他小部件。这类布局小部件有 ContentPane、FloatingPane 与 ExpandoPane 等，后两者在 DojoX 中。
- 对齐方式容器：用以盛放屏面类小部件，并且可以设置这些小部件的排列方式。这类布局小部件有 BorderContainer、LayoutContainer 与 SplitContainer。其中 BorderContainer 是在 Dojo 1.1 中引进的轻量级组件，有取代 LayoutContainer 与 SplitContainer 小部件之势。目前 Dojo 不推荐使用 LayoutContainer 与 SplitContainer widgets。
- 堆叠容器：此类小部件可以把前面介绍的小部件层叠在一起，而一次只显示一个屏面。这类的布局小部件有 AccordionContainer、TabContainer 与 StackContainer 等。

在设计页面布局时，首先应选择页面整体的框架：上下两栏、左右两栏、上中下三栏、左中右三栏、上一栏下两栏或上下左右中五栏等。在以往的 DIV + CSS 设计布局中，虽然可以轻松做到前 5 种布局的实现，但要实现最后一种五栏的布局却有些困难，并且设计后的布局间的比例或者每栏的大小都是固定的，当一栏的内容超出栏宽或高时，只能通过左右滑块或者上下的拖曳来显示超出的内容，可以说既麻烦又不美观。

在 Dijit 的布局小部件中，对齐方式容器类的 BorderContainer 小部件提供了一套简单的 API，可以在页面中设置上下左右中五栏的内容，也就是设置屏面的内容，甚至可以嵌套设计。同时，在每两个相邻的屏面间有一个分割的组件，可以调节屏面的大小。

为解决页面内容多，导致出现左右或者上下拖曳滑块的情况，Dojo 提供了堆叠容器。无论是 AccordionContainer、TabContainer 还是 StackContainer，它们实现的功能都是一样的，即把内容分成多个面板，每次只显示一个面板的内容，要想显示其他面板的内容，需要单击那个面板的标题栏。

如果说前面这两类布局小部件为页面提供了骨架的话，那么面板类小部件就是填充这些骨架的真材实料。

3.1.2 使用面板组织页面元素

最常用的面板是 ContentPane。不过在 Dojo 中有两个 ContentPane 的实现，一个是 dijit/layout/ContentPane，另一个是 dojox/layout/ContentPane，并且后者扩展了前者。当我们提及 ContentPane 时，如果不特别说明，就是指前者。

Dijit/TitlePane 与 ContentPane 基本类似，只是在 ContentPane 的基础上增加了一个标题栏，标题栏中包括一个按钮与一个标题，通过按钮可以控制显示或隐藏其内容。

Dojox/layout/FloatingPane 是可以模拟 Windows 窗口效果的浮动面板。

Dojox/layout/ExpandoPane 与 ContentPane 基本类似，不过可以展开或折叠，并可以包含其他布局小部件。

1. ContentPane 面板

ContentPane 是所有布局小部件的基石，其他任何一个布局小部件都可以用 ContentPane 作为内容或者子小部件的载体。同时，ContentPane 也可以单独使用，在其中放置文本、图片、图表或者其他小部件。

下面通过实例 3-1 来演示如何在页面中使用 ContentPane。代码如下（ContentPanes.html）：

```
<!DOCTYPE html>
<html>
<head>
    <meta charset="utf-8">
    <title>内容面板</title>
      <link rel="stylesheet" href="https://js.arcgis.com/4.22/dijit/themes/
tundra/tundra.css" />
<script>
       dojoConfig = {
           isDebug: true,
           async: true
       };
    </script>
    <script src="https://js.arcgis.com/4.22/"></script>
    <script>
       require("dojo/parser", "dijit/layout/ContentPane", "dijit/form/ Button",
"dojo/domReady!"], function(parser){
           parser.parse();
       });
    </script>
</head>
<body class=" tundra">
    <div data-dojo-type="dijit/layout/ContentPane"
style="width:100px;height:200px;float:left">
       <div data-dojo-type="dijit/form/Button">
           相关信息
       </div>
    </div>
</body>
</html>
```

提　示

对于一般的 HTML 5 页面，通常在<html>标签中加入 lang=en，但是早期浏览器在使用 Dojo 小部件时一定要去掉，否则就会出现 dojo/parser::parse() error 错误，如图 3.1 所示。如果一定要在<html>标签中加入 lang=en，那么必须在 dojoConfig 中加入 locale: 'en'。也就是说，要么两者都有，要么两者都没有。在目前主流的浏览器中已经没有了这个问题。

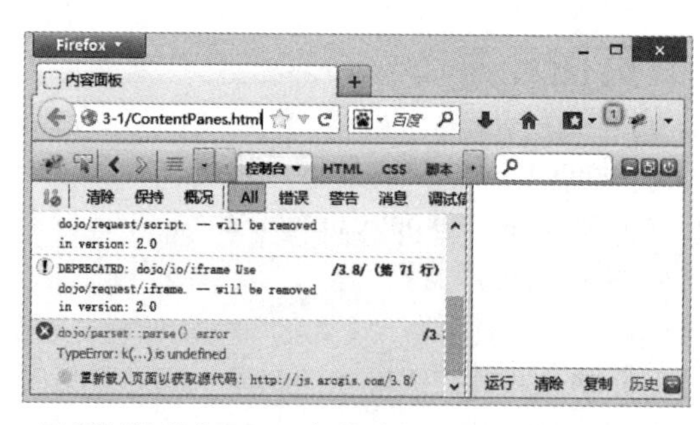

图 3.1　早期浏览器在<html>标签中加入 lang="en"后出现的错误

上述代码虽然很简单，但是还是完整演示了如何静态创建 Dojo 的小部件。

静态创建 Dojo 的小部件一般包括如下 4 个步骤：

步骤 01 在 require 函数中引入小部件标签属性解析功能模块。由于页面中通过 data-dojo-type 标签属性使用了 Dojo 的小部件，但是这并不是标准的 HTML，浏览器不能直接对其进行解析，因此需要在页面加载完成以后对整个页面的所有标签属性进行解析，将其转换为浏览器可以识别的标记。解析小部件标签属性需要用到 dojo/parser 功能模块，因此还需要调用 require 函数将其包含进来。

步骤 02 在 require 函数中将小部件的类所在模块引用进来。

步骤 03 在 require 函数的第二个参数（即回调函数）中调用 dojo/parser 功能模块的 parse 函数解析小部件标签属性。

步骤 04 在页面中需要使用小部件的位置写入小部件标签属性。例如，如果使用按钮小部件，则为<div data-dojo-type="dijit/form/Button">OK</div>。

ContentPane 的主要属性如表 3-1 所示。

表 3-1　ContentPane 的主要属性

属性	属性类别	说明
errorMessage	String	错误提示信息，可以在 loading.js 文件中更改默认信息
extractContent	Boolean	当取回的内容是页面时，判断是否抽取页面标签 <body>…</body>内的可见内容
href	String	当前实现内容的超链接。如果在构造 ContentPane 小部件的时候设置此项，就可以在小部件显示的时候加载数据
isLoaded	Boolean	设置加载状态
loadingMessage	String	加载时显示的信息，同 errorMessage 一样可以在 loading.js 文件中更改默认信息
parseOnLoad	Boolean	解析取回的内容，如果有小部件的声明，则会实例化小部件
preload	Boolean	强制加载数据
preventCache	Boolean	判断是否缓存取回的外部数据
refreshOnShow	Boolean	在小部件从隐藏到展现时，判断是否刷新数据

ContentPane 的主要方法如表 3-2 所示。

表 3-2　ContentPane 的主要方法

方法	说明
cancel()	取消进行中的内容下载
refresh()	强制刷新
resize(/* String */size)	此方法可以重新设置小部件的大小
setContent(/*String|DomNode|Nodelist*/data)	代替原有的内容，替换为新的内容。这个方法经常用到，可以动态向 ContentPane 中输入其他小部件
setHref(/*String|Uri*/ href)	替换原有的超链接，通过 XHR 的形式异步获取数据，然后重置此小部件中的内容

虽然 ContentPane 可以单独使用，但是更多地是将其放置在容器小部件（BorderContainer 与 AccordionContainer 等）中。

2. FloatingPane 面板

Dojox/layout/FloatingPane 是浮动面板，可以模拟 Windows 窗口的效果，即可以在页面上随意拖曳该面板，该面板具有 Windows 窗口的特性，比如基本的最小化、还原、最大化、关闭按钮等，以及改变大小、嵌套内部窗口、打开其他页面等。

下面通过代码介绍如何动态创建 FloatingPane 小部件。首先在实例 3-1 的 ContentPanes.htm 文件的按钮小部件中增加 onClick 事件处理代码，修改后的相关代码如下：

```
<div data-dojo-type="dijit/form/Button">
   相关信息
   <script type="dojo/on" data-dojo-event="click" data-dojo-args="evt">
      makeAboutBox();
   </script>
</div>
```

在上面的代码中，为 dijit/form/Button 小部件的 onClick 扩展点（Extension Point）增加了一个处理函数。扩展点的意思是由 Dojo 的小部件提供固定名字、参数的方法（即扩展点），开发人员可根据实际业务的需要覆盖相应的方法。其设计思想源于面向对象中的继承机制，通过继承，子类会拥有父类的方法，但子类也可出于某些特定的需要，覆盖掉父类的方法。Java 中 Object 类定义的许多方法大多具有类似的功能。如果不为扩展点提供处理函数，则小部件使用默认的处理函数。上面的代码的意思就是当用户单击该按钮时，调用 makeAboutBox 函数。

在 head 的 JavaScript 段中加入如下代码：

```
function makeAboutBox() {
   require(["dojo/request", "dojo/_base/window", "dojo/dom-style",
"dojox/layout/FloatingPane"], function (request, win, style, FloatingPane) {
      var floaterDiv = document.createElement("div");
      win.body().appendChild(floaterDiv);
      floaterDiv.appendChild(document.createElement("br"));
      var textarea = document.createElement("div");
      textarea.innerHTML = "加载...";

      floaterDiv.appendChild(textarea);
      var tmp = new FloatingPane({
         title: "<b>关于本应用程序</b>",
         id: "aboutBox",
         closeable: true,
         resizable: true,
         dockable: false,
         resizeAxis: 'xy'
      }, floaterDiv);
      tmp.startup();

      tmp.resize({
         w: 350,
         h: 200
      });

      style.set(tmp.domNode, "top", "100px");
      style.set(tmp.domNode, "left", "100px");
      style.set(tmp.domNode, "z-index", "500");

      tmp.show();

      request ("about.html").then(function (response) {
            textarea.innerHTML = response;
         },
         function (response) {
            alert("出错，原因是" + response);
            textarea.innerHTML = '不能找到指定的 HTML ';
         });

      tmp.bringToTop();
   });
}
```

在上面的代码中，首先利用 require 函数引用 dojox/layout/FloatingPane 模块。而在

makeAboutBox 函数中，首先利用 document.createElement 创建一个 DIV 元素 floaterDiv，并加载到页面中。然后在 floaterDiv 中加入一个 BR 与 DIV 元素。接着用 FloatingPane 的构造函数动态创建一个浮动面板。

从中可以看到，要动态创建小部件，一般要先创建一个“替代层”，并将该层插入当前页面 DOM 结构中小部件相应的位置；然后调用小部件对应的构造函数，例如 new FloatingPane(params, srcNodeRef)来创建该小部件。其中 params 是小部件构造时相关的属性参数，srcNodeRef 是上一步中创建的“替代层”。

Dojo 认为创建小部件和确定小部件在页面中的位置（这里的“位置”是指页面 DOM 结构中的相对位置）是两个不同类型的操作。从代码结构优化和软件工程化的角度考虑，这两个不同类型的操作在实际应用中也应该是相对独立的。因此，在实际创建小部件的时候，首先要动态创建一个“替代层”去将小部件的位置“标注”出来。

但并不是所有的小部件都必须创建“替代层”。一些小部件在页面中的位置对其功能没有任何影响，例如 dijit/Tooltip、dijit/TooltipDialog、dijit/Dialog 等。因为这类小部件的显示位置与其在 DOM 结构中的相对位置没有必然的关系，因此在一般情况下，Dojo 会默认把这些小部件插入页面 DOM 结构最后面的位置。

在创建 FloatingPane 的代码时，我们通过 params 参数中的 closeable 与 dockable 等属性指定该浮动面板实例是否可关闭、可停靠等。

此外还需要注意的是，如果要在动态创建的小部件中再创建子小部件，往往会在页面运行时出现一些莫名其妙的情况。Dojo 建议在动态创建小部件结束以后调用 startup()。例如对于上面动态创建的小部件浮动面板，可以在创建完成后加上 tmp.startup()。加上这段代码的原因与小部件创建完成以后的解析相关。

然后调用浮动面板的 resize 方法调整高度与宽度，并利用 dojo/dom-style 功能模块的 set 函数设置样式。一般来说，set 函数接收 3 个参数：一个节点、一个样式名和一个为该样式指定的值。当然，我们也可以在调用 FloatingPane 的构造函数时，在 params 参数中加入样式代码，例如前面 3 行设置样式代码可用如下样式属性代替：

```
style: "position:absolute;top:100px;left:100px;z-index:500;",
```

对于浮动面板中的内容，我们放在了 about.htm 文件中，通过 dojo/request 获取其中的内容，并放置到浮动面板的 textarea 元素中。

dojo/request 是 Dojo 1.8 引进的新 API，用于从客户端向服务器异步发送请求，也就是我们常说的 AJAX。在之前的版本中，针对不同的请求（例如是否跨域）提供了不同的方法，例如 dojo.xhr*、dojo.io.iframe、dojo.io.script 等。但这些 API 的表现常常不一致。而 dojo/request 这套 API 在所有浏览器、所有请求方法甚至所有 JavaScript 环境上都是一致的。这个模块将用户从具体的请求细节中抽象出来，也就是说，用户无须关心请求是如何发生的。dojo/request 正是基于 dojo/promise 来构建的，当引入 dojo/request 模块时，将根据运行平台自动返回对应的实现。比如，浏览器中就会使用 dojo/request/xhr，而 NodeJS 平台则会使用 dojo/request/node。

dojo/request 使用方式如下：

```
require(["dojo/request"], function(request){
    request(url, options).then(function(data){
        // 处理成功返回的数据
    }, function(err){
    // 处理请求失败
```

```
        }, function(evt){
            // 处理 progress 事件
        });
    });
```

dojo/request 第一个参数是请求的 URL。第二个参数是可选的 JSON 对象，用于定制请求。JSON 对象由很多属性与值对组成，其中的值可以是任意类型的数据，包括整形、字符串、函数，甚至是 JSON 对象，这一点使得 JSON 对象的数据描述能力可以与 XML 匹敌，而且 JSON 对象可以使用"."操作符来直接访问它的属性，没有任何解析的开销，非常方便。在 JavaScript 领域，JSON 有超越 XML 成为事实上的数据交换标准的趋势。使用 JSON 对象作为函数参数的情形在 JavaScript 中非常普遍，可以看成 JavaScript 开发中的一个模式，读者应该熟悉它。再回到作为 dojo/request 第二个参数 JSON 对象，它常用的选项有：

- method：一个大写的字符串，代码请求的 HTTP 方法分别是 GET、POST、PUT 与 DELETE，默认是 GET。同时有几个帮助函数可使指定选项更容易（request.get、request.post、request.put 与 request.del）。
- sync：一个布尔值，如果为 true，则会使请求阻塞，直到服务器回应或请求超时。
- query：一个字符串或 key-value 对象，包含添加到 URL 中的 query 参数。
- data：一个字符串、key-value 对象或 FormData 对象，包含传递给服务器的数据。
- timeout：超时毫秒时间，在请求失败之前触发错误处理函数。
- handleAs：一个字符串代表如何转化响应的文本。Dojo 将根据 handleAs 设置的数据类型对从服务器返回的数据进行预处理，再将转化后的数据传递给成功处理函数。可能的格式有：Text（默认）、JSON、JavaScript 与 XML。
- preventCache：默认为 false，如果为 true，则将发送一个额外的查询参数，确保服务器不能提供缓存值。
- headers：一个 key-value 对象，包含额外的 header 用来请求发送。

dojo/request API 的一致性还包括返回值，即所有 dojo/request 方法都返回一个 promise 对象，这个 promise 对象最终会提供响应数据。如果在发起请求时指定了某个响应内容解析器（通过 handleAs 参数），那么这个 promise 对象就会提供这个内容解析器的解析结果，否则它将直接返回响应的 body 部分的文本。

dojo/request 所返回的 promise 对象具有一个普通 promise 没有的附加属性，即 response。这个属性本身也是一个 promise，它将提供一个对象来更详细地描述这次响应：

- url：发起请求的最终 URL（加上了 query 字符串）。
- options：请求相关的参数。
- text：响应中数据的字符串表示。
- data：对响应进行处理后返回的数据（如果 handles 参数指定了有效的解析方式）。
- getHeader(headerName)：用于获取请求头部参数的函数，如果没有提供头部信息，这个函数将返回 null。

我们在 makeAboutBox 中通过调用 dojo/request 获取服务器上与引用此 JavaScript 脚本的页面同一目录下的 about.htm 文件。服务器成功返回之后，调用浮动面板的 bringToTop()方法，将该文件的内容显示在 textarea 元素中。如果出错了，则使用 alert 显示错误信息。

about.html 中的内容很简单，没有太多的实际意义，代码如下：

```
<div style='width:100%;height:200px;overflow:auto;'>
    <br>
    <div class='box' style='width: 85%; padding: 5px;'>
        ESRI ArcGIS API for JavaScript depends on
        <a href='http://www.dojotoolkit.org/'>The Dojo Toolkit</a>.
        <br>
    </div>
    <br>
</div>
```

在上述代码中使用了一个名为 box 的样式，此外 Dojo 还为 FloatingPane 提供了一个样式表，修改页面 head 部分的样式定义段，添加如下代码：

```
    <link rel="stylesheet" href="https://js.arcgis.com/4.22/dojox/layout/
resources/FloatingPane.css" />
    <style>
        .box {
            margin-top: 5px;
            color: #292929;
            border: 1px solid #9F9F9F;
            background-color: #EFEFEF;
            padding-left: 10px;
            padding-right: 20px;
            margin-left: 10px;
            margin-bottom: 1em;
            border-radius: 10px;

            -o-border-radius: 10px;
            -moz-border-radius: 10px;
            -webkit-border-radius: 10px;
            box-shadow: 8px 8px 16px #adadad;
            -webkit-box-shadow: 8px 8px 16px #adadad;
            -moz-box-shadow: 8px 8px 16px #adadad;
            -o-box-shadow: 8px 8px 16px #adadad;
            overflow: hidden;
        }
    </style>
```

ContentPanes.htm 在浏览器中的运行界面如图 3.2 所示。

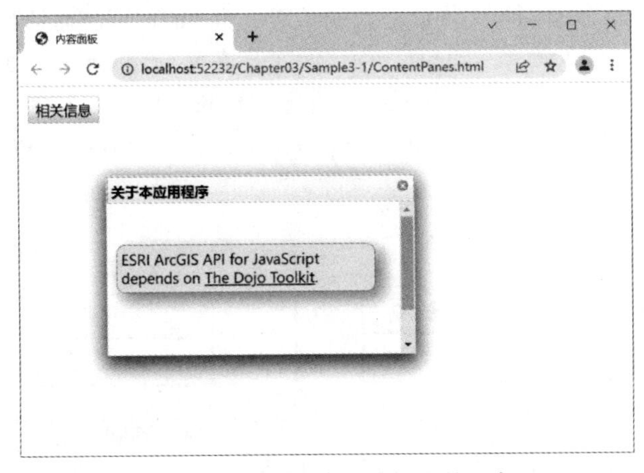

图 3.2　使用面板组织页面中的元素

小部件占据了 Dojo 的大部分内容，因此小部件的恰当使用至关重要。前面已经分别介绍了静态与动态创建小部件，这里将动态创建小部件的方法和静态创建小部件的方法进行一个全面的比较，如表 3-3 所示。

表 3-3 静态与动态创建小部件方法的比较

比较项	静态创建	动态创建
小部件位置	直接在相应的位置写入小部件	通过替代层定位
小部件类型	通过标签 dojoType 属性创建部件	通过调用相应的小部件构造函数
设置属性	通过标签属性来定义小部件属性	直接在动态构造函数中设定

抛开动态创建和静态创建的表象从本质上说，创建一个小部件需要以下几项相同的要素：

- 小部件将插入 DOM 结构中的位置。静态创建小部件是直接写入页面中，表明其所在 DOM 结构中的位置；而动态创建小部件则需要通过一个"替代层"来实现小部件插入 DOM 树中的合适位置。
- 表明要创建的小部件类型。静态创建小部件通过使用 dojoType 标签属性来表明，而动态创建小部件则是通过调用该小部件相应的动态构造函数来表明。
- 在创建一个小部件时，需要设置其相关属性。静态创建是通过标签属性来定义的，而动态创建则是通过在该小部件相应的构造函数中直接设定属性实现的。

3.1.3 使用容器小部件设计页面布局

在设计 Web 页面时，使用面板小部件来组织"原子"小部件，例如按钮、文本框等，然后利用容器小部件将面板放置在页面的不同区域。

1. BorderContainer 容器

每个 BorderContainer 实例至多允许包含 5 个不同的区域：上、下、左、右与中，当然也可以只包含其中几个区域。如果某个区域需要进一步分解，则可将 BorderContainer 中的一个区域设置为另一个 BorderContainer 实例。

每个 BorderContainer 都有两种不同的方式安排其子元素的位置，这可通过其 design 属性来控制。该属性的值可以是 headline 或 sidebar。当该属性设置为 headline 时，上、下两个区域优先设置，并且它们的宽度会与整个 BorderContainer 的宽度相同，称为"上中下结构"；如果设置为 sidebar，那么左、右两个区域优先设置，并且它们的高度与整个 BorderContainer 的高度一致，称为"左中右结构"，如图 3.3 所示。

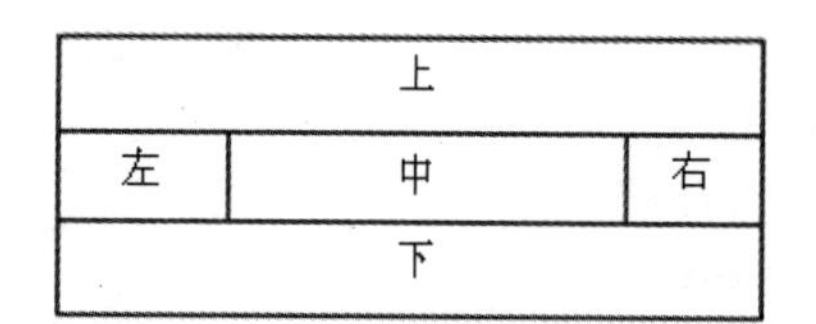

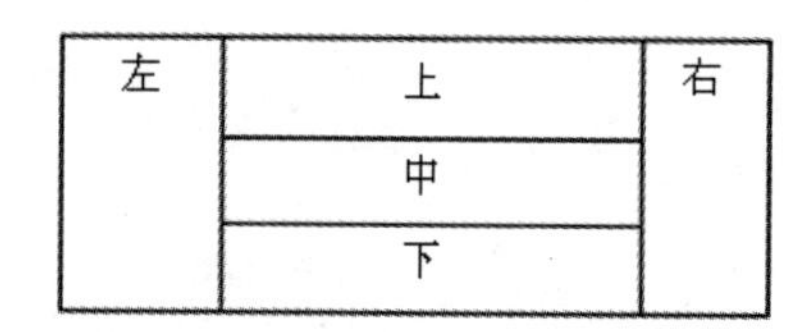

图 3.3 上中下结构与左中右结构的页面布局

BorderContainer 容器中的每个区域一般对应一个面板，也可以是一个容器。在实例 3-1 中加入一个名为 HeadlineContainer.htm 的文件，在其中加入如下代码：

```
<!DOCTYPE html>
<html>
<head>
    <title>页面布局</title>
```

```
        <link rel="stylesheet" href="https://js.arcgis.com/4.22/dijit/themes/
tundra/tundra.css" />
        <link rel="stylesheet" href="https://js.arcgis.com/4.22/esri/themes/ light/main.css">
        <style>
            html, body, #main {
                width: 100%;
                height: 100%;
                margin: 0;
            }
        </style>
        <script type="text/javascript">
            dojoConfig = {
                isDebug: true,
                async: true
            };
        </script>
        <script src="https://js.arcgis.com/4.22/"></script>
        <script type="text/javascript">
            require(["dojo/parser", "esri/Map", "esri/views/MapView", "esri/layers/TileLayer",
                "dijit/layout/BorderContainer", "dijit/layout/ContentPane",
                "dijit/layout/AccordionContainer", "dojo/domReady!"],
                function (parser, Map, MapView, TileLayer) {
                    parser.parse();
                    var map = new Map("mapDiv");
                    var agoServiceURL = "http://server.arcgisonline.com/ArcGIS/
rest/services/World_Street_Map/MapServer";
                    var agoLayer = new TileLayer({
                        url: agoServiceURL
                    });
                    map.add(agoLayer);
                      var view = new MapView({
                        map: map,
                        container: "mapDiv"
                    });
            });
        </script>
    </head>
    <body class="tundra">
        <div data-dojo-type="dijit/layout/BorderContainer" data-dojo-
props="design:'headline',gutters:false" id="main">
            <div data-dojo-type="dijit/layout/ContentPane" data-dojo-props="region:'top'"
                style="background-color: #b39b86; height: 10%;">
                放置单位或公司标志、本应用系统名称等
            </div>
            <div data-dojo-type="dijit/layout/ContentPane" data-dojo-props="region:'left',
splitter:'true'" style="background-color: #acb386; width: 100px;">
                一般为菜单
            </div>
            <div id="mapDiv" data-dojo-type="dijit/layout/ContentPane" data-dojo-
props="region:'center'" style="background-color: #f5ffbf; padding: 10px;">
            </div>
            <div data-dojo-type="dijit/layout/ContentPane" data-dojo-props="region:'right',
splitter:'true'" style="background-color: #acb386; width: 100px;">
                执行某些功能后的结果
            </div>
            <div data-dojo-type="dijit/layout/ContentPane" data-dojo-props="region:'bottom',
splitter:'true'" style="background-color: #b39b86; height: 50px;">
                版权信息等
            </div>
        </div>
    </body>
    </html>
```

以上代码设计了常见的网络地理信息系统主页面的布局，整个页面分成 5 栏，上面放置单位或公司的标志与本系统的名称，左边一般放置功能菜单，中间当然就是地图，右边一般为查询等空间分析的结果，下边一般为版权信息等。运行结果如图 3.4 所示。

从上述代码中可以看到样式的定义中设置了 width 和 height，这里也是需要特别注意的地方，

BorderContainer 节点需要设置 width 和 height（这里是通过 head 中设置样式代码段中的#main 来设置的）。同时左右两个子节点可以设置宽度，而上下两个子节点可以设置高度。中间区域的子节点无须设置大小，去掉 4 个边界区域占有的空间，剩下的就是中间区域。

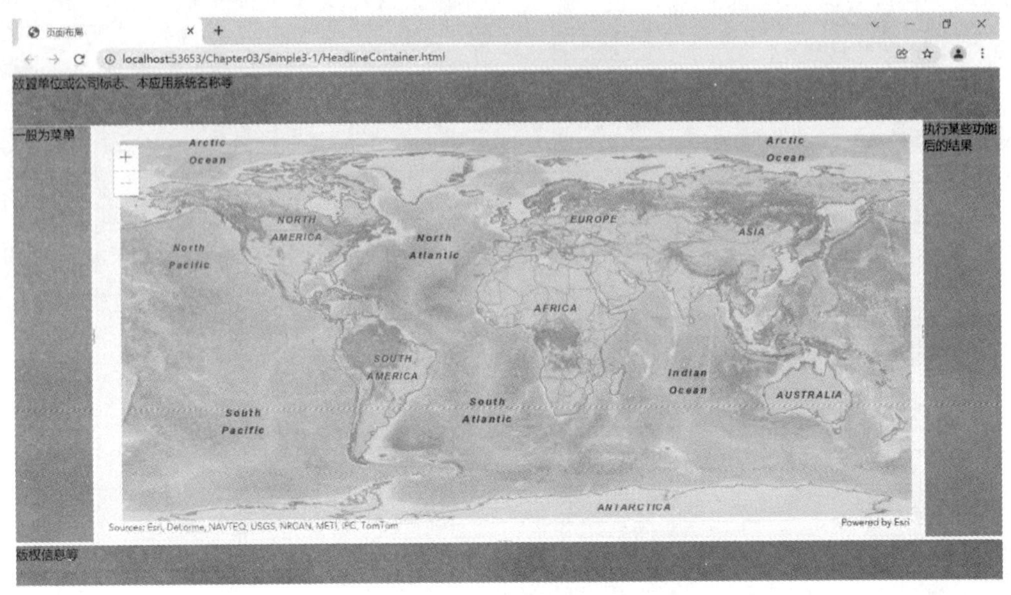

图 3.4　利用 BorderContainer 容器控制页面总体布局

如果用户不喜欢页面布局的尺寸怎么办？可以用拖曳滑块修改尺寸。拖曳滑块是一个可以手动拖曳改变两侧区域尺寸的边框，可以通过设定 ContentPane 的 splitter="true"来实现。这让依赖于四周区域的尺寸来决定自己长宽的中心区域也可拖曳了。如果想让用户的拖曳有个限度，可以通过指定 minSize 或 maxSize 的属性值来实现。尺寸限制了指定区域的长宽，其最小值和最大值默认分别是 0px 和 Infinity，表示没有限制。

BorderContainer 的 liveSizing 属性设定了面板在拖曳过程中是否需要重绘，设为 true 时可以帮助用户即时地看到拖曳的效果，但如果 ContentPane 里有大量 HTML 的话，整个页面会变得非常慢。

此外，BorderContainer 可以在浏览器的 cookie 中保存拖曳后的位置，只需要将 persist 属性设定为 true 就可以实现，这样用户不必每次都更改边框的长宽。

2. 堆叠容器

当页面中的内容比较多时，可使用堆叠容器一次只显示部分元素。

Dojo 有三种堆叠容器。Dijit/layout/StackContainer 是其中最普通的一种，需要自行编写控制和导航代码。另外两种（dijit/layout/AccordionContainer 和 dijit/layout/TabContainer）提供了自带的界面控制功能。AccordionContainer 的导航按钮在面板内显示，而 TabContainer 的按钮则在顶端一字排开。

由于面板小部件是嵌套在堆叠容器内的，因此它们也可以包含子面板。AccordionContainer 和 TabContainer 允许 ContentPane 作为它们的子面板。

例如可用下面的代码替换 HeadlineContainer.htm 中右边区域的面板：

```
<div data-dojo-type="dijit/layout/ContentPane" data-dojo-props="region: 'right',
```

```
splitter:'true'"  style="background-color: #acb386; width: 100px;">
        <div id="accordionContainer" data-dojo-type="dijit/layout/ AccordionContainer"
            style="padding: 0px; overflow: hidden; z-index: 29;">
            <div data-dojo-type="dijit/layout/ContentPane" title="查询" style="overflow:
hidden;">
                <div id="findServicesDiv">
                </div>
            </div>
            <div id="identifyResultsPane" data-dojo-type= "dijit/layout/ContentPane"
style="overflow: hidden;" title="查询结果">
                <div id="resultsDiv">
                </div>
                <br>
            </div>
            <div id="parcelResultsPane" data-dojo-type="dijit/layout/ContentPane" title="缓冲区
分析">
            </div>
            <div data-dojo-type="dijit/layout/ContentPane" style="width: 100%" title="图层控制">
                <br>
                <div id="layerConfigDiv">
                </div>
            </div>
        </div>
    </div>
```

更改后的页面显示效果如图3.5所示。

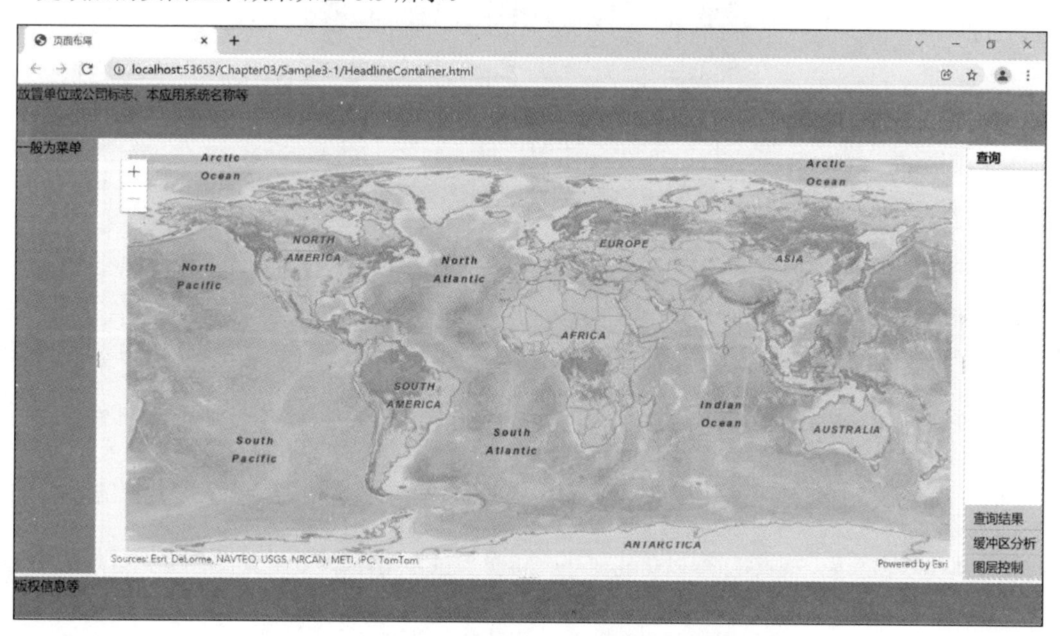

图3.5　使用堆叠容器每次显示部分元素

3.2　可移动的小部件微架构

在3.1节介绍了如何用容器小部件来控制页面的整体布局，用面板来组织表单小部件并填充容器小部件的不同区域。虽然Dojo提供了丰富的小部件库，但有时候还是很难完全满足项目中的一些特殊需求。这种时候，可能会很快找到小部件的源文件，然后在上面做些修改，以满足项目需求，但这并不是一个好方法，因为这会使源代码很难维护。幸运的是，Dojo 提供了很好的小部件扩展机制，使得开发人员可以创建自己的小部件。

但是对于真实的应用程序开发来说，不应该让每个开发人员按照自己的喜好或习惯任意创建自己的小部件，而是提供一、两种创建风格，将这种风格面向对象化，成为微架构，从而统一应用程序的开发。本节与下一节将分别介绍两种风格的小部件微架构。这两种风格的小部件微架构的共同点是将小部件内容本身与小部件框架（用于显示、隐藏与切换小部件内容以及关闭）分离，分别都是小部件，相互不影响，如图 3.6 所示，这样使得开发的小部件既可以用于本节开发的可移动小部件框架中，也可用于下一节开发的集中控制的小部件框架中。有了这类微架构，开发人员只需要集中精力开发具体的小部件内容部分，它们的展示方式（例如动画）等交由微架构来管理，而且作为内容的一个小部件继承共同的父类。这样便统一了编程风格。

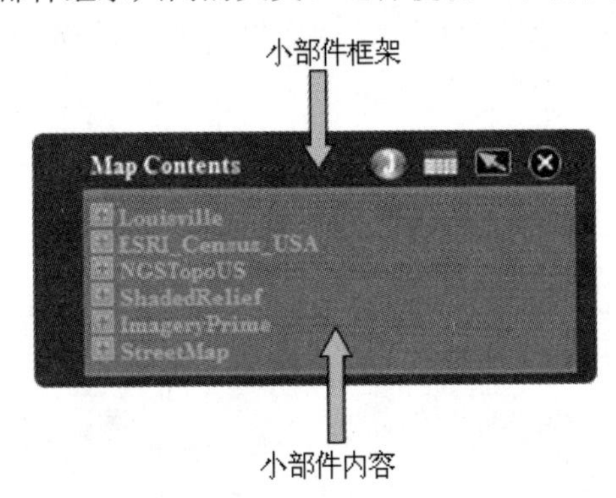

图 3.6　小部件内容与小部件框架分离

本节的实例称为实例 3-2，对应源代码中的 Sample3-2 目录。

3.2.1　自定义小部件的基础知识

小部件的扩展与模块的扩展非常类似，因为实际上小部件也是模块，只不过小部件带有用户界面，所以小部件的扩展也就是在模块扩展的基础上加了一些规则。

1. 行为性与非行为性小部件

虽然从技术上来说，小部件可以是任何一个实现了包含属性参数与一个 DOM 节点的构造函数的 JavaScript 类，即包含如下类似代码：

```
constructor: function(params, srcNodeRef) {
    console.log("在节点" + srcNodeRef + "创建带有" + dojo.toJson(params) + "属性的小部件");
}
```

但是 Dojo 中所有的小部件都直接或间接构建于 dijit/_Widget 类之上。该类定义了小部件的基本行为，提供了由所有小部件实现所共享的一些常用函数。由_Widget 类实现的最为重要的任务是：

- 定义创建方法，在小部件实例化时自动调用，此方法执行所有所需的创建步骤。
- 定义一些模板方法，提供面向小部件实现者的事件处理机制，使它们能够在某个特定的创建阶段实现特定的初始化操作。
- 定义大量销毁方法，用来清除所分配的小部件资源。

- 定义事件管理方法，用来关联小部件方法与 DOM 节点与方法调用事件。

可以创建的最简单的小部件是行为性小部件，这类小部件直接使用 DOM 树创建自己的 DOM 树。例如如下代码（BehavioralWidget.html）：

```
<!DOCTYPE html>
<html>
<head>
    <meta charset="utf-8">
    <title>behavioral widget</title>
    <link rel="stylesheet"
href="https://js.arcgis.com/4.22/dijit/themes/tundra/tundra.css" />
    <script src="https://js.arcgis.com/4.22/"></script>
    <script type="text/javascript">
        require(["dojo/_base/declare", "dijit/_Widget"], function (declare, _Widget) {
            declare("MyFirstBehavioralWidget", _Widget, {
                // 在这里编写属性与方法
            });
        });

        require(["dojo/parser", "dojo/domReady!"], function (parser) {
            parser.parse();
        });
    </script>
</head>
<body class="tundra">
    <span data-dojo-type="MyFirstBehavioralWidget">
        最简单的行为性小部件
    </span>
</body>
</html>
```

在上述代码中创建了一个 MyFirstBehavioralWidget 类型的 JavaScript 对象，并与页面中的一个 span 元素连接。

虽然这种行为性小部件在某些情况下有用，但是存在不少的局限性，例如这类小部件的使用者必须提供一个 DOM 树。通常，小部件需要创建自己的复杂的 DOM 树，而不只是简单的 span 或 button 等节点。下面是一个创建自己 DOM 树的小部件的代码（NonBehavioralWidget.html）：

```
<!DOCTYPE html>
<html>
<head>
    <meta charset="utf-8">
    <title>non-behavioral widget</title>
    <link rel="stylesheet"
href="https://js.arcgis.com/4.22/dijit/themes/tundra/tundra.css" />
    <script src="https://js.arcgis.com/4.22/"></script>
    <script type="text/javascript">
        require(["dojo/_base/declare", "dijit/_Widget", "dojo/dom-construct"], function
(declare, _Widget, domConstruct) {
            declare("MyFirstWidget", _Widget, {
                buildRendering: function () {
                    // 创建该小部件的 DOM 树
                    this.domNode = domConstruct.create("button", { innerHTML: "提交" });
                }
            });
        });

        require(["dojo/parser", "dojo/domReady!"], function (parser) {
            parser.parse();
        });
    </script>
</head>
<body class="tundra">
    <span data-dojo-type="MyFirstWidget">
        最简单的行为性小部件
```

```
        </span>
    </body>
    </html>
```

虽然上面的小部件没什么功能，但是却实实在在演示了一个非行为性小部件的最低要求，即创建一个 DOM 树。小部件的 DOM 树保存在其 domNode 属性中。buildRendering 函数用于创建 DOM 树并将其内容渲染到页面上。

下面的代码演示了执行 JavaScript 代码的小部件（CounterWidget.htm）：

```
    <!DOCTYPE html>
    <html>
    <head>
        <meta charset="utf-8">
        <title>non-behavioral widget</title>
    <link rel="stylesheet" href="https://js.arcgis.com/4.22/dijit/themes/tundra/tundra.css" />
        <script src="https://js.arcgis.com/4.22/"></script>
        <script type="text/javascript">
            require(["dojo/_base/declare", "dijit/_Widget", "dojo/dom-construct"],
function(declare, _Widget, domConstruct) {
                declare("Counter", _Widget, {
                    // 计数器
                    _i: 0,

                    buildRendering: function() {
                        // 创建该小部件的 DOM 树
                        this.domNode = domConstruct.create("button", { innerHTML: this._i });
                    },

                    postCreate: function() {
                        // 用户每单击一次按钮，计数器增加 1
                        this.connect(this.domNode, "onclick", "increment");
                    },

                    increment: function() {
                        this.domNode.innerHTML = ++this._i;
                    }
                });
            });

            require(["dojo/parser", "dojo/domReady!"], function(parser){
                parser.parse();
            });
        </script>
    </head>
    <body class="tundra">
        <span data-dojo-type="Counter">
        </span>
    </body>
    </html>
```

在 buildRendering 函数执行完毕后将调用 postCreate 函数，此时 DOM 树已经创建好了，通常用来进行事件的连接。在上面的代码中，通过小部件的 connect 方法手动连接 onclick 事件及其处理函数 increment。此连接可以由小部件在_connects 数组内部跟踪。所有连接在销毁时都将会自动断开。这样，小部件与 DOM 节点间的相互引用就被打破了。如果在小部件生命周期内一些连接已经不再需要，那么开发人员就可以通过调用 disconnect 方法来手动断开这些连接以减少事件的处理。

2. 模板化小部件

通过前面的代码了解了如何创建直接基于 dijit/_Widget 类的小部件，但是实际上却不经常使用该方式，因为使用代码来创建复杂的 DOM 结构非常烦琐，而且容易出错。幸运的是，Dojo 提供了一个强大的抽象，即 dijit/_TemplatedMixin 混入类，可以将小部件呈现定义与小部件行为的实现分离开来。也可以使用 dijit/_Templated 来实现，不过在 Dojo 2.0 的版本中将不再使用 dijit/_Templated。

_TemplatedMixin 为开发人员实现了 buildRendering 函数，而开发人员需要做的只是为该小部件的 DOM 指定一个模板，也就是一段 HTML。

下面演示如何通过模板扩展前面的计数器实例，首先要做的是创建一些 HTML 用于显示小部件的内容，代码如下：

```
<div>
    <button>增加计数</button>
      当前计数: <span>0</span>
</div>
```

要注意的是，模板需要有唯一的一个顶级根节点。

然后加入_TemplatedMixin 类的一些命令，修改上述模板。修改后的模板如下：

```
<div>
    <button data-dojo-attach-event='onclick: increment'>增加计数</button>
      当前计数: <span data-dojo-attach-point='counter'>0</span>"
</div>
```

data-dojo-attach-event 的作用是把模板中的 DOM 事件连接到小部件中的处理函数上。在上述代码中，data-dojo-attach-event="onclick: increment"的 onclick 事件便被连接到了 increment 函数上。此外，在小部件的定义中，经常会想直接访问模板中的 DOM 节点，这可以通过在该节点上添加一个 data-dojo-attach-point 属性来实现，比如 data-dojo-attach-point ='counter'，然后就可以在 JavaScript 代码中用 counter 来访问这个节点了。这类属性称为“附着点”（Attach Point）。

整个文件（CounterWidgetTemplate.htm）的源代码如下：

```
<!DOCTYPE html>
<html>
<head>
   <meta charset="utf-8">
   <title>non-behavioral widget</title>
<link rel="stylesheet" href="https://js.arcgis.com/4.22/dijit/themes/tundra/tundra.css" />
   <script src="https://js.arcgis.com/4.22/"></script>
   <script type="text/javascript">
      require(["dojo/_base/declare", "dijit/_Widget", "dijit/_TemplatedMixin", "dojo/dom-
construct"], function(declare, _Widget, _TemplatedMixin, domConstruct) {
         declare("Counter", [_Widget, _TemplatedMixin], {
               // 计数器
               _i: 0,

               templateString: "<div>" + "<button data-dojo-attach-event='onclick:
increment'>增加计数</button>" + "  当前计数: <span data-dojo-attach-
point='counter'>0</span>" + "</div>",

               increment: function() {
                   this.counter.innerHTML = ++this._i;
               }
           });
      });

      require(["dojo/parser", "dojo/domReady!"], function(parser){
         parser.parse();
      });
   </script>
</head>
<body class="tundra">
   <span data-dojo-type="Counter">
   </span>
</body>
</html>
```

当然，我们可以将模板放入一个单独的文件中，并使用 templatePath 属性来指明。

3. 属性

小部件中的属性可以在小部件创建时设置，在使用过程中改变属性的值，这类似于 DOM 节点的属性。它们之间的主要区别是，在创建属性之后，需要调用 attr 方法来获取或设置小部件的属性。

小部件的属性常常映射到小部件 DOM 中。例如，TitlePane 面板的 title 属性成为名为 TitlePane.titleNode 的 DOM 节点的 innerHTML，其中 titleNode 就是通过 data-dojo-attach-point 定义的。

可能想到该映射可以在小部件的模板中规定，但实际上是通过名为 attributeMap 的属性来实现的。attributeMap 可以将小部件的属性映射为 DOM 节点的属性、innerHTML 或类。

下面通过一个“名片”小部件的实现来说明（BusinessCard.html）。该小部件具有 3 个参数，分别表示姓名、电话以及显示姓名的样式。在 attributeMap 中规定了每个参数如何与模板相对应。代码如下：

```
<!DOCTYPE html>
<html>
<head>
    <meta charset="utf-8">
    <title>Business Card</title>
<link rel="stylesheet" href="https://js.arcgis.com/4.22/dijit/themes/tundra/tundra.css" />
    <style type="text/css">
     body, html { margin: 0; height: 100%; width: 100%; }
     .businessCard { border: 3px inset gray; margin: 1em; }
     .employeeName { color: blue; }
     .specialEmployeeName { color: red; }
    </style>
    <script src="https://js.arcgis.com/4.22/"></script>
    <script type="text/javascript">
        require(["dojo/_base/declare", "dijit/_Widget", "dijit/_TemplatedMixin", "dojo/dom-construct"], function(declare, _Widget, _TemplatedMixin, domConstruct) {
            declare("BusinessCard", [_Widget, _TemplatedMixin], {
                // 初始化参数
                name: "unknown",
                nameClass: "employeeName",
                phone: "unknown",

                templateString: "<div class='businessCard'>" + "<div>姓名: <span data-dojo-attach-point='nameNode'></span></div>" + "<div>电话 #: <span data-dojo-attach-point='phoneNode'></span></div>" + "</div>",

                attributeMap: {
                    name: {
                        node: "nameNode",
                        type: "innerHTML"
                    },
                    nameClass: {
                        node: "nameNode",
                        type: "class"
                    },
                    phone: {
                        node: "phoneNode",
                        type: "innerHTML"
                    }
                }
            });
        });

        require(["dojo/parser", "dojo/domReady!"], function(parser){
          parser.parse();
        });
```

```
        </script>
    </head>
    <body class="tundra">
        <span data-dojo-type="BusinessCard" data-dojo-props="name: '陈德选', phone: '(010)
63981212'">
        </span>
        <span data-dojo-type="BusinessCard" data-dojo-props="name: '刘泊芸', nameClass:
'specialEmployeeName', phone: '(010) 63967113'">
        </span>
    </body>
    </html>
```

上述代码的运行结果如图 3.7 所示。

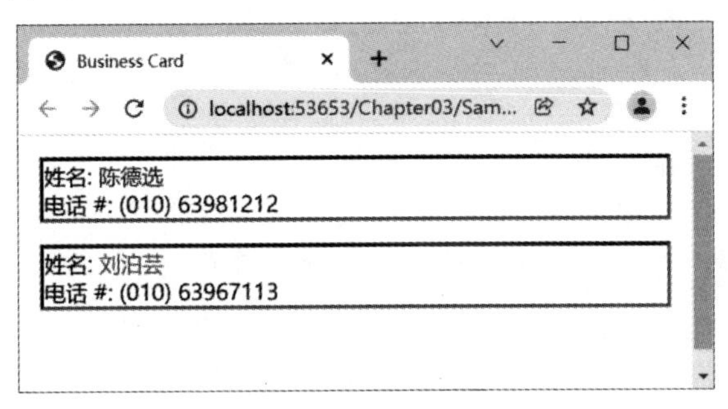

图 3.7　属性映射

在上面的代码中，第 1 张名片使用了 nameClass 的默认值，而第 2 张名片使用了自定义值。

要将小部件的属性映射为 DOM 的节点，可使用如下方法：

```
attributeMap: {
    disabled: {node: "focusNode", type: "attribute" }
}),
```

或使用：

```
attributeMap: {
    disabled: "focusNode"
}),
```

上述两种方式都会将小部件的 disabled 属性复制到模板中的 focusNode 节点。

但是 attributeMap 只能解决简单的映射，对于复杂的属性的获取与设置，则需要编写方法来实现。不过这里要注意的是命名约定，例如对于 opened 属性，获取与设置的方法名称应该为 _getOpenedAttr 与 _setOpenedAttr。然后 get 与 set 方法就会自动匹配属性获取/设置的方法。

下面的代码演示如何使用自定义的属性获取与设置的方法（CustomSetAndGet.html）：

```
<!DOCTYPE html>
<html>
<head>
    <meta charset="utf-8">
    <title>自定义的属性获取与设置</title>
<link rel="stylesheet" href="https://js.arcgis.com/4.22/dijit/themes/tundra/tundra.css" />
    <script type="text/javascript">
        dojoConfig = {
            isDebug: true,
            async: true
        };
    </script>
    <script src="https://js.arcgis.com/4.22/"></script>
    <script type="text/javascript">
        require(["dojo/_base/declare", "dijit/_Widget", "dojo/dom-style"], function(declare,
_Widget, domStyle) {
            declare("HidePane", _Widget, {
```

```
                // 参数
                open: true,

                _setOpenAttr: function(/*Boolean*/ open) {
                    this.open = open;
                    if(open == true) {
                        domStyle.set(this.domNode, "display", "block");
                    } else {
                        domStyle.set(this.domNode, "display", "none");
                    }
                }
            });
        });

        require(["dojo/parser", "dojo/domReady!"], function(parser){
            parser.parse();
        });

        function showPanel() {
            pane.set('open', true);
        }

        function hidePanel() {
            pane.set('open', false);
        }
    </script>
</head>
<body class="tundra">
    <span data-dojo-type="HidePane" data-dojo-props="open: 'false'" data-dojo-id="pane">
        该面板初始被隐藏
    </span>
    <button onclick="showPanel()">
        显示
    </button>
    <button onclick="hidePanel()">
        隐藏
    </button>
</body>
</html>
```

4. 小部件的生命周期

小部件是如何知道在什么时间调用什么方法的？这就涉及小部件的生命周期。

对于通过程序代码创建的小部件，其处理过程比较直截了当：调用 new 关键字，并将一些参数赋给小部件的属性。但是对于用声明方式创建的小部件，其生命过程由 dojo/parser 管理。

Dojo/parser 的一个主要工作是设置小部件实例的属性。当整个 HTML 页面下载完成后，dojo/parser 就开始工作，它首先搜索整个 DOM 树，寻找“data-dojo-type=”属性，如果找到一个，就创建指定类型的实例并映射属性。

接下来是小部件内容的绘制。小部件的绘制是通过扩展点来完成的。如果小部件提供了这些扩展点的处理函数，dijit/_Widget 就会按照如下顺序调用它们：

（1）postMixInProperties，在 Dojo 顺利完成继承结构并将所有父类混入小部件类之后将调用该方法。从该方法名称的字面意思就可以看出，发生在所有小部件的属性混入具体对象之后。因此，当该方法被调用时，该类完全可以访问与操作那些继承来的属性。如果需要在小部件展现之前修改实例的属性，则可以在这里实现。

（2）buildRendering，如果没有使用_Templated 或_TemplatedMixin 混入类，该方法简单地将内部的_Widget.domNode 属性设置到一个真实的 DOM 元素上，这样小部件就在物理上成为页面的一部分。如果使用了_TemplatedMixin 混入类，那么通常不需要去重载这个函数，因为_TemplatedMixin 包办了所有的事情，包括 DOM 节点的创建、事件的连接与附着点的设置。除非要开发一套完全不一样的模板系统，否则建议不要重载这个函数。

（3）postCreate，在小部件的 DOM 准备好并被插入页面后，调用此方法。此时，可以操作小部件的 DOM 树。但是要注意的是，如果小部件中包含子小部件，那么此时子小部件尚未被创建，因此还不能访问。如果需要访问子小部件，则需要使用 startup 方法。

（4）startup，当小部件及其子小部件被创建好之后，调用该方法。因此，这里是最先能访问子小部件的地方。若小部件通过声明被创建，startup 方法是通过 dojo/parser.parse 方法自动调用的。倘若小部件是由编程方式创建的，情况就不一样了，必须在程序代码中调用该方法，才能确保子小部件被创建。

小部件的绘制过程如图 3.8 所示。要注意的是，如果小部件的模板中包含子小部件，则必须在小部件类中将 widgetsInTemplate 属性设置为 true。

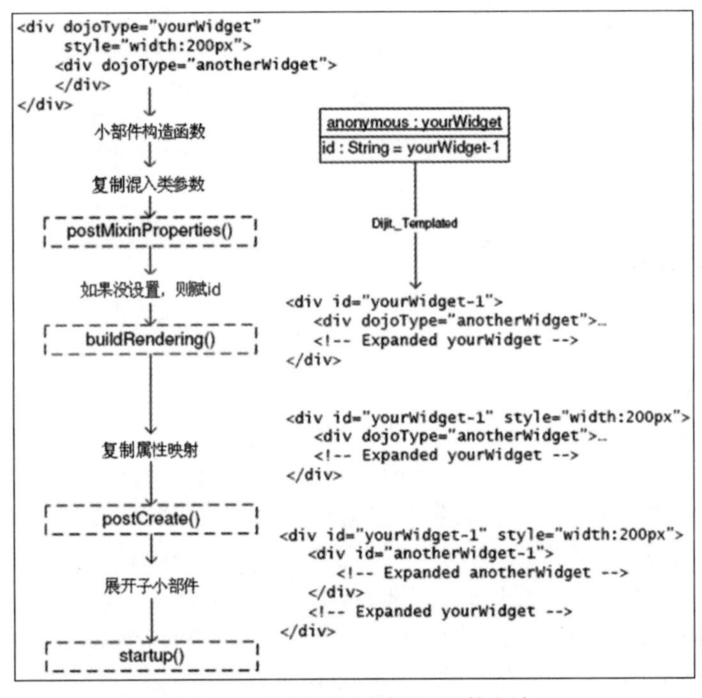

图 3.8　小部件绘制过程调用的方法

创建后，小部件将一直存在，直到执行一个显式的销毁请求。开发人员负责管理小部件的整个生命周期，包括小部件的销毁，否则将会导致有遗漏的小部件存在，直到清理整个页面。小部件可调用如下一些销毁方法：

- destroyRendering，这个方法用来清理小部件的呈现条目。除非需要的是部分清理，否则该方法往往由其他摧毁方法调用。
- destroyDescendants，销毁所有的子小部件。除非需要的是部分清理，否则该方法由 destroyRecursive 方法调用。
- destroy，销毁所有的小部件条目（但不包括子小部件）。
- destroyRecursive：销毁小部件条目及子小部件。如果小部件包含内部小部件，那么必须调用此方法。在该方法中又调用了 uninitialize 方法。特别要注意的是，不能覆盖该方法。如果需要自定义销毁的内容，则可以覆盖 uninitialize 方法，并在其中调用 destroyRecursive 方法，由该方法处理其他的销毁工作。

- uninitialize，需要自定义销毁时，可覆盖该方法。

5. 利用_Container 与_Contained 实现父子关系

可以使用_Container 与_Contained 混入类关联小部件，建立它们之间的父子关系。表 3-4 总结了这两个类的主要方法。

表 3-4 _Container 与_Contained 混入类的主要方法

方法	说明
removeChild(/*Object*/ dijit)	删除指定的小部件
addChild(/*Object*/ dijit, /*Integer*/ insertIndex)	在指定位置插入一个小部件
getParent()	得到父小部件实例
getChildren()	得到子小部件实例数组
getPreviousSibling()	得到前面一个小部件的实例
getNextSibling()	得到后面一个小部件的实例

3.2.2 内容小部件基类的实现

为了统一编程风格，一般需要有统一的基类。本小节要实现的就是作为内容的小部件的基类。

1. 文件位置安排

在前面介绍了如何在自定义小部件时，将小部件的 JavaScript 代码、模板以及样式都定义在一个文件中，这对于简单的程序来说是可行的，但是对于稍微大一点的应用系统，一般需要将它们分别放置于不同的文件中，这些不同的文件又分别放置在不同的目录中，而所有的自定义小部件相关代码又以模块的方式来组织，并将这些代码统一放置在一个目录下，以方便管理。

下面以实例 3-3 来介绍。将所有的自定义小部件的代码放置在应用程序的 js 目录中，并在该目录中创建一个模块目录，例如本小节要实现的模块为 webgis2book/widgets，则在 js 目录中首先创建名为 webgis2book 的目录，并在该目录中创建 widgets 目录。小部件的 JavaScript 代码文件可直接放在 widgets 目录下，为管理模板文件，需要在 widgets 目录下创建 templates 目录，该目录放置小部件的模板文件，有时需要使用自定义的样式，因此一般在 widgets 目录中创建名为 themes 的目录，用于管理样式。此外，模块还需要使用一些图标图像等，可放置在 widgets 的 assets 目录中。例如本实例的目录结构如图 3.9 所示。

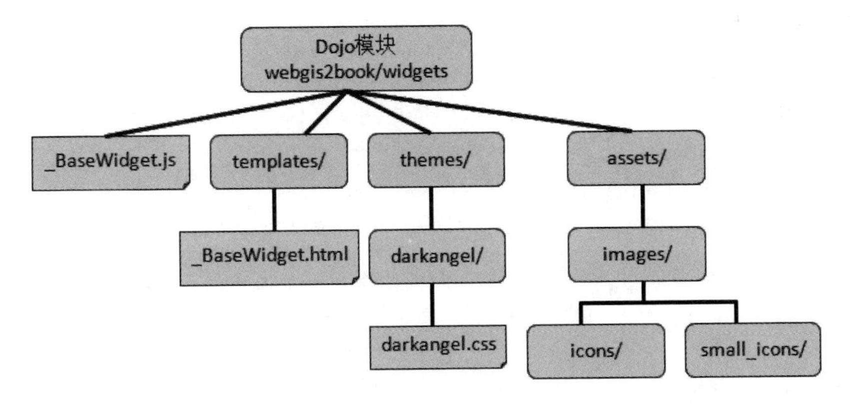

图 3.9　小部件的目录结构

2. _Widget 接口

该接口用于定义一些设置方法，通过这些方法可以利用小部件管理器等类来统一管理小部件。

> **提　示**
>
> 在 Dojo 类名前面的“_”表示该类是一个抽象类，不能直接实例化，需要有子类。

在 widgets 目录中加入_Widget.js 文件，该文件的代码如下：

```
    define(["dojo/_base/declare", "dijit/_Widget", "dijit/_TemplatedMixin",
"dijit/_Container"],
        function (declare, _Widget, _TemplatedMixin, _Container) {
           return declare([_Widget, _TemplatedMixin, _Container], {
             constructor: function(/*Object*/params) {
             },

             mapId: "",
             map: null,
             title: "",
             icon: "",
             state: "maximized",

             setId: function(/*Number*/id) {
                  this.id = id;
             },
             setTitle: function(/*String*/title) {
                  this.title = title;
             },
             setIcon: function(/*String*/icon) {
                  this.icon = icon;
             },
             setState: function(/*String*/state) {
                  this.state = state;
             },
             setMap: function(/*esri.Map*/map) {
                  this.map = map;
             }

         });
    });
```

其中 mapId 表示对应的地图标识 ID，map 是对应的地图实例，title 表示小部件的标题，icon 用于指向一个图像文件，state 表示小部件的当前状态，例如最大化、最小化等。

3. 小部件基类_BaseWidget 的代码

本微架构中所有的小部件都继承于_BaseWidget 类。

首先在 templates 目录中加入_BaseWidget 类的模板文件_BaseWidget.html，该文件的内容如下：

```
<div class="widgetContent">
    <div class="widgetPanel" buttonIcon="assets/images/small_icons/i_options.png">
        <p>
            webgis2book/widgets/_BaseWidget 模板的第一个面板
        </p>
    </div>
    <div class="widgetPanel" buttonIcon="assets/images/small_icons/i_mail.png">
        <p>
            webgis2book/widgets/_BaseWidget 模板的第二个面板
        </p>
        <p>
            第二段文字，用于查看是否正确显示不同大小的面板
        </p>
    </div>
</div>
```

由于一般不直接实例化_BaseWidget，因此上述模板并没有实际的意义，只用于测试。上面的模板包含两个小部件面板，可利用图标来切换小部件每次显示哪个小部件面板。

在 widgets 目录下加入_BaseWidget.js 文件，该文件中的代码如下：

```
    define(["dojo/_base/declare", "dojo/_base/array", "dojo/query", "dojo/dom-attr",
"dojo/dom-style", "dojo/on", "dojo/_base/lang",
        "./_Widget", "dojo/text!./templates/_BaseWidget.html"],
        function (declare, array, query, domAttr, domStyle, on, lang, _Widget, template) {
         return declare(_Widget, {
            constructor: function(/*Object*/ params) {
                this.connects = [];
                this.widgets = {};
            },

            templateString: template,
            panels: null,
            panelIndex: -1,

            postMixInProperties: function() {
                if (this.icon === "") {
                    this.icon = "assets/images/icons/i_pushpin.png";
                }
            },

            postCreate: function() {
                // 如果存在多个面板，则只显示第一个
                this.panels = query(".widgetPanel", this.domNode);
                this.panels.forEach(function(item, idx, arr) {
                    item.buttonIcon = domAttr.get(item, "buttonIcon");
                    item.buttonText = domAttr.get(item, "buttonText");
                });
                this.showPanel(0);
            },

            onShowPanel: function(index) {
                // 由小部件框架类 WidgetFrame 监听使用
            },

            showPanel: function(/*Number*/index) {
                this.panelIndex = index;
                array.forEach(this.panels, function (item, idx, arr) {
                    if (idx == index) {
                        domStyle.set(item, "display", "block");
                    }
                    else {
```

```
                domStyle.set(item, "display", "none");
            }
        });
    },

    startup: function() {
        if (this._started) {
            return;
        }

        var children = this.getChildren();
        array.forEach(children, function (child) {
            child.startup();
        });

        // 与小部件框架类 WidgetFrame 交互
        var frame = this.getParent();
        if (frame && frame.declaredClass === "webgis2book.widgets.WidgetFrame") {
            this.connects.push(on(this, "onShowPanel", frame, "selectPanel"));
        }

        this.inherited(arguments);
    },

    shutdown: function() {
        // 由子类覆盖该方法，实现关闭时清除占用资源
    },

    uninitialize: function() {
        array.forEach(this.connects, function (handle) {
            handle.remove();
        });
        this.connects = [];
    },

    getAllNamedChildDijits: function() {
        // 获得所有的子小部件
        var w = query("[widgetId]", this.containerNode || this.domNode);
        var children = w.map(dijit.byNode);

        this.widgets = {};
        children.forEach(lang.hitch(this, function (item, idx) {
            if (item.name) {
                this.widgets[item.name] = item;
            }
        }));
    }

    });
});
```

在 postCreate 方法中，首先调用 dojo/query 方法选择所有样式为 widgetPanel 的元素，然后利用 dojo/_base/array 模块 forEach 对选择的元素进行循环，并利用 dojo/dom-attr 模块设置每个元素的属性，最后调用 showPanel 方法显示第一个面板。

在 showPanel 方法中使用 dojo/dom-style 的 set 方法来设置样式，当将 display 属性设置为 block 时，即显示该面板，当设置为 none 时，即不显示该面板。

4. 选择元素

在 Dojo 中，有两种选择元素的方法，分别是 dojo/dom::byId()（替换 dojo.byId）和 dojo/query（替换 dojo.query），区别是 byId 返回一个元素，而 query 返回数组。query 方法的使用频率非常高，读者应该充分掌握其使用方法。

在 Dojo 中，可通过如下一些方式来选择元素。

（1）根据 ID 选择

例如可使用如下代码选择 ID 为“someNode”的超链接：

```
require(["dojo/dom"], function(dom){
    var node = dom.byId("someNode");
});
```

或者使用如下代码：

```
require(["dojo/query"], function(query){
  query("#someNode"); //注意这里的 # 符号
});
```

这两段代码的效果是一样的，第一段代码返回一个元素，第二段代码返回含有一个元素的数组。

（2）根据类型选择

例如可使用如下代码选择所有 a（超链接元素）元素：

```
arr= query('a');
```

（3）根据样式名选择

例如可使用如下代码选择所有样式为 foo 的元素：

```
arr= query(".foo");  //注意这里的 . 符号
```

（4）选择第一个指定类型或样式

例如可使用如下代码选择第一个超链接元素：

```
arr= query('a : first-child');
```

（5）选择指定节点下的所有子元素（包括间接子元素）

例如可使用如下代码选择 sub_1 下的所有超链接元素：

```
arr= query("a", "sub_1");
```

或者：

```
arr= query('#sub_1 a');
```

或者：

```
arr= query('div#sub_1 a');
```

注意第三种方法，不但指定了父节点的 ID 为 sub_1，还指定了父节点的类型为 div。

（6）选择直接子元素

例如可使用如下代码在指定节点 sub_1 的直接子元素中选择所有超链接元素：

```
arr= query('> a' , "sub_1"); //注意：大于号后面要有空格
```

或者：

```
arr= query('#sub_1  > a'); //注意：大于号后面要有空格
```

或者：

```
arr= query('div#sub_1  > a'); //注意：大于号后面要有空格
```

这里大于号“>”代表直接子节点。

（7）根据元素的属性值选择

例如可使用如下代码选择ID属性值等于a2的元素：

```
arr= query('a[id=a2]');
```

还有其他判断方法：

element[attr = "bar"]：属性值等于“bar”。
element[attr != "bar"]：属性值不等于“bar”。
element[attr ^= "bar"]：属性值以“bar”开始。
element[attr$ = "bar"]：属性值以“bar”结束。
element[attr ~= "bar"]：属性值是一个列表，其中有一个值等于“bar”。
element[attr *= "bar"]：属性值是一个字符串，其中包含“bar”。

（8）选择第n个元素

例如：

```
arr= query('a:nth-child(1)');
```

或者：

```
arr= query('> a:nth-child(1)');
```

第一种是全部的超链接元素，第二种是直接的子超链接元素。

（9）选择奇（偶）元素

例如：

```
arr= query('a:nth-child(even)');
```

或者：

```
arr= query('> a:nth-child(even)');
```

5. Dojo中的事件机制

在Web页面中，事件一般作用于DOM树节点，所以有必要先了解DOM的事件模型，包括模型支持哪些事件，以及如何处理DOM树结构上的节点的事件等。例如如下页面代码：

```
<html>
  <body>
    <script>
      function sayHello() { alert("hello!"); }
    </script>
    <input id="btn" type="button" onclick="sayHello()" value="hello" />
  </body>
</html>
```

上述方式应该是最为Web开发人员熟知的事件处理方式了，直接把事件处理函数和控件上的事件属性绑定起来。当用户单击hello按钮时，将调用sayHello()函数。当然，也可以把事件处理函数的代码作为onclick的值，参见如下代码：

```
<html>
  <body>
    <input id="btn" type="button" onclick="javascript:alert('hello');" value="hello" />
  </body>
</html>
```

使用这种方式时，onclick对应的处理脚本应该比较简单，在onclick后面写上一大串

JavaScript 脚本可不是什么好主意。

另一种略微高级的方法是在控件之外绑定控件的事件处理函数，例如如下代码：

```
<html>
  <body>
    <input id="btn" type="button"  value="hello" />
    <script>
      document.getElementById("btn").onclick=sayHello;
      function sayHello() { alert('Hello'); }
    </script>
  </body>
</html>
```

在上述代码中，首先通过 document.getElementById 获取需要绑定事件的控件，再把控件的 onclick 事件设置为事件处理函数，其效果与前面的例子是一样的。需要注意的是，JavaScript 脚本放到了控件后面，因为使用了 document.getElementById 去获取控件，而 JavaScript 是解释执行的，必须保证控件在执行 getElementById 之前已经创建了，否则会出现找不到控件的错误。但 sayHello 为什么会在事件绑定语句的后面呢？按照刚才的原则，不是必须确保 sayHello 已经预先定义好了吗？其实不然，事件处理函数的代码直到事件发生时才被调用，此时才会检查变量是否已经定义、函数是否存在，而页面初次加载时按钮上的 click 事件是不会发生的。页面加载后用户再单击按钮，sayHello 函数已经完全加载到页面中，函数是存在的。当然，如果是普通的函数调用，一定要保证被调用函数出现在调用函数之前。采用上述方式时，在 Web 应用比较复杂时，可以把事件处理函数集中放在一起，比如单独放在一个文件中，方便以后查找和修改。这个例子也很好地说明了 JavaScript 是一种解释执行的脚本语言。

前面 3 种事件处理方式是在 W3C DOM Level0 中定义的，简单易用。但是似乎太简单了，缺少一些东西。首先一个事件只能绑定一个处理函数，不支持多个事件处理函数的绑定。如果开发人员被迫把事件处理代码都放在一个函数中，代码的模块性会很差。其次解除事件处理函数的绑定方式很不友好，只能把它设为空值或者空串。

```
document.getElementById("btn").onclick=null;
document.getElementById("btn").onclick="";
```

W3C DOM Level2 标准有了新的事件模型，新模型最大的变化有两点：

- 首先，事件不再只传播到目标节点，事件的传播被分为 3 个阶段，分别是捕获阶段、目标节点阶段与冒泡阶段。一个事件将在 DOM 树中传递两次，首先从 DOM 根节点传递到目标节点（捕获阶段），然后从目标节点传递到根节点（冒泡阶段）。在这 3 个阶段都可以捕获事件进行处理，也可以阻止事件继续传播。在 DOM Level0 定义的事件模型中，事件只能被目标节点处理，其实这也是大部分支持事件处理的编程语言采用的机制，比如 Java、C#。但是这种方式可能并不适合结构比较复杂的 Web 页面。比如很多链接都需要自定义的 tooltip，在 DOM Level0 的方式下，需要给每个链接的 mouseover、mouseout 事件提供事件处理函数，工作量很大。而在 DOM Level2 模型中，可以在这些链接的公共父节点上处理 mouseover 与 mouseout 事件，在 mouseover 时显示一个 tooltip，mouseout 时隐藏这个 tooltip。这样只需要对一处进行更改即可给每个链接添加上自定义的 tooltip。所以 DOM Level2 的设计者定义出分为 3 个阶段的事件模型也是为了适应复杂的 Web 页面，让开发人员在处理事件上有更大的自由度。
- 其次，支持一个事件注册多个事件处理函数，也能够删除掉这些注册的事件处理函数。一个事件可以注册多个事件处理函数同样是大部分编程语言的事件处理机制支持的方式。这种方式在面向对象的开发中尤为重要，因为可能很多对象都需要监听某一事件，有了这种方式，这些对象可以随时为这一事件注册一个事件处理函数，事件处理函数的注册是分散的，而不像在 DOM Level0 中，事件处理是集中式的，使用这种方式使得事件的“影响力”大大增强。例如如下代码：

```
<html>
  <body>
    <input id="btn" type="button"  value="hello" /><p />
    <input id="rme" type="button"  value="remove" />
    <script>
      function sayHello(event) { alert("hello"); };
      function sayWorld(event) { alert("world"); };
      function remove() {
         btn.removeEventListener("click", sayHello, false);
         btn.removeEventListener("click", sayWorld, false);
      }
      var btn = document.getElementById('btn');
      btn.addEventListener("click", sayHello, false);
 btn.addEventListener("click", sayWorld, false);
 document.getElementById('rme').addEventListener("click", remove, false);
  </script>
  </body>
</html>
```

上述代码是使用 DOM Level2 定义的事件模型的例子，在这个例子中，首先为 hello 按钮的 click 事件注册了两个事件处理函数，分别用来显示“hello”和“world”警示框。然后为 remove 按钮的 click 事件添加了一个事件处理函数，用来删除注册在 hello 按钮上的事件处理函数。例子很简单，但是足够说明 DOM Level2 中的事件处理机制。

addEvenetListener(/*String*/eventName, /*function*/handler, /*bool*/useCapture)函数用于为某一 HTML 元素注册事件处理函数。其中 eventName 表示该元素上发生的事件名；handler 表示要注册的事件处理函数；useCapture 表示是否在捕获阶段调用此事件处理函数，一般为 false，即只在事件的冒泡阶段调用这一事件处理函数。

reomveEvenetListener(/*String*/eventName, /*function*/handler, /*bool*/useCapture)函数用于删除某一 HTML 元素上注册的事件处理函数，函数声明与 addEventListener 一样，参数意义也相同，即注册、删除事件处理函数时也需要使用同样的参数。这点不太方便，比较好的做法是 addEventListener 返回一个句柄，然后把这个句柄传递作为 removeEventListener 的参数。

sayHello 与 sayWorld 是两个事件处理函数，它们的参数 event 是一个事件对象，对象的属性包括事件类型（在本例中是 click）、事件发生的 X/Y 坐标（这两个属性在实现 tooltip 时特别有用）、事件目标（即事件的最终接收节点）等。

从这个例子中也可以看出事件处理包括 3 个方面：事件源、事件对象和事件处理函数。事件处理机制就是把这 3 个方面有机地联系起来。

注意，上述最后一段代码不能运行在 IE 浏览器里，因为 IE 浏览器采用是一种介于 DOM level0 和 DOM Level2 之间的事件模型。比如在 IE 中，应该使用 attachEvent()、detachEvent()来注册、注销事件处理函数。这只是 IE 中的事件模型与标准 DOM Level2 事件模型不一致部分的冰山一角，其他的诸如事件对象的传播方式、事件对象的属性、阻止事件传播的函数等，IE 与 DOM Level2 都有很大差异。这也是 Dojo 会再提供一些事件处理的 API 的原因：屏蔽底层浏览器的差异，让开发人员在编写事件处理代码时面对的是“透明”的浏览器，即不需要关心浏览器是什么。前面花了很大篇幅来介绍 DOM 事件模型，因为 Dojo 的事件处理机制是基于 DOM Level2 定义的事件模型的，然后对浏览器不兼容的情况做了很多处理，以保证使用 Dojo 的事件处理机制编写的代码能在各个浏览器上运行。

当 Dojo 运行在支持 DOM Level2 事件模型的浏览器中时，Dojo 只是把事件处理委托给浏览器来完成。而在与 DOM Level2 的事件模型不兼容的浏览器（比如 IE）中，Dojo 会尽量使用浏览器的 API 模拟 DOM Level2 中的事件处理函数。Dojo 改进了使用 DOM 事件的工作方式，规范了各浏览器 API 的差异，并防止内存泄漏，这就是 Dojo 的事件 API——dojo/on。

例如对于如下两个 HTML 元素，假如现在要实现单击按钮时将 div 变为蓝色，当鼠标经过时变为红色，当悬停完成时变回白色：

```
<button id="myButton">Click me!</button>
<div id="myDiv">Hover over me!</div>
```

使用 dojo/on 会很简单，代码如下：

```
require(["dojo/on", "dojo/dom", "dojo/dom-style", "dojo/mouse", "dojo/domReady!"],
    function(on, dom, domStyle, mouse) {
        var myButton = dom.byId("myButton"),
            myDiv = dom.byId("myDiv");

        on(myButton, "click", function(evt){
            domStyle.set(myDiv, "backgroundColor", "blue");
        });
        on(myDiv, mouse.enter, function(evt){
            domStyle.set(myDiv, "backgroundColor", "red");
        });
        on(myDiv, mouse.leave, function(evt){
            domStyle.set(myDiv, "backgroundColor", "");
        });
});
```

Dojo/on 的调用方式为：on(元素, 事件名称, 处理函数)。

提　示

对于习惯了使用 dojo.connect 的程序员，特别要注意在使用 dojo/on 模块时，对于事件的名称，必须省略前面的前缀 on。

就像 DOM API，Dojo 也提供移除事件处理的方法，即 handle.remove。on 的返回值是带有 remove 方法的简单对象，当调用 remove 时，将移除事件监听器。例如对于只触发一次的事件，可以这样做：

```
var handle = on(myButton, "click", function(evt){
    // 移除时间监听器
    handle.remove();

    alert("This alert will only happen one time.");
});
```

此外，dojo/on 还可用于事件委托。在上面的实例 3-3 的_BaseWidget 类的 startup 方法中，就使用了 dojo/on 来处理自定义事件，其代码如下：

```
on(this, "onShowPanel", frame, "selectPanel")
```

上述代码表示当调用_BaseWidget 类的 onShowPanel 时，同时触发 frame（小部件框架）的 selectPanel。

Dojo/on 用来处理某一个实体上发生的事件，无论处理的是 DOM 事件还是用户自定义事件，事件源和事件处理函数都是通过 dojo/on 直接绑定在一起的。此外，Dojo 还提供了另一种事件处理模式，使得事件源和事件处理函数并不直接关联，这就是“订阅/发布”模式。我们将在后面的章节中介绍“订阅/发布”模式的事件处理方式。

3.2.3　可移动的框架小部件

MoveableWidgetFrame 是一个用户界面类，为内容小部件提供拖曳、放大、缩小以及切换当前显示面板等窗口操作功能。

在 templates 目录下增加一个名为 MoveableWidgetFrame.html 的网页文件，该网页文件中包含的代码如下：

```
    <div class="widgetFrame" id="FrameWin">
        <div class="widgetBadgedPane widgetBox" id="dragHandle">
            <table style="border-spacing:4px 0px;">
                <tr style="vertical-align: top;">
                    <td class="widgetTitle" width="100%">title</td>
                    <td><div class="widgetButton wbMinimize" data-dojo-attach-
event="onclick:onBadgeClick" title="最小化"></div></td>
                    <td><div class="widgetButton wbClose" data-dojo-attach-
event="onclick:onCloseClick" title="关闭"></div></td>
                </tr>
            </table>
            <div class="widgetHolder" data-dojo-attach-point="containerNode">
            </div>
        </div>
    </div>
```

该模板包含两大部分，一部分用于显示标题与放大、缩小按钮，另一部分用于容纳内容小部件。

在 widgets 目录下增加名为 MoveableWidgetFrame.js 的文件，该文件的内部基本框架如下：

```
    define(["dojo/_base/declare", "dojo/_base/array", "dojo/query", "dojo/dom-style",
"dojo/on", "dojo/fx", "dojo/_base/fx", "dojo/_base/lang", "dojo/dom-attr", "dojo/dom-class",
"dojo/dom-geometry", "dijit/_Widget", "dijit/_Container", "dojo/dnd/Moveable",
"dijit/_TemplatedMixin",  "dojo/text!./templates/MoveableWidgetFrame.html"],
        function (declare, array, query, domStyle, on, coreFx, fx, lang, domClass, domGeom,
_Widget, _Container, Moveable, _TemplatedMixin, template) {
        return declare([_Widget, _TemplatedMixin, _Container], {
        });
    });
```

该类包含如下一些属性：

```
    // 包含的控件
    widget: null,
    // 由属性配置
    icon: "",
    title: "",
    state: "maximized", // 其他选项有"minimized"、"minimizing"、"maximizing"
    // 框架 DOM 节点
    boxNode: null,
    badgeNode: null,
    contentNode: null,
    titleNode: null,
    // 调用 postCreate 创建框架后自动计算
    widgetWidth: 100,
    boxMaximized: null, // 在初始化函数中初始化
    templatePath: template,
```

初始化函数的代码如下，主要用于设置 boxMaximized，只有这样才能使每个实例具有不同的 boxMaximized，否则任何实例无论在何时更新它，修改都将反映到所有其他实例中。

```
    constructor: function() {
        this.boxMaximized = {
            w: 100,
            h: [],
            paddingTop: 100,
            paddingBottom: 100,
            paddingLeft: 100,
            paddingRight: 100,
            marginLeft: 100
        };
    },
```

postCreate 方法的代码如下，主要用于将 DOM 树中的重要节点保存到属性中。

```
    postCreate: function() {
         try {
            // 查询框架 DOM 节点
            this.boxNode = query(".widgetBadgedPane", this.domNode)[0];
            this.contentNode = query(".widgetHolder", this.domNode)[0];
            this.titleNode = query("#.widgetTitle", this.domNode)[0];
            this.badgeNode = query(".widgetButton.wbMinimize", this.domNode)[0];
        }
        catch (err) {
            console.error(err);
        }
    },
```

当小部件及其子小部件被创建好之后，将调用 startup 方法。在该方法中，首先调用子小部件的 startup 方法，确保子小部件被创建。然后调用 setWidget 方法设置框架的标题、图标等，接着根据框架的不同属性设置 boxMaximized，根据当前显示状态调用 minimize 或 maximize 方法来最小化或最大化，接着调用 dojo/_base/fx::fadeIn()淡入显示该小部件，最后通过创建一个新的 dojo/dnd/Moveable 实例来使得该小部件可在窗口中移动。startup 方法的代码如下：

```
    startup: function() {
        if (this._started) {
            return;
        }

        console.log("WidgetFrame::startup");
        var children = this.getChildren();
        array.forEach(children, function (child) { child.startup(); });

        // 查找类型为_Widget 的子控件
        for (var i = 0; i < children.length; i++) {
            var c = children[i];
            if (c.setMap && c.setId && c.setAlarm && c.setTitle && c.setIcon && c.setState &&
c.setConfig) {
                this.setWidget(c, true);
                break;
            }
        }

        // 设置父元素的宽度
        var p = this.getParent();
        var pw;
        if (p === null) {
            pw = 300;
        }
        else {
            pw = domStyle.get(p.containerNode, "width");
            if (p.contentWidth) {
                pw = p.contentWidth;
            }
        }
        domStyle.set(this.domNode, "width", pw + "px");

        this.widgetWidth = domStyle.get(this.domNode, "width");
```

```
        this.boxMaximized.paddingTop = domStyle.get(this.boxNode, "paddingTop");
        this.boxMaximized.paddingBottom = domStyle.get(this.boxNode, "paddingBottom");
        this.boxMaximized.paddingLeft = domStyle.get(this.boxNode, "paddingLeft");
        this.boxMaximized.paddingRight = domStyle.get(this.boxNode, "paddingRight");
        this.boxMaximized.marginLeft = domStyle.get(this.boxNode, "marginLeft");
        this.boxMaximized.w = this.widgetWidth - (this.boxMaximized.marginLeft +
this.boxMaximized.paddingLeft + this.boxMaximized.paddingRight);

        // 每个面板具有不同的高度
        for (var i = 0; i < this.widget.panels.length; i++) {
            this.widget.showPanel(i);
            var h = domStyle.get(this.boxNode, "height");
            this.boxMaximized.h.push(h);
        }
        this.widget.showPanel(0);

        if (this.state === "minimized") {
            // 最小化该小部件
            this.minimize(0);
        }
        else {
            // 最大化该小部件
            this.maximize(0);
        }

        // 淡入显示
        fx.fadeIn({
            node: this.domNode
        }).play();

        this._moveableHandle = new Moveable(this.id, { handle: 'dragHandle' });

        console.log("WidgetFrame::startup ended");
    },
```

setWidget 方法的代码如下，主要用于设置标题以及增加放大与缩小图标：

```
    setWidget: function(widget, childAlreadyAdded) {
        // 确保只设置一次
        if (this.widget) {
            return;
        }

        if (!childAlreadyAdded) {
            this.addChild(widget);
        }

        this.widget = widget;

        try {
            // 设置框架的标题
            this.title = widget.title;
            this.titleNode.innerHTML = this.title;

            // 增加按钮图标
            var minBtn = query(".wbMinimize", this.domNode)[0];
            minBtnTd = minBtn.parentNode;
            if (widget.panels.length > 1) {
                array.forEach(widget.panels, lang.hitch(this, function (item, idx, arr) {
                    var td = document.createElement("TD");
                    var btn = document.createElement("DIV");
                    domClass.add(btn, "widgetButton");
                    domStyle.set(btn, "backgroundImage",
                            "url(" + require.toUrl("webgis2book/widgets/" + item.buttonIcon) +
")");
                    domAttr.set(btn, "title", item.buttonText);
                    if (this.state === "minimized") {
                        domStyle.set(btn, "display", "none");
                    }
```

```
                td.appendChild(btn);
                minBtnTd.parentNode.insertBefore(td, minBtnTd);
                on(btn, "click", lang.hitch(this, function () {
                    this.selectPanel(idx);
                }));
            }));
        }
    }
    catch (err) { console.error(err); }
},
```

1. 动画效果

maximize 方法用于最大化显示本小部件，如果参数 duration 的值大于 0，那么就以动画的方式显示最大化过程，否则直接最大化。该方法的代码如下：

```
maximize: function(duration) {
    var boxEndProperties = {
        height: this.boxMaximized.h[this.widget.panelIndex],
        paddingTop: this.boxMaximized.paddingTop,
        paddingBottom: this.boxMaximized.paddingBottom,
        marginTop: 0,
        marginLeft: this.boxMaximized.marginLeft,
        width: this.boxMaximized.w,
        paddingLeft: this.boxMaximized.paddingLeft,
        paddingRight: this.boxMaximized.paddingRight
    };
    var badgeEndProperties = {
        left: 0
    };

    if (duration !== 0 && !duration) {
        duration = 350;
    }
    if (duration <= 0) {
        // 不使用动画效果
        for (var key in boxEndProperties) {
            boxEndProperties[key] = boxEndProperties[key] + "px";
        }
        for (var key in badgeEndProperties) {
            badgeEndProperties[key] = badgeEndProperties[key] + "px";
        }
        domStyle.set(this.badgeNode, badgeEndProperties);
        domStyle.set(this.boxNode, boxEndProperties);
        domStyle.set(this.contentNode, "overflow", "auto");
        query(".widgetButton", this.domNode).style("display", "block");
        this.state = "maximized";
    }
    else {
        try {

            var badgeSlide = fx.animateProperty({
                node: this.badgeNode,
                properties: badgeEndProperties
            });

            var hShrink = fx.animateProperty({
                node: this.boxNode,
                properties: {
                    marginLeft: 0,
                    width: 10,
                    paddingLeft: 0,
                    paddingRight: 0
                },
                onEnd: lang.hitch(this, function () {
                    var hGrow = fx.animateProperty({
                        node: this.boxNode,
                        properties: {
                            width: boxEndProperties.width,
```

```
                        paddingLeft: boxEndProperties.paddingLeft,
                        paddingRight: boxEndProperties.paddingRight,
                        marginLeft: boxEndProperties.marginLeft
                    }
                });

                var vGrow = fx.animateProperty({
                    node: this.boxNode,
                    beforeBegin: lang.hitch(this, function () {
                        domStyle.set(this.contentNode, "display", "block");
                    }),
                    onEnd: lang.hitch(this, function () {
                        this.state = "maximized";
                        domStyle.set(this.contentNode, "overflow", "auto");
                        query(".widgetButton", this.domNode).style("display", "block");
                    }),
                    properties: {
                        height: boxEndProperties.height,
                        paddingTop: boxEndProperties.paddingTop,
                        paddingBottom: boxEndProperties.paddingBottom,
                        marginTop: boxEndProperties.marginTop
                    }
                });
                coreFx.chain([hGrow, vGrow]).play();
            })
        });

        coreFx.combine([badgeSlide, hShrink]).play();
        this.state = "maximizing";
    }
    catch (err) {
        console.error(err);
    }
  }
},
```

Dojo 动画效果库采用标准 JavaScript 语言和 CSS 实现，能够为 HTML 元素增加可视化效果，作为一个 Dojo 基础类库，在很多 dijit 和 dojox 控件中都有使用。使用 Dojo 动画效果库可以很方便地创建淡入、淡出、飞入及擦除等可视化效果，并且可以组合使用这些动画效果实现更为复杂的功能。使用 Dojo 动画效果库的模式与使用其他库类似，首先要加载 dojo/_base/fx 类库。

使用 dojo/_base/fx::animateProperty()函数可以方便地创建动画对象，实现对一组元素属性值的迭代。与大多数 Dojo 控件的构造函数一样，它接收一个哈希对象作为参数，返回一个 dojo/Animation 对象，调用该对象的 play 方法进行播放。其构造函数的输入参数包含如下几个：

- node：DOM 节点的 ID 或者引用。
- properties：要进行迭代的样式属性的数组。一般来说能够迭代的属性需要是数值类型的，但是某些属性如颜色，像 red、blue 这样的字符串也是可以的。每个属性又可以有 3 个参数，分别是 start、end 与 unit。start 和 end 用来指定属性开始和结束的值，unit 用来指定属性值的单位，如长度单位 px。在使用时并不一定需要指定所有的 3 个参数，若不指定 start，则会将当前属性值作为 start。
- duration：动画效果的持续时间，单位为毫秒，为可选参数，默认值为 350 毫秒。
- rate：迭代的间隔，单位为毫秒，为可选参数，默认值为 10 毫秒。
- easing：指定动画的缓和曲线函数，dojo/fx/easing 中定义了 linear、quadIn、cubicIn、sineOut 与 bounceIn 等函数，为可选参数。
- 事件处理函数：animateProperty()函数提供的扩展机制，指定在播放、暂停等事件发生时的回调函数，为可选函数。

除了可以使用 animateProperty，以及基于 animateProperty 的标准动画效果创建动画外，Dojo 动画库还提供了组合这些动画效果的方式，能够以串行或并行的方式一次执行多个动画效果。dojo/fx::chain()用来将多个动画效果组合起来顺序执行，dojo/fx::combine()则同时执行多个动画效果，它们都接收一个动画对象数组作为参数。

animateProperty 函数返回的是 dojo/_Animation 对象，通过调用该对象方法我们可以自由控制动画播放的行为以及查询播放状态。

play(delay, gotoStart)方法用于播放动画，其中 delay 参数指定延迟播放的时间，默认为 0，gotoStart 参数为真则从头开始播放动画，否则从当前位置开始播放，默认为 false。

pause()方法用于暂停播放。

gotoPercent(percent, andPlay)方法用于设置动画的当前位置，其中 percent 参数指定当前位置在总长度中的百分比，andPlay 参数为真（true）时在设置位置之后接着播放动画。

stop(gotoEnd)方法用于停止播放，gotoEnd 参数为真（true）时会将当前位置设置为 1%。

status()方法返回动画对象的当前状态，取值范围为 paused、playing 与 stopped。

在动画播放的过程中，可能需要对一些事件进行处理，如在动画开始之前做一些初始化工作，动画暂停时显示继续播放按钮，在动画结束后跳转到其他页面等。Dojo 动画提供了事件处理扩展机制，可以指定要处理事件的回调函数，事件触发后会调用对应的回调函数。目前可以使用的事件有 beforeBegin、onBegin、onPlay、onAnimate、onPause、onStop 与 onEnd 等。

指定事件回调函数的方式有两种：一种是在创建动画对象的时候指定，上述 maximize 方法就是使用该方法；另一种是通过 dojo/on 将回调函数连接到动画对象的事件上，例如：

```
require(["dojo/on", "dojo/_base/fx"], function(on, fx){
    var anim = fx.animateProperty({
        node: "foo",
        properties: { color: {start: 'yellow', end: 'blue'}}
    });
    on.connect(anim, "onEnd", function(){
        alert("animation ended");
    });
    anim.play();
});
```

在 MoveableWidgetFrame 类的 startup 方法中还调用了另一类 Dojo 动画效果，即标准的动画效果。Dojo 动画库对一些常用的动画效果进行了封装，提供了 dojo/_base/fx::fadeIn、dojo/_base/fx::fadeOut、dojo/fx::wipeIn、dojo/fx::wipeOut 与 dojo/fx::sideTo 等标准的动画效果。wipeIn 实现将 DOM 节点从上往下展开显示的动画效果，fadeIn 与 fadeOut 分别实现淡入与淡出的动画效果，对于通过迭代 DOM 节点的 opacity 属性来实现的，fadeIn 函数的结束值为 1，fadeOut 的结束值为 0。node 指定 DOM 节点的 ID，duration 指定持续时间，还有一个可选的 easing 参数用来指定缓和曲线函数。wipeIn 实现将 DOM 节点从上往下展开显示的动画效果，wipeOut 实现将节点从下往上收缩直至隐藏的动画效果，都是通过迭代其高度属性值实现的。slideTo 实现飞入的动画效果，通过迭代 DOM 节点的 left 和 top 值实现。

minimize 方法实现动画方式的最小化功能，代码与 maximize 方法基本类似，为了节省篇幅，这里不再列出，读者可参考本书提供的源代码。

2. Dojo 的拖曳效果

在 MoveableWidgetFrame 类的 startup 方法中，最后通过实例化一个 dojo/dnd/Moveable 对象实现小部件的拖曳效果。

在 Dojo 的支持下，实现拖曳的效果所需要做的，只是使用 Dojo 所提供的 Dojo 标签属性标注出希望实现拖曳效果的实体。简单地说，就是如果希望一个实体可以被拖曳，则只需要在这个实体的标签里面加上 data-dojo-type="dojo/dnd/Moveable"这个属性。例如要实现一个表格的拖曳，则只需要在这个表格的声明标签“<table”中加上 data-dojo-type="dojo/dnd/ Moveable"这个属性。甚至是在“<tr>”或“<td>”标签中加上 dojoType="dojo/dnd/Moveable"，也可以实现对应实体的拖曳效果。例如：

```
    require(["dojo/parser", "dojo/dnd/Moveable", "dojo/domReady!"], function (parser,
Moveable) {
            parser.parse();
    });
    <table data-dojo-type="dojo/dnd/Moveable">
       <tbody><tr><td>Haha, I am a good guy.</td></tr></tbody>
    </table>
```

在上面的代码中，通过在一些实体的标签中加上相应的 Dojo 标签属性来实现可拖曳实体的创建。这种静态实现可拖曳实体的方法简单明了。但是在更多的情况下，往往需要根据一些实际情况运行得到的数据来动态地创建可拖曳实体。在这种情况下，静态实现可拖曳实体的方法就不能满足当下的需求。值得庆幸的是，Dojo 对于所有静态实现的方法都基本对应有一套相应的动态实现方法。在 MoveableWidgetFrame 类的 startup 方法中，使用如下代码动态实现拖曳效果：

```
    this._moveableHandle = new Moveable(this.id, { handle: 'dragHandle' });
```

在 dojo/dnd/Moveable 的构造函数中，第一个参数是需要拖曳的元素的 ID，第二个参数是一个哈希对象，用来设置可拖曳元素的一些与拖曳相关的属性，例如上面的代码设置了拖曳柄。

此外，如果需要限制用户可拖曳的范围，则可使用 dojo/dnd/move/boxConstrainedMoveable 类或 dojo/dnd/move/parentConstrainedMoveable 类。

3. 其他事件处理

小部件关闭事件处理代码如下：

```
    onCloseClick: function(evt) {
       // 淡出并删除
       fx.fadeOut({
        node: this.id,
        onEnd: lang.hitch(this, function() {
            if (this.widget && this.widget.shutdown) {
                this.widget.shutdown();
            }
            this.parentNode.removeChild(this);
        })
       }).play();
    },
```

在上述代码中，调用 dojo/_base/fx::fadeOut 函数实现淡出效果，淡出完成后，先清理包含的内容小部件，然后从父节点中删除本节点。

小部件最大化与最小化之间的切换处理代码如下：

```
    onBadgeClick: function(evt) {
       if (this.state === "maximized") {
           // 开始最小化
           this.minimize();
       }
       else if (this.state === "minimized") {
           // 开始最大化
           this.maximize();
       }
```

```
},
```

切换不同显示面板的代码如下：

```
selectPanel: function(index) {
    if (index !== this.widget.panelIndex) {
     try {
         var firstHalf = fx.fadeOut({
             node: this.contentNode,
             duration: 150,
             onEnd: lang.hitch(this, function() {
                 this.widget.showPanel(index);
             })
         });

         var resize = fx.animateProperty({
             node: this.boxNode,
             duration: 150,
             properties: {
                 height: this.boxMaximized.h[index]
             }
         });

         var secondHalf = fx.fadeIn({
             node: this.contentNode,
             duration: 150
         });

         coreFx.chain([firstHalf, resize, secondHalf
     }
     catch (err) {
         console.error(err);
     }
    }
},
```

在上述代码中，利用 dojo/_base/fx::fadeOut 函数将当前面板淡出，然后利用 dojo/_base/fx::animateProperty 以动画效果展开需要显示的面板，最后调用 dojo/_base/fx::fadeIn 函数将需要显示的面板淡入。

3.2.4 测试

在应用程序的根目录下加入名为 MoveableFrameTestPage.html 的网页文件，在其中加入如下代码：

```
<!DOCTYPE html>
<html lang="en">
<head>
    <meta charset="utf-8">
    <title>测试</title>
    <link rel="stylesheet"
href="https://js.arcgis.com/4.22/dijit/themes/tundra/tundra.css" />
    <link rel="stylesheet" href="https://js.arcgis.com/4.22/esri/themes/light/main.css">
    <link rel="stylesheet" href="js/webgis2book/widgets/themes/darkangel/darkangel.css" />
    <link rel="stylesheet" href="js/webgis2book/widgets/themes/darkangel/override.css" />
    <script>
        var dojoConfig = {
            locale: 'en',
            isDebug: true,
            async: true,
            packages: [{
                "name": "webgis2book",
                "location": location.pathname.replace(/\/[^/]+$/, "") + "/js/webgis2book"
            }]
        };
```

```
    </script>
    <script src="https://js.arcgis.com/4.22/"></script>
    <script>

        require([ "dojo/parser", "dojo/_base/window", "dojo/dom-style",
            "esri/Map", "esri/views/MapView", "esri/layers/TileLayer",
            "webgis2book/widgets/_BaseWidget", "webgis2book/widgets/MoveableWidgetFrame",
"dojo/domReady!"],
            function (parser, win, domStyle, Map, MapView, TileLayer, _BaseWidget,
MoveableWidgetFrame) {
                parser.parse();

                var map = new Map();
                var agoServiceURL =
"http://server.arcgisonline.com/ArcGIS/rest/services/World_Street_Map/MapServer";
                var agoLayer = new TileLayer(agoServiceURL);
                map.add(agoLayer);

                var view = new MapView(
                    {
                        map: map,
                        container: "mapDiv"
                    });

                var tocWidget = new _BaseWidget();
                tocWidget.setTitle("小部件测试");
                tocWidget.setMap(map);
                tocWidget.startup();

                var frame = new MoveableWidgetFrame();
                frame.setWidget(tocWidget);
                domStyle.set(frame.domNode, "top", "100px");
                domStyle.set(frame.domNode, "left", "100px");
                frame.placeAt(win.body());
                frame.startup();
            });
    </script>
</head>
<body class="tundra">
    <div id="mapDiv" style="position: relative; height: 1000px; border: 1px solid #000;">
    </div>
</body>
</html>
```

在上面的代码中，首先构造一个作为内容的小部件（_BaseWidget）实例，并通过其方法设置一些属性，然后构造一个框架小部件（MoveableWidgetFrame）实例，并通过其 setWidget 方法将内容小部件加入框架中，然后利用 dojo/dom-style::set 设置框架小部件的初始显示位置，接着调用 placeAt 方法将框架小部件放置到页面中，最后调用 startup 方法展现框架小部件。

测试页面运行后会报“TypeError: query(...).style is not a function”的错误，如图 3.10 所示。

原因是在 4.x 版本中没有正确加载 dojo 模块，其解决方法有两种：一种是将 MoveableWidgetFrame.js 中的第 346 行：

```
query(".widgetButton", this.domNode).style("display", "block");
```

改为：

```
query(".widgetButton", this.domNode).forEach(function (node) {
                node.style.display = "block";
            });
```

另一种是在 MoveableFrameTestPage 中引入“dojo”，即将

```
require(["dojo/parser", "dojo/_base/window", "dojo/dom-style",
    "esri/Map", "esri/views/MapView", "esri/layers/TileLayer",
    "webgis2book/widgets/_BaseWidget", "webgis2book/widgets/MoveableWidgetFrame",
"dojo/domReady!"],
```

```
    function (parser, win, domStyle, Map, MapView, TileLayer, _BaseWidget,
MoveableWidgetFrame) {});
```

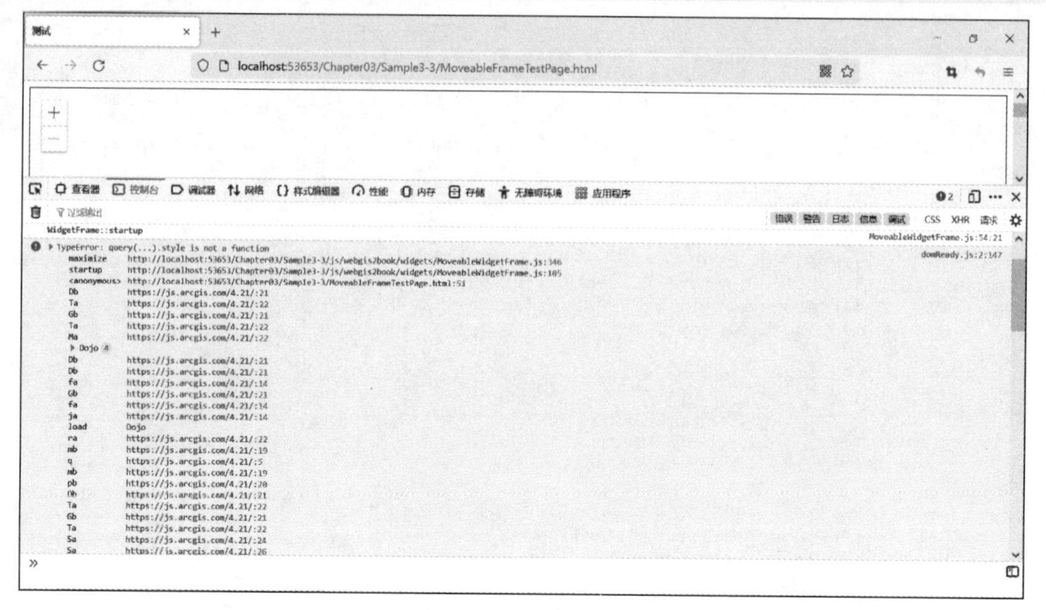

图 3.10　测试页面报错

改为：

```
    require(["dojo", "dojo/parser", "dojo/_base/window", "dojo/dom-style",
        "esri/Map", "esri/views/MapView", "esri/layers/TileLayer",
        "webgis2book/widgets/_BaseWidget", "webgis2book/widgets/MoveableWidgetFrame",
"dojo/domReady!"],
        function (dojo, parser, win, domStyle, Map, MapView, TileLayer, _BaseWidget,
MoveableWidgetFrame) {});
```

运行该网页程序，效果如图 3.11 所示。

图 3.11　测试可移动的小部件框架

可以通过几个按钮以及拖曳标题框查看小部件的功能是否正常。

3.3　集中控制的小部件微架构

在 3.2 节中创建的可移动的小部件，虽然一方面可以方便用户随时按需将其移动到适当的位置，但是当页面中有许多这类小部件时，页面将显得非常乱。对于这类情况，可以考虑使用集中控制的小部件微架构。集中控制的小部件微架构主要由小部件容器来集中管理小部件。

本节的实例称为实例 3-4，对应源代码中的 Sample3-4 目录。实例 3-4 的目录结构与实例 3-3 的一致，并且实例 3-3 的内容小部件基类同样适用于本集中控制的小部件微架构，因此复制过来便可直接使用。

3.3.1　可集中控制的框架小部件

可集中控制的框架小部件与可移动的框架小部件基本类似，主要不同在于前者需要将一些控制（例如关闭）交给小部件容器类来处理，此外还需要将一些事件通知容器类，例如最大化、最小化、改变显示面板，以便容器类调整其他小部件的位置。因此为了节省篇幅，这里只给出主要变化部分的代码。

首先在 templates 目录下加入名为 ContainedWidgetFrame.html 的网页文件，该网页文件的内容如下：

```
    <div class="widgetFrame">
         <div class="widgetBadgedPane widgetBox">
              <table style="border-spacing:4px 0px;">
                   <tr style="vertical-align: top;">
                        <td class="widgetTitle" width="100%">title</td>
                        <td><div class="widgetButton wbMinimize"
dojoAttachEvent="onclick:onMinClick" title="minimize"></div></td>
                        <td><div class="widgetButton wbClose"
dojoAttachEvent="onclick:onCloseClick" title="close"></div></td>
                   </tr>
              </table>
              <div class="widgetHolder" dojoAttachPoint="containerNode">
              </div>
         </div>
         <div class="widgetBadge" dojoAttachEvent="onclick:onBadgeClick">
         </div>
    </div>
```

在 widgets 目录下加入名为 ContainedWidgetFrame.js 的文件，该文件的代码与 MoveableWidgetFrame 类基本类似。

ContainedWidgetFrame 类的关闭事件处理方法的代码如下：

```
onCloseClick: function(evt) {
   this.onClose(this.id);
},
```

该方法调用 onClose 方法来实现关闭功能。但是该类的 onClose 方法本身并不实现任何功能，只起着占位符功能，具体需要由容器类来实现，因为容器类不仅需要关闭该小部件，还需要调整其他小部件的位置。onClose 方法的代码如下：

```
onClose: function(/*String*/frameId) {
```

```
    }
```

在小部件改变显示面板、最大化与最小化时，需要通知容器类，以便容器类调整其他小部件的位置，这里只以改变显示面板的方法为例来说明。对于最大化与最小化方法，请读者参考源代码。

```
    selectPanel: function (index) {
        if (index !== this.widget.panelIndex) {
            try {
                this.onResizeStart(this.id, { dh: this.boxMaximized.h[index] -
this.boxMaximized.h[this.widget.panelIndex] });

                var firstHalf = fx.fadeOut({
                    node: this.contentNode,
                    duration: 150,
                    onEnd: lang.hitch(this, function () {
                        this.widget.showPanel(index);
                    })
                });

                var secondHalf = fx.fadeIn({
                    node: this.contentNode,
                    duration: 150
                });

                var resize = fx.animateProperty({
                    node: this.boxNode,
                    duration: 150,
                    properties: {
                        height: this.boxMaximized.h[index]
                    },
                    onEnd: lang.hitch(this, function () {
                        this.onResizeEnd(this);
                    })
                });

                coreFx.chain([firstHalf, resize, secondHalf]).play();
            }
            catch (err) {
                console.error(err);
            }
        }
    },
```

在上述方法中，首先调用 onResizeStart，然后在改变小部件大小动画完成后调用 onResizeEnd，这两个方法与 onClose 一样，本身并不完成任何功能，只起着占位符的作用。这两个方法的代码如下：

```
    onResizeStart: function(/*String*/frameId, /*Object*/endBounds) {
    },

    onResizeEnd: function(/*ContainedWidgetFrame*/frame) {
    },
```

3.3.2 小部件容器

小部件容器用于集中管理小部件。首先在 templates 目录下加入小部件容器的模板文件 WidgetContainer.html，内容如下：

```
    <div class="widgetContainer" data-dojo-attach-point="containerNode">
        <div class="widgetContainerControls widgetBox">
            <div class="widgetButton wbHide" data-dojo-attach-
event="onclick:onClickShow"></div>
            <div class="widgetButton wbUp" data-dojo-attach-
event="onclick:onClickDown"></div>
            <div class="widgetButton wbDown" data-dojo-attach-
```

```
event="onclick:onClickUp"></div>
        </div>
    </div>
```

该小部件包含 3 个按钮，第一个按钮用于统一显示或隐藏所有的小部件，第二个与第三个按钮用于调整小部件的相对位置。

在 widgets 目录下加入名为 WidgetContainer.js 的文件，用于定义 WidgetContainer。该类的总体结构如下：

```
    define(["dojo/_base/declare", "dojo/_base/array", "dojo/query", "dojo/topic", "dojo/dom-
style", "dojo/on", "dojo/fx", "dojo/_base/fx", "dojo/_base/lang", "dojo/dom-attr", "dojo/dom-
class", "dojo/dom-geometry", "dojo/NodeList-fx", "./ContainedWidgetFrame", "dijit/_Widget",
"dijit/_Container", "dojo/dnd/Moveable", "dijit/_TemplatedMixin",
"dojo/text!./templates/WidgetContainer.html"],
        function (declare, array, query, topic, domStyle, on, coreFx, fx, lang, domAttr,
domClass, domGeom, nodeListFx, ContainedWidgetFrame, _Widget, _Container, Moveable,
_TemplatedMixin, template) {
            return declare([_Widget, _TemplatedMixin, _Container], {
                showHideButton: null,
                contentWidth: 0,
                _containerPadding: 0,
                templateString: template,
            })
        }
    );
```

postCreate 方法的代码如下，主要用于将 DOM 树中的重要节点保存到属性中，并订阅 showWidget 事件：

```
    postCreate: function () {
        console.log("WidgetContainer::postCreate");
        this.showHideButton = query(".wbHide", this.domNode)[0];
        this._scrollDiv = query(".widgetContainerControls", this.domNode)[0];
        this._containerPadding = domStyle.get(this.domNode, "paddingTop");

        // 订阅 showWidget 事件
        topic.subscribe("showWidget", lang.hitch(this, "onShowWidget"));
    },
```

onShowWidget 方法用于在容器中显示参数指定的小部件，代码如下：

```
    onShowWidget: function (widget) {
        console.log("WidgetContainer::onShowWidget");

        if (widget) {
            // 查找是否已经存在该小部件
            var bFound = false;
            var frames = this.getChildren();
            for (var i = 0; i < frames.length; i++) {
                var frame = frames[i];
                if (frame.widget === widget) {
                    if (frame.state === "minimized") {
                        // onResizeEnd 将调用 ensureFrameIsVisible
                        frame.maximize();
                    }
                    else {
                        this.ensureFrameIsVisible(frame);
                    }
                    bFound = true;
                    break;
                }
            }

            if (!bFound) {
                // 没有找到小部件，那么新创建一个框架，并在其中加入小部件
                var frame = new ContainedWidgetFrame();
                frame.setWidget(widget);
```

```
            // 在调用 addChild 时才调用 WidgetFrame 的 startup
            this.addChild(frame);
            on(frame, "ResizeStart", lang.hitch(this, "frameResizing"));
            on(frame, "Close", lang.hitch(this, "closeWidget"));
            on(frame, "ResizeEnd", lang.hitch(this, "ensureFrameIsVisible"));

            if (frames.length > 0) {
                // 在最后一个小部件后面显示新加入的小部件
                this.positionFrameAfterFrame(frame, frames[frames.length - 1]);
            }
            this.ensureFrameIsVisible(frame);
        }

        if (domClass.contains (this.showHideButton, "wbShow")) {
            this.onClickShow();
        }
    }
},
```

在上述代码中，首先查询在容器中是否已经有该小部件，如果有显示即可，如果没有则创建一个框架，并在其中加入小部件。

Startup 方法的代码如下：

```
startup: function () {
    if (this._started) {
        return;
    }
    console.log("WidgetContainer:startup");

    var children = this.getChildren();
    array.forEach(children, function (child) { child.startup(); });

    for (var i = 0; i < children.length; i++) {
        on(children[i], "onResizeStart", lang.hitch(this, "frameResizing"));
        on(children[i], "onClose", lang.hitch( this, "closeWidget"));
        on(children[i], "onResizeEnd", lang.hitch(this, "ensureFrameIsVisible"));
    }

    try {
        var w = parseInt(dojo.style(this.domNode, "width"));
        var r = parseInt(dojo.style(this.domNode, "right"));

        // 保存宽度信息
        this.contentWidth = w;

        domStyle.set(this.domNode, "width", "0px");
        domStyle.set(this.domNode, "right", (r + w) + "px");
        domStyle.set(this._scrollDiv, "left", (w + 6) + "px");
    }
    catch (err) {
        console.error(err);
    }
    console.log("WidgetContainer::startup finished");
    this.inherited(arguments);
},
```

在上述代码中，首先对子小部件进行循环，启动子小部件。然后将子小部件的onClose、onResizeStart与onResizeEnd分别连接到本类的closeWidget、frameResizing与ensureFrameIsVisible方法。最后设置本小部件的宽度、显示位置等。

closeWidget、frameResizing 与 ensureFrameIsVisible 方法的代码如下：

```
closeWidget: function (/*String*/frameId) {
    try {
        var containerBox = domGeom.getContentBox (this.domNode);
        var children = this.getChildren();
```

```
        var target = null;
        var targetTop = 0;
        var firstFrameOffTop = null;
        var ffOffTopTop = 0;
        var nodesBefore = new dojo.NodeList();
        var nodesAfter = new dojo.NodeList();
        var upShiftDistance = 0;
        var downShiftDistance = 0;

        for (var i = 0; i < children.length; i++) {
            var frame = children[i];

            var frameBox = frame.getBoundingBox();
            if (frame.id === frameId) {
                target = frame;
                targetTop = frameBox.t;

                if (targetTop < this._containerPadding) {
                    targetTop = this._containerPadding;
                }
            }
            else {
                if (frameBox.t < this._containerPadding) {
                    firstFrameOffTop = frame;
                    ffOffTopTop = frameBox.t;
                }

                if (target) {
                    nodesAfter.push(frame.domNode);

                    if (upShiftDistance === 0) {
                        upShiftDistance = dojo.style(frame.domNode, "top") - targetTop;
                    }
                }
                else {
                    nodesBefore.push(frame.domNode);
                }
            }
        }

        if (target) {
            if (firstFrameOffTop) {
                // 计算 downShiftDistance
                downShiftDistance = this._containerPadding-ffOffTopTop;//像素

                // 调整 upShiftDistance
                upShiftDistance -= downShiftDistance;
            }

            // 淡出小部件，并移走小部件，但不销毁
            fx.fadeOut({
                node: target.domNode,
                onEnd: dojo.hitch(this, function () {
                    this.removeChild(target); // remove, don't destroy Widget
                    if (target.widget && target.widget.shutdown) {
                        target.widget.shutdown();
                    }
                })
            }).play();

            this.moveFrames(nodesBefore, downShiftDistance);
            this.moveFrames(nodesAfter, upShiftDistance * -1);
        }
    }
    catch (err) { console.error(err); }
},

frameResizing: function (/*String*/frameId, /*Object*/deltas) {
    try {
        var children = this.getChildren();
```

```
        var target = null;
        var nodesAfter = new dojo.NodeList();
        var shiftDistance = 0;

        for (var i = 0; i < children.length; i++) {
           var frame = children[i];

           var frameBox = frame.getBoundingBox();
           if (frame.id === frameId) {
              target = frame;
              targetTop = frameBox.t;
              // Growth will cause a shift down, shrink a shift up
              shiftDistance = deltas.dh;
           }
           else {
              if (target) {
                 // target already found, this is after
                 nodesAfter.push(frame.domNode);
              }
           }
        }

        if (target) {
           this.moveFrames(nodesAfter, shiftDistance);
        }
     }
     catch (err) { console.error(err); }
  },

  ensureFrameIsVisible: function (/*ContainedWidgetFrame*/target) {
     var containerBox = dojo.contentBox(this.domNode);
     var frameBox = target.getBoundingBox();

     if (frameBox.t < this._containerPadding) {
        var downShiftDistance = this._containerPadding - frameBox.t; //pixels

        // Move all of the frames downShiftDistance
        var nodes = query(".widgetFrame", this.domNode);
        this.moveFrames(nodes, downShiftDistance);
     }
     else if (frameBox.t + frameBox.h > containerBox.h - this._containerPadding){
        var upShiftDistance = frameBox.t - (containerBox.h - frameBox.h -
this._containerPadding); //pixels

        // 将所有的框架小部件上移 upShiftDistance 距离
        var nodes = query(".widgetFrame", this.domNode);
        this.moveFrames(nodes, upShiftDistance * -1);
     }
  },
```

容器的 3 个按钮的单击事件处理方法的代码如下：

```
  onClickShow: function (evt) {
     if (domClass.contains(this.showHideButton, "wbHide")) {
        domClass.add(this.showHideButton, "wbShow");
        domClass.remove(this.showHideButton, "wbHide");
        this.minimize();
     }
     else {
        domClass.add(this.showHideButton, "wbHide");
        domClass.remove(this.showHideButton, "wbShow");
        this.maximize();
     }
  },

  onClickUp: function (evt) {
```

```
    try {
        var children = this.getChildren();
        var containerBox = dojo.contentBox(this.domNode);

        if (children.length === 0) { return; }
        var target = null;
        for (var i = children.length - 1; i >= 0; i--) {
            var frameBox = children[i].getBoundingBox();
            if (frameBox.t < 0) {
                target = children[i];
                break;
            }
        }

        if (target) {
            this.ensureFrameIsVisible(target);
        }
    }
    catch (err) { console.error(err); }
},

onClickDown: function (evt) {
    try {
        var children = this.getChildren();
        var containerBox = domGeom.getContentBox(this.domNode);

        if (children.length === 0) { return; }
        var target = null;
        for (var i = 0; i < children.length; i++) {
            var frameBox = children[i].getBoundingBox();
            if (frameBox.t + frameBox.h > containerBox.h) {
                target = children[i];
                break;
            }
        }

        if (target) {
            this.ensureFrameIsVisible(target);
        }
    }
    catch (err) { console.error(err); }
},
```

在上述的 onClickShow 函数中用到了 minimize 与 maximize 两个函数，分别用于最小化与最大化所有的小部件框架。这两个函数的代码如下：

```
minimize: function () {
    var slideDistance = parseInt(dojo.style(this.domNode, "right"));
    var allFrames = query(".widgetFrame", this.domNode);

    allFrames.fadeOut().play();
    allFrames.animateProperty({
        properties: {
            left: slideDistance
        }
    }).play();
},

maximize: function () {
```

```
    var allFrames = query(".widgetFrame", this.domNode);

    allFrames.fadeIn().play();
    allFrames.animateProperty({
        properties: {
            left: 0
        }
    }).play();
}
```

在这两个函数中，充分利用了 dojo/NodeList-fx 的功能，用于批量执行动画。dojo/NodeList-fx 模块通过扩展 dojo/NodeList 类，将 dojo/fx 的动画功能集成到 dojo/query 中，从而大大方便了程序员的使用。

3.3.3 测试

测试页面 TestPage 的代码如下：

```
<!DOCTYPE html>
<html lang="en">
<head>
    <meta charset="utf-8">
    <title>测试</title>
    <link rel="stylesheet" href="https://js.arcgis.com/4.22/dijit/
themes/tundra/tundra.css" />
    <link rel="stylesheet" href="https://js.arcgis.com/4.22/esri/ themes/light/main.css">
    <link rel="stylesheet" href="js/webgis2book/widgets/themes/ darkangel/darkangel.css" />
    <link rel="stylesheet" href="js/webgis2book/widgets/themes/ darkangel/override.css" />
    <script>
        var dojoConfig = {
            locale: 'en',
            isDebug: true,
            async: true,
            packages: [{
                "name": "webgis2book",
                "location": location.pathname.replace(/\/[^/]+$/, "") + "/js/webgis2book"
            }]
        };
    </script>
    <script src="https://js.arcgis.com/4.22/"></script>
    <script>
        require(["dojo", "dojo/parser", "dojo/_base/window", "dojo/dom-style", "dojo/topic",
            "esri/Map", "esri/views/MapView", "esri/layers/TileLayer",
            "webgis2book/widgets/_BaseWidget", "webgis2book/widgets/WidgetContainer",
"dojo/domReady!"],
            function (dojo, parser, win, domStyle, topic, Map, MapView, TileLayer,
_BaseWidget, WidgetContainer) {
                parser.parse();

                var map = new Map();
                var agoServiceURL = "http://server.arcgisonline.com/ArcGIS/
rest/services/World_Street_Map/MapServer";
                var agoLayer = new TileLayer(agoServiceURL);
                map.add(agoLayer);
                var view = new MapView(
                    {
                        map: map,
                        container: "mapDiv"
                    });

                var tocWidget = new _BaseWidget();
                tocWidget.setTitle("小部件测试");
                tocWidget.setMap(map);
                tocWidget.startup();

                topic.publish("showWidget", tocWidget);
```

```
            });
        </script>
    </head>
    <body class="tundra">
        <div id="mapDiv" style="position: relative; height: 1000px; border: 1px solid #000;">
            <div data-dojo-type="webgis2book/widgets/WidgetContainer"
id='widgetContainer'></div>
        </div>
    </body>
    </html>
```

页面运行结果如图 3.12 所示。

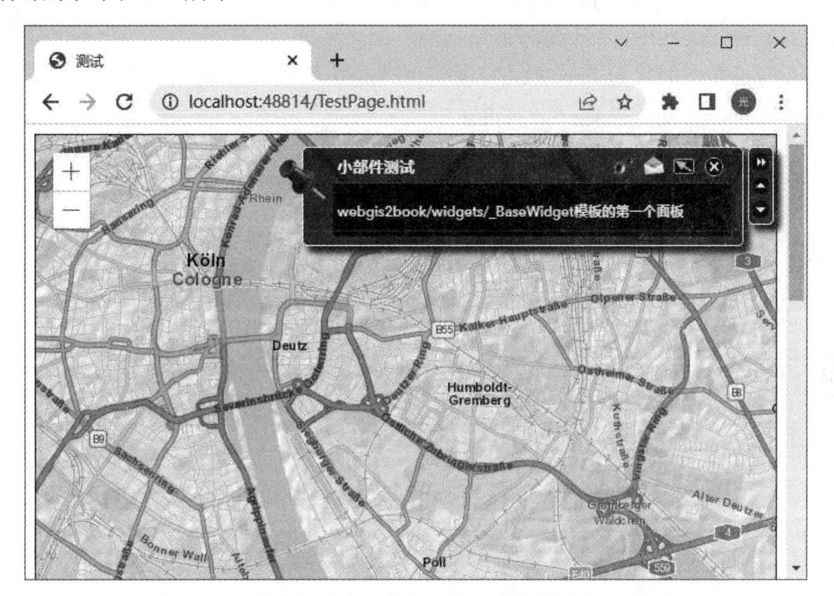

图 3.12　测试容器小部件与可集中控制的框架小部件

3.3.4　Dojo 的订阅/发布模式的事件处理机制

在 3.3.3 小节的测试页面中，我们仅仅新建了一个_BaseWidget 实例，并没有显式将其加入小部件容器中，那么它是如何加入小部件容器中的呢？关键在于 dojo/topic::publish，我们利用该函数发布一个 showWidget 主题，而在容器内的 postCreate 方法中利用 dojo/topic::subscribe 订阅该 showWidget 主题。因此，只要有 showWidget 主题发布，那么容器类将调用 onShowWidget 方法，从而将小部件加入容器中。

“订阅/发布”模式可以说是一个预订系统，用户先预定自己感兴趣的主题，当此类主题发布时，将在第一时间得到通知。这跟我们熟知的网上购物系统不一样，网上购物是先有物，用户再去买，而在订阅/发布模式下，预订的时候并不确定此类主题是否已存在，以后是否会发布。只是在主题发布之后，会立即得到通知。订阅/发布模式是靠主题把事件和事件处理函数联系起来的。在 Dojo 中，与主题订阅/发布有关的函数在 dojo/topic 模块中，有两个：subscribe 和 publish。

1. subscribe

subscribe 函数用来订阅某一主题，接收两个参数：第一个参数表示主题名字，是一个字符串，必须唯一标识，如 socket/msg_arrive；第二个参数为回调函数。subscribe 返回一个句柄，该句柄的 remove 方法用于取消订阅。

2. publish

发布某一主题，接收多个参数，第一个参数为要发布的信息名字（唯一标识），如socket/msg_arrive，其他参数为传递给订阅回调函数的参数。

订阅/发布模式看上去很神秘，但实现是比较简单的。Dojo 维护了一个主题列表，用户订阅某一主题时，即把此主题及其处理函数添加到主题列表中。当有此类主题发布时，与这一主题相关的处理函数会被顺序调用。

注　意
如果用户使用了相同的处理函数重复订阅某一主题两次，在主题列表中这是不同的两项，只是它们都对同一主题感兴趣。当此类主题发布时，这两个处理函数都会被调用，而不会出现第二个处理函数覆盖第一个处理函数的状况。

3.4　使用菜单组织功能

前面我们创建了可移动的小部件框架与集中控制的小部件框架，以及作为内容的小部件基类，但这些都是具体的操作，在这之上还需要有一层内容，用于分类组织系统的功能，提供功能的开启与关闭。

虽然 Dojo 提供了菜单小部件，但不是那么美观，这类似于传统窗口应用程序中的菜单，不太适用于追求美观效果的 Web 应用程序。因此，本节将介绍如何创建自定义的菜单类。本节的实例为实例 3-5，对应代码目录为 Sample3-5。实例 3-5 的目录结构与实例 3-4 的一致，可在实例 3-4 代码的基础上直接增加本节的内容。

3.4.1　菜单容器小部件

菜单容器小部件用于为菜单提供一个显示框架。

首先在 templates 目录下加入名为 MenuFrame.html 的模板文件，其内容如下：

```
<div class="controllerContainer">
    <div class="widgetBox controllerBox" data-dojo-attach-point="controllerBoxNode">
        <div class="controllerIcon"></div>
        <div class="controllerTitleBox">
            <div class="controllerTitle"> </div>
            <table style="font-size: smaller; width: 100%">
                <tr>
                    <td class="controllerSubtitle"> </td>
                    <td class="controllerStatus" align="right"> </td>
                </tr>
            </table>
        </div>
    </div>
    <div class="controllerMenuBox" data-dojo-attach-point="containerNode">
    </div>
</div>
```

从模板文件可以看到，该菜单容器小部件主要包含两大部分内容，上面一部分用于显示一个图标与一些说明文字，下面一部分用于显示菜单的内容。

在 widgets 目录下增加名为 MenuFrame.js 的文件，在该文件中实现菜单容器小部件类。该类的基本代码如下：

```
    define(["dojo/_base/declare", "dojo/_base/array", "dojo/query", "dojo/topic", "dojo/dom-
style", "dojo/string", "dojo/_base/lang", "dijit/_Widget", "dijit/_Container",
"dijit/_TemplatedMixin", "dojo/text!./templates/MenuFrame.html"],
        function (declare, array, query, topic, domStyle, string, lang, _Widget, _Container,
_TemplatedMixin, template) {
            return declare([_Widget, _TemplatedMixin, _Container], {
                templateString: template,
                menuItemData: null,

                postCreate: function () {
                    console.log("MenuFrame postCreate");

                    topic.subscribe("mapToolChangedEvent", lang.hitch(this, "onMapToolChange"));
                    topic.subscribe("statusChangedEvent", lang.hitch(this, "onStatusChange"));
                },

                startup: function () {
                    if (this._started) { return; }

                    // 循环启动子小部件
                    var children = this.getChildren();
                    array.forEach(children, function (child) { child.startup(); });
                },

                onMapToolChange: function (/*String*/toolName) {
                    this.setToolText(toolName);
                },

                onStatusChange: function (/* String */status) {
                    this.setStatus(status);
                },

            })
        }
);
```

其他就是一些设置属性的方法了，也很简单，代码如下：

```
setTitle: function (/*String*/title) {
    var element = query(".controllerTitle", this.domNode)[0];
    element.innerHTML = title;
},

setSubtitle: function (/*String*/subtitle) {
    var element = query(".controllerSubtitle", this.domNode)[0];
    element.innerHTML = subtitle;
},

setStatus: function (/*String*/status) {
    var element = query(".controllerStatus", this.domNode)[0];
    element.innerHTML = status;
},

setToolText: function (/*String*/toolText) {
    var msg = "";
    if (toolText) {
        msg = string.substitute("当前操作： ${0}", [toolText]);
    }
    this.setStatus(msg);
},

setFrameIcon: function (/*URL*/logoUrl) {
    var element = query(".controllerIcon", this.domNode)[0];
    domStyle.set(element, "backgroundImage", "url(" + logoUrl + ")");
}
```

3.4.2 菜单项小部件

菜单中包含一个或多个菜单项，因此在实现菜单类之前，需要先实现菜单项类。

在 templates 目录下加入名为 MenuItem.html 的模板文件，内容如下：

```
    <div class="menuItem" data-dojo-attach-event="onclick:onClick"
title="${title}">${label}</div>
```

模板文件中的“${}”表示引用类中相应属性的值，而不是一个定值。

在 widgets 目录下加入名为 MenuItem.js 的文件，用于定义菜单项类。其内容如下：

```
    define(["dojo/_base/declare", "dojo/dom", "dojo/dom-style",
       "dijit/_Widget", "dijit/_Container", "dijit/_TemplatedMixin",
"dojo/text!./templates/MenuItem.html"],
       function (declare, dom, domStyle, _Widget, _Container, _TemplatedMixin, template) {
          return declare([_Widget, _TemplatedMixin, _Container], {

             templateString: template,
             label: "",
             icon: "",
             value: "",
             menuCode: "",
             title: "", // 动态提示信息
             url: "",

             constructor: function (/*Object*/ params) {
             },

             postMixInProperties: function () {
                if (this.icon === "") {
                   this.icon = "assets/images/icons/i_icp.png";
                }
                if (this.label === "") {
                   this.label = "No Label";
                }
                if (!this.value) {
                   this.value = this.label;
                }
                if (!this.title) {
                   if (this.url) {
                      this.title = this.url;
                   }
                   else {
                      this.title = this.label;
                   }
                }
             },

             postCreate: function () {
                var iconUrl = require.toUrl("webgis2book/widgets/" + this.icon);
                this.setIcon(iconUrl);
                dom.setSelectable(this.domNode, false);
             },

             onClick: function (evt) {
                this.onMenuItemClick({
                   value: this.value,
                   label: this.label,
                   menuCode: this.menuCode
                });
             },

             onMenuItemClick: function (data) {
                // 回调函数
             },
```

```
            setIcon: function (/*URL*/ iconUrl) {
                var smallIconUrl = iconUrl.replace(/assets\/images\/icons\//,
"assets/images/small_icons/");
                domStyle.set(this.domNode, "backgroundImage", "url(" + smallIconUrl + ")");
            }

        })
    }
);
```

代码也很简单，最主要的就是 dojo/dom::setSelectable 函数。

2.4.3　菜单小部件

在 templates 目录下增加一个名为 Menu.html 的模板文件，内容如下：

```
<div>
    <div class="menuIcon" data-dojo-attach-event= "onmouseover:onMouseOverIcon,
onmouseout:onMouseOutIcon"></div>
    <div class="menuDropDown" data-dojo-attach-event= "onmouseover:onMouseOverDD,
onmouseout:onMouseOutDD">
        <div class="menuLabel">${label}</div>
        <div class="widgetBox menuBox" data-dojo-attach-point= "containerNode">
        </div>
    </div>
</div>
```

在上面的菜单模板中，包含两大部分：上面一部分用于显示一个图标，标识该菜单；下面一部分又包含两个部分，分别用于显示菜单说明以及该菜单中包含的菜单项。

在 widgets 目录下增加一个名为 Menu.js 的文件，用于定义菜单小部件类。该类的基本代码如下：

```
define(["dojo/_base/declare", "dojo/_base/array", "dojo/query", "dojo/dom-style",
"dojo/_base/html", "dojo/dom-geometry", "dojo/on", "dojo/_base/lang", "dojo/fx",
"dojo/_base/fx", "./MenuItem", "dijit/_Widget", "dijit/_Container", "dijit/_TemplatedMixin",
"dojo/text!./templates/Menu.html"],
    function (declare, array, query, domStyle, html, domGeom, on, lang, coreFx, fx,
MenuItem, _Widget, _Container, _TemplatedMixin, template) {
        return declare([_Widget, _TemplatedMixin, _Container], {
            templateString: template,

            constructor: function (/*Object*/params) {
            },

            positionAsPct: 0,
            icon: "",
            label: "",
            visible: "",

            dropDownNode: null,
            _expandedPadding: 0,
            _timeout: null,
            _menuIsVisible: false,
            _mouseIsOverIcon: false,
            _mouseIsOverDropDown: false,

            postMixInProperties: function () {
                if (this.icon === "") {
                    this.icon = "assets/images/icons/i_icp.png";
                }
                if (this.label === "") {
                    this.label = "无标签";
                }
            },
```

```
            postCreate: function () {
                this.setIcon(require.toUrl("webgis2book/widgets/" + this.icon));
                this.setLabel(this.label);
            },

            startup: function () {
                this.layout();

                var children = this.getChildren();
                array.forEach(children, function (child) { child.startup(); });
            },
        });
    }
);
```

在菜单类的 startup 方法中调用 layout 方法，用于调整菜单的位置。该方法的代码如下：

```
layout: function () {
    // 以百分比的方式设置菜单图标的位置
    var iconNode = query(".menuIcon", this.domNode)[0];
    domStyle.set(iconNode, "left", this.positionAsPct + "%");

    // 得到菜单图标的位置与宽度
    var iconCoords = html.coords(iconNode);
    var iconLeft = iconCoords.l;
    var iconWidth = iconCoords.w;
    var iconLMargin = domStyle.get(iconNode, "marginLeft");

    // 计算菜单的中心线的位置
    var menuCenter = iconLeft + ((iconWidth + iconLMargin) / 2);

    // 设置下拉菜单项的位置
    this.dropDownNode = query(".menuDropDown", this.domNode)[0];
    var ddWidth = domStyle.get(this.dropDownNode, "width");
    domStyle.set(this.dropDownNode, "left",(menuCenter - (ddWidth/2))+"px");

    // 设置整个菜单的宽度
    var contentBox = domGeom.getContentBox(this.dropDownNode);
    var boxNode = query(".menuBox", this.domNode)[0];
    var lPad = domStyle.get(boxNode, "paddingLeft");
    var rPad = domStyle.get(boxNode, "paddingRight");
    var boxWidth = contentBox.w - (lPad + rPad + 2);
    dojo.style(boxNode, "width", boxWidth + "px");

    // Make note of any extra padding at the top
    this._expandedPadding = domStyle.get(this.dropDownNode, "paddingTop");

    // Remove the border-bottom from the last menu item
    var itemList = query(".menuItem", this.domNode);
    domStyle.set(itemList[itemList.length - 1], "borderBottom", 0);

    // 显示菜单
    domStyle.set(this.dropDownNode, "height", 0 + "px");
    domStyle.set(this.dropDownNode, "visibility", "visible");
    domStyle.set(this.dropDownNode, "paddingTop", "0px");
},
```

菜单类最重要的方法就是增加菜单项，该方法的代码如下：

```
addMenuItem: function (/*Object*/params) {
    var menuItem = new MenuItem(params);
    on(menuItem, "onMenuItemClick", this, "onMenuItemClick");

    this.addChild(menuItem);
},
```

方法虽然重要，但是实现却很简单，新创建一个菜单项类的实例，然后将该菜单项的单击事件连接到本类的 onMenuItemClick 方法。最后通过 addChild 方法将其加入。

菜单类的另外两个方法分别用于设置图标与文本信息，代码如下：

```
setIcon: function (/*URL*/iconUrl) {
   var element = query(".menuIcon", this.domNode)[0];
   domStyle.set(element, "backgroundImage", "url(" + iconUrl + ")");
},

setLabel: function (/*String*/label) {
   var element = query(".menuLabel", this.domNode)[0];
   element.innerHTML = label;
},
```

当用户将鼠标移动到菜单的图标上时，就应该显示隐藏的菜单项，而当用户将鼠标移出菜单的图标时，需要隐藏菜单项。此外，菜单类还需要处理鼠标移动到菜单项的事件。这些事件的处理及其相关代码如下：

```
onMenuItemClick: function (info) {
   this.hideMenu();
},

onMouseOverIcon: function (evt) {
   this._mouseIsOverIcon = true;
   this.delayedCheckMenuState(200);
},

onMouseOutIcon: function (evt) {
   this._mouseIsOverIcon = false;
   this.delayedCheckMenuState(50);
},

onMouseOverDD: function (evt) {
   this._mouseIsOverDropDown = true;
   this.delayedCheckMenuState(200);
},

onMouseOutDD: function (evt) {
   this._mouseIsOverDropDown = false;
   this.delayedCheckMenuState(50);
},

delayedCheckMenuState: function (/*Number*/delay) {
   if (this.timeout) {
      clearTimeout(this.timeout);
      this.timeout = null;
   }
   this.timeout = setTimeout(lang.hitch(this, function () {
      this.checkMenuState();
   }), delay);
},

checkMenuState: function () {
   if (this._menuIsVisible === false) {
      if(this._mouseIsOverIcon === true||this._mouseIsOverDropDown===true){
         this.showMenu();
      }
   }
   else {
      if (this._mouseIsOverIcon === false && this._mouseIsOverDropDown === false) {
         this.hideMenu();
      }
   }
},

showMenu: function () {
   domStyle.set(this.dropDownNode, "paddingTop", this._expandedPadding + "px");
   coreFx.wipeIn({
      node: this.dropDownNode,
      duration: 250
   }).play();
```

```
        this._menuIsVisible = true;
    },

    hideMenu: function () {
        fx.animateProperty({
            node: this.dropDownNode,
            duration: 150,
            properties: {
                height: 0
            },
            onEnd: lang.hitch(this, function () {
                domStyle.set(this.dropDownNode, "paddingTop", "0px");
            })
        }).play();
        this._menuIsVisible = false;
    }
```

在显示与隐藏菜单时，使用了 dojo/fx/::wipeIn 与 dojo/_base/fx::animateProperty 来实现动画效果。

3.4.4 测试

在应用程序的根目录下增加一个测试页面 TestPage，代码如下：

```
    <!DOCTYPE html>
    <html lang="en">
    <head>
        <meta charset="utf-8">
        <title>测试</title>
        <link rel="stylesheet" href="https://js.arcgis.com/4.22/dijit/
themes/tundra/tundra.css" />
        <link rel="stylesheet" href="https://js.arcgis.com/4.22/esri/ themes/light/main.css">
        <link rel="stylesheet" href="js/webgis2book/widgets/themes/ darkangel/darkangel.css" />
        <link rel="stylesheet" href="js/webgis2book/widgets/themes/darkangel/ override.css" />
        <script>
            var dojoConfig = {
                locale: 'en',
                isDebug: true,
                async: true,
                packages: [{
                    "name": "webgis2book",
                    "location": location.pathname.replace(/\/[^/]+$/, "") + "/js/webgis2book"
                }]
            };
        </script>
        <script src="https://js.arcgis.com/4.22/"></script>
        <script>
            var map;
            var testWidget = null;

            require(["dojo", "dojo/parser", "dojo/_base/window", "dojo/dom-style", "dojo/topic",
"dijit/registry",
                "esri/Map", "esri/views/MapView", "esri/layers/TileLayer",
                "webgis2book/widgets/_BaseWidget", "webgis2book/widgets/Menu",
"webgis2book/widgets/MenuItem",
                "webgis2book/widgets/WidgetContainer", "webgis2book/widgets/MenuFrame",
                "dojo/domReady!"],
                function (dojo, parser, win, domStyle, topic, registry, Map, MapView, TileLayer,
_BaseWidget, Menu) {
                    parser.parse();

                    map = new Map();
                    var agoServiceURL = "http://server.arcgisonline.com/ArcGIS/
rest/services/World_Street_Map/MapServer";
                    var agoLayer = new TileLayer(agoServiceURL);
                    map.add(agoLayer);
                    var view = new MapView(
```

```
                {
                    map: map,
                    container: "mapDiv"
                });

            createWidget();
            createMenu();

            function createWidget() {
                testWidget = new _BaseWidget();
                testWidget.setTitle("小部件测试");
                testWidget.setMap(map);
                testWidget.startup();
            }

            function createMenu() {
                var menuFrame = registry.byId('menuFrame');
                var logoUrl = require.toUrl("webgis2book/widgets/
assets/images/logo.png");
                menuFrame.setFrameIcon(logoUrl);
                menuFrame.setTitle("菜单");

                var params = { label: "工具", icon: "assets/images/icons/ i_globe.png",
id: "menuMap", positionAsPct: 20, visible: true };
                var toolMenu = new Menu(params);
                toolMenu.addMenuItem({ label: "小部件测试", icon:
"assets/images/icons/i_highway.png", visible: true, onMenuItemClick: testMenuItemClick });
                menuFrame.addChild(toolMenu);
                toolMenu.startup();

                var params2 = { label: "帮助", icon: "assets/images/icons/ i_help.png",
id: "menuHelp", positionAsPct: 40, visible: true };
                var helpMenu = new Menu(params2);
                helpMenu.addMenuItem({ label: "资源", icon: "assets/images/
icons/i_resources.png", visible: true });
                menuFrame.addChild(helpMenu);
                helpMenu.startup();
            }

            function testMenuItemClick(evt) {
                topic.publish("showWidget", testWidget);
            }

        });
    </script>
</head>
<body class="tundra">
    <div id="mapDiv" style="position: relative; height: 1000px; border: 1px solid #000;">
        <div data-dojo-type="webgis2book/widgets/MenuFrame" id='menuFrame' style="left:
100px;"></div>
        <div data-dojo-type="webgis2book/widgets/WidgetContainer"
id='widgetContainer'></div>
    </div>
</body>
</html>
```

在上述测试代码中，首先在 createWidget 中创建了需要使用的内容小部件_BaseWidget，并将该实例保存为一个全局变量，然后当用户选择“小部件测试”菜单项时，通过 dojo/topic::publish 发布 showWidget 主题，从而在小部件容器中显示前面创建的小部件。只有这样才能不重复创建相同的小部件。此外，由于使用了动态方式创建菜单小部件，因此一定需要使用代码调用其 startup 方法，才能正确显示与处理。

在上述代码中，使用了 dijit/registry::byId 方法来得到指定 ID 的小部件实例。读者需要注意该方法与 dojo/dom::byId 方法的区别。dojo/dom::byId 方法得到的是代表 DOM 树中的某个节点。

测试页面的运行结果如图 3.13 所示。

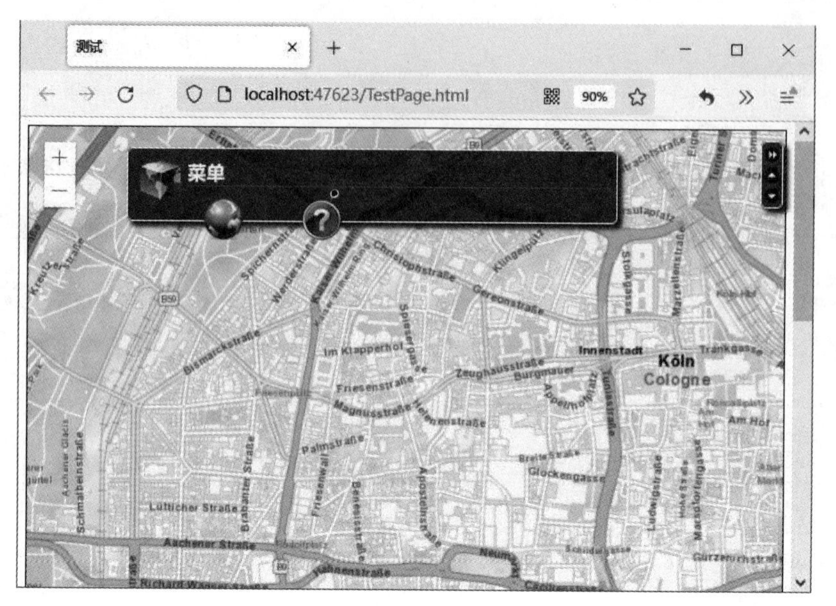

图 3.13　测试菜单小部件

第4章

地图与图层

在 ArcGIS API for JavaScript 中，图层的概念已经与传统的图层大不相同了，这里的图层对应的是一个地图资源，该地图资源中包含许多传统意义上的图层。读者需要区分这两者的联系与区别。

ArcGIS API for JavaScript 4.x 将图层分为二维图层和三维图层，本章将主要介绍二维地图类的使用，包括图层的控制、地图操作、地图配置、图层控制等内容，以及如何通过不同的手段来扩展 ArcGIS API for JavaScript 没能提供的地图相关功能，并重点介绍如何自定义图层。

4.1 图层操作

在 ArcGIS API for JavaScript 中，地图包含不同来源、不同类型的地图资源，针对不同的地图资源，需要有不同的操作。例如地图切片图层地图资源，虽然其包含多个图层，但是由于提供的是事先生成的图片，因此不能进行图层操作，而对于动态图层地图资源，可以显示或隐藏其中的子图层。

4.1.1 图层类及其之间的继承关系

ArcGIS API for JavaScript 提供了多种类型的图层，以满足二维和三维的调取需求。这些类有一个共同的基类，那就是 Layer 类，该类是一个抽象类，不能实例化。此外，BingMapsLayer 继承自 BaseTileLayer，OpenStreeMapLayer 继承自 WebTileLayer，其他图层类均直接集成自 Layer 类。这些类之间的继承关系如图 4.1 所示。

其中应用最为广泛的是动态图层和切片图层，当实例化好一个 MapImageLayer 或 TileLayer 类之后，只需要简单地调用地图类的 add()方法，便可在地图中加入指定的地图资源。

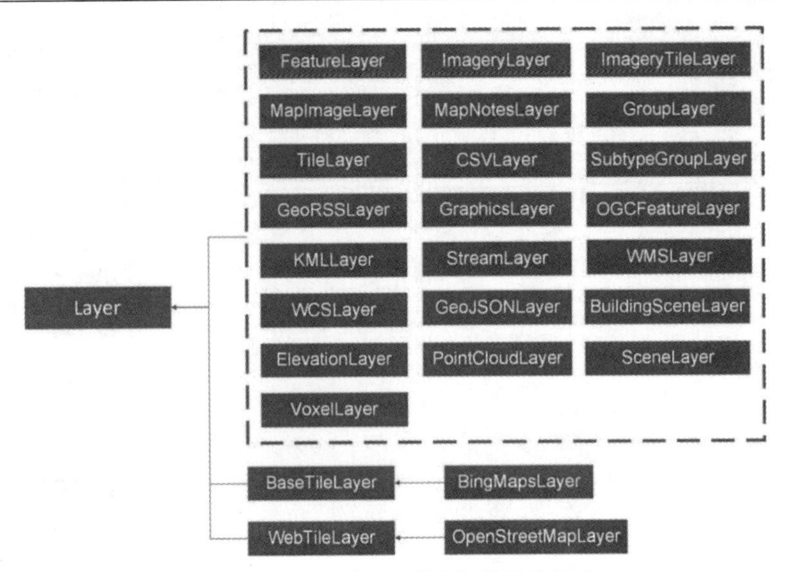

图 4.1　图层相关类及其之间的继承关系

图层类一个重要的属性是 id，表示图层标识，如果没有指定，esri/Map 就按照默认规则赋一个值，即在 layer 后加一个顺序号。loaded 属性指示图层是否加载，只有图层加载之后才能访问图层的属性。opacity 属性用于表示透明程度，取值范围为 0.0~1.0，0.0 表示完全透明，而 1.0 表示完全不透明。url 属性指向代表该地图服务的 ArcGIS Server REST 资源。visible 属性表示图层是否可见。

4.1.2　切片地图图层

提供支持切片地图服务是出于性能、伸缩性的需要。因此，服务器必须能够快速返回请求的地图切片。实现这一目的的一个好办法是使用本地存储的预先生成的切片，不需要任何图像操作或地理信息处理过程。将由服务器端开发人员决定是通过一个切片准备过程预先生成切片还是利用缓存机制实时生成切片。在这种基于切片的地图服务中，重要的是服务器要能够处理对各个地图切片的异步访问，因为大多数客户端将同时请求多个切片以布满一屏地图。切片地图服务的目的是把地图以若干切片的形式提供服务。其显示效果好，速度快，但缺点是不支持动态投影，不能控制图层的可见性，服务器端需要提前生成缓存等。

从图 4.1 可以看到，地图切片图层的类是 TileLayer（对应 3.x 版本的 ArcGISTiledMapServiceLayer）、BingMapsLayer（对应 3.x 版本的 VETiledLayer）、OpenStreetMapLayer、WMTSLayer 与 WebTileLayer（对应 3.x 版本的 WebTiledLayer），前 3 个类对应不同 GIS 服务产品发布的服务。

- TileLayer 类用于访问 ArcGIS Server 发布的地图切片服务。
- BingMapsLayer 类用于访问微软的 Bing 地图。
- OpenStreetMapLayer 类用于访问开放街道图（OpenStreetMap，简称 OSM）。
- WMTSLayer 类用于访问符合 OGC 标准的 WMTS（Web Map Tile Service）服务。
- WebTileLayer 类用于访问非 ArcGIS Server 发布的切片地图服务。

1. TileLayer 类

TileLayer 类的 fullExtent 属性中保存了地图服务的整个地理范围。spatialReference 属性表示地图服务的空间参考系统。tileInfo 包含地图切片信息。allSublayers 属性中保存着地图服务中的图层及其可见性。

在实例化 TileLayer 类时，可以指定显示级别。例如如下代码（实例 4-1，对应代码文件为 Sample4-1/TileLayer.html）：

```
<!DOCTYPE html>
<html>
<head>
    <meta charset="utf-8" />
    <title></title>
    <link rel="stylesheet" href="https://js.arcgis.com/4.22/esri/themes/ light/main.css">
    <style>
        html, body, #mapDiv {
            height: 100%;
            width: 100%;
            margin: 0;
            padding: 0;
        }
    </style>
    <script src="https://js.arcgis.com/4.22/"></script>
    <script>
        require([
            "esri/Map", "esri/layers/TileLayer", "esri/views/MapView"
        ], function (
            Map, TiledLayer, MapView
        ) {
            var agoServiceURL = "http://server.arcgisonline.com/ArcGIS/rest/
services/World_Street_Map/MapServer";
            var agoLayer = new TiledLayer({
                url: agoServiceURL,
                minScale: 0,
                maxScale: 1154287.49441732
            });
            var map = new Map();
            map.add(agoLayer);
            const view = new MapView({
                map: map,
                container: "mapDiv"
            })
        });
    </script>
</head>
<body>
    <div id="mapDiv">
    </div>
</body>
</html>
```

在上述代码中，使用的图层是 ArcGIS 在线的街道地图，使用的是 0~7 级别，即小于 1：1154287.49441732 比例尺时进行显示。

2. BingMapsLayer 类

esri/layers/BingMapsLayer 类用于访问微软 Bing 地图提供的切片地图服务，包括影像、带注记的影像以及道路地图。具体访问哪个地图服务，是由 style 属性的 aerial、hybrid 与 road 三个常量之一指定的。

下面这个实例（实例 4-1，对应代码文件为 Sample4-1/BingMaps.html）演示如何访问 Bing 地图，并将其作为底图加入自己的地图中。

```
<!DOCTYPE html>
```

```
<html>
<head>
   <meta charset="utf-8" />
   <title></title>
   <link rel="stylesheet" href="https://js.arcgis.com/4.22/esri/themes/ light/main.css">
   <style>
      html, body, #mapDiv {
         padding: 0;
         margin: 0;
         height: 100%;
      }
   </style>
   <script src="https://js.arcgis.com/4.22/"></script>
   <script>
      require([
         "esri/Map", "esri/layers/BingMapsLayer", "esri/views/MapView"
      ], function (
         Map, BingMapsLayer, MapView
      ) {
         let bing = new BingMapsLayer({
            style: "aerial",
            key: prompt("请输入您的 Bing 地图密钥")
         });
         let map = new Map({
            basemap: {
               baseLayers: [bing]
            }
         });
         let view = new MapView({
            container: "mapDiv",
            map: map,
            zoom: 3,
            center: [0, 45]
         });
      });
   </script>
</head>
<body>
   <div id="mapDiv"></div>
</body>
</html>
```

3. OpenStreetMapLayer 类

通过 esri/layers/OpenStreetMapLayer 类可以将开放街道图作为基础底图。开放街道图是一个网上地图协作计划，目标是创造一个内容自由且能让所有人编辑的世界地图。OSM 的地图由用户根据手提 GPS 装置、航空摄影照片、其他自由内容甚至依靠智慧绘制。网站里的地图图像及向量数据皆以共享创意姓名标识的方式分享 2.0 授权。OSM 网站的灵感来自维基百科等网站，这可从该网地图页的“编辑”按钮及其完整修订历史获知。经注册的用户可上载 GPS 路径及使用内置的编辑程序编辑数据。

该类的使用也非常简单，实例化以后加入地图中即可。这里为了使该程序的功能更丰富，加入了 CSS 滤镜来演示 OpenStreetMapLayer 类的使用。

在 Sample4-1 文件夹下新建名为 OpenStreetMap.html 的网页文件，该网页文件的内容如下：

```
<!DOCTYPE html>
<html>
<head>
   <meta charset="utf-8">
   <title>访问开放街道图</title>
   <link rel="stylesheet" href="https://js.arcgis.com/4.22/esri/themes/ light/main.css">
   <style>
      html, body, #mapDiv {
         padding: 0;
         margin: 0;
```

```
            height: 100%;
        }
        .esri-view-root {
            filter: url(filters.svg#grayscale) !important; /* Firefox 3.5+ */
            filter: gray !important; /* IE5+ */
            -webkit-filter: grayscale(100%) !important; /* Webkit Nightlies &amp; Chrome
Canary */
        }
    </style>
    <script src="https://js.arcgis.com/4.22/"></script>
    <script>
        require(["esri/Map", "esri/layers/OpenStreetMapLayer", "esri/views/MapView"],
function (Map, OpenStreetMapLayer, MapView) {
            // 以下是创建地图与加入底图的代码
            var map = new Map;
            var osm = new OpenStreetMapLayer({
                id: 'osmLayer'
            });
            map.add(osm);
            const view = new MapView({
                map: map,
                container: "mapDiv"
            })
        });
    </script>
</head>
<body>
    <div id="mapDiv"></div>
</body>
</html>
```

我们要实现的功能是针对该图层中的所有切片进行样式变化，因此在样式中加入了如下代码：

```
.esri-view-root {
    filter: url(filters.svg#grayscale) !important; /* Firefox 3.5+ */
    filter: gray !important; /* IE5+ */
    -webkit-filter: grayscale(1) !important; /* Webkit Nightlies Chrome Canary */
}
```

为了支持 Firefox 浏览器，需要在 Sample4-1 文件下加入名为 filters.svg 的文件。该文件的内容如下：

```
<?xml version="1.0" encoding="UTF-8"?>
<!DOCTYPE svg PUBLIC "-//W3C//DTD SVG 1.1//EN"
"http://www.w3.org/Graphics/SVG/1.1/DTD/svg11.dtd">
<svg version="1.1" baseProfile="full" xmlns="http://www.w3.org/2000/svg">
  <filter id="grayscale">
    <feColorMatrix type="matrix" values="0.3333 0.3333 0.3333 0 0 0.3333 0.3333 0.3333 0 0
0.3333 0.3333 0.3333 0 0 0 0 0 1 0"/>
  </filter>
</svg>
```

用浏览器打开该文件，显示效果如图 4.2 所示，来彩色的开放街道图变成了灰度图。

4. WMTSLayer 类

WMTSLayer 类用于访问符合 WMT 规范的地图服务。开放地理空间联盟（OGC）的 Web 地图切片服务（WMTS）规范是一种在 Web 上使用缓存图像切片提供数字地图时需遵守的国际规范。

WMTS 规范定义了 KVP、SOAP 和 REST 风格的 3 种接口。鼓励客户端和服务器尽可能支持较多的接口以提高互操作性。该规范建议：WMTS 客户端应同时支持 KVP 和 REST 风格的接口，SOAP 方式的接口为可选；WMTS 服务器应同时支持 KVP 和 REST，或支持其中之一，SOAP 方式的接口为可选。

图 4.2　将开放街道图作为地图底图

WMTS 服务可以通过响应客户端请求使其接收 3 类资源：

- 服务元数据（Service Metadata）资源，服务器方必须实现。在 SOAP 风格下使用 GetCapabilities 操作获取。对于 KVP 风格，在服务的端点后加入“?request=GetCapabilities&service = WMTS&version=1.0.0”即可。例如对于天地图经纬度投影的矢量底图，其服务端点为 https://t0.tianditu.gov.cn/vec_c/wmts，那么查询其元数据的地址为 https://t0.tianditu.gov.cn/vec_c/wmts?request=GetCapabilities& service=WMTS&version=1.0.0。对于 REST 风格，则在服务的端点后加入“1.0.0/WMTSCapabilities.xml”来访问。不过要强调的是，并不是所有的服务都同时提供上述 3 种风格的服务。
  服务元数据资源描述指定服务器实现的能力和包含的信息。在 SOAP 风格中，该操作也支持客户端与服务器间的标准版本协商。
- 地图切片资源，表示一个图层的地图表达结果的一小块，服务器方必须实现。SOAP 架构风格下对应 GetTile 操作的响应。对于 KVP 风格，访问方式是在基本地址后指定“request=GetTile”，例如 https://t0.tianditu.gov.cn/vec_c/wmts?SERVICE=WMTS&VERSION=1.0.0&REQUEST=GetTile&LAYER=vec&STYLE=default&FORMAT=tiles&TILEMATRIXSET=c&TileMatrix=10&TileRow=159&TileCol=819&tk=天地图 key。
- 要素信息（FeatureInfo）资源，服务器方可选择实现。该资源提供了图块地图中某一特定像素位置处地物要素的信息，与 WMS 中 GetFeatureInfo 操作的行为相似，以文本形式通过提供比如专题属性名称及其取值的方式返回相关信息。

对于 ArcGIS Server，要发布 WMTS 服务，需要创建缓存地图或缓存影像服务。与其他类型的 OGC 服务不同，创建缓存地图或影像服务时没有要启用的 WMTS 功能选项，这是因为 WMTS 始终处于启用状态。要访问 ArcGIS Server 发布的 WMTS 服务，只需要在缓存地图或影像服务地址的后面再加上“/WMTS”即可。例如 ESRI 提供的世界地图的地图服务地址为 http://server.arcgisonline.com/ArcGIS/rest/services/World_Street_Map/MapServer，其对应的 WMTS 服务地址为 http://server.arcgisonline.com/ArcGIS/rest/services/World_Street_Map/MapServer/ WMTS。

WMTSLayer 类的默认行为是执行 WMTS GetCapabilities，而这需要使用代理页面。如果不想使用代理页面，也可以先在地址栏中按上面介绍的方式输入 GetCapabilities 请求，获得其服务元数据。下面的代码演示如何通过 WMTSLayer 类来调用天地图。北京电子地图。在 Sample4-1 目录下加入一个名为 ResourceInfo.html 的网页文件，该网页文件包含的代码如下：

```
<!DOCTYPE html>
<html>
<head>
   <meta http-equiv="Content-Type" content="text/html; charset=utf-8">
   <title>WMTS 图层</title>
   <style>
      html, body, #map { height: 100%; width: 100%; margin: 0; padding: 0;
      }
   </style>
   <link rel="stylesheet" href="https://js.arcgis.com/4.22/esri/themes/ light/main.css">
   <script src="https://js.arcgis.com/4.22/"></script>
   <script>
      var map;
      require([
   "esri/Map", "esri/layers/WMTSLayer", "esri/views/MapView", "esri/geometry/Point",
"esri/geometry/Extent" ], function ( Map, WMTSLayer, MapView, Point, Extent ) {
      var WMTSLayer = new WMTSLayer({
         url: "./tianditu_vec_c.xml",
         serviceMode: "KVP",
         customParameters: {
            "tk": "天地图的 key "
         },
         activeLayer: {
            id: "vec"
         }
      });
      var bounds = new Extent({
         "xmin": 115.5, "ymin": 39.5, "xmax": 117.5, "ymax": 41.0,
         "spatialReference": { "wkid": 4490 }
      });
      var map = new Map();
      map.add(WMTSLayer);
      var pt = new Point({
         longitude: 117,
         latitude: 40,
         spatialReference: { wkid: 4490 }
      });
      var view = new MapView({
         container: "map",
         map: map,
         center: pt,
         extend: bounds,
         scale: 50000000,
         spatialReference: { wkid: 4490 }
      });
   });
   </script>
</head>
<body>
   <div id="map">
   </div>
</body>
</html>
```

在上面的代码中，由于天地图 GetCapabilities 返回的 BoundingBox 信息中没有包含 CRS 信息，而 ArcGIS API for JavaScript 4.22 版本在这方面更为严格，会读取 CRS 属性信息，因此导致图层无法添加。目前有两种解决方案：

（1）使用 4.20 或者之前的版本。

（2）更改天地图 GetCapabilities 的信息，方法是自己创建一个 XML 文件，按照 GetCapabilities 返回的内容完善 BoundingBox 和 ResourceURL，然后在程序中基于该 XML 文件创建 wmtslayer。所创建的 tianditu_vec_c.xml 的内容如下：

```
<?xml version="1.0" encoding="utf-8" ?>
<Capabilities
    xsi:schemaLocation="http://www.opengis.net/wmts/1.0
http://schemas.opengis.net/wmts/1.0.0/wmtsGetCapabilities_response.xsd"
    version="1.0.0" xmlns="http://www.opengis.net/wmts/1.0"
    xmlns:ows="http://www.opengis.net/ows/1.1"
    xmlns:gml="http://www.opengis.net/gml"
    xmlns:xsi="http://www.w3.org/2001/XMLSchema-instance"
xmlns:xlink="http://www.w3.org/1999/xlink">
    <ows:ServiceIdentification>
        <ows:Title>在线地图服务</ows:Title>
        <ows:Abstract>基于 OGC 标准的地图服务</ows:Abstract>
        <ows:Keywords>
            <ows:Keyword>OGC</ows:Keyword>
        </ows:Keywords>
        <ows:ServiceType codeSpace="wmts"/>
        <ows:ServiceTypeVersion>1.0.0</ows:ServiceTypeVersion>
        <ows:Fees>none</ows:Fees>
        <ows:AccessConstraints>none</ows:AccessConstraints>
    </ows:ServiceIdentification>
    <ows:ServiceProvider>
        <ows:ProviderName>国家基础地理信息中心</ows:ProviderName>
        <ows:ProviderSite>http://www.tianditu.gov.cn</ows:ProviderSite>
        <ows:ServiceContact>
            <ows:IndividualName>Mr Liu</ows:IndividualName>
            <ows:PositionName>Software Engineer</ows:PositionName>
            <ows:ContactInfo>
                <ows:Phone>
                    <ows:Voice>010-63881266</ows:Voice>
                    <ows:Facsimile>010-63881266</ows:Facsimile>
                </ows:Phone>
                <ows:Address>
                    <ows:DeliveryPoint>北京市海淀区莲花池西路 28 号</ows:DeliveryPoint>
                    <ows:City>北京市</ows:City>
                    <ows:AdministrativeArea>北京市</ows:AdministrativeArea>
                    <ows:Country>中国</ows:Country>
                    <ows:PostalCode>101399</ows:PostalCode>
                    <ows:ElectronicMailAddress>tianditu.gov.cn</ows:
ElectronicMailAddress>
                </ows:Address>
                <ows:OnlineResource xlink:type="simple"
xlink:href="http://www.tianditu.gov.cn"/>
            </ows:ContactInfo>
        </ows:ServiceContact>
    </ows:ServiceProvider>
    <ows:OperationsMetadata>
        <ows:Operation name="GetCapabilities">
            <ows:DCP>
                <ows:HTTP>
                    <ows:Get xlink:href="http://t0.tianditu.gov.cn/ vec_c/wmts?">
                        <ows:Constraint name="GetEncoding">
                            <ows:AllowedValues>
                                <ows:Value>KVP</ows:Value>
                            </ows:AllowedValues>
                        </ows:Constraint>
                    </ows:Get>
                </ows:HTTP>
            </ows:DCP>
        </ows:Operation>
        <ows:Operation name="GetTile">
            <ows:DCP>
                <ows:HTTP>
                    <ows:Get xlink:href="http://t0.tianditu.gov.cn/ vec_c/wmts?">
                        <ows:Constraint name="GetEncoding">
                            <ows:AllowedValues>
                                <ows:Value>KVP</ows:Value>
                            </ows:AllowedValues>
                        </ows:Constraint>
                    </ows:Get>
                </ows:HTTP>
```

```
                </ows:DCP>
            </ows:Operation>
        </ows:OperationsMetadata>
        <Contents>
            <Layer>
                <ows:Title>vec</ows:Title>
                <ows:Abstract>vec</ows:Abstract>
                <ows:Identifier>vec</ows:Identifier>
                <ows:WGS84BoundingBox>
                    <ows:LowerCorner>-180.0 -90.0</ows:LowerCorner>
                    <ows:UpperCorner>180.0 90.0</ows:UpperCorner>
                </ows:WGS84BoundingBox>
                <ows:BoundingBox  crs="urn:ogc:def:crs:EPSG::4490">
                    <ows:LowerCorner>-180.0 -90.0</ows:LowerCorner>
                    <ows:UpperCorner>180.0 90.0</ows:UpperCorner>
                </ows:BoundingBox>
                <Style>
                    <ows:Identifier>default</ows:Identifier>
                </Style>
                <Format>tiles</Format>
                <TileMatrixSetLink>
                    <TileMatrixSet>c</TileMatrixSet>
                </TileMatrixSetLink>
                <ResourceURL format="tiles" resourceType="tile"
template="https://t0.tianditu.gov.cn/vec_c/wmts?SERVICE=WMTS&amp;VERSION=1.0.0&amp;REQUEST=Get
Tile&amp;LAYER=vec&amp;STYLE=default&amp;FORMAT=tiles&amp;TILEMATRIXSET=c&amp;TileMatrix={Tile
Matrix}&amp;TileRow={TileRow}&amp;TileCol={TileCol}"/>
            </Layer>
            <TileMatrixSet>
                <ows:Identifier>c</ows:Identifier>
                <ows:SupportedCRS>urn:ogc:def:crs:EPSG::4490</ows:SupportedCRS>
                <TileMatrix>
                    <ows:Identifier>1</ows:Identifier>
                    <ScaleDenominator>2.958293554545656E8</ScaleDenominator>
                    <TopLeftCorner>90.0 -180.0</TopLeftCorner>
                    <TileWidth>256</TileWidth>
                    <TileHeight>256</TileHeight>
                    <MatrixWidth>2</MatrixWidth>
                    <MatrixHeight>1</MatrixHeight>
                </TileMatrix>
                <TileMatrix>
                    <ows:Identifier>2</ows:Identifier>
                    <ScaleDenominator>1.479146777272828E8</ScaleDenominator>
                    <TopLeftCorner>90.0 -180.0</TopLeftCorner>
                    <TileWidth>256</TileWidth>
                    <TileHeight>256</TileHeight>
                    <MatrixWidth>4</MatrixWidth>
                    <MatrixHeight>2</MatrixHeight>
                </TileMatrix>
                <TileMatrix>
                    <ows:Identifier>3</ows:Identifier>
                    <ScaleDenominator>7.39573388636414E7</ScaleDenominator>
                    <TopLeftCorner>90.0 -180.0</TopLeftCorner>
                    <TileWidth>256</TileWidth>
                    <TileHeight>256</TileHeight>
                    <MatrixWidth>8</MatrixWidth>
                    <MatrixHeight>4</MatrixHeight>
                </TileMatrix>
                <TileMatrix>
                    <ows:Identifier>4</ows:Identifier>
                    <ScaleDenominator>3.69786694318207E7</ScaleDenominator>
                    <TopLeftCorner>90.0 -180.0</TopLeftCorner>
                    <TileWidth>256</TileWidth>
                    <TileHeight>256</TileHeight>
                    <MatrixWidth>16</MatrixWidth>
                    <MatrixHeight>8</MatrixHeight>
                </TileMatrix>
                <TileMatrix>
                    <ows:Identifier>5</ows:Identifier>
                    <ScaleDenominator>1.848933471591035E7</ScaleDenominator>
                    <TopLeftCorner>90.0 -180.0</TopLeftCorner>
```

```
            <TileWidth>256</TileWidth>
            <TileHeight>256</TileHeight>
            <MatrixWidth>32</MatrixWidth>
            <MatrixHeight>16</MatrixHeight>
        </TileMatrix>
        <TileMatrix>
            <ows:Identifier>6</ows:Identifier>
            <ScaleDenominator>9244667.357955175</ScaleDenominator>
            <TopLeftCorner>90.0 -180.0</TopLeftCorner>
            <TileWidth>256</TileWidth>
            <TileHeight>256</TileHeight>
            <MatrixWidth>64</MatrixWidth>
            <MatrixHeight>32</MatrixHeight>
        </TileMatrix>
        <TileMatrix>
            <ows:Identifier>7</ows:Identifier>
            <ScaleDenominator>4622333.678977588</ScaleDenominator>
            <TopLeftCorner>90.0 -180.0</TopLeftCorner>
            <TileWidth>256</TileWidth>
            <TileHeight>256</TileHeight>
            <MatrixWidth>128</MatrixWidth>
            <MatrixHeight>64</MatrixHeight>
        </TileMatrix>
        <TileMatrix>
            <ows:Identifier>8</ows:Identifier>
            <ScaleDenominator>2311166.839488794</ScaleDenominator>
            <TopLeftCorner>90.0 -180.0</TopLeftCorner>
            <TileWidth>256</TileWidth>
            <TileHeight>256</TileHeight>
            <MatrixWidth>256</MatrixWidth>
            <MatrixHeight>128</MatrixHeight>
        </TileMatrix>
        <TileMatrix>
            <ows:Identifier>9</ows:Identifier>
            <ScaleDenominator>1155583.419744397</ScaleDenominator>
            <TopLeftCorner>90.0 -180.0</TopLeftCorner>
            <TileWidth>256</TileWidth>
            <TileHeight>256</TileHeight>
            <MatrixWidth>512</MatrixWidth>
            <MatrixHeight>256</MatrixHeight>
        </TileMatrix>
        <TileMatrix>
            <ows:Identifier>10</ows:Identifier>
            <ScaleDenominator>577791.7098721985</ScaleDenominator>
            <TopLeftCorner>90.0 -180.0</TopLeftCorner>
            <TileWidth>256</TileWidth>
            <TileHeight>256</TileHeight>
            <MatrixWidth>1024</MatrixWidth>
            <MatrixHeight>512</MatrixHeight>
        </TileMatrix>
        <TileMatrix>
            <ows:Identifier>11</ows:Identifier>
            <ScaleDenominator>288895.85493609926</ScaleDenominator>
            <TopLeftCorner>90.0 -180.0</TopLeftCorner>
            <TileWidth>256</TileWidth>
            <TileHeight>256</TileHeight>
            <MatrixWidth>2048</MatrixWidth>
            <MatrixHeight>1024</MatrixHeight>
        </TileMatrix>
        <TileMatrix>
            <ows:Identifier>12</ows:Identifier>
            <ScaleDenominator>144447.92746804963</ScaleDenominator>
            <TopLeftCorner>90.0 -180.0</TopLeftCorner>
            <TileWidth>256</TileWidth>
            <TileHeight>256</TileHeight>
            <MatrixWidth>4096</MatrixWidth>
            <MatrixHeight>2048</MatrixHeight>
        </TileMatrix>
        <TileMatrix>
            <ows:Identifier>13</ows:Identifier>
            <ScaleDenominator>72223.96373402482</ScaleDenominator>
```

```
            <TopLeftCorner>90.0 -180.0</TopLeftCorner>
            <TileWidth>256</TileWidth>
            <TileHeight>256</TileHeight>
            <MatrixWidth>8192</MatrixWidth>
            <MatrixHeight>4096</MatrixHeight>
        </TileMatrix>
        <TileMatrix>
            <ows:Identifier>14</ows:Identifier>
            <ScaleDenominator>36111.98186701241</ScaleDenominator>
            <TopLeftCorner>90.0 -180.0</TopLeftCorner>
            <TileWidth>256</TileWidth>
            <TileHeight>256</TileHeight>
            <MatrixWidth>16384</MatrixWidth>
            <MatrixHeight>8192</MatrixHeight>
        </TileMatrix>
        <TileMatrix>
            <ows:Identifier>15</ows:Identifier>
            <ScaleDenominator>18055.990933506204</ScaleDenominator>
            <TopLeftCorner>90.0 -180.0</TopLeftCorner>
            <TileWidth>256</TileWidth>
            <TileHeight>256</TileHeight>
            <MatrixWidth>32768</MatrixWidth>
            <MatrixHeight>16384</MatrixHeight>
        </TileMatrix>
        <TileMatrix>
            <ows:Identifier>16</ows:Identifier>
            <ScaleDenominator>9027.995466753102</ScaleDenominator>
            <TopLeftCorner>90.0 -180.0</TopLeftCorner>
            <TileWidth>256</TileWidth>
            <TileHeight>256</TileHeight>
            <MatrixWidth>65536</MatrixWidth>
            <MatrixHeight>32768</MatrixHeight>
        </TileMatrix>
        <TileMatrix>
            <ows:Identifier>17</ows:Identifier>
            <ScaleDenominator>4513.997733376551</ScaleDenominator>
            <TopLeftCorner>90.0 -180.0</TopLeftCorner>
            <TileWidth>256</TileWidth>
            <TileHeight>256</TileHeight>
            <MatrixWidth>131072</MatrixWidth>
            <MatrixHeight>65536</MatrixHeight>
        </TileMatrix>
        <TileMatrix>
            <ows:Identifier>18</ows:Identifier>
            <ScaleDenominator>2256.998866688275</ScaleDenominator>
            <TopLeftCorner>90.0 -180.0</TopLeftCorner>
            <TileWidth>256</TileWidth>
            <TileHeight>256</TileHeight>
            <MatrixWidth>262144</MatrixWidth>
            <MatrixHeight>131072</MatrixHeight>
        </TileMatrix>
        <TileMatrix>
            <ows:Identifier>19</ows:Identifier>
            <ScaleDenominator>1128.4994333441375</ScaleDenominator>
            <TopLeftCorner>90.0 -180.0</TopLeftCorner>
            <TileWidth>256</TileWidth>
            <TileHeight>256</TileHeight>
            <MatrixWidth>524288</MatrixWidth>
            <MatrixHeight>262144</MatrixHeight>
        </TileMatrix>
    </TileMatrixSet>
  </Contents>
</Capabilities>
```

ResourceInfo.html 网页程序的运行结果如图 4.3 所示。

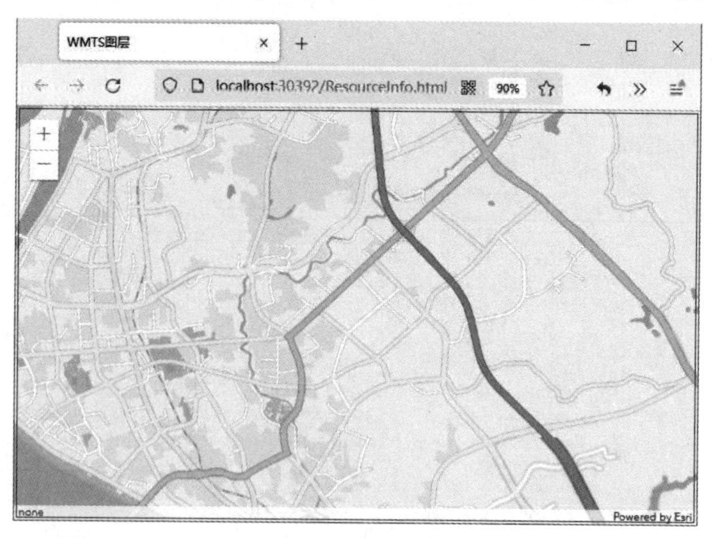

图 4.3　利用 WMTSLayer 类访问天地图・北京电子地图服务

5. WebTiledLayer 类

对于不是使用 ArcGIS Server 发布的切片地图服务，还可以使用 WebTiledLayer 类来访问。其构造函数中的第一个参数是一个 URL 模板，其格式为“http://some.domain.com/{level}/{col}/{row}/”。其中 level 表示缩放级别，column 与 row 分别代表切片的列与行。虽然并不一定要按照该模式，但是它确实是当前大部分地图服务使用的格式。

第二个参数是一个可选对象。subDomains 属性用于指定可获取地图切片的子域。使用子域可以绕过浏览器中同时访问一个域的请求最大值的限制，这样便可以加速切片的获取。如果指定了 subDomains，那么上面提到的 URL 模板就应该增加“{subDomain}”占位符。

在 Sample4-1 目录下加入一个名为 WebTiled.html 的网页文件，该网页文件包含的代码如下：

```
<!DOCTYPE html>
<html>
<head>
   <meta charset="utf-8">
   <title></title>
   <link rel="stylesheet" href="https://js.arcgis.com/4.22/esri/ themes/light/main.css">
   <style>
      html, body, #map { height: 100%; width: 100%; margin: 0; padding: 0;
      }
   </style>
   <script src="https://js.arcgis.com/4.22/"></script>
   <script>
      var map;
      require([ "esri/Map", "esri/layers/WebTileLayer", "esri/views/MapView"
      ], function ( Map, WebTiledLayer, MapView ) {
         map = new Map();
         var nationalGeographic = new WebTiledLayer({
            urlTemplate: "http://{subDomain}.arcgisonline.com/ArcGIS/
rest/services/NatGeo_World_Map/MapServer/tile/{level}/{row}/{col}",
            subDomains: ["services", "server"]
         });
         map.add(nationalGeographic);
         let view = new MapView({
            container: "map",
            map: map,
            zoom: 8,
            center: [-89.985, 29.822]
         });
      });
```

```
        </script>
    </head>
    <body>
        <div id="map"></div>
    </body>
    </html>
```

上述网页程序的运行结果如图 4.4 所示。

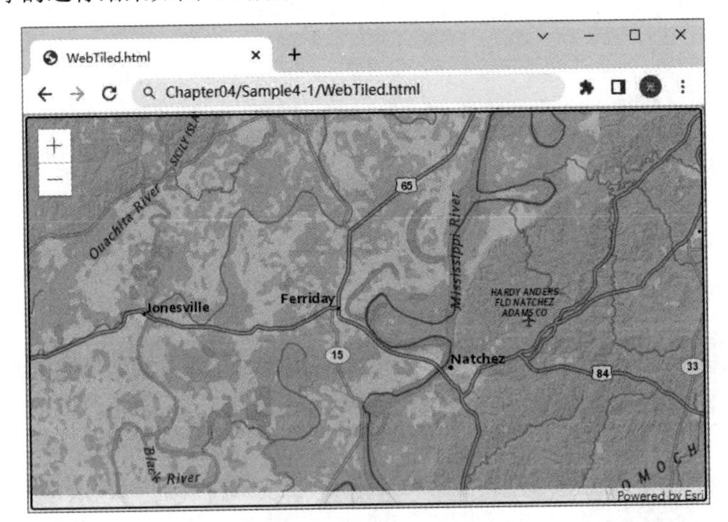

图 4.4 利用 WebTiledLayer 类访问非 ArcGIS Server 发布的服务

6. VectorTileLayer 类

当前，除了栅格切片图层之外，也可对矢量数据进行切片。矢量切片的规范由 Mapbox 在不久前制订，通过广泛地应用，证明该规范非常通用。矢量切片的文件很小，从而适用于一些高分辨率底图，并能有效地进行数据缓存。矢量切片基本上存储矢量紧凑格式的数据，在浏览器中可对这些矢量要素灵活地进行样式设置。这与栅格切片正好相反，栅格切片无法在浏览器中设置数据的样式。

通常会用一个服务来提供应用程序需要的所有矢量切片，但是可以为该服务加载不同的样式，因此即使加载相同的数据也可以有不同的展示效果。

可以通过引用服务的 URL 或者样式的 URL 创建一个矢量切片图层。例如下面的代码就是通过服务的地址来创建 VectorTileLayer 类的实例。

```
    require(["esri/layers/VectorTileLayer"], function(VectorTileLayer){
      const layer = new VectorTileLayer({
        url: "https://basemaps.arcgis.com/arcgis/rest/services/
World_Basemap_v2/VectorTileServer"
        });
      map.add(layer);  // 将图层加入地图
    });
```

下面的代码通过设置样式的 URL 来创建一个矢量切片图层。

```
    const layer = new VectorTileLayer({
      url:
       "https://www.arcgis.com/sharing/rest/content/items/
4cf7e1fb9f254dcda9c8fbadb15cf0f8/resources/styles/root.json"
    });
    map.add(layer);
```

也可以通过设置样式对象来创建矢量切片图层。例如下面的代码是 Tegola 发布的矢量切片服务。

```
    var style = {
        "version": 8,
        "sources": {
            "osm": {
                "tiles": ["https://osm-lambda.tegola.io/v1/maps/osm/{z}/ {x}/{y}.pbf"],
                "type": "vector"
            }
        },
        "layers": [
            {
                id: "land",
                type: "fill",
                source: "osm",
                "source-layer": "land",
                minzoom: 0,
                maxzoom: 24,
                paint: {
                    "fill-color": "rgba(150, 150, 150, 1)"
                }
            }
        ],
        "id": "test"
    }
    var tileLyr = new VectorTileLayer({
        style: style
    });
    map.add(tileLyr);
```

4.1.3 动态地图图层

动态地图图层是即时生成的图片，而不是在服务器上预先缓存的图片。当用户向服务器请求地图服务时，服务器根据接收到的参数调用底层服务，底层服务经过参数计算，实时地生成像素点，这些像素点构成图片，返回服务器，服务器再传递给客户端。动态图层的优点在于当用户需要实时数据（如某地段的交通流量分析）时，数据更新及时；缺点是显示效果较差，整个服务出图较慢。

动态地图图层类包括 MapImageLayer（对应 3.x 版本的 ArcGISDynamicMapServiceLayer）、ImageryLayer（对应 3.x 版本的 ArcGISImageServiceLayer）与 WMSLayer 三个，分别用于访问 ArcGIS Server 发布的动态地图服务、ArcGIS Server 发布的影像服务以及其他符合 WMS 规范的地图服务。

1. MapImageLayer 类

MapImageLayer 类代表动态图层，因此具有更多的属性与方法来操作地图服务。例如可使用 sublayers 设置显示哪些图层，使用 definitionExpression 属性来设置图层的定义，该定义可用于过滤指定图层的要素。例如 Sample4-1 目录下 MapImageLayer.html 的网页文件：

```
    <!DOCTYPE html>
    <html>
    <head>
        <meta charset="utf-8" />
        <title></title>
        <link rel="stylesheet" href="https://js.arcgis.com/4.22/esri/themes/ light/main.css">
        <style>
            html, body, #mapDiv { padding: 0; margin: 0; height: 100%;
            }
        </style>
        <script src="https://js.arcgis.com/4.22/"></script>
        <script>
            require(["esri/layers/MapImageLayer", "esri/Map", "esri/views/MapView"],
(MapImageLayer, Map, MapView) => {
```

```
            let layer = new MapImageLayer({
                url: "https://sampleserver6.arcgisonline.com/arcgis/rest/
services/USA/MapServer",
                sublayers: [
                    {
                        id: 0,
                        visible: true,
                        definitionExpression: "pop2000 > 100000"
                    }, {
                        id: 1,
                        visible: true
                    }, {
                        id: 2,
                        visible: false
                    }]
            });
            var map = new Map();
            map.add(layer);
            var view = new MapView({
                map: map,
                container: "mapDiv"
            });
        });
    </script>
</head>
<body>
    <div id="mapDiv"></div>
</body>
</html>
```

在上述代码中，只显示图层 0 中人口大于 10000 的要素和图层 1 中的要素，与完整图层的对比显示如图 4.5 所示。

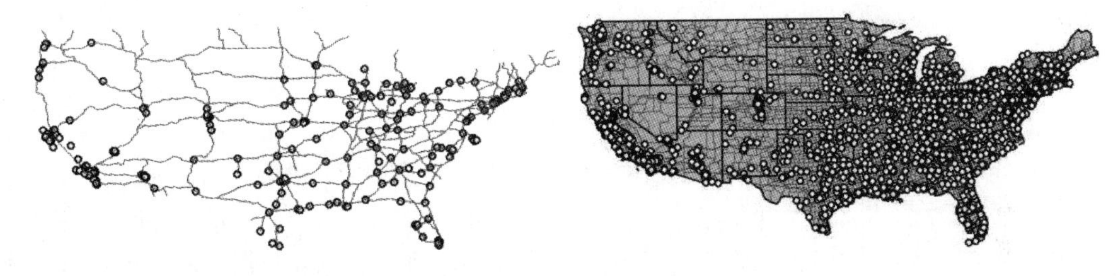

图 4.5　约束性显示与完整图层显示对比

2. ImageryLayer 类

ImageryLayer 类用来访问 ArcGIS Server 发布的影像服务。如果是切片的影像服务，也可以使用前面介绍的 TileLayer 类来访问。

通过影像服务，除了显示之外，还可实现许多高级功能，包括查询、动态处理、查看轮廓、预览每个栅格、下载和添加。每个功能都通过影像服务参数设置和影像功能的允许操作设置来控制。此外，对于影像服务，还可以提供以下操作（这些操作可在影像服务中进行允许或限制）：

- 影像，允许影像显示。
- 目录，允许客户端在发布时打开镶嵌数据集表。
- 下载，允许在发布镶嵌数据集时下载栅格。
- 编辑，允许客户端在发布镶嵌数据集时添加、删除或更新由影像服务发布的栅格数据。
- 测量，允许客户端通过 ArcGIS 中的测量工具使用此影像服务。
- 元数据，允许客户端在发布镶嵌数据集时查看每个栅格的元数据信息。
- 像素，允许 API 开发人员在发布镶嵌数据集时访问各个栅格的像素块。

用 ImageryLayer 类显示影像非常简单。在 Sample4-1 目录下增加一个名为 SimpleImageService.html 的网页文件，其内容如下：

```
<!DOCTYPE html>
<html>
<head>
   <title></title>
   <link rel="stylesheet" href="https://js.arcgis.com/4.22/esri/themes/ light/main.css"/>
   <style>
      html, body, #map { height: 100%; width: 100%; margin: 0; padding: 0;
      }
   </style>
   <script src="https://js.arcgis.com/4.22/"></script>
   <script>
      var map;
      require([ "esri/Map", "esri/layers/ImageryLayer", "esri/views/MapView"
      ], function ( Map, ImageryLayer, MapView ) {
         var imageryLayer = new ImageryLayer({
            url: "http://sampleserver6.arcgisonline.com/arcgis/rest/
services/Toronto/ImageServer",
            format: "jpgpng",
            noData: 0
         });
         var map = new Map({
            layers: [imageryLayer]
         });
         const view = new MapView({
            map: map,
            container: "map",
            center: [-79.40, 43.64]
         })
      });
   </script>
</head>
<body>
   <div id="map"> </div>
</body>
</html>
```

对于影像服务，另一个重要的功能是提供服务器端的栅格函数，包括坡度（Slope）、坡向（Aspect）、颜色映射表（Colormap）、NDVI（Normalized Difference Vegetation Index，标准化植被指数）、晕渲地貌（ShadedRelief）、山体阴影（Hillshade）、统计数据（Statistics）和拉伸（Stretch）等。不过不是同一数据类型的影像服务不能同时提供上述所有功能。例如如果影像服务包含影像图层（如美国陆地资源卫星），则可以创建 Web 应用程序以使用红色波段和近红外波段来执行 NDVI。如果影像服务为 DEM，则可以创建 Web 应用程序以允许用户以山体阴影、坡度或晕渲地貌图像的形式查看影像服务。

栅格函数对应的类是 RasterFunction。该类的 functionName 属性指定执行哪个栅格函数，variableName 属性指定变量名称，arguments 属性指定执行栅格函数需要的参数，例如计算山体阴影时，需要指定方位角（azimuth）、高度（altitude）与高程 z 因子（zfactor）等。

指定栅格函数之后，将其赋给 ImageServiceParameters 对象的 renderingRule 属性，这适用于加入影像服务时就执行栅格函数的情况。如果加入了影像服务之后再执行栅格函数，则将栅格函数对象赋给 ArcGISImageServiceLayer 类的 renderingRule 属性。

下面通过一个网页来演示如何使用栅格函数。在 Sample4-1 目录下增加一个名为 RasterFunction.html 的网页文件，其内容如下：

```
<!DOCTYPE html>
<html>
<head>
   <title></title>
```

```
        <link rel="stylesheet" href="https://js.arcgis.com/4.22/esri/themes/ light/main.css"/>
        <style>
           html, body, #map { height: 100%; width: 100%; margin: 0; padding: 0;
           }
        </style>
        <script src="https://js.arcgis.com/4.22/"></script>
        <script>
           var map;
           require(["esri/Map", "esri/layers/ImageryLayer", "esri/layers/
support/RasterFunction", "esri/geometry/Extent", "esri/views/MapView"
           ], (Map, ImageryLayer, RasterFunction, Extent, MapView) => {
              var rasterFunction = new RasterFunction();
              rasterFunction.functionName = "Hillshade";
              rasterFunction.variableName = "DEM";
              var arguments = {};
              arguments.Azimuth = 215.0;
              arguments.Altitude = 60.0;
              arguments.ZFactor = 30.3;
              rasterFunction.functionArguments = arguments;
              var imageLayer = new ImageryLayer({
                 url: "https://sampleserver6.arcgisonline.com/arcgis/
rest/services/Elevation/MtBaldy_Elevation/ImageServer",
                 renderingRule: rasterFunction
              });
              var initExtent = new Extent({ "xmin": 450000, "ymin": 3800000, "xmax": 460000,
"ymax": 3810000, "spatialReference": { "wkid": 32611 } });
              map = new Map({
                 layers: [imageLayer]
              });
              var view = new MapView({
                 map: map,
                 container: "map",
                 extent: initExtent
              });
           });
        </script>
    </head>
    <body>
        <div id="map"> </div>
    </body>
    </html>
```

该网页程序的运行结果如图 4.6 所示。

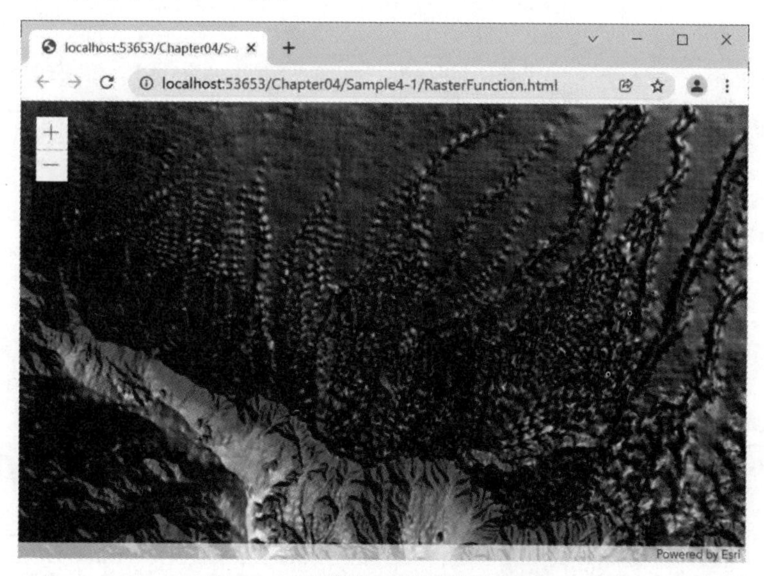

图 4.6　利用栅格函数计算山体阴影

有关影像服务的更多处理方式将在第 8 章中介绍。

4.1.4 图形图层

图形图层 GraphicsLayer 是一种客户端图层，并不对应到服务器端的某个地图服务，用于在客户端展现各种数据，如绘制的图形、查询返回的结果等。GraphicsLayer 在客户端数据表达方面有非常重要的作用，它可以根据各种请求动态地在客户端显示一些符号化的几何对象——Graphic。

在使用 GraphicsLayer 的时候，我们可以使用 esri/layers/GraphicsLayer 进行创建。

GraphicsLayer 经常和 SketchViewModel 搭配使用，GraphicsLayer 用来显示 SketchViewModel 工具绘制的图形和将其进行符号化。

在 GraphicsLayer 图层上，可以通过 view.on 来响应一些事件，比如鼠标单击和双击，以及鼠标移动等。

有关 GraphicsLayer 及其子类，我们将在后续章节详细介绍。

4.1.5 KML 图层

KML（Keyhole Markup Language）是一种基于 XML 语法标准的标记语言，由 Google 旗下的 Keyhole 公司发展并维护，用来表达地理标记。根据 KML 编写的文件为 KML 文件，格式同样采用 XML 文件格式，应用于 Google 地球相关软件中，例如 Google Earth、Google Map 等，用于显示地理数据（包括点、线、多边形、多面体以及模型等）。现在很多 GIS 相关企业也追随 Google 开始采用这种格式进行地理数据的交换。

要在系统中使用 KML 文件，可以使用 KMLLayer 类来实现。下面通过一个实例页面来演示。在实例 4-1（Sample4-1）工程中加入一个名为 KMLLayer.html 的网页文件，其代码非常简单，如下所示：

```
<html>
<head>
    <meta charset="utf-8" />
    <title></title>
    <style>
        html, body, #viewDiv { padding: 0; margin: 0; height: 100%; width: 100%;
        }
    </style>
    <link rel="stylesheet" href="https://js.arcgis.com/4.22/esri/themes/light/main.css" />
    <script src="https://js.arcgis.com/4.22/"></script>
    <script>
            require(["esri/Map", "esri/views/MapView", "esri/layers/KMLLayer",
"esri/layers/TileLayer", "esri/Basemap"
            ], (Map, MapView, KMLLayer, TileLayer, Basemap) => {
            var agoServiceURL = "http://server.arcgisonline.com/arcgis/rest/
services/World_Street_Map/MapServer";
            var agoLayer = new TileLayer(agoServiceURL);
            var kml = new KMLLayer({
                url: "https://earthquake.usgs.gov/fdsnws/event/1/query?format=
kml&minmagnitude=5.8"
            });
            var basemap = new Basemap({
                baseLayers: [agoLayer]
            });
            var map = new Map({
                basemap: basemap,
                layers: [kml]
```

```
            });
            var view = new MapView({
                container: "viewDiv",
                map: map
            });
        });
    </script>
</head>
<body>
    <div id="viewDiv"></div>
</body>
</html>
```

在集成开发环境中运行该网页程序，结果如图 4.7 所示。

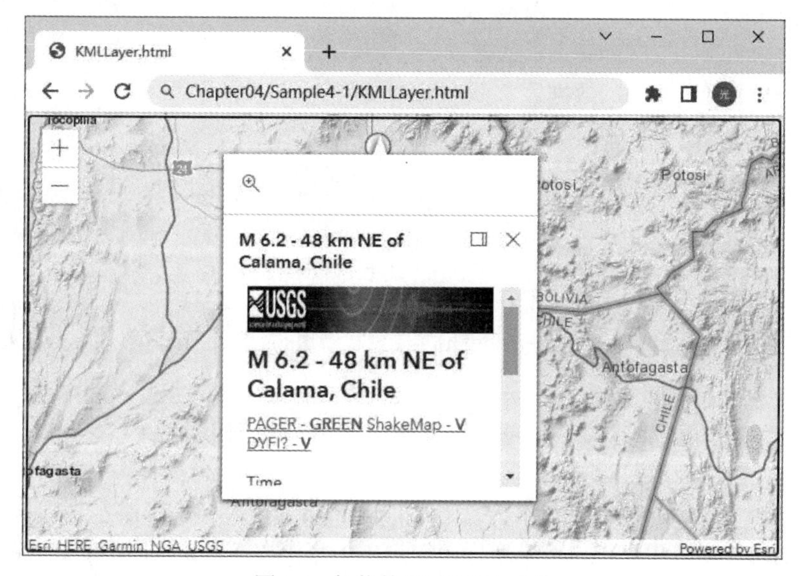

图 4.7　加载并显示 KML 文件

特别要注意的是，KMLLayer 使用的是 ArcGIS.com 的实用服务，因此 kml/kmz 文件必须可以在互联网上公开访问。如果 kml/kmz 文件在防火墙后面，则必须将 esriConfig.kmlServiceUrl 设置为自己的实用服务（需要 ArcGIS Enterprise）。对于本地 KML 文件，可以按照以下步骤操作：

步骤 01 将 KML 文件放置在本地的 Web Server 中，Web Server 的 mime 类型中添加.kml 对应的 mime 类型的 application/vnd.google-earth.kml+xml。

步骤 02 确保组织中部署了 ArcGIS Enterprise，并且 ArcGIS Enterprise 能够根据步骤 01 中的 KML 地址访问 KML 文件。

步骤 03 在程序中设置 esriConfig.kmlServiceUrl = "https://ArcGIS Enterprise 域名/web adaptor 名称/sharing/kml"。

4.2　自定义图层

当遇到如下情况，则需要通过自定义图层来实现：

- 显示来自 ArcGIS API for JavaScript 不完全支持的来源数据。
- 在视图显示之前预处理数据（这可能是因为服务返回二进制数据等情况，需要对其进行处理以生成图像）。
- 创建 API 中未明确支持的自定义可视化。
- 显示合成数据，例如夸张的高程。

要自定义图层，一般是通过调用 BaseTileLayer 或 BaseDynamicLayer 类的 createSubclass()方法来实现的，分别对应扩展切片图层与动态图层。扩展的基本流程如下：

步骤01 使用初始化函数包含 URL 以及可选参数。

步骤02 如果需要，向服务器请求数据。

步骤03 处理服务器返回的数据。

步骤04 初始化空间参考系统。

步骤05 初始化起始显示范围以及整个图层的地理范围。

步骤06 对于切片图层，增加初始切片信息。

步骤07 将 loaded 属性设置为 true。

步骤08 用图层本身作为参数调用 onLoad。

步骤09 对于动态图层，实现 getImageUrl()方法，而对于切片图层，实现 getTileURL()方法。

4.2.1 自定义动态图层——带地理参考的影像图层

下面通过一个页面实例（Sample4-2/CustomDynamicLayer.html）来演示如何实现自定义动态图层。要实现的功能是将用户拖入的图像显示在地图中。图像可以是 GIF 或 PNG 格式，而地理参考文件则使用 TFW 格式。

TFW 文件的结构很简单。它是一个包含 6 行内容的 ASCII 文本文件。可以用任何一个 ASCII 文本编辑器来打开 TFW 文件。6 行内容分别是：X 方向上的像素分辨率、X 方向的旋转系数（通常为 0）、Y 方向的旋转系数（通常为 0）、Y 方向上的像素分辨率、图像左上角像素中心 X 坐标、图像左上角像素中心 Y 坐标。例如在 Sample4-2/Data 目录下 ATX_N0R_0.tfw 文件的内容如下：

```
0.01078849
0
0
-0.01078849
-125.725156
51.156440
```

要实现上述功能，需要自定义一个动态图层类，代码如下：

```
var CustomImageOverlayLayer = BaseDynamicLayer.createSubclass({
   properties: {
      picUrl: null,
      extent: null,
      image: null,
      canvas: null,
   },

   getImageUrl: function (extent, width, height) {
      // 新 Image 对象，可以理解为 DOM
      if (!this.image) {
```

```
            this.image = new Image();
        }
        this.image.src = this.picUrl;

        // 创建 canvas DOM 元素，并设置其宽、高和图片一样
        if (!this.canvas) {
            this.canvas = canvas = document.createElement("canvas");
        }
        this.canvas.width = 2000;
        this.canvas.height = 2000;

        // 左上角的地理坐标转换为屏幕坐标，为了获取 canvas 绘制图片的起点
        var mapPoint = {
            x: this.extent.xmin,
            y: this.extent.ymax,
            spatialReference: {
                wkid: 4326
            }
        };
        var screenPoint = view.toScreen(mapPoint);
        // 根据 extent 范围计算 canvas 绘制图片的宽度和高度
        // 左下角
        var leftbottom = {
            x: this.extent.xmin,
            y: this.extent.ymin,
            spatialReference: {
                wkid: 4326
            }
        };
        var screen_leftbottom = view.toScreen(leftbottom);
        // 右上角
        var righttop = {
            x: this.extent.xmax,
            y: this.extent.ymax,
            spatialReference: {
                wkid: 4326
            }
        };
        var screen_righttop = view.toScreen(righttop);

        this.canvas.getContext("2d").drawImage(this.image, screenPoint.x, screenPoint.y,
Math.abs(screen_righttop.x - screen_leftbottom.x), Math.abs(screen_righttop.y -
screen_leftbottom.y));
        return this.canvas.toDataURL("image/png");
    }
});
```

从上面的代码可以看到，要自定义一个动态图层，最重要的是实现 getImageUrl()方法，这里通过传入的图像与范围在 canvas 对象中绘制该图像，然后通过 canvas 对象的 toDataURL()方法获得 URL。

CustomDynamicLayer.html 网页代码的整体框架如下：

```
<!DOCTYPE html>
<html>
<head>
    <meta charset="utf-8">
    <title></title>
    <link rel="stylesheet" href="https://js.arcgis.com/4.22/esri/themes/ light/main.css">
    <style>
        html, body { height: 100%; width: 100%; margin: 0; padding: 0;
        }
    </style>
    <script src="http://js.arcgis.com/4.22/"></script>
    <script type="text/javascript">
        var map, view;
        require(["esri/Map", "esri/views/MapView", "esri/layers/TileLayer",
            "esri/layers/BaseDynamicLayer", "dojo/dom", "dojo/on", "dojo/domReady!"
        ], function ( Map, MapView, TileLayer, BaseDynamicLayer, dom, on
```

```
        ) {
            var CustomImageOverlayLayer = BaseDynamicLayer.createSubclass({});
            // 为了节省篇幅，这里省略了自定义类的代码，请读者自行加入
            map = new Map();
            var agoServiceURL = "http://server.arcgisonline.com/arcgis/rest/
services/World_Street_Map/MapServer";
            var agoLayer = new TileLayer(agoServiceURL);
            map.add(agoLayer);

            view = new MapView({
                container: "map",
                map: map,
                zoom: 6,
                center: [-122.488609, 48.189605]
            });

            setupDropZone();
        </script>
    </head>
    <body>
        <div id="map" style="position:relative;width:99%; height:100%;border:1px">
        </div>
    </body>
    </html>
```

在上面的代码中，首先在地图中加入了一个切片图层，并设置了视图的一些基本属性，然后调用了 setupDropZone 函数。

而 setupDropZone 函数用于设置实现文件拖曳功能的代码。该函数的实现代码如下：

```
    function setupDropZone() {
        var node = dom.byId("map");
        on(node, "dragenter", function (evt) {
            evt.preventDefault();
        });

        on(node, "dragover", function (evt) {
            evt.preventDefault();
        });

        on(node, "drop", handleDrop);
    }
```

使用 HTML 5 的文件 API 可以将操作系统中的文件拖曳到浏览器的指定区域。要想实现拖曳，页面需要阻止浏览器的默认行为，因为我们要阻止浏览器默认将图片打开的行为。在上面的代码中，将地图设置为拖曳区域，当文件放到地图上面之后执行 handleDrop 函数。该函数将处理如何显示文件的功能。

handleDrop 函数的代码如下：

```
    function handleDrop(evt) {
        evt.preventDefault();
        var files = evt.dataTransfer.files;
        if (files.length != 2) {
            return;
        }

        var tfwFile;
        if (files[0].name.indexOf(".tfw") !== -1) {
            pngFile = files[1];
            tfwFile = files[0];
        }
        else {
            pngFile = files[0];
            tfwFile = files[1];
        }

        readDataFromFile(pngFile, tfwFile);
```

```
}
```

HTML 5 的文件 API 有一个 FileList 接口，拖曳事件的 dataTransfer.files 包含传递的文件信息，通过它可以获取本地文件列表信息。Files 用于获取拖曳文件的数组形式的数据，每个文件占用一个数组的索引，如果该索引不存在文件数据，则返回 null 值。可以通过 length 属性获取文件数量。

由于我们同时拖入两个文件，一个是图像文件，另一个是地理范围的文件，因此需要根据扩展名来判断各自对应的文件类型。然后调用 readDataFromFile 函数来处理文件内容。

readDataFromFile 函数的代码如下：

```
function readDataFromFile(pngFile, tfwFile) {
    var reader = new FileReader();
    var layerName = pngFile.name.split('.')[0];
    reader.onload = function () {
        // 读取 TFW 文件中的参数
        var newLineIdx = reader.result.indexOf("\n");
        var lines = reader.result.split("\r\n");

        var objectURL = URL.createObjectURL(pngFile);

        var img = new Image();
        img.onload = function () {
            var xminValue = parseFloat(lines[4]);
            var xmaxValue = xminValue + lines[0] * img.width;
            var ymaxValue = parseFloat(lines[5]);
            var yminValue = ymaxValue + lines[3] * img.height;

            var lyr = new CustomImageOverlayLayer({
              picUrl: objectURL,
              extent: {
                  xmin: xminValue, ymin: yminValue,
                  xmax: xmaxValue, ymax: ymaxValue,
                  spatialReference: { wkid: 4326 }
              }
            });

            map.add(lyr);
            var fullExtent = lyr.extent;
            view.extent = fullExtent;

            URL.revokeObjectURL(objectURL);
        };
        img.src = objectURL;
    };
    reader.readAsText(tfwFile);
}
```

在上述代码中，首先利用 FileReader 接口读取 TFW 文件的内容。文件加载结束后，将触发 FileReader 的 onload 事件，而其 result 属性可用于访问文件数据。

FileReader 包括 4 个异步读取文件的选项：

- readAsBinaryString(Blob|File)，result 属性将包含二进制字符串形式的数据。每个字节均由一个[0..255]范围内的整数表示。
- readAsText(Blob|File, opt_encoding)，result 属性将包含文本字符串形式的数据。该字符串在默认情况下采用“UTF-8”编码。使用可选编码参数可指定其他格式。
- readAsDataURL(Blob|File)，result 属性将包含编码为数据网址的数据。
- readAsArrayBuffer(Blob|File)，result 属性将包含 ArrayBuffer 对象形式的数据。

对于 TFW 文件，当然应该选用 readAsText()方法。

在读取了 TFW 文件之后，需要读取图像文件。这就需要使用 URL 对象。HTML 5 的文件

API 定义了一个全局的 URL 对象，其有两个方法：一个是 createObjectURL()方法，用于接收一个文件的引用，返回一个 URL 对象，这是通知浏览器来创建和管理一个 URL 来加载文件；另一个是 revokeObjectURL()方法，用于销毁创建的 URL，释放内存。当然，所有的 URL 对象将在浏览器重新载入时全部被销毁，但在合适的地方调用该方法有助于释放它们占用的内存。

为了计算图像的地理范围，除了 TFW 文件包含的信息之外，还需要图像的高度与宽度信息，而这需要借助 Image 对象来实现。将 Image 对象的 src 属性设置为图像的地址。图像加载后将触发 Image 对象的 onload 事件。在该事件处理函数中，根据 TFW 文件的内容以及图像的高与宽，计算得到图像的地理范围，然后构造一个自定义动态图层 CustomImageOverlayLayer 对象，最后将该图层对象加入地图，以完成所有功能。

使用浏览器打开 CustomDynamicLayer.html 网页文件，同时拖入 Sample4-2/Data 目录下的 ATX_N0R_0.gif 与 ATX_N0R_0.tfw 文件，将显示如图 4.8 所示的地图。

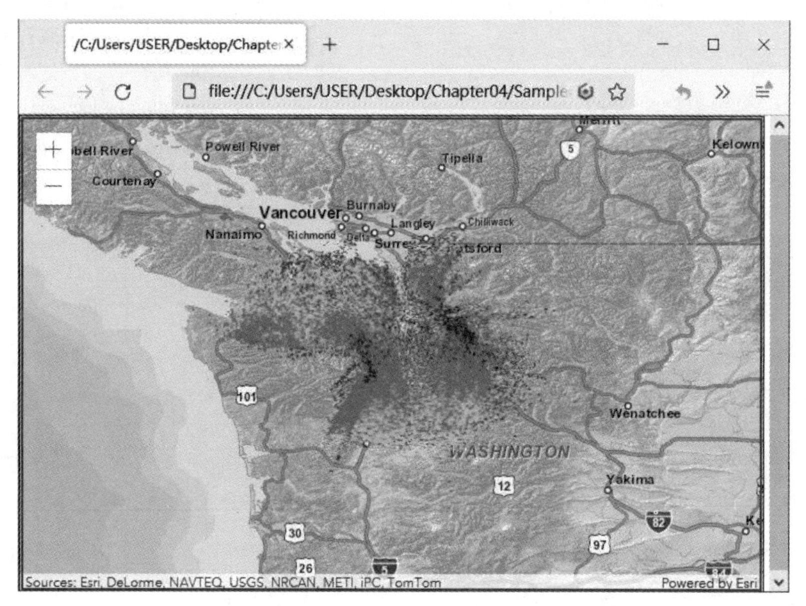

图 4.8 在地图中显示本地带地理参考的图像

4.2.2 自定义切片地图图层——百度地图

百度地图是百度提供的一项网络地图搜索服务，覆盖了国内近 400 个城市、数千个区县。在百度地图里，用户可以查询街道、商场、楼盘的地理位置，也可以找到离自己最近的所有餐馆、学校、银行、公园等。在中国，百度地图拥有大量的忠实粉丝，通过 ArcGIS API for JavaScript 也可以扩展一个图层用来访问百度地图。

在 Sample4-2/js/bism 目录下增加一个名为 BaiduLayer.js 的文件，我们将在该文件中实现自定义缓存地图。代码如下：

```
    require(["esri/layers/BaseTileLayer", "esri/geometry/Extent",
"esri/geometry/SpatialReference", "esri/layers/support/TileInfo", "esri/geometry/Point",],
        function (BaseTileLayer, Extent, SpatialReference, TileInfo, Point) {
            const spatialReference = new SpatialReference({
                wkid: 102113
            });
            return (
```

```
        BaiduLayer = BaseTileLayer.createSubclass({
            properties: {
                spatialReference: spatialReference,
                // 图层提供的起始显示范围以及整个图层的地理范围
                fullExtent: new Extent({
                    xmin: - 20037508.342787,
                    ymin: - 20037508.342787,
                    xmax: 20037508.342787,
                    ymax: 20037508.342787,
                    spatialReference: spatialReference
                }),
                initExtent: new Extent({
                    xmin: 5916776.8,
                    ymin: 1877209.3,
                    xmax: 19242502.6,
                    ymax: 7620381.8,
                    spatialReference: spatialReference
                }),
                // 图层提供的切片信息
                tileInfo: new TileInfo({
                    "origin": new Point({
                        x: -20037508.342787,
                        y: 20037508.342787,
                        spatialReference: spatialReference
                    }),
                    "spatialReference": {
                        "wkid": 102113
                    },
                    "lods": [
                        { "level": 0, "resolution": 156543.033928, "scale":
591657527.591555 },
                        { "level": 1, "resolution": 78271.5169639999, "scale":
295828763.795777 },
                        { "level": 2, "resolution": 39135.7584820001, "scale":
147914381.897889 },
                        { "level": 3, "resolution": 19567.8792409999, "scale":
73957190.948944 },
                        { "level": 4, "resolution": 9783.93962049996, "scale":
36978595.474472 },
                        { "level": 5, "resolution": 4891.96981024998, "scale":
18489297.737236 },
                        { "level": 6, "resolution": 2445.98490512499, "scale":
9244648.868618 },
                        { "level": 7, "resolution": 1222.99245256249, "scale":
4622324.434309 },
                        { "level": 8, "resolution": 611.49622628138, "scale":
2311162.217155 },
                        { "level": 9, "resolution": 305.748113140558, "scale":
1155581.108577 },
                        { "level": 10, "resolution": 152.874056570411, "scale":
577790.554289 },
                        { "level": 11, "resolution": 76.4370282850732, "scale":
288895.277144 },
                        { "level": 12, "resolution": 38.2185141425366, "scale":
144447.638572 },
                        { "level": 13, "resolution": 19.1092570712683, "scale":
72223.819286 },
                        { "level": 14, "resolution": 9.55462853563415, "scale":
36111.909643 },
                        { "level": 15, "resolution": 4.77731426794937, "scale":
18055.954822 },
                        { "level": 16, "resolution": 2.38865713397468, "scale":
9027.977411 },
                        { "level": 17, "resolution": 1.19432856685505, "scale":
4513.988705 },
                        { "level": 18, "resolution": 0.597164283559817, "scale":
2256.994353 },
                        { "level": 19, "resolution": 0.298582141647617, "scale":
1128.497176 }
                    ]
                }),
```

```
                    // 设置图层的 loaded 属性
                    loaded: true
                },
                getTileUrl: function (level, row, col) {
                    var zoom = level - 1;
                    var offsetX = Math.pow(2, zoom);
                    var offsetY = offsetX - 1;
                    var numX = col - offsetX;
                    var numY = (-row) + offsetY;
                    zoom = level + 1;
                    var num = (col + row) % 8 + 1;
                    var url = "http://online1.map.bdimg.com/tile/?qt=tile&x=" + numX + "&y="
+ numY + "&z=" + zoom + "&styles=pl";
                    return url;
                }
            })
        )
    }
)
```

自定义缓存图层的父 BaseTileLayer 中定义了一个 createSubclass()方法，用以定义子类。在上面的代码中，设置了图层的空间参考系统、切片信息、起始显示范围以及整个图层的地理范围，最后将图层的 loaded 属性设置为 true。随后基于当前显示比例、行与列返回缓存的切片的 URL。

下面来演示如何使用上述 BaiduLayer 类。在 Sample4-2 目录下增加一个名为 BaiduLayer.html 的网页文件，该网页文件包含的代码如下：

```
<!DOCTYPE html>
<html>
<head>
    <meta charset="utf-8">
    <title>访问百度地图</title>
    <link rel="stylesheet" href="https://js.arcgis.com/4.22/esri/ themes/light/main.css">
    <style>
        html, body, #map { padding: 0; margin: 0; height: 100%; width: 100%;
        }
    </style>
    <script src="https://js.arcgis.com/4.22/"></script>
    <script src="js/bism/BaiduLayer.js"></script>
    <script type="text/javascript">
        var map;
        require([ "esri/Map", "esri/views/MapView", "dojo/domReady!"
        ], function ( Map, MapView ) {
            var layer = new BaiduLayer();
            map = new Map();
            map.add(layer);
            var view = new MapView({
                map: map,
                container: "map",
                extent: layer.initExtent,
                zoom: 3
            })
        });
    </script>
</head>
<body>
    <div id="map"></div>
</body>
</html>
```

代码调用非常简洁明了。页面运行结果如图 4.9 所示。

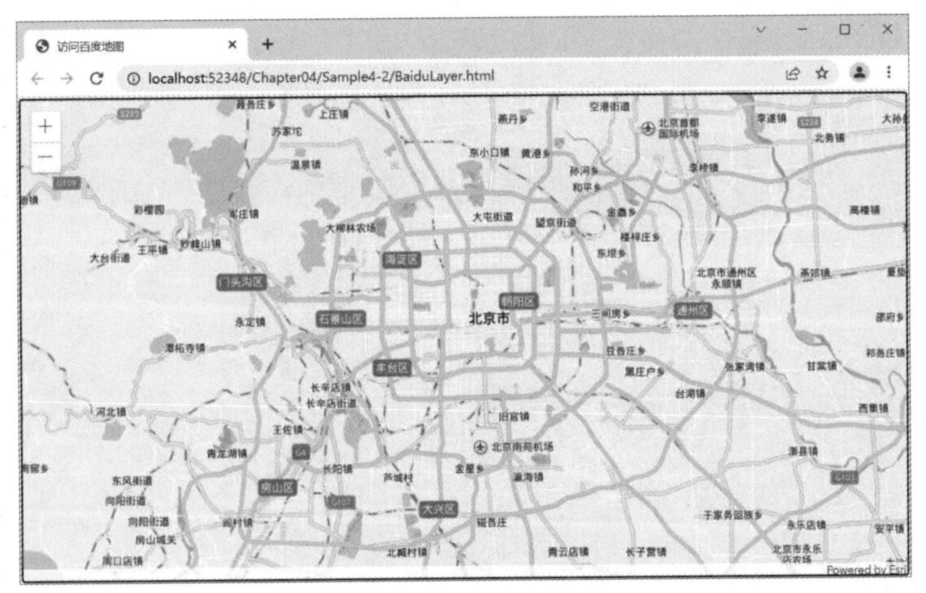

图 4.9　通过扩展 BaseTileLayer 将百度地图作为基础底图

4.3　地图操作

由于 ArcGIS API for JavaScript 4.x 用 Map 类来管理地图的内容，用 MapView 与 SceneView 分别以二维与三维方式展现地图内容，并处理与用户的交互，因此地图操作包括地图内容的操作与地图或场景视图的操作。

4.3.1　地图内容的操作

地图内容的操作比较简单，主要是图层集合的处理，地图类的 layers 属性表示该集合。通过地图类的 add()方法加入一个图层，addMany()方法用于同时加入多个图层，remove()方法用于删除一个图层，removeMany()方法用于删除多个图层，removeAll()方法用于删除所有图层，reorder()方法用于改变图层的顺序。要注意的是，第一个加入地图中的图层永远作为基础图层，即使顺序改变了。Layer 类的 id 属性中包含加入地图中的图层的唯一标识，以图层标识为参数，调用地图类的 findLayerById()方法，便可得到图层实例。

在三维中，由于图层是绘制在地形上面的，因此图层的顺序还与图层的类型有关。总是按照图层集合中的顺序首先绘制切片图层（VectorTileLayer、WebTileLayer、WMTSLayer 等），然后绘制动态图层。

正是由于地图内容与展示相分离，因此一个 Map 类的实例可以用于多个视图。下面通过实例来演示一个地图实例同时用于地图视图与场景视图，以及两个视图的联动。在 Visual Studio 中新建一个项目或站点，或直接新建一个名为 Sample4-3 的目录，在根目录下加入名为 ViewsSynchronize.html 的网页文件，该网页文件包含的页面设计与代码如下：

```
<html>
```

```
  <head>
    <meta charset="utf-8" />
    <title>
      二三维视图联动
    </title>
    <style>
      html, body { padding: 0; margin: 0; height: 100%;
      }
    </style>
    <link rel="stylesheet" href="https://js.arcgis.com/4.22/esri/ themes/light/main.css"/>
    <script src="https://js.arcgis.com/4.22/"></script>

    <script>
      require(["esri/Map", "esri/views/MapView", "esri/views/SceneView"], (
        Map, MapView, SceneView
      ) => {
        const map = new Map({
          basemap: "satellite"
        });

        const view1 = new SceneView({
          container: "view1Div",
          map: map
        });

        const view2 = new MapView({
          container: "view2Div",
          map: map,
          constraints: {
            // 禁用缩放捕捉以获得最佳同步效果
            snapToZoom: false
          }
        });

        const views = [view1, view2];
        let active;

        const sync = (source) => {
          if (!active || !active.viewpoint || active !== source) {
            return;
          }

          for (const view of views) {
            if (view !== active) {
              view.viewpoint = active.viewpoint;
            }
          }
        };

        for (const view of views) {
          view.watch(["interacting", "animation"], () => {
            active = view;
            sync(active);
          });

          view.watch("viewpoint", () => sync(view));
        }
      });
    </script>
  </head>
  <body>
    <div id="view1Div" style="float: left; width: 50%; height: 100%"></div>
    <div id="view2Div" style="float: left; width: 50%; height: 100%"></div>
  </body>
</html>
```

在上述代码中，通过将两个视图的 viewpoint 属性设置一致，达到两个视图联动的目的。代码运行结果如图 4.10 所示。

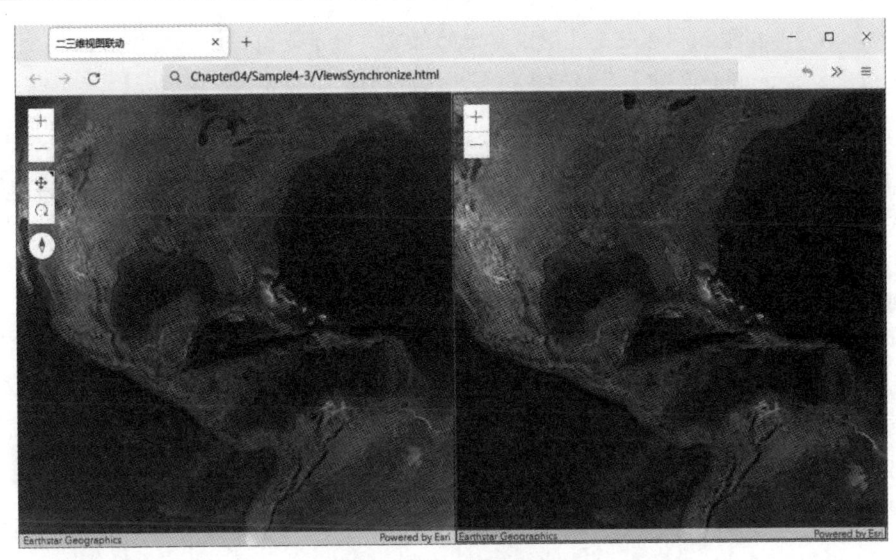

图4.10　二三维视图联动

4.3.2　地图视图与场景视图的操作

MapView、SceneView类中的属性、方法与事件大部分是相同的。

- center 表示视图的中心点。在设置中心时，可以传递一个点实例或表示经纬度数组 ([-100.4593,36.9014])。设置中心会立即改变当前视图。
- constraints 用于指定可应用于视图的比例、缩放和旋转的约束。可设置的属性包括以下这些：
  - ➢ lods：LOD数组。如果未指定，则从映射中读取此值。
  - ➢ minScale：允许用户在视图内缩放到的最小比例。
  - ➢ maxScale：允许用户在视图内缩放到的最大比例。将此值设置为 0 表示允许用户放大比例超过切片图层的最大级别。
  - ➢ minZoom：允许用户在视图内缩放到的最小缩放级别。
  - ➢ maxZoom：允许用户在视图内缩放到的最大缩放级别。将此值设置为 0 表示允许用户放大比例超过切片图层的最大级别。
  - ➢ snapToZoom：当为 true 时，在放大或缩小时视图会切换到下一个 LOD；当为 false 时，缩放是连续的。
  - ➢ rotationEnabled：指示用户是否可以旋转地图。
  - ➢ effectiveLODs：只读属性，是从Map实例获取到的LOD数组。
  - ➢ effectiveMinZoom：只读属性，用户在视图中允许缩放到的最小缩放级别。
  - ➢ effectiveMaxZoom：只读属性，用户在视图中允许缩放到的最大缩放级别。
  - ➢ effectiveMinScale：只读属性，用户在视图中允许缩放的最小比例。
  - ➢ effectiveMaxScale：只读属性，用户在视图中允许缩放的最大比例。
- extent 保存着地图当前显示的地理范围。
- spatialReference 表示地图的空间参考系统。
- zoom 表示视图中心的缩放级别。设置缩放级别会立即改变当前视图。

- viewpoint 是指视点，也就是地图观察者的位置。对于地图视图，由视图的中心点及比例尺来确定 vicwpoint；而对于三维场景视图，使用相机 camera 属性来确定。

要注意的是，有些属性相互覆盖，例如 scale 与 extent，因此这些属性之间有优先级别，如果设置 viewpoint，则覆盖 extent、center、scale 与 zoom；如果设置 extent，则覆盖 center、scale 与 zoom；如果设置 scale，则覆盖 zoom。

地图视图与场景视图最主要的方法是 goTo()与 hitTest()。

goTo()方法用于将视图设置为某一给定的目标。该目标的空间参考必须与底图的空间参考一致。该目标可以是一个经纬度组成的数组、Geometry 对象（或 Geometry 对象数组）、Graphic 对象（或 Graphic 对象数组）、Viewpoint 对象或由 target、center、scale 与 rotation 等组成的对象，对于场景视图，还可以是 Camera 对象。例如：

```
mainView.goTo({
    center: [114.532, 31.138],
    scale: 50000,
    heading: 35,
    tilt: 70
}, {
    animate: true  // 允许 goTo 动作以动画形式展现
});
```

hitTest()方法返回与指定屏幕坐标点相交的每个图层中的最上面一个要素。当然，因为返回的是要素，所以图层类型只能是 FeatureLayer、CSVLayer、GeoRSSLayer、KMLLayer 与 StreamLayer，从 4.22 版本之后，还返回 GraphicsLayer 与指定坐标相交的所有图形对象。该方法一般需要配合单击事件完成。例如：

```
view.on("click", function (event) {
  view.hitTest(event).then(function (response) {
    if (response.results.length) {
      let graphic = response.results.filter(function (result) {
        // 检查返回的图形是否属于指定的图层
        return result.graphic.layer === myLayer;
      })[0].graphic;

      // 接着处理结果图形
      console.log(graphic.attributes);
    }
  });
});
```

4.3.3 事件处理

视图类提供了许多事件，例如 click、double-click、key-down、mouse-wheel、pointer-down 等。我们只需要使用 MapView 或 SceneView 的 on 方法将这些事件与某方法或函数连接起来，便可进行事件的处理。

例如如下代码（Sample4-3/ShowCoords.html）响应地图的鼠标移动事件，动态显示当前鼠标位置的地理坐标：

```
<!DOCTYPE html>
<html>
<head>
    <meta charset="utf-8">
    <title></title>
    <link rel="stylesheet" href="https://js.arcgis.com/4.22/esri/ themes/light/main.css">
    <style>
```

```
        html, body, #mapDiv { padding: 0; margin: 0; width: 100%; height: 100%;
        }
    </style>
    <script src="https://js.arcgis.com/4.22/"></script>
    <script type="text/javascript">
        var map;
        require(["esri/Map", "esri/views/MapView", "esri/layers/TileLayer", "dojo/string",
"dojo/domReady!"],
            function (Map, MapView, TileLayer, string) {
                map = new Map();
                var agoServiceURL = "http://server.arcgisonline.com/ArcGIS/
rest/services/World_Topo_Map/MapServer";
                agoLayer = new TileLayer(agoServiceURL);
                map.add(agoLayer);
                const view = new MapView({
                    map: map,
                    container: "mapDiv"
                })
                view.on('pointer-move', showCoordinates);
                view.on('drag', showCoordinates);
                function showCoordinates(event) {
                    var level = view.zoom;
                    var pres = Math.min(6, level);
                    let point = view.toMap({ x: event.x, y: event.y });
                    var x = point.x.toFixed(pres);
                    var y = point.y.toFixed(pres);
                    document.getElementById('mapPosition').innerHTML =
string.substitute('${0}, ${1}', [x, y]);
                }
            });
    </script>
</head>
<body>
    <div id="mapDiv">
        <div id="mapPosition" style="background-color:whitesmoke; font-weight:bolder; font-
size:smaller; position:absolute; padding:3px;left:30px; bottom:6px; z-index:99;"></div>
    </div>
</body>
</html>
```

上述代码的运行结果如图 4.11 所示。

图 4.11　动态显示当前鼠标位置的地理坐标

4.3.4 用户界面

地图视图与场景视图都有一个 ui 属性，该属性是 DefaultUI 类的实例。在大多数情况下，通过该属性来控制视图中的默认小部件，例如地图缩放小部件。

当通过 DefaultUI 类的 add()方法加入小部件时，需要指定放置的位置，可设置的位置主要有 top-left、top-right、bottom-left 与 bottom-right 等，如图 4.12 所示。在上面区域中的小部件垂直分布，在下面区域的小部件水平分布。

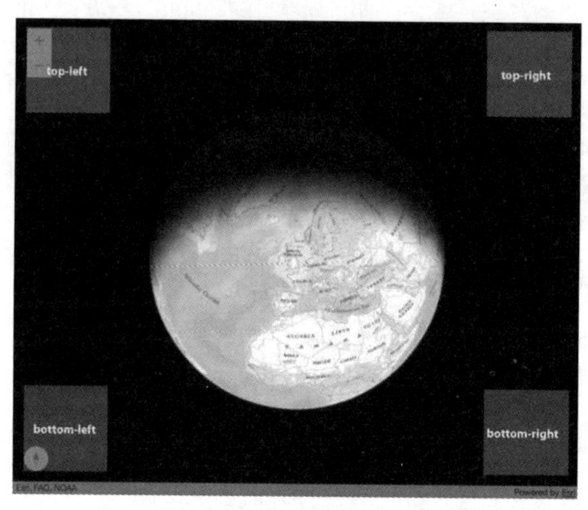

图 4.12　小部件可放置位置

例如如下代码（Sample4-3/DefaultUI.html）在用户界面的左上角加入一个 Home 小部件，在右上角加入图层列表小部件，在左下角加入一个切换底图的小部件。

```
<html>
  <head>
    <meta charset="utf-8" />
    <title></title>
    <link rel="stylesheet" href="https://js.arcgis.com/4.22/ esri/themes/dark/main.css"/>
    <script src="https://js.arcgis.com/4.22/"></script>
    <style>
      html, body, #viewDiv { padding: 0; margin: 0; height: 100%; width: 100%;
      }
    </style>
    <script>
      require(["esri/Map", "esri/views/MapView", "esri/layers/MapImageLayer",
"esri/widgets/LayerList", "esri/widgets/Home", "esri/widgets/BasemapToggle"], (
        Map, MapView, MapImageLayer, LayerList, Home, BasemapToggle) => {
        const USALayer = new MapImageLayer({
          url: "http://sampleserver6.arcgisonline.com/arcgis/ rest/services/USA/MapServer",
          title: "US Sample Data",
          listMode: 'show'
        });

        const censusLayer = new MapImageLayer({
          url: "http://sampleserver6.arcgisonline.com/arcgis/
rest/services/Census/MapServer",
          title: "US Sample Census",
          visible: false,
          listMode: 'show'
        });

        const map = new Map({
          basemap: "streets-vector",
```

```
          ground: "world-elevation",
          layers: [USALayer, censusLayer]
        });

        const view = new MapView({
          container: "viewDiv",
          map: map,
          center: [-56.049, 38.485, 78],
          zoom: 3
        });

        const homeBtn = new Home({
          view: view
        });
        view.ui.add(homeBtn, "top-left");

        const layerList = new LayerList({
            view: view
        });
        view.ui.add(layerList, "top-right");

           let toggle = new BasemapToggle({
               view: view,
                 nextBasemap: "hybrid"
           });
        view.ui.add(toggle, "bottom-left");
      });
    </script>
  </head>
  <body>
    <div id="viewDiv"></div>
  </body>
</html>
```

该网页程序的运行结果如图 4.13 所示。

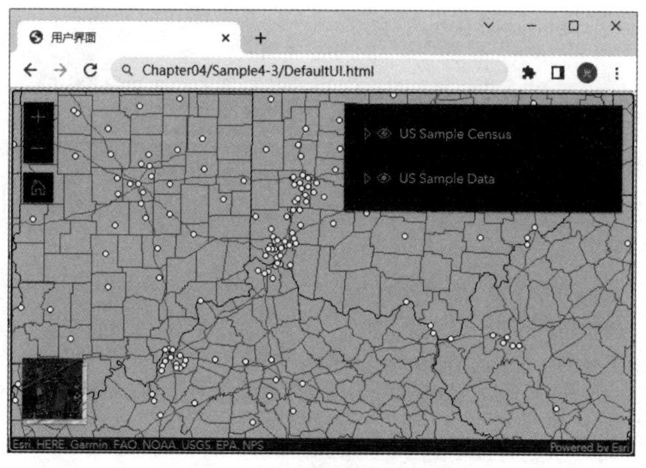

图 4.13　在用户界面中加入小部件

4.4　使用图层融合模式创建高质量的地图

利用融合模式可确定在地图中图层相互影响的方式，因此可以做到突出显示特定方面的数据，让图层上产生有趣的效果，或者通过在地图中混合两个或多个图层，看起来像是一个新图层。而且，这些类似 Adobe Photoshop 的效果会创建实时的交互式地图，而不是静态图像。

融合是一种基本的图形图像处理技术。所谓融合，实际上是通过两种颜色的混合（Blending）来完成特殊颜色的绘制或透明物体的绘制，说白了就是两种颜色重叠，产生一种新颜色，是物体透明技术。透明是物体（或物体的一部分）非纯色而是混合色，这种颜色来自不同浓度的自身颜色和它后面的物体颜色。一个有色玻璃窗就是一种透明物体，玻璃有自身的颜色，但是最终的颜色包含所有玻璃后面的颜色。这也正是融合这个名称的出处，因为我们将多种（来自不同物体）颜色混合为一个颜色，透明使得我们可以看穿物体。

4.4.1 为什么需要使用融合

融合已用于摄影和平面设计软件多年了，一直用于恢复、润饰或创建图像的独特效果。在制图方面，融合用于融合多个图层。

如果只使用透明技术，就会导致顶部图层的褪色（不清晰），而融合可以通过将图层与其下方的一个或多个图层混合，创造出各种充满活力和耐人寻味的效果。如图 4.14 所示，两个地图使用的都是同样两个图层，背景图层是山体阴影，叠加的是土地平均温度图层，上面的地图只设置了平均温度图层的透明度为 50%，下面的地图以相同的顺序显示相同的图层，只是使用了图层融合模式。可以清楚地看到，下面的地图既保持了表示温度高低颜色的变化，也更能识别山体阴影。

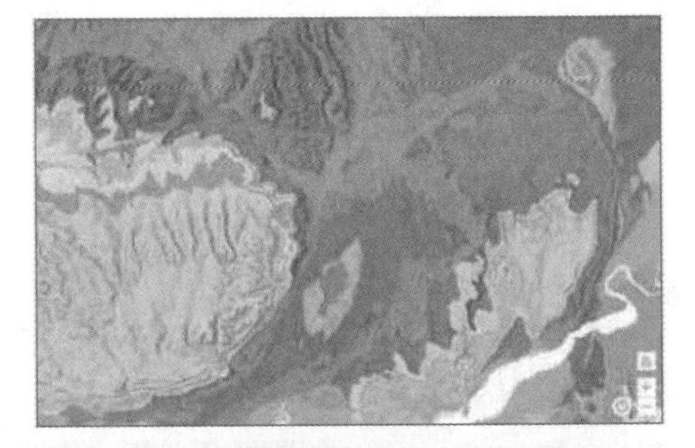

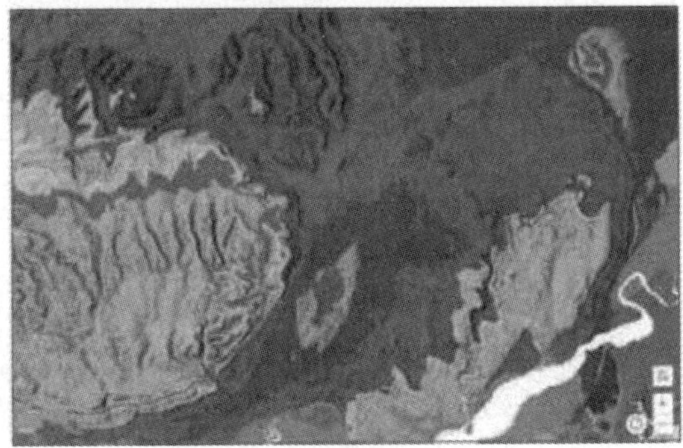

图 4.14 没使用与使用融合模式的两个地图的差别

融合地图的外观由以下 3 个因素决定：

- 地图的外观受地图中所包含的所有图层的影响，可以融合任何类型的图层，包括栅格、矢量底图或专题图层。
- 图层顺序也会影响融合地图的外观。图层顺序决定图层如何融合。
- 每种模式都涉及一种特定的计算或选择重叠颜色值的方法，以产生融合的颜色值，因此选择的模式会影响地图的外观。亮化融合模式比重叠模式的地图更亮。暗化模式会产生更暗的地图。合成融合模式会掩盖源图层与背景图层的内容。

改变使用图层的类型、图层顺序和融合模式都会产生非常不同的结果。任意多的图层都可以融合。每个单独的图层都可以有自己的融合模式。如果图层是图层组的一部分，则只有图层组中的图层才会被融合在一起，与地图中的其他图层独立。

4.4.2　API 提供的融合模式

融合图层时，顶部图层是应用了混合模式的图层，顶部图层下面的所有图层都是背景图层。默认混合模式是 normal，顶部图层只显示在背景图层上。虽然这种默认行为完全可以接受，但在图层上使用融合模式为生成创意地图开辟了无限的可能。

ArcGIS API for JavaScript 提供了 30 多种融合模式，主要有 lighten、screen、multiply 等，可以归为 6 类。

1. 亮化融合模式

亮化融合模式创建比所有图层更亮的结果。在亮化融合模式下，顶部图层中的纯黑色变得透明，从而使背景图层能够显示出来。顶部图层的白色将保持不变。任何比纯黑色更亮的颜色都会在不同程度上使顶部图层的颜色变亮，直至纯白色。

当需要使顶部图层的深色变亮或从结果中去除黑色时，亮化融合模式很有用。plus、lighten 和 screen 融合模式可用于使深色背景褪色或深色的图层变亮。此外，lighter 与 color-dodge 也属于亮化融合模式。

2. 暗化融合模式

暗化融合模式会产生比所有图层更暗的结果。在暗化融合模式下，顶部图层中的纯白色将变得透明，从而使背景图层能够显示出来。顶部图层的黑色将保持不变。任何比纯白色深的颜色都会在不同程度上使顶部图层变暗，直至纯黑色。

- multiply 融合模式通常用于突出阴影、显示对比度或突出地图的某个方面。例如，当希望通过地形图层显示高程时，可以在显示在山体阴影上的地形图上使用 multiply 融合模式。
- multiply 和 darken 融合模式可用于将底图的深色标注穿过顶部图层而显示出来。
- color-burn 融合模式适用于彩色顶部图层和背景图层，因为它增加了中间色调的饱和度。它通过使顶部图层和底部图层重叠区域中的像素更接近顶部图层的颜色来增加对比度。当想要一个比 multiply 和 darken 具有更多对比度的效果时，可使用此融合模式。

图 4.15 显示了 multiply 融合模式如何用于创建显示边界和高程的地图。

3. 对比度融合模式

对比度融合通过使用亮化或暗化融合模式来创建，使顶部图层较亮区域变更亮、较暗区域变更暗来增加对比度。对比度融合模式将使浅于 50%灰色（[128,128,128]）的颜色变亮，深于 50%灰色的颜色变暗，顶部图层 50%灰色变透明。根据融合在一起的顶部图层和背景图层的颜色，每种模式都可以创建各种结果。overlay 融合模式根据背景图层中颜色的亮度进行计算，而所有其他对比度融合模式则根据顶部图层的亮度进行计算。其中一些模式旨在模拟光线穿过顶部图层的效果，有效地投射到其下方的图层上。

对比度融合模式可用于增加对比度和饱和度，以获得更鲜艳的色彩，为图层提供更强的冲击力。例如，可以复制一个图层并在顶部图层设置 overlay 融合模式，以增加图层的对比度和色调。还可以在深色影像图层上添加带有白色填充符号的多边形图层，并应用 soft-light 融合模式来增加影像图层的亮度。此外，还有 hard-light 与 vivid-light 两种模式也可以增强对比度。

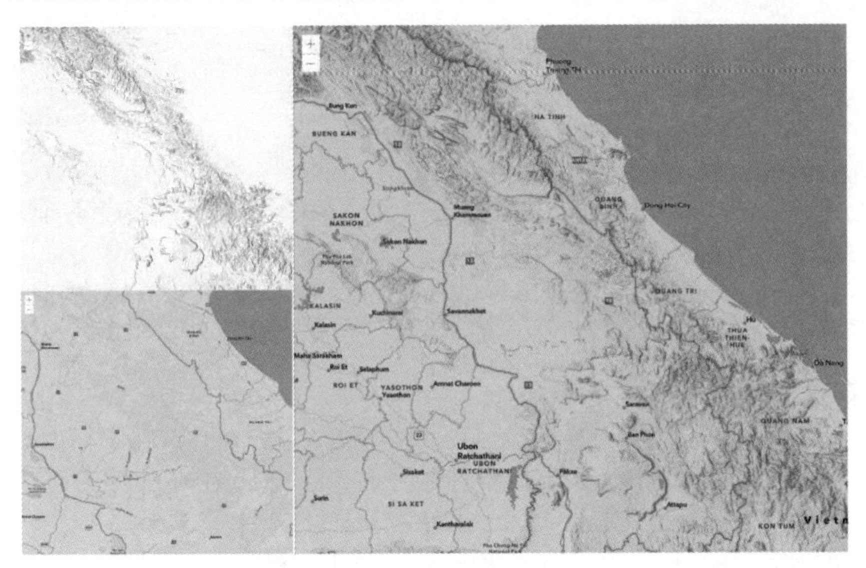

图 4.15 使用 multiply 融合模式的效果图

图 4.16 显示了 overlay 融合模式对 GraphicsLayer 的影响。左图显示的缓冲区图形图层使用了 normal 融合模式。可以看出，缓冲区多边形的灰色挡住了相交的人口普查区域。右图显示的缓冲区图形图层使用了 overlay 融合模式。overlay 融合模式根据背景图层的颜色使灰色缓冲区多边形变暗或变亮，而人口普查区域图层闪闪发光。

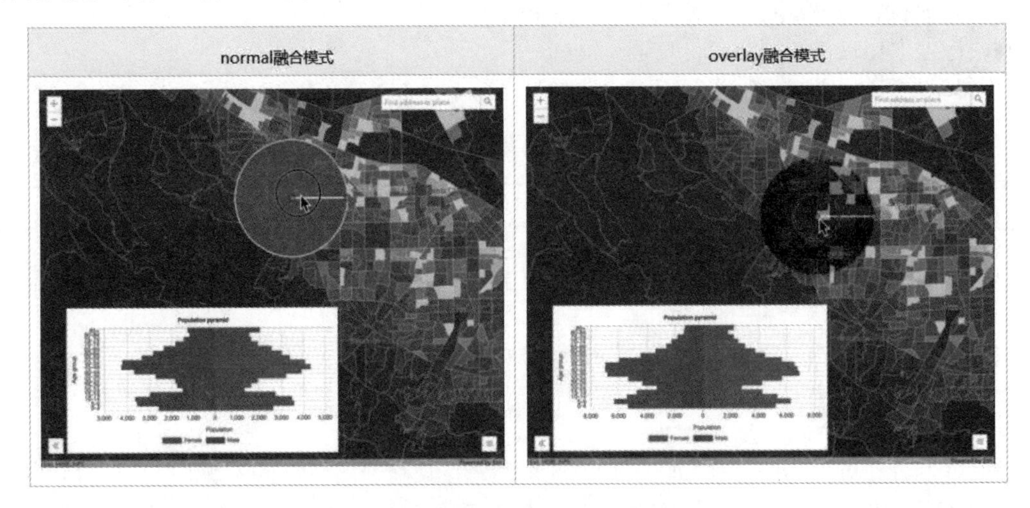

图 4.16 使用 normal 与 overlay 两种融合模式的对比

4. 成分融合模式

成分融合模式使用颜色主要成分（即色调、饱和度和亮度）来融合顶部图部和背景图层，可以在任何图层上叠加带有简单渲染器的要素图层，然后在此要素图层上设置 hue、saturation、color 或 luminosity 模式，便可以创建一个全新的地图。

- luminosity 融合模式使用背景图层的色调和饱和度，并保留顶部图层的亮度。
- color 融合模式使用顶部图层的色调和饱和度以及背景图层的亮度来创建效果，可以认为是 luminosity 融合模式的相反处理。

- 使用 saturation 融合模式来增加或减少图层中的饱和度，对底图进行去饱和处理以使业务图层脱颖而出。
- hue 融合模式保持顶部图层的颜色，同时融合其下面图层的亮度和饱和度。如果想更改地图的颜色但保持原始图层的色调和饱和度，hue 融合模式非常有用。

图 4.17 显示了地形图层与山体阴影图层使用 luminosity 模式的混合结果，该结果是一个外观截然不同的地图，它既保留了地形层的亮度，同时适应了山体阴影层的色调和饱和度。

图 4.17　使用 luminosity 融合模式的结果

5. 合成融合模式

合成融合模式可用于遮盖顶部图部、背景图层或两个图层的内容。destination 融合模式用于使用背景图层的数据屏蔽顶部图层的数据。source 融合模式用于使用顶部图层的数据屏蔽背景图层的数据。合成融合模式可细分为 destination-over、destination-atop、destination-in、destination-out、source-atop、source-in、source-out 与 xor。

这些合成融合模式可以隐藏或弱化顶部图层或背景图层的某部分。例如要创建仅包含特定国家、地区或感兴趣的区域，可将剪辑边界图层放在要遮罩的图层顶部，并设置顶部图层的 blendMode 属性为 destination-atop，如图 4.18 所示。

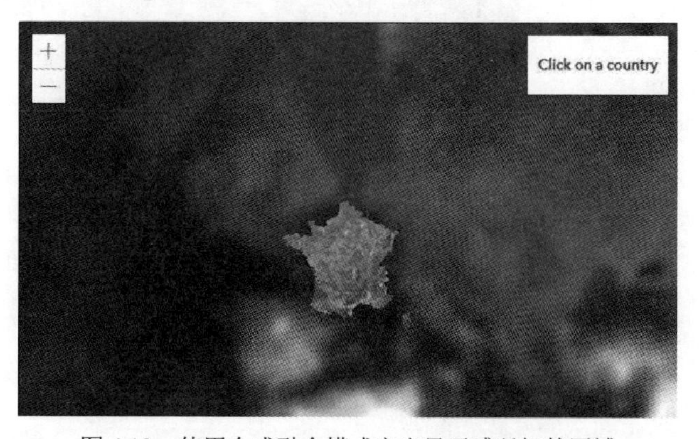

图 4.18　使用合成融合模式突出显示感兴趣的区域

合成融合模式也可以融合两个具有不同地理位置的相关图层，突出显示某一图层中数据的特定方面，以示它与另一图层相关。

6. 反转融合模式

反转融合模式根据背景图层的颜色反转或取消颜色。这些融合模式用于发现顶部图层和背景图层之间的变化。例如，可以在森林覆盖的两个影像图层上使用 difference 或 exclusion 融合模式，以便可视化森林覆盖从一年到另一年的变化。

反转融合模式可用于将任何浅色底图转换为深色底图，以适应在弱光条件下工作的人。 例如可以在要素图层上设置反转混合模式，从而将世界地形底图由浅色变为深色主题底图。

4.4.3 初步使用实例

下面使用一个实例（Chapter04/Sample4-4/Blend.html）来演示如何使用融合模式制作有创意且可交互的地图，比较简单，就是加入 3 个底图，分别将其 blendMode 设置为 luminosity、soft-light 与 hard-light。要取消融合模式，只需要将融合模式设置为 normal 即可。代码如下：

```
<!DOCTYPE html>
<html>
<head>
    <meta charset="UTF-8">
    <title>融合模式使用</title>
    <style>
        html, body, #viewDiv { padding: 0; margin: 0; height: 100%; width: 100%;
      }
        #blendDiv { padding: 10px; }
    </style>
    <link rel="stylesheet" href="https://js.arcgis.com/4.22/esri/ themes/dark/main.css"/>
    <script src="https://js.arcgis.com/4.22"></script>
</head>
<body>
    <div id="viewDiv"></div>
    <div id="blendDiv" class="esri-widget">
        <input type="checkbox" id="toggleBlending" name="bloom" checked />
        <label for="toggleBlending"> 切换融合模式</label><br/>
    </div>
    <script>
        require(["esri/layers/MapImageLayer", "esri/layers/TileLayer",
"esri/layers/VectorTileLayer", "esri/Map", "esri/views/MapView"],
            function (MapImageLayer, TileLayer, VectorTileLayer, Map, MapView) {
                const tileLayer = new TileLayer({
                    url: "https://fly.maptiles.arcgis.com/arcgis/rest/
services/World_Imagery_Firefly/MapServer",
                    blendMode: "luminosity"
                });
                const vtLayer = new VectorTileLayer({
                    url: "https://www.arcgis.com/sharing/rest/content/
items/1ddbb25aa29c4811aaadd94de469856a/resources/styles/root.json",
                    blendMode: "soft-light"
                });
                const miLayer = new MapImageLayer({
                    url: "https://services.arcgisonline.com/arcgis/rest/
services/Ocean/World_Ocean_Reference/MapServer",
                    blendMode: "hard-light",
                    effect: "invert() saturate(0)",
                    maxScale: 36112
                });
                const map = new Map({
                    basemap: {
                        baseLayers: [tileLayer, vtLayer, miLayer]
                    }
```

```
            });
            const view = new MapView({
                map: map,
                container: "viewDiv",
                zoom: 3,
                background: {
                    color: "#1b528b"
                }
            });

            view.ui.add("blendDiv", "top-right");
            const chkToggleBlending = document.getElementById("toggleBlending");
            chkToggleBlending.addEventListener("click", updateBlending);
            function updateBlending() {
                if (!chkToggleBlending.checked) {
                    tileLayer.blendMode = "normal";
                    vtLayer.blendMode = "normal";
                    miLayer.blendMode = "normal";
                    return;
                }
                tileLayer.blendMode = "luminosity";
                vtLayer.blendMode = "soft-light";
                miLayer.blendMode = "hard-light";
            }
        });
    </script>
</body>
</html>
```

该网页程序的运行结果如图 4.19 所示，其中左图是不使用融合模式的效果，右图是使用融合模式的效果。

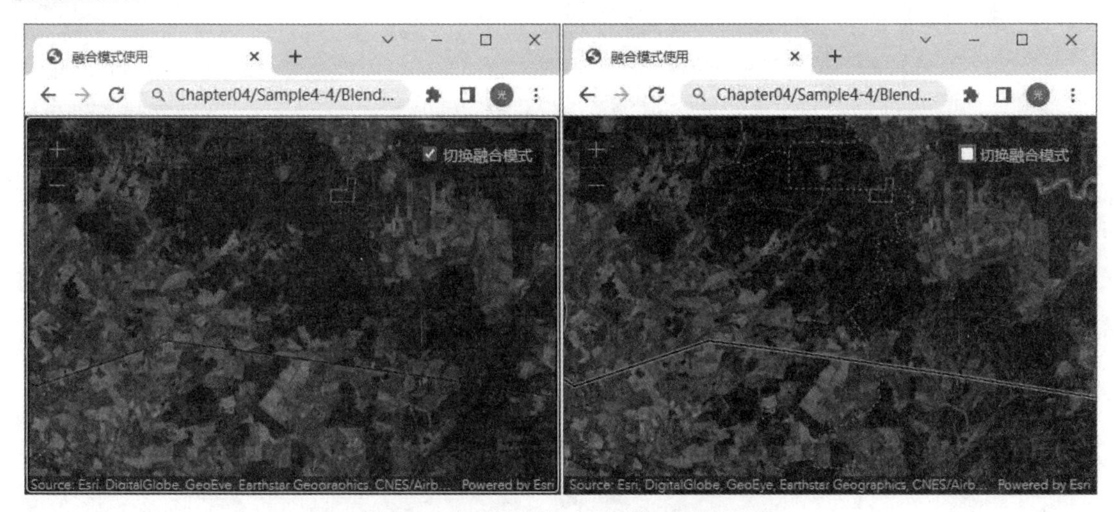

图 4.19　使用融合模式制作高质量的地图

4.5　使用图层的 effect 属性创建高质量地图

所有支持二维地图的图层都具有 effect 属性，该属性提供了可以在图层上执行的各种滤镜功能，以实现类似于图像滤镜工作方式产生的不同视觉效果。这一强大的功能允许将类似 CSS 滤镜的功能应用于图层以创建自定义视觉效果，从而提高地图的制图质量。这是通过将所需效果以字符串或对象数组的方式来设置图层的效果属性（对应比例值相关的效果）来完成的。

4.5.1 effect 属性的设置

可使用类似于 CSS 滤镜的方式设置 effect 属性，语法如下：

```
layer.effect = "brightness(50%) hue-rotate(270deg) contrast(200%)";
```

滤镜函数包括 blur、brightness、contrast、drop-shadow、grayscale、hue-rotate、invert、opacity、sepia、saturate 与 bloom。

- blur 用于模糊处理，函数接收长度值作为定义模糊半径的参数，较大的值将产生更多的模糊。
- brightness 用于设置图像的亮度。如果参数值是 0%，则图像会全黑。如果参数值是 100%，则图像无变化。其他的值对应线性乘数效果。值超过 100%也是可以的，图像会比原来更亮。
- contrast 用于调整图像的对比度。参数值为 0%将创建全黑的图像，而参数值为 100%或 1 图像保持不变。参数值允许超过 100%，这意味着会运用更低的对比度。
- drop-shadow 滤镜函数用于设置阴影效果。
  - grayscale 用于将图像转换为灰度图像。
  - hue-rotate 用于设置图像的色相旋转。
  - invert 用于反转输入图像。
  - opacity 用于设置图像的不透明程度。
  - sepia 用于将图像转换为深褐色。
  - saturate 用于设置图像的饱和度。

4.5.2 调整图层亮度、对比度、饱和度实例

下面使用一个实例（Chapter04/Sample4-5/ImageCorrection.html）来演示如何使用 brightness、contrast 与 saturate 三个滤镜函数来改善地图质量，代码如下：

```
<html>
<head>
    <meta charset="utf-8" />
    <title>使用图层 effect</title>
    <link rel="stylesheet" href="https://js.arcgis.com/4.22/esri/ themes/dark/main.css" />
    <script src="https://js.arcgis.com/4.22/"></script>
    <style>
        html, body, #viewDiv { padding: 0; margin: 0; height: 100%; width: 100%;
        }

        #effectsDiv { padding: 10px; width: 260px;
        }

        .slider { height: 40px; width: 100%; background-color: transparent;
        }
    </style>

    <script>
        require([ "esri/Map", "esri/views/MapView", "esri/layers/TileLayer",
            "esri/widgets/Slider"
        ], (Map, MapView, TileLayer, Slider) => {
            var agoServiceURL = "https://services.arcgisonline.com/arcgis/
rest/services/World_Imagery/MapServer";
          var layer = new TileLayer({
             url: agoServiceURL
```

```
        });
        const map = new Map({
            layers: [layer]
            });

            const view = new MapView({
                container: "viewDiv",
                map: map
            });

            view.ui.add("effectsDiv", "top-right");
            function updateEffects() {
                const brightness = brightnessSlider.values[0];
                const contrast = contrastSlider.values[0];
                const saturate = saturateSlider.values[0];
                layer.effect = `brightness(${brightness}%) contrast(${contrast}%)
saturate(${saturate}%)`;
                document.getElementById('effectLabel').innerHTML = "layer.effect='" +
layer.effect + "'";
            }

            // 设置亮度滑块小部件
            const brightnessSlider = createSlider("brightness-slider", 0, 200, 100, 1);
            brightnessSlider.on(["thumb-change", "thumb-drag"], updateEffects);

            // 设置对比度滑块小部件
            const contrastSlider = createSlider("contrast-slider", 0, 200, 100, 1);
            contrastSlider.on(["thumb-change", "thumb-drag"], updateEffects);

            // 设置饱和度滑块小部件
            const saturateSlider = createSlider("saturate-slider", 0, 200, 100, 1);
            saturateSlider.on(["thumb-change", "thumb-drag"], updateEffects);

            // 利用提供的参数创建滑块小部件
            function createSlider(container, min, max, val, steps) {
                const slider = new Slider({
                    container,
                    min,
                    max,
                    values: [val],
                    steps,
                    snapOnClickEnabled: false,
                    visibleElements: {
                        labels: true,
                        rangeLabels: true
                    },
                    labelInputsEnabled: true,
                    inputFormatFunction: (value, type) => {
                        return value.toFixed(1);
                    }
                });
                return slider;
            }
        });
    </script>
</head>

<body>
    <div id="viewDiv"></div>
    <div id="effectsDiv" class="esri-widget">
        <br />
        <label id="sliderLabel" class="esri-feature-form__label">亮度: </label>
        <div id="brightness-slider" class="slider"></div>
        <label id="sliderLabel" class="esri-feature-form__label">对比度: </label>
        <div id="contrast-slider" class="slider"></div>
        <label id="sliderLabel" class="esri-feature-form__label">饱和度: </label>
        <div id="saturate-slider" class="slider"></div>
        <label id="effectLabel" class="esri-feature-form__label">layer.effect = </label>
    </div>
</body>
```

```
</html>
```

在上述代码中，创建了 3 个滑块小部件，用于用户分别调整亮度、对比度与饱和度，用户调整后，根据用户调整的值设置图层的 effect 属性。代码比较简单，但是功能很强大。该网页程序的运行结果如图 4.20 所示。

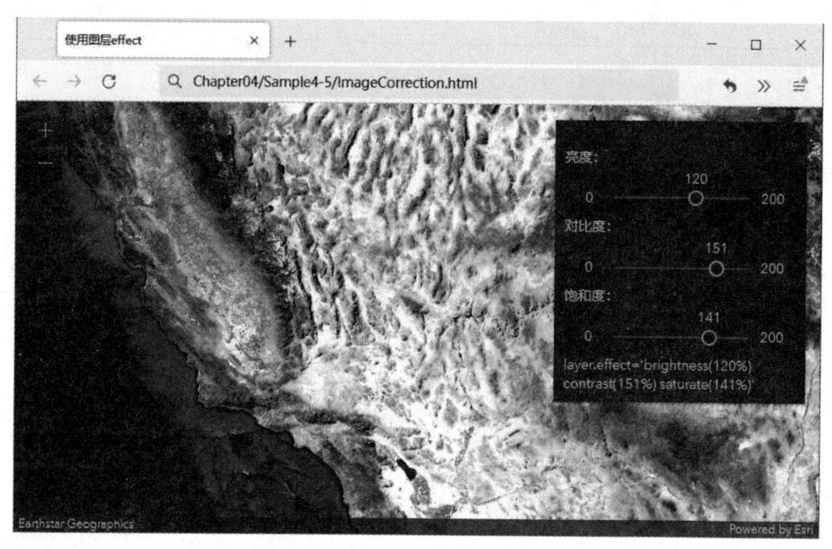

图 4.20　通过滤镜调整图层效果

4.5.3　颜色滤镜实例

下面使用一个实例（Chapter04/Sample4-5/ColorFilter.html）来演示如何使用 sepia、grayscale 与 hue-rotate 三个滤镜函数来改善地图质量，该网页文件包含的代码如下：

```
<html>
<head>
    <meta charset="utf-8" />
    <title>使用颜色滤镜</title>
    <link rel="stylesheet" href="https://js.arcgis.com/4.22/esri/ themes/dark/main.css" />
    <script src="https://js.arcgis.com/4.22/"></script>
    <style>
        html, body, #viewDiv { padding: 0; margin: 0; height: 100%; width: 100%;
        }

        #effectsDiv { padding: 10px; width: 260px;
        }

        .slider { height: 40px; width: 100%; background-color: transparent;
        }
    </style>
    <script>
        require([ "esri/Map", "esri/views/MapView", "esri/layers/TileLayer",
            "esri/widgets/Slider"
        ], (Map, MapView, TileLayer, Slider) => {
            var agoServiceURL = "https://services.arcgisonline.com/arcgis/
rest/services/World_Imagery/MapServer";
            var layer = new TileLayer({
                url: agoServiceURL
            });
            const map = new Map({
                layers: [layer]
            });
```

```
            const view = new MapView({
               container: "viewDiv",
               map: map
            });

            view.ui.add("effectsDiv", "top-right");
            function updateEffects() {
               const sepia = sepiaSlider.values[0];
               const grayscale = grayscaleSlider.values[0];
               const hueRotate = hueRotateSlider.values[0];
               layer.effect = `sepia(${sepia}%) grayscale(${grayscale}%) hue-
rotate(${hueRotate}deg)`;
               document.getElementById('effectLabel').innerHTML = "layer.effect='" +
layer.effect + "'";
            }

            // 设置棕褐色滑块小部件
            const sepiaSlider = createSlider("sepia-slider", 0, 100, 0, 1);
            sepiaSlider.on(["thumb-change", "thumb-drag"], updateEffects);

            // 设置灰度滑块小部件
            const grayscaleSlider = createSlider("grayscale-slider", 0, 100, 0, 1);
            grayscaleSlider.on(["thumb-change", "thumb-drag"], updateEffects);

            // 设置色相旋转度滑块小部件
            const hueRotateSlider = createSlider("hue-rotate-slider", 0, 360, 0, 1);
            hueRotateSlider.on(["thumb-change", "thumb-drag"], updateEffects);

            // 利用提供的参数创建滑块小部件
            function createSlider(container, min, max, val, steps) {
               const slider = new Slider({
                  container,
                  min,
                  max,
                  values: [val],
                  steps,
                  snapOnClickEnabled: false,
                  visibleElements: {
                     labels: true,
                     rangeLabels: true
                  },
                  labelInputsEnabled: true,
                  inputFormatFunction: (value, type) => {
                     return value.toFixed(1);
                  }
               });
               return slider;
            }
         });
      </script>
   </head>

   <body>
      <div id="viewDiv"></div>
      <div id="effectsDiv" class="esri-widget">
         <br />
         <label id="sliderLabel" class="esri-feature-form__label">棕褐色：</label>
         <div id="sepia-slider" class="slider"></div>
         <label id="sliderLabel" class="esri-feature-form__label">灰度：</label>
         <div id="grayscale-slider" class="slider"></div>
         <label id="sliderLabel" class="esri-feature-form__label">色相旋转：</label>
         <div id="hue-rotate-slider" class="slider"></div>
         <label id="effectLabel" class="esri-feature-form__label">layer.effect = </label>
      </div>
   </body>
   </html>
```

该网页程序的代码结构与 4.5.2 节程序的代码完全一致，其运行结果如图 4.21 所示。

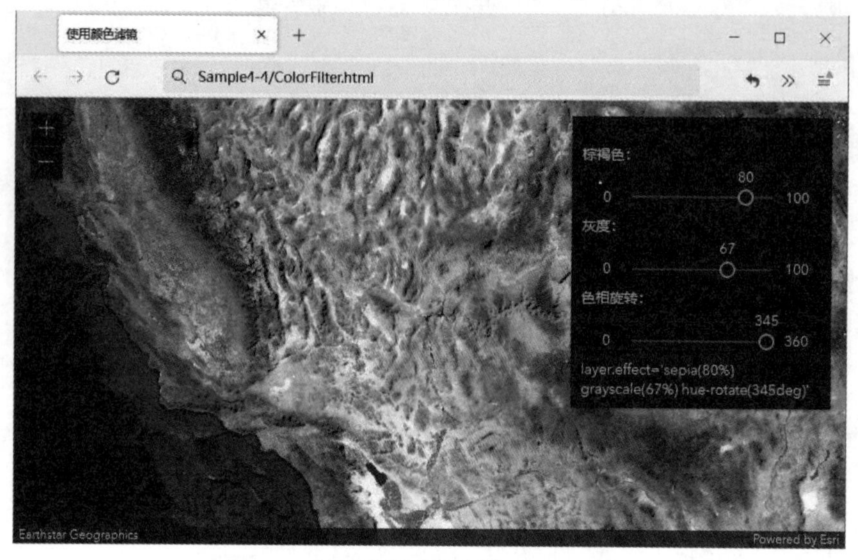

图 4.21　使用颜色滤镜调整图层显示效果

第 5 章

空间参考系统与几何对象

一个要素要进行定位，必须嵌入一个空间参照系统中。空间参照系统包括地理坐标系统与投影坐标系统。几何对象用于描述要素的坐标位置。ArcGIS API for JavaScript 中提供了 5 类几何对象，分别是范围对象、点对象、多点对象、线对象与多边形对象。此外还有一个圆对象，继承于多边形对象。

本章介绍空间参考系统及其转换，并通过实例演示如何绘制各种几何对象。

5.1 空间参考系统

因为 GIS 描述的是位于地球表面的信息，所以根据地球椭球体建立的地理坐标（经纬网）可以作为所有要素的参照系统。这类用经度和纬度来决定坐标的系统称为地理坐标系统。

因为地球是一个不规则的球体，为了能够将其表面的内容显示在平面的显示器或纸面上，必须进行坐标变换。由于地球表面是不可展开的曲面，也就是说曲面上的各点不能直接表示在平面上，因此必须运用地图投影的方法建立地球表面和平面上点的函数关系，使地球表面上任一由地理坐标确定的点在平面上必有一个与它相对应的点。这类经过投影变换后的坐标系统称为投影坐标系统。

5.1.1 空间参考系统类

ArcGIS API for JavaScript 中提供了 esri/geometry/SpatialReference 类来描述空间参考系统。该类最简单的实例化方式是使用由欧洲石油调查组织（European Petroleum Survey Group，EPSG）定义的 ID（又称为 Well-Known ID，WKID）作为参数，形式如下：

```
require(["esri/geometry/SpatialReference"], function (SpatialReference) {
   var sr = new SpatialReference({ wkid: 4326 });
```

```
});
```

上述代码定义了 WGS84 地理坐标系统。每一个 ID 对应一类空间参考系统，支持的地理坐标系统的 ID 及其对应名称与参数可以参考如下地址：

```
https://developers.arcgis.com/javascript/jshelp/gcs.html
```

投影坐标系统的地址如下：

```
https://developers.arcgis.com/javascript/jshelp/pcs.html
```

这些空间参考通常用字符串格式来定义其各种参数。比如常见的基于 WGS84 的具有经纬值的数据，所采用的空间参考就是 EPSG 中定义的 ID 为 4326 的空间参考系统，其定义字符串如下（地理坐标系的名称、大地基准面（DATUM）、椭球体（SPHEROID）、本初子午线（PRIMEM）、单位（UNIT）等）：

```
GEOGCS["GCS_WGS_1984",
     DATUM["D_WGS_1984",SPHEROID["WGS_1984",6378137,298.257223563]],
     PRIMEM["Greenwich",0],
     UNIT["Degree",0.0174532925199433]
]
```

而投影坐标系统的字符串格式除了包含地理坐标系统要求的信息之外，还包含投影的参数信息。例如如下是 ID 号为 102113 的 Web 墨卡托投影的字符串定义：

```
PROJCS["WGS_1984_Web_Mercator",
     GEOGCS["GCS_WGS_1984_Major_Auxiliary_Sphere",
          DATUM["D_WGS_1984_Major_Auxiliary_Sphere",
               SPHEROID["WGS_1984_Major_Auxiliary_Sphere",6378137.0,0.0]
          ],
          PRIMEM["Greenwich",0.0],
          UNIT["Degree",0.0174532925199433]
     ],
     PROJECTION["Mercator"],
     PARAMETER["False_Easting",0.0],
     PARAMETER["False_Northing",0.0],
     PARAMETER["Central_Meridian",0.0],
     PARAMETER["Standard_Parallel_1",0.0],
     UNIT["Meter",1.0]
]
```

细心的读者可能注意到上面在定义地球椭球体时，第二个参数为 0。这也是它与常规墨卡托投影的主要区别，把地球模拟为球体而非椭球体。这仅仅是由于实现的方便和计算上的简单，精度理论上差别在 0.33%之内，特别是比例尺越大、地物越详细的时候，差别基本可以忽略。因此，该投影坐标系统是 Web GIS 使用最广泛的坐标系统，包括 Google Maps、Virtual Earth 等都使用。

正由于 Web 墨卡托投影的广泛使用，SpatialReference 类还专门增加了一个属性用来判断是否为 Web 墨卡托投影——isWebMercator。不过要注意的是，除了 ID 是 102113 的是 Web 墨卡托投影之外，ID 是 102100 与 3857 的也是 Web 墨卡托投影。

我们也可以仿照上面的方式自定义一种空间参考系统字符串，然后用该字符串作为参数来实例化一个自定义的空间参考系统。

如果在实例化地图类的对象时指定了投影（通过 extent 的 spatialReference 属性），那么需要确保所有的图层能使用该投影绘制。对于切片图层，必须要求其投影与地图的投影一致。而对于动态图层，则需要进行相应的投影转换，从而会影响服务器的响应效率。

下面我们通过实例 5-1 来证实上述结论的正确性。新建一个站点（Sample5-1），在其中加入一个名为 Web_Mercator.htm 的网页文件，该网页文件包含的代码如下：

```
<!DOCTYPE html>
<html>
<head>
    <meta charset="utf-8">
    <title>空间参考系统测试</title>
    <link rel="stylesheet" href="https://js.arcgis.com/4.22/dijit/ themes/soria/soria.css" />
    <link rel="stylesheet" href="https://js.arcgis.com/4.22/esri/ themes/light/main.css"/>
    <style>
        html, body, #main, #mapDiv { padding: 0; margin: 0; width: 100%; height: 100%;
        }
    </style>
    <script src="https://js.arcgis.com/4.22/"></script>
    <script>
        var map, topo, streetMap, usa, taxParcel;
        require(["dojo/parser", "dijit/registry", "esri/geometry/Extent",
            "esri/Map", "esri/views/MapView", "esri/layers/TileLayer",
"esri/layers/MapImageLayer",
            "dijit/layout/BorderContainer", "dijit/layout/ContentPane",
            "dijit/form/Button",
            "dojo/domReady!"],
            function (parser, registry, Extent, Map, MapView, TileLayer, MapImageLayer) {
                parser.parse();
                var initialExtent = new Extent({
                    "xmin": -9749695.83182828, "ymin": 4387485.423567985,
                    "xmax": -8230739.205745666, "ymax": 5374440.332785915,
                    "spatialReference": { "wkid": 102100 }
                });

                map = new Map();
                view = new MapView(
                    {
                        map: map,
                        container: "mapDiv",
                        extent: initialExtent,
                    });
                registry.byId("addSameTiledLayer").on("click", addSameTiledLayer);
                registry.byId("addDifferentTiledLayer").on("click", addDifferentTiledLayer);
                registry.byId("addGeoDynamicLayer").on("click", addGeoDynamicLayer);
                registry.byId("addProjDynamicLayer").on("click", addProjDynamicLayer);
                view.on("layerview-create", function (evt) {
                    var layer = evt.layer;
                    document.getElementById("spatialReference").innerHTML = "地图的空间参考系统
为:" + view.spatialReference.wkid + "<p>图层的空间参考系统为:" + layer.spatialReference.wkid +
"</p>";
                });
                view.on('pointer-move', function (event) {
                    let point = view.toMap({ x: event.x, y: event.y });
                    document.getElementById("coords").innerHTML = "X: " + point.x + " | Y: "
+ point.y;
                });
                function addSameTiledLayer() {
                    map.removeAll();
                    if (!topo) {
                        var topoUrl = "https://services.arcgisonline.com/ArcGIS/
rest/services/World_Topo_Map/MapServer";
                        topo = new TileLayer({
                            url: topoUrl,
                            spatialReference: { "wkid": 102100 }
                        });
                    }
                    map.add(topo);
                }
                function addDifferentTiledLayer() {
                    map.removeAll();
                    if (!streetMap) {
                        var streetMapUrl = "https://server.arcgisonline.com/
ArcGIS/rest/services/World_Street_Map/MapServer";
                        streetMap = new TileLayer({
                            url: streetMapUrl,
                            spatialReference: { "wkid": 4326 }
                        });
```

```
                    }
                    map.add(streetMap);
                }
                function addGeoDynamicLayer() {
                    map.removeAll();
                    if (!usa) {
                        var usaUrl = "https://server.arcgisonline.com/ArcGIS/
rest/services/World_Street_Map/MapServer";
                        usa = new MapImageLayer({
                            url: usaUrl,
                            spatialReference: { "wkid": 4326 }
                        });
                    }
                    map.add(usa);
                }
                function addProjDynamicLayer() {
                    map.removeAll();
                    if (!taxParcel) {
                        var taxParcelUrl = "https://server.arcgisonline.com/
arcgis/rest/services/Polar/Antarctic_Imagery/MapServer";
                        taxParcel = new MapImageLayer(taxParcelUrl);
                    }
                    map.add(taxParcel);
                }
            });
        </script>
    </head>
    <body class="soria">
        <div data-dojo-type="dijit/layout/BorderContainer" data-dojo-props=
"design:'headline'" id="main">
            <div data-dojo-type="dijit/layout/ContentPane" data-dojo-props= "region:'top'"
style="height: 60px;">
                <h3>功能：空间参考系统测试</h3>
            </div>

            <div data-dojo-type="dijit/layout/ContentPane" data-dojo-props= "region:'center'">
                <div id="coords" style="font-size:10pt; color:gray;height:15px"> </div>
                <div id="mapDiv"></div>
            </div>
            <div id="spatialReference" data-dojo-type="dijit/layout/ContentPane" data-dojo-
props="region:'right'" style="width:200px; border:1px solid #000;"></div>
            <div data-dojo-type="dijit/layout/ContentPane" data-dojo-props= "region:'bottom',
splitter:true"
                 style="height: 50px;">
                <button data-dojo-type="dijit/form/Button" id="addSameTiledLayer">增加相同坐标系统
切片图层</button>
                <button data-dojo-type="dijit/form/Button" id="addDifferentTiledLayer">增加不同坐
标系统切片图层</button>
                <button data-dojo-type="dijit/form/Button" id="addGeoDynamicLayer">增加不同地理坐
标系统动态图层</button>
                <button data-dojo-type="dijit/form/Button" id="addProjDynamicLayer">增加不同投影坐
标系统动态图层</button>
            </div>
        </div>
    </body>
    </html>
```

该网页程序的运行结果如图 5.1 所示。请读者分别单击不同的按钮，查看空间参考系统的规则。

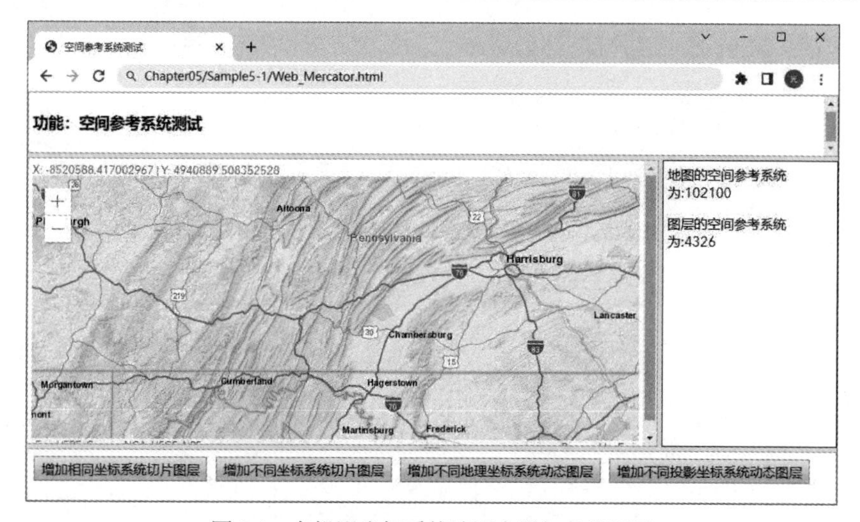

图 5.1　在投影坐标系统地图中增加各类图层

对于使用地理坐标系统的地图，同样要求切片图层的空间参考与地图的空间参考一致，对于动态图层则没有这个要求。

5.1.2　参考系统转换

对于简单的参考系统转换，例如从地理坐标系统到 Web 墨卡托投影坐标系统，或从 Web 墨卡托投影坐标系统到地理坐标系统，可直接使用 esri/geometry/support/webMercatorUtils 模块中的功能函数。对于复杂的参考系统转换，可调用服务器的几何对象服务（esri/tasks/geometryService）。几何对象服务的 project 方法可用于实现投影或投影转换。

下面通过实例 5-2 来演示如何使用上述两种方式以及我们自己的公式来计算不同参考系统的坐标。新建一个站点（Sample5-2），在其中加入一个 HTML 网页文件，该网页文件包含的代码如下：

```
    <!DOCTYPE html>
    <html>
    <head>
        <meta charset="utf-8">
        <title>坐标转换测试</title>
        <link rel="stylesheet" href="https://js.arcgis.com/4.22/dijit/ themes/soria/soria.css" />
        <link rel="stylesheet" href="https://js.arcgis.com/4.22/esri/ themes/light/main.css"/>
        <style>
            html, body, #main { padding: 0; margin: 0; width: 100%; height: 100%;
            }
        </style>
        <script src="https://js.arcgis.com/4.22/"></script>
        <script>
            var map, gsvc;
            require(["dojo/parser", "esri/geometry/Extent", "esri/Map", "esri/views/MapView",
"esri/layers/TileLayer",
                "esri/geometry/SpatialReference",
"esri/rest/support/ProjectParameters","esri/tasks/GeometryService",
"esri/geometry/support/webMercatorUtils", "esri/geometry/Point",
                "dijit/layout/BorderContainer", "dijit/layout/ContentPane",
                "dojo/domReady!"],
                function (parser, Extent, Map, MapView, TileLayer, SpatialReference,
ProjectParameters, GeometryService, webMercatorUtils, Point) {
                    parser.parse();
```

```
                map = new Map("mapDiv");
                var layer = new TileLayer("http://server.arcgisonline.com/
ArcGIS/rest/services/World_Street_Map/MapServer");
                map.add(layer);

                var view = new MapView(
                    {
                        map: map,
                        container: "mapDiv",
                        extent: new Extent({
                            xmin: - 144.13,
                            ymin: 7.98,
                            xmax: - 52.76,
                            ymax: 68.89,
                            spatialReferencen: { "wkid": 102100 }
                        })
                    });

                gsvc = new GeometryService("https://utility.arcgisonline.com/
arcgis/rest/services/Geometry/GeometryServer");
                view.on("click", projectToWebMercator);

                function projectToWebMercator(evt) {
                    view.graphics.removeAll();

                    var point = evt.mapPoint;
                    var outSR = new SpatialReference({ wkid: 102113 });

                    // 利用 webMercatorUtils 模块转换坐标
                    var wm = webMercatorUtils.geographicToWebMercator(point);
                    // 利用我们自己的计算方法转换坐标
                    var we = toWebMercator(point);

                    var params = new ProjectParameters({
                        geometries: [point],
                        outSpatialReference: outSR
                    })
                    gsvc.project(params).then(function (projectedPoints) {
                        pt = projectedPoints[0];
                        var desc1 = "通过服务得到的坐标:<br/>" + pt.x.toFixed(3) + ";" +
pt.y.toFixed(3);
                        var desc2 = "功能函数计算的坐标:<br/>" + wm.x.toFixed(3) + ";" +
wm.y.toFixed(3);
                        var desc3 = "自己函数计算的坐标:<br/>" + we.x.toFixed(3) + ";" +
we.y.toFixed(3);
                        document.getElementById("spatialReference").innerHTML = desc1 +
"<br/>" + desc2 + "<br/>" + desc3;
                    });
                }

                function toWebMercator(pt) {
                    var num = pt.x * 0.017453292519943295;
                    var x = 6378137.0 * num;
                    var a = pt.y * 0.017453292519943295;
                    var y = 3189068.5 * Math.log((1.0 + Math.sin(a)) / (1.0 - Math.sin(a)));

                    return new Point({ "x": x, "y": y, "spatialReference": { "wkid":
102113 } });
                }
            });
        </script>
    </head>
    <body class="soria">
        <div data-dojo-type="dijit/layout/BorderContainer" data-dojo-props="design:'headline'"
id="main">
            <div data-dojo-type="dijit/layout/ContentPane" data-dojo-props="region:'top'"
style="height: 60px;">
                <h3>功能：投影测试</h3>
            </div>
```

```
            <div id="mapDiv" data-dojo-type="dijit/layout/ContentPane" data-dojo-
props="region:'center'">
            </div>
            <div id="spatialReference" data-dojo-type="dijit/layout/ContentPane" data-dojo-
props="region:'right', splitter:true" style="width:200px; border:1px solid #000;"></div>
        </div>
    </body>
    </html>
```

在 projectToWebMercator 函数中，首先利用事件参数的 mapPoint 得到用户在地图单击位置的地理坐标，然后使用 webMercatorUtils 模块中的 geographicToWebMercator 方法计算该地理坐标经过投影后的坐标，同时也调用我们自己的计算公式来计算投影坐标，最后调用几何对象服务的 project 方法，向服务器提交投影计算请求，要求转换的投影由第二个参数指定。当该方法执行完毕后，将调用 project 方法中指定的回调函数。我们这里的回调函数将 3 种方法得到的投影坐标分别显示在右边的信息栏中。

该网页程序的运行结果如图 5.2 所示。

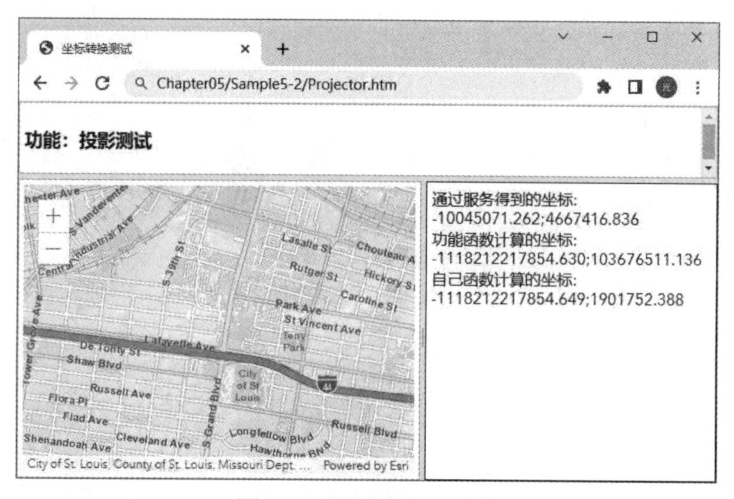

图 5.2　投影转换运行结果

5.2　几何对象

在 ArcGIS API for JavaScript 中，所有的几何对象都派生于 esri/geometry/Geometry 抽象类。

5.2.1　几何对象类及其之间的继承关系

ArcGIS API for JavaScript 中提供了 6 类几何对象，分别是范围对象、点对象、多点对象、线对象、多边形对象与 mesh 对象，都派生于 Geometry 抽象类。此外，还有一个继承于多边形的圆对象，这些几何对象类之间的继承关系如图 5.3 所示。

Geometry 抽象类包含 7 个属性，常用的是 spatialReference 与 type。spatialReference 表示几何对象的空间参考系统，而 type 表示几何对象的类型，可用该属性来判断当前几何对象是点、线还是多边形。Geometry 抽象类包含 toJson 方法，将几何对象转换为 JSON 表示的对象。

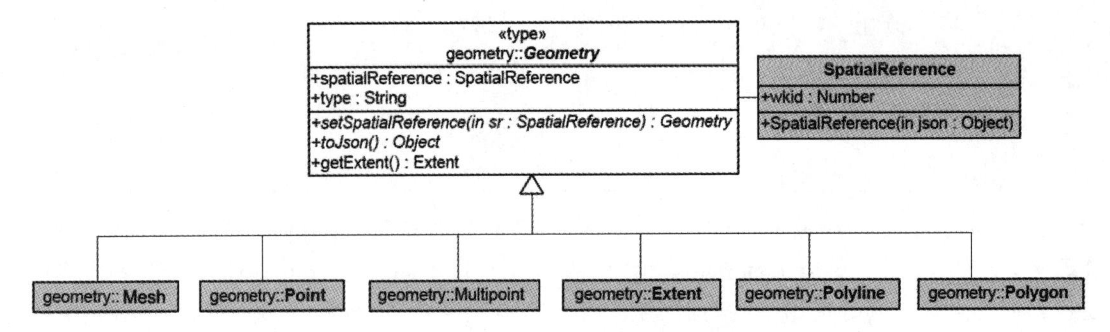

图 5.3 几何对象类及其之间的继承关系

5.2.2 几何对象的绘制

虽然构造几何对象很简单，但是要显示几何对象却并不容易。首先需要利用符号将几何对象构造为图形对象，然后将该图形对象加入一个图形图层（esri/layers/GraphicsLayer）中。幸运的是，ArcGIS API for JavaScript 提供了多种现成的小部件以方便我们使用，在几何对象绘制方面 API 提供了 esri/widgets/sketch 工具条。下面我们将通过实例 5-3 来演示如何绘制几何对象，在 Sample5-3 目录中增加一个名为 TestPage.html 的网页文件，该网页文件包含的代码如下：

```
<!DOCTYPE html>
<html>
<head>
    <meta charset="utf-8">
    <title>几何对象测试</title>
    <link rel="stylesheet" href="https://js.arcgis.com/4.22/esri/ themes/light/main.css"/>
    <style>
        html, body, #mapDiv { padding: 0; margin: 0; width: 100%; height: 100%;
        }
    </style>
    <script src="https://js.arcgis.com/4.22/"></script>
    <script>
        require(["esri/Map", "esri/Basemap", "esri/views/MapView", "esri/layers/TileLayer",
"esri/layers/GraphicsLayer", "esri/widgets/Sketch"],
            function (Map, Basemap, MapView, TileLayer, GraphicsLayer, Sketch) {
                var agoServiceURL = "http://server.arcgisonline.com/ArcGIS/
rest/services/World_Street_Map/MapServer";
                var agoLayer = new TileLayer(agoServiceURL);
                var basemap = new Basemap({
                    baseLayers: [agoLayer]
                });
                const graphicsLayer = new GraphicsLayer();
                var map = new Map({
                    basemap: basemap,
                    layers: [graphicsLayer]
                });
                var view = new MapView(
                    {
                        map: map,
                        container: "mapDiv",
                        zoom: 1
                    });
                view.when(() => {
                    const sketch = new Sketch({
                        layer: graphicsLayer,
                        view: view,
                        // graphic will be selected as soon as it is created
                        creationMode: "update"
                    });
                    view.ui.add(sketch, "top-right");
```

```
            });
        });
    </script>
</head>
<body>
    <div id="mapDiv"></div>
</body>
</html>
```

该测试网页程序的运行结果如图 5.4 所示。

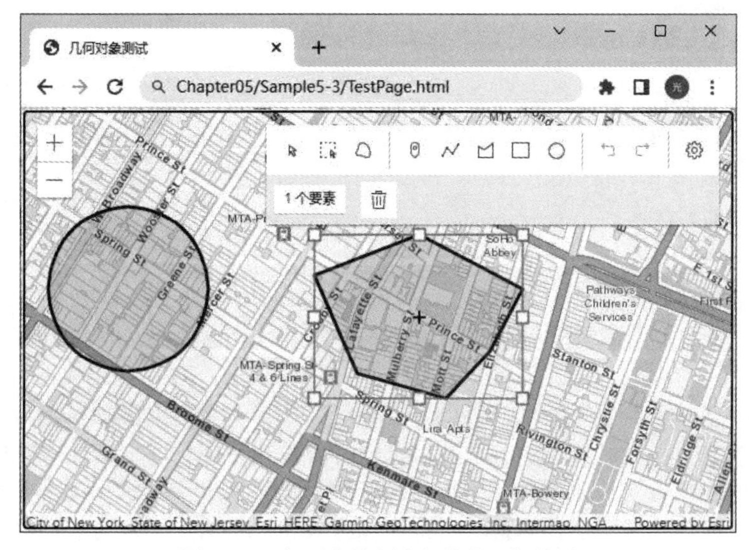

图 5.4　几何对象绘制小部件的运行结果

5.2.3　几何对象相关的功能模块

在 esri/geometry/support 命名空间中，除了前面介绍的在经纬度与 Web 墨卡托投影之间相互转换的 webMercatorUtils 功能模块之外，还包含几个重要的功能模块，例如用于计算地理坐标系统多边形面积、线长度的 geodesicUtils 等，它们都是在客户端直接利用公式计算得到结果，而不需要调用服务器端的几何服务，从而加快了响应速度。

第 6 章

符号与图形

地理信息符号化是 GIS 应用中必须要实现的技术。地理信息符号化通常是指它的二维屏幕表达，利用丰富的地图符号和视觉变量，在计算机屏幕上对各种地理信息进行直观和清晰的显示。地理信息符号化的主要方法是采用地图图形和符号对地理信息进行表示。众所周知，地图图形是地图的语言，它既表示了地理实体的形状、位置、结构和大小信息，也表示了实体的类型、等级以及其他数量和质量特征。

本章将介绍 ArcGIS API for JavaScript 中与符号相关的类以及地理要素符号化以后的图形类及其组成。

6.1 符　　号

在图形图层中的点、线、多边形以及文本本身都具有空间位置信息，要将它们显示出来就需要使用符号对象。

在 ArcGIS API for JavaScript 中，所有符号对象的基类是 esri/symbols/Symbol，该类的子类包括标记符号的基类 MarkerSymbol、线符号的基类 LineSymbol、填充符号的基类 FillSymbol、文本符号类 TextSymbol、三维符号类 Symbol3D、CIM 符号类 CIMSymbol、内置模型符号类 WebStyleSymbol。其中 TextSymbol、CIMSymbol 和 WebStyleSymbol 是可以直接被实例化的。它们的派生类中，可实例化的标记符号类包括 SimpleMarkerSymbol 与 PictureMarkerSymbol，可实例化的线符号类包括 SimpleLineSymbol，可实例化的填充符号类包括 SimpleFillSymbol 与 PictureFillSymbol，可实例化的三维空间符号类包括 PointSymbol3D、LineSymbol3D、PolygonSymbol3D、LabelSymbol3D、MeshSymbol3D。这些类之间的关系如图 6.1 所示。

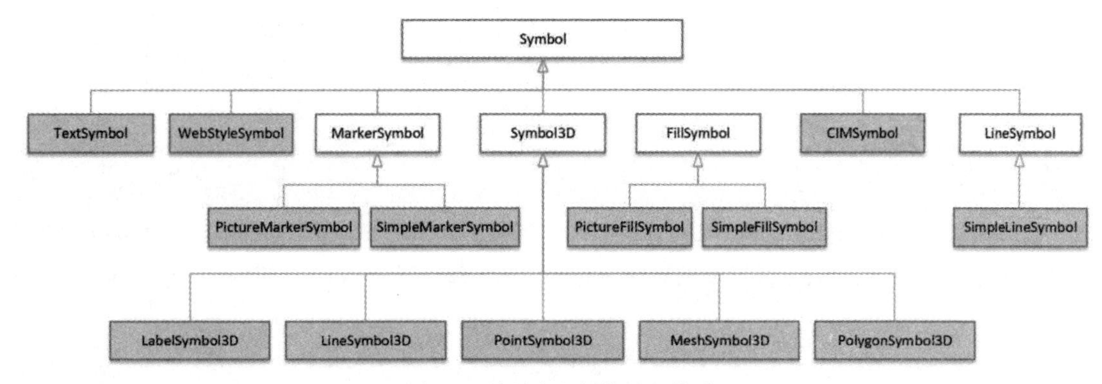

图 6.1 符号类之间的继承关系

Symbol 类包括两个属性：一个是 color，是符号的颜色，类型是 esri/Color；另一个是 type，表明符号的类型。Symbol 类包含两个方法：一个是 fromJson，用于将 JSON 表达式生成对象；另一个是 toJson，用于将对象转换为对应的 JSON 表达的字符串。

6.1.1 标记符号

标记符号用于在图形图层中绘制点与多点对象。标记符号的父类是 MarkerSymbol，该类没有构造函数，是一个抽象类。该类的属性除了从父类 Symbol 继承的 color 与 type 两个属性之外，还包括 angle（图像的角度）、xoffset（X 轴方向的偏差）与 yoffset（Y 轴方向的偏差）。该类的方法包括从 Symbol 类继承下来的 fromJson 和 toJson。

SimpleMarkerSymbol 类用于将点显示为一个简单的形状，例如圆、正方形等。此外，该符号还可以指定轮廓线，需要用线符号来定义。可使用类的构造函数的 style 属性来设置点显示的形状。ArcGIS API for JavaScript 定义了 6 类形状，分别是圆（circle）、十字形（cross）、菱形（diamond）、SVG 路径（STYLE_PATH）、正方形（square）、三角形（triangle）与叉形（x）。也可以使用 outline 属性来设置轮廓线。

例如下面的代码构造了一个带红色轮廓线的叉形符号：

```
    require(["esri/symbols/SimpleMarkerSymbol", "esri/symbols/SimpleLineSymbol",
"esri/Color"], function (SimpleMarkerSymbol, SimpleLineSymbol, Color) {
            var symbol = new SimpleMarkerSymbol({
               style: 'x',
               size: '10px',
               outline: new SimpleLineSymbol({
                  style: 'solid',
                  color: new Color([255, 0, 0]) ,
                  width: 1
               }),
               color: new Color([0, 255, 0, 0.25])
            })
         });
```

PictureMarkerSymbol 类使用一幅图像作为标记符号。使用该类的构造函数的 url 属性指定图像或 SVG 的 URL，使用 height 与 width 属性设置图像的高与宽。

示例代码如下：

```
   require(["esri/symbols/PictureMarkerSymbol"], function (PictureMarkerSymbol) {
            var pictureMarkerSymbol = new PictureMarkerSymbol({
               url: 'https://static.arcgis.com/images/Symbols/ Shapes/BlackStarLargeB.png',
               width: 51,
```

```
            height: 51
        });
    });
```

6.1.2 线符号

线符号用于在图形图层中绘制线形地物要素。线符号的父类是 LineSymbol，该类没有构造函数，是一个抽象类，包含表示线宽度的属性 width，符号颜色属性 color，值为"simple-line"的 type 属性。

SimpleLineSymbol 类可用于显示一条实线或事先定义好的短线与点的排列模式。该模式由其 style 属性来决定，该属性的可选值如表 6-1 所示。

表 6-1 SimpleLineSymbol style 属性可选值

属性值	样式
dash	▬ ▬ ▬ ▬
dash-dot	▬ ● ▬ ● ▬
dot	● ● ● ● ● ● ●
long-dash	▬▬ ▬▬ ▬▬
long-dash-dot	▬▬ ● ▬▬ ●
long-dash-dot-dot	▬▬ ● ● ▬▬
none	无符号
short-dash	▬ ▬ ▬ ▬ ▬ ▬
short-dash-dot	▬ ● ▬ ● ▬ ● ▬ ●
short-dash-dot-dot	▬ ● ● ▬ ● ● ▬ ● ●
short-dot	● ● ● ● ● ● ● ● ● ● ● ● ● ●
solid	▬▬▬▬▬▬▬▬

例如下面的代码将创建一个红色、宽度为 3 个像素的“短线一点”模式的线符号：

```
    require(["esri/symbols/SimpleLineSymbol", "esri/Color"], function (SimpleLineSymbol,
Color) {
        var sls = new SimpleLineSymbol({
            style: 'dash-dot',
            color: new Color([255, 0, 0]),
            width: 3
        });
    });
```

6.1.3 填充符号

填充符号用于在图形图层中绘制多边形。填充在多边行中可以是实填充，也可以是阴影线填充，还可以用一个图片进行填充。此外，填充符号还有一个可选择的轮廓线属性，用于定义多边形的线符号。

填充符号对应的类是 FillSymbol，该类没有构造函数，需要使用 FillSymbol 的子类 SimpleFillSymbol 或 PictureFillSymbol 来实例化填充符号对象。SimpleFillSymbol 的 style 属性决定填充样式，其可选值如表 6-2 所示。

表 6-2　SimpleFillSymbol style 属性可选值

属性值	样式
backward-diagonal	//////////////////////////
cross	┼┼┼┼┼┼┼┼┼┼┼┼┼┼┼┼┼┼┼┼
diagonal-cross	XXXXXXXXXXXXXXXXXXXX
forward-diagonal	\\\\\\\\\\\\\\\\\\\\\\
horizontal	═════════
none	没有填充
solid	██████████
vertical	‖‖‖‖‖‖‖‖‖‖

可使用类似如下的代码构造 SimpleFillSymbol 对象：

```
    require(["esri/symbols/SimpleFillSymbol", "esri/symbols/SimpleLineSymbol", "esri/Color"],
function (SimpleFillSymbol, SimpleLineSymbol, Color) {
        var sfs = new SimpleFillSymbol({
            style: solid,
            outline: new SimpleLineSymbol({
                style: 'dash-dot',
                color: new Color([255, 0, 0]),
                width: 2
            }),
    color: new Color([255, 255, 0, 0.25])
    });
    });
```

PictureFillSymbol 使用重复图片的方式来填充多边形。构造该类对象的代码如下：

```
        require(["esri/symbols/PictureFillSymbol", "esri/symbols/SimpleLineSymbol",
"esri/Color"], function (PictureFillSymbol, SimpleLineSymbol, Color) {
            var pfs = new PictureFillSymbol({
                url: 'images/sand.png',
                outline: new SimpleLineSymbol({
                    style: 'solid',
                    color: new Color('#000'),
                    width: 1
                }),
                width: 42,
                height: 42
            });
    });
```

6.1.4　文本符号

文本符号用于在图形图层中增加文本。虽然在 ArcGIS API for JavaScript 中并没有提供专门用于标注的类，但是可以通过文本符号来间接实现标注功能。我们将通过实例 6-1（对于代码目录为 Sample6-1）来演示如何用文本符号实现对点、线与多边形的标注。

新建一个站点，在其中增加一个 HTML 网页文件，并增加支持 ArcGIS API for JavaScript 的代码。该网页文件包含的代码如下：

```
    <head>
        <meta charset="utf-8">
        <title>Label Points</title>
        <link rel="stylesheet" href="https://js.arcgis.com/4.22/dijit/
themes/tundra/tundra.css" />
        <link rel="stylesheet" href="https://js.arcgis.com/4.22/esri/ themes/light/main.css"/>
        <style>
            html, body { padding: 0; margin: 0; width: 100%; height: 100%;
            }
        </style>
        <script>
            var dojoConfig = {
                packages: [{
                    name: "myApp",
                    location: location.pathname.replace(/\/[^/]+$/, "") + "/js/myApp"
                }]
            };
        </script>
        <script src="https://js.arcgis.com/4.22/"></script>
    </head>
    <body class="tundra">
        <button data-dojo-type="dijit/form/Button">点</button>
        <button data-dojo-type="dijit/form/Button">多点</button>
        <button data-dojo-type="dijit/form/Button">线</button>
        <button data-dojo-type="dijit/form/Button">多边形</button>
        <div id="mapDiv" style="width:900px; height:600px; border:1px solid #000;"></div>
    </body>
    </html>
```

然后加入如下初始化页面的代码：

```
            var map, tb, markerSymbol, lineSymbol, fillSymbol;
            var bMapIsDegrees = true;
            var geometryService = null;
            var displayDistUnits = "Kilometers", displayDistUnitsAbbr = "km";
            var displayAreaUnits = "Kilometers", displayAreaUnitsAbbr = "sq km";
            var fontFace = "Arial";
            var tool = null;

            require(["dojo/parser", "dojo/_base/array", "dijit/registry", "esri/geometry/Point",
                "esri/Map", "esri/views/MapView", "esri/layers/TileLayer",
"esri/views/draw/Draw", "esri/Graphic", "esri/geometry/SpatialReference",
                "esri/symbols/SimpleMarkerSymbol", "esri/symbols/SimpleLineSymbol",
"esri/symbols/SimpleFillSymbol",
                "esri/symbols/TextSymbol",
                "esri/Color", "esri/rest/support/ProjectParameters",
"esri/rest/support/AreasAndLengthsParameters",
                "esri/tasks/GeometryService", "myApp/measure", "esri/symbols/Font",
"dijit/form/Button",
                "dojo/domReady!"],
                function (parser, array, registry, Point, Map, MapView, TileLayer, Draw,
Graphic, SpatialReference,
                    SimpleMarkerSymbol, SimpleLineSymbol, SimpleFillSymbol, TextSymbol, Color,
ProjectParameters,
                    AreasAndLengthsParameters, GeometryService, measure, Font) {
                    parser.parse();

                    map = new Map();
                    var agoServiceURL = "http://server.arcgisonline.com/ArcGIS/
rest/services/World_Street_Map/MapServer";
                    var agoLayer = new TileLayer(agoServiceURL);
                    map.add(agoLayer);
                    var view = new MapView( {
                        map: map,
                        container: "mapDiv"
                    });

                    markerSymbol = new SimpleMarkerSymbol({
                        style: 'x',
                        size: '25px',
```

```
                    outline: new SimpleLineSymbol({
                        style: 'dot',
                        color: new Color([0, 0, 255]),
                        width: 2
                    })
                });

                lineSymbol = new SimpleLineSymbol({
                    style: 'dash-dot',
                    color: new Color([255, 0, 0]),
                    width: 2
                });

                fillSymbol = new SimpleFillSymbol({
                    style: 'solid',
                    outline: new SimpleLineSymbol({
                        style: 'solid',
                        color: new Color([0, 0, 0]),
                        width: 2
                    }),
                    color: new Color([0, 0, 255, 0.5])
                });

                var geometryUrl = "https://utility.arcgisonline.com/arcgis/
rest/services/Geometry/GeometryServer";
                geometryService = new GeometryService(geometryUrl);

                array.forEach(registry.toArray(), function (d) {
                    if (d.declaredClass === "dijit.form.Button") {
                        d.on("click", activateTool);
                    }
                });
            }
        );
```

在上述代码中，首先在地图中加入了一个图层和 MapView，接下来构造了用于绘制点、线与多边形的符号，然后构造了一个图形服务，我们需要利用该服务实现投影以及计算多边形的周长与面积。最后通过一个循环将页面上的按钮的 click 事件绑定到 activateTool 函数上。

activateTool 函数的代码如下：

```
    function activateTool() {
        switch (this.label) {
            case "点":
                tool = "point";
                break;
            case "多点":
                tool = "multipoint";
                break;
            case "线":
                tool = "polyline";
                break;
            case "多边形":
                tool = "polygon";
                break;
        }
        var draw = new Draw({
            view: view
        });
        var action = draw.create(tool);
        action.on(
            [
                "vertex-add",
                "vertex-remove",
                "cursor-update",
                "redo",
                "undo",
            ],
            addToMap);
```

```
    action.on(
        [
            "draw-complete"
        ],
        function (evt) {
            //增加标注
            addLabel(addToMap(evt));
        });
}
```

当用户在地图上绘制几何对象以后，将调用 addToMap 函数，利用符号绘制几何对象并增加标注。

addToMap 函数的实现代码如下：

```
function addToMap(evt) {
    view.graphics.removeAll();
    var graphic;
    switch (tool) {
        case "point":
            graphic = new Graphic({
                geometry: {
                    type: tool,
                    x: evt.coordinates[0],
                    y: evt.coordinates[1],
                    spatialReference: view.spatialReference
                },
                symbol: markerSymbol
            });
            break;
        case "multipoint":
            graphic = new Graphic({
                geometry: {
                    type: tool,
                    points: evt.vertices,
                    spatialReference: view.spatialReference
                },
                symbol: markerSymbol
            });
            break;
        case "polyline":
            graphic = new Graphic({
                geometry: {
                    type: tool,
                    paths: evt.vertices,
                    spatialReference: view.spatialReference
                },
                symbol: lineSymbol
            });
            break;
        case "polygon":
            graphic = new Graphic({
                geometry: {
                    type: tool,
                    rings: evt.vertices,
                    spatialReference: view.spatialReference
                },
                symbol: fillSymbol
```

```
            });
            break;
    }
    view.graphics.add(graphic);
    return graphic.geometry;
}
```

在上述代码中，首先判断几何对象的类型，根据不同的类型使用不同的符号来构造图形，并将该图形加入 MapView 中，当图形绘制结束后，调用 addLabel 函数来增加标注。

addLabel 函数的实现代码如下：

```
function addLabel(geometry) {
    var x, y, g;
    switch (geometry.type) {
        case "point":
            x = measure.round(geometry.x, 2);
            y = measure.round(geometry.y, 2);
            g = getPointLabel(x + ", " + y, geometry);
            view.graphics.add(g);
            break;

        case "multipoint":
            for (var i in geometry.points) {
                var coords = geometry.points[i];
                x = measure.round(coords[0], 2);
                y = measure.round(coords[1], 2);
                g = getPointLabel(x + ", " + y, new Point(coords,
geometry.spatialReference));
                view.graphics.add(g);
            }
            break;

        case "polyline":
            if (displayDistUnits) {
                var length = measure.calculateLength(geometry, bMapIsDegrees);
                for (var i in geometry.paths) {
                    if (bMapIsDegrees) {
                        mapUnits = "Meters";
                    }
                    var len = measure.convertDistanceUnits(length[i], mapUnits,
displayDistUnits);
                    var text = measure.significantDigits(len, 4) + " " + displayDistUnitsAbbr;
                    g = getPathLabel(text, geometry, i);
                    view.graphics.add(g);
                }
            }
            break;

        case "polygon":
            if (displayDistUnits || displayAreaUnits) {
                var measureFunc = function (result) {
                    for (var i in result.areas) {
                        var perimeter = result.lengths[i];
                        var area = result.areas[i];
                        // 标注周长
                        if (displayDistUnits) {
                            var peri = measure.convertDistanceUnits(perimeter, mapUnits,
displayDistUnits);
                            var text = measure.significantDigits(peri, 4) + " " +
displayDistUnitsAbbr;
                            view.graphics.add(getPathLabel(text, geometry, i));
                        }
                        // 标注面积
                        if (displayAreaUnits) {
                            var a = measure.convertAreaUnits(area, mapUnits, displayAreaUnits);
                            text = measure.significantDigits(a, 6) + " " +
displayAreaUnitsAbbr;
                            view.graphics.add(getAreaLabel(text, geometry, i));
```

```
                    }
                }
            };

            var polyGraphic = new Graphic(geometry);
            if (bMapIsDegrees) {
                mapUnits = "Meters";
                var outSR = new SpatialReference({
                    wkid: 54034 //World_Cylindrical_Equal_Area
                });
                var params = new ProjectParameters({
                    geometries: [geometry],
                    outSpatialReference: outSR
                });

                geometryService.project(params).then(function (geometries) {
                    var areasAndLengthParams = new AreasAndLengthsParameters({
                        lengthUnit: "meters",
                        areaUnit: "square-meters",
                        polygons: geometries
                    });
                    geometryService.areasAndLengths(areasAndLengthParams).
then(measureFunc);
                });
            }
            else {
                var areasAndLengthParams = new AreasAndLengthsParameters({
                    lengthUnit: "meters",
                    areaUnit: "square-meters",
                    polygons: [geometry]
                });
                geometryService.areasAndLengths(areasAndLengthParams). then(measureFunc);
            }
        }
        break;
    }
}
```

在上述代码中，针对不同的几何对象类型，调用不同的函数来实例化文本符号。对于点与多点对象，调用的是 getPointLabel 函数。

getPointLabel 及其相关的 getFont 函数的代码如下：

```
function getFont() {
    var size = 10;
    var f = new Font({
        size: size + "pt",
        style: "normal",
        weight: "bold",
        family: fontFace
    });
    return f;
}

function getPointLabel(text, point) {
    var sym = new TextSymbol({
        text: text,
        font: getFont(),
        color: new Color([255, 0, 0]),
        horizontalAlignment: "left"
    });
    var g = new Graphic({
        geometry: point,
        symbol: sym
    });
    return g;
}
```

在上述代码中，使用点的 X/Y 坐标、字体与颜色初始化了一个文本符号对象，然后设置文字对齐方式，最后利用点与该文本符号构造一个图形对象。

对于线型几何对象，首先调用功能 measure 类的 calculateLength 方法计算线对象的长度。这里使用了 measure 类中的许多方法，为了节省篇幅，请读者自行查看源代码。然后调用 measure 类的 convertDistanceUnits 方法进行单位转换，接着调用 measure 类的 significantDigits 方法取有效显示位数，最后调用 getPathLabel 函数来构造一个图形对象并加入地图中。

getPathLabel 函数的代码如下：

```
function getPathLabel(text, polyline, pathIndex) {
   try {
      var sym = new TextSymbol({
         text: text,
         font: getFont(),
         color: new Color([255, 0, 0])
      });
      if (polyline.paths) {
         var path = polyline.paths[pathIndex];
      }
      else {
         var path = polyline.rings[pathIndex];
      }
      var idx = Math.floor(path.length / 2);
      var p1 = polyline.getPoint(pathIndex, idx - 1);
      var p2 = polyline.getPoint(pathIndex, idx);
      var point = measure.getMidPoint(p1, p2);
      sym.angle = measure.getAngle(p1, p2);
      sym.yoffset = 2;
      var g = new Graphic(point, sym);
      return g;
   }
   catch (err) {
      console.error("创建标注出错: ", err);
   }
}
```

在上述代码中，利用线的长度、字体与颜色初始化了一个文本符号对象，然后调用其 angle 与 yoffset 属性设置文本符号的角度与偏移，最后利用线的中心点与该文本符号对象构造一个图形对象。

对于多边形对象，首先利用几何对象服务的 project 方法进行投影转换，然后调用服务的 areasAndLengths 方法求投影转换后的多边形的周长与面积，接着调用 measureFunc 方法标注周长与面积。对于周长的标注完全等同于线对象的标注，而对于面积的标注，则是通过调用 getAreaLabel 函数来完成的。

getAreaLabel 函数的实现代码如下：

```
function getAreaLabel(text, polygon, ringIndex) {
   try {
      var sym = new TextSymbol({
         text: text,
         font: getFont(),
         color: new Color([255, 0, 0])
      });
      var point = measure.getRingExtent(polygon, ringIndex).center;
      var g = new Graphic(point, sym);
      return g;
   }
   catch (err) {
      console.error("创建面积标注出错: ", err);
   }
}
```

该网页程序的运行结果如图 6.2 所示。

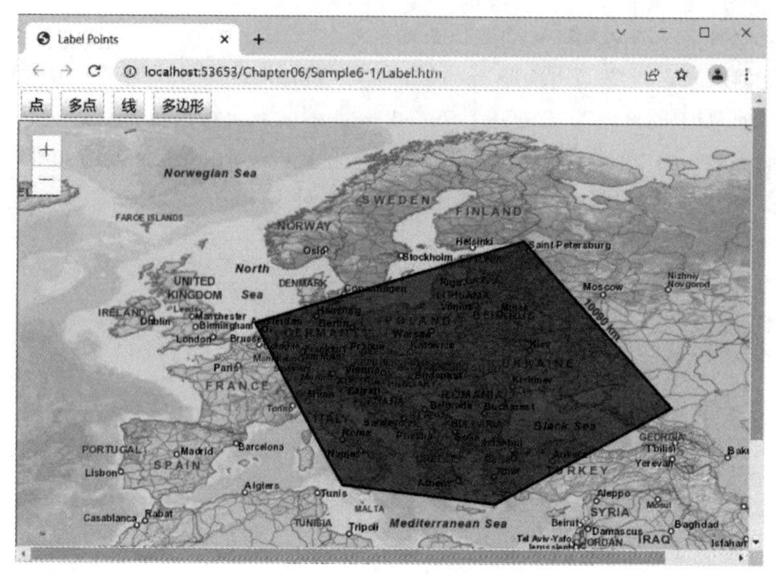

图 6.2　利用文本符号实现标注功能

6.1.5　制图信息模型符号

CIM（Cartographic Information Model，制图信息模型）应用于 ArcGIS Pro 中。从 4.16 版本的 ArcGIS API for JavaScript 起，在 MapView 中支持点、线、面类型的 CIMSymbol。CIMSymbol 是具备高质量，可随意放大缩小的矢量符号，可以包含多个符号层，支持用户定制和动态更新，CIMSymbol 的主要属性为 data。data 中的 symbol 属性定义了符号样式，minScale 和 maxScale 决定了符号显示的最小和最大比例尺，symbolName 用来定义符号名称，符号距离在 minDistance 和 maxDistance 之间时进行渲染。以下代码演示用户自定义的三角形符号：

```
require(["esri/symbols/CIMSymbol"], (CIMSymbol) => {
  const symbol = new CIMSymbol({
    data: {
      type: "CIMSymbolReference",
      symbol: {
        type: "CIMPointSymbol",
        symbolLayers: [{
          type: "CIMVectorMarker",
          enable: true,
          size: 32,
          frame: {
            xmin: 0,
            ymin: 0,
            xmax: 16,
            ymax: 16
          },
          markerGraphics: [{
            type: "CIMMarkerGraphic",
            geometry: {
              rings: [[[8, 16], [0, 0], [16, 0], [8, 16]]]
            },
            symbol: {
              type: "CIMPolygonSymbol",
              symbolLayers: [{
                type: "CIMSolidStroke",
                width: 5,
                color: [240, 94, 35, 255]
              }]
```

```
                    }
                }]
            }]
        }
    }
});
});
```

6.1.6 三维符号

Symbol3D 是所有三维符号的基类，无法被实例化，其子类包括 LabelSymbol3D、LineSymbol3D、MeshSymbol3D、PointSymbol3D 和 PolygonSymbol3D。以下代码是创建 PointSymbol3D 的样例：

```
let symbol = {
    type: "point-3d",
    symbolLayers: [{
        type: "object",
        width: 5,
        height: 10,
        depth: 15,
        resource: { primitive: "cube" },
        material: { color: "red" }
    }]
};
```

6.1.7 Web 样式符号

WebStyleSymbol 用于在视图中创建二维符号和三维符号，其本身不包含任何符号定义，仅用于对已有符号的引用，可以通过 fetchSymbol 和 fetchCIMSymbol 方法对已有符号的样式进行替换。通过样式名称或样式的 URL 来引用 Web 样式。例如下面的代码就是通过指定样式名称来引用的。

```
let symbol = {
    type: "web-style",
    styleName: "EsriThematicShapesStyle",
    name: "Standing Diamond"
};
```

6.2 图　形

ArcGIS API for JavaScript 提供了图形类 esri/Graphic，通过该类可以在视图的最上层绘制图形。这些图形可以是用户绘制的，用于作为标记或作为条件输入任务中，也可以是应用程序为显示某任务执行的结果而自动绘制的，例如应用程序可能需要将查询结果作为图形显示在地图上。

ArcGIS API for JavaScript 是通过图形图层 esri/layers/GraphicsLayer 来管理图形的，可以在视图中创建并增加一个或多个图形图层，每个图形图层包含一个图形对象数组。开始时，该数组为空，不过可以在视图加载后的任何时间增加图形对象。通过图形图层可以监听发生在图形对象上的事件。

6.2.1 图形对象的构成

图形对象可包含四大部分内容，分别是几何对象、符号、属性与一个信息模板，分别对应图形类的 geometry、symbol、attributes 与 popupTemplate 属性。

几何对象确定了图形对象的空间位置，可以是点、多点、线或多边形。

符号确定了如何显示图形对象，可以是标记符号、线符号或填充符号。

属性是描述图形的名称–值对。如果创建了一个新的图形对象，则需要指定属性。如果图形是某图层执行某任务后返回的结果，那么该图形自动包含该图层的字段属性。某些任务还允许限制返回的属性。例如通过 Query 类的 outFields 属性可以限制返回的字段。

信息模板定义了当图形被单击后默认显示的信息窗口（esri/widgets/Popup）的格式。但要注意的是，popup 是视图对象的属性，而 popupTemplate 是图形对象的属性。这样一来便可以允许在同一张地图上显示带不同信息模板的图形对象。

虽然图形对象可以包含上述 4 个部分，但不是必需的。例如许多任务使用 FeatureSet 来返回图形对象，这些图形对象只包含几何对象与属性，如果需要在地图上显示这些图形对象，还需要给它们定义符号。

6.2.2 popupTemplate 与 popup

esri/popupTemplate 类表示信息模板，是一个包含标题与内容的模板字符串，用于将图形对象的 attributes 属性转换为 HTML 表达。可以使用 Dojo 的“{<关键字>}”来执行参数替换。此外，可使用通配符“{*}”作为模板字符串，将显示所有属性的名称与值对。用户单击某图形后，默认的操作是显示地图的信息窗口，但前提是提供了 popupTemplate。

popup 是一个 HTML 弹出窗口，通常包含图形对象的属性。此外，还可使用 popup 来实现地图中的自定义内容。

我们这里将通过实例 6-2（对应代码目录为 Sample6-2）来演示如何使用 popupTemplate 与 popup，以及如何使用自定义的更美观的窗口来代替 ArcGIS API for JavaScript 提供的信息窗口。

1. JSON 文件

为了更多地介绍 Dojo，这里不使用任务查询图层得到图形的方式，而通过读取 JSON 文件中的数据添加图形。

新建一个站点。在根目录下增加名为 Data 的目录，并在该目录中增加名为 PointData.json 的文件，该文件的参考结构如下：

```
{    identifier: "id",
     label: "street",
     items: [
     { id: "1",
      street:"24 Willie Mays Plz",
      city:"San Francisco",
      name:"AT&amp;T Park",
      state:"CA",
      url:"http://sanfrancisco.giants.mlb.com/sf/ballpark/giantsenterprises/ index.html",
      x:"-122.401029",
      y:"37.770945",
      zip:"94107"
```

```
        },

      { id: "13",
       street: "1 Zoo Rd",
       city: "San Francisco",
       name: "San Francisco Zoo",
       state: "CA",
       url: "http://www.sfzoo.org/",
       x: "-122.49956197",
       y: "37.7314876600001",
       zip: "94132"
       }
        ]
}
```

Dojo 自 1.6 版本开始，基于 HTML 5 的 IndexedDB 对象存储 API，改善了以前的 dojo/data 与 dojox/storage，发布了新的数据存储模块，即 dojo/store，它具有简单、易用、快速存取和管理数据的能力。

dojo/store 包含如下几个重要模块：

- dojo/store/Memory，客户端的对象存储，它是 dojo/store 中基本的存储，通过该模块可以构建自己的客户端存储以对其增删改查。
- dojo/store/JsonRest，服务器端的对象存储（用于 REST/JSON），用它来管理服务器端的 Ajax 请求或者 REST 服务。
- dojo/store/DataStore 适配器，通过该适配器将旧存储转换成新存储，就可以使用新存储的 API。例如：

```
    require(["dojo/data/ItemFileWriteStore", "dojo/store/DataStore"],
function(ItemFileWriteStore, DataStore){
        datastore = new ItemFileWriteStore({url:"data.json"});
        store = new DataStore({store: datastore});
        store.query("foo=bar").then(function(results){
            // 处理从服务器上得到的查询结果
        });
    });
```

- dojo/data/ObjectStore 适配器，用于将新存储转换成旧存储。例如使用 DataGrid 时，DataGrid 使用的是旧存储，所以需要转换一下。
- dojo/store/Observable，用于对存储的变化进行监控的模块。
- dojo/store/Cache，为存储增加缓存。例如 JsonRest 作为主存储，Memory 作为 Cache（缓存），代码如下：

```
    restStore = new JsonRest(...);
    memoryStore = new Memory();
    store = new Cache(restStore, memoryStore);
    store.get(1) //通过请求去拿 id 为 1 的对象
    store.get(1) //使用的是本地的 Memory Cache
    store.put({id:2, name:"two"}) //将对象保存在主存储和本地的 Memory Cache
    store.get(2) //使用本地的 Memory Cache
```

存储作为 dojo 数据管理的基础是非常重要的，像 Tree、Grid 与 Chart 等组件都用它来做数据源。

2. 默认的信息窗口

在站点中增加一个名为 DefaultInfoWindow.html 的网页文件，在其中加入如下代码：

```
<!DOCTYPE html>
```

```
<html>
<head>
    <meta charset="utf-8">
    <title>Info Template</title>
    <link rel="stylesheet" href="https://js.arcgis.com/4.22/dijit/themes/ claro/claro.css" />
    <link rel="stylesheet" href="https://js.arcgis.com/4.22/esri/themes/ light/main.css"/>
    <style>
        html, body, #mapDiv { padding: 0; margin: 0; width: 100%; height: 100%;
        }
    </style>
    <script src="https://js.arcgis.com/4.22/"></script>
    <script type="text/javascript">
        var map;
        require(["dojo/parser", "esri/geometry/Extent", "esri/Color", "esri/Map",
"esri/views/MapView", "esri/layers/TileLayer", "esri/geometry/Point", "esri/ geometry/
SpatialReference", "esri/Graphic", "esri/PopupTemplate", "esri/symbols/SimpleMarkerSymbol",
"esri/symbols/SimpleLineSymbol", "dojo/store/JsonRest", "dojo/domReady!"],
            function (parser, Extent, Color, Map, MapView, TileLayer, Point,
SpatialReference, Graphic, PopupTemplate, SimpleMarkerSymbol, SimpleLineSymbol, JsonRest) {
                parser.parse();

                var extent = new Extent({
                    "xmin": -122.53154754638672, "ymin": 37.68379211425781,
                    "xmax": -122.32555389404297, "ymax": 37.82112121582031,
                    "spatialReference": { "wkid": 4326 }
                })
                map = new Map();
                var agoServiceURL = "http://server.arcgisonline.com/ArcGIS/
rest/services/World_Street_Map/MapServer";
                var agoLayer = new TileLayer(agoServiceURL);
                map.add(agoLayer);

                var view = new MapView( {
                    map: map,
                    extent: extent,
                    container: "mapDiv"
                });

                var popupTemplate = new PopupTemplate({
                    title: "{name}",
                    content: "{url}"
                });
                var symbol = new SimpleMarkerSymbol({
                    style: "circle",
                    size: 15,
                    outline: new SimpleLineSymbol({
                        style: "solid",
                        color: new Color([0, 0, 255, 0.5]),
                        width: 8
                    }),
                    color: new Color([0, 0, 255])
                });

                view.on("layerview-create", addPointGraphics);

                function addPointGraphics() {
                    var store = new JsonRest({ target: "Data/PointData.json" });
                    store.query({ id: "*" }).then(function (result, request) {
                        var items = result.items;
                        for (var i = 0; i < items.length; i++) {
                            var attr = {
                                "name": items[i].name,
                                "url": items[i].url
                            };
                            var loc = new Point({
                                x: items[i].x,
                                y: items[i].y,
                                spatialReference: new SpatialReference({ wkid: 4326 })
                            });
                            var graphic = new Graphic({
                                geometry: loc,
```

```
                            symbol: symbol,
                            attributes: attr,
                            popupTemplate: popupTemplate
                        });
                        view.graphics.add(graphic);
                    }
                });
            }
        }
    );
  </script>
</head>
<body class="claro">
  <div id="mapDiv"></div>
</body>
</html>
```

在上面的代码中，执行从 JSON 文件中读数据，生成图形对象并加入地图中的函数是 addPointGraphics。在该函数中，首先创建一个 dojo/store/JsonRest 实例，然后调用该实例的 query 方法。query 方法提供了类似 SQL 中 SELECT 语句的功能。该方法将目标参数（由构造 JsonRest 实例时的 target 属性指定）与查询参数组成一个 HTTP Get 请求，例如上面的代码发送的就是如下请求：http://localhost:53653/Chapter06/Sample6-2/Data/PointData.json?id=*。

当从服务器得到数据响应后，针对每行记录，得到具体某个字段的值，根据 name 与 url 字段构造属性，根据 x、y 坐标构造点对象，然后利用这些值构造图形对象，并加入地图的图形图层中。

由于在构造图形对象时设置了信息模板，因此程序运行后，用户单击加入的图形时，将自动弹出信息窗口，显示信息模板指定的标题与内容。效果如图 6.3 所示。

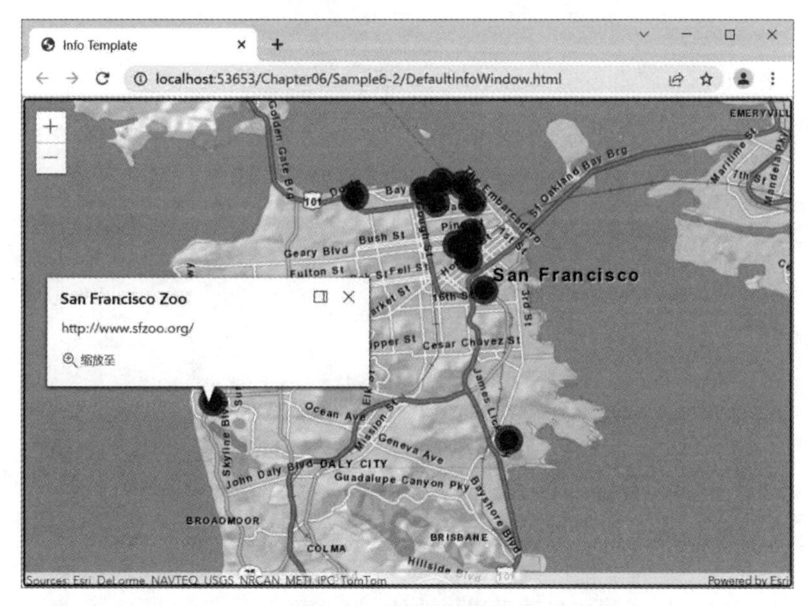

图 6.3　默认信息窗口

当然，我们可以通过代码在需要时显示信息窗口。例如想实现当用户将鼠标移动到图形对象上时显示信息窗口，移出时关闭显示窗口，可以加入如下代码：

```
view.on("pointer-move", function (event) {
   view.hitTest(event).then(function (response) {
      if (response.results.length) {
         var graphic = response.results[0].graphic;
         view.popup.open({
```

```
                location: new Point({
                    x: graphic.geometry.x,
                    y: graphic.geometry.y,
                    spatialReference: new SpatialReference({ wkid: 4326 })
                }),
                title: graphic.attributes.name,
                content: graphic.attributes.url
            });
        } else {
            view.popup.close();
        }
    });
});
```

3. 自定义信息窗口

从图 6.3 可以看出，ArcGIS API for JavaScript 提供的信息窗口不是那么美观，很难让客户满意。我们可以通过自定义的方式提供具有动画效果，并且更加美观、灵活的信息窗口。

在站点中新增加一个 js 目录，在该目录中增加一个名为 InfoTip.js 的文件，我们将在该文件中定义一个信息窗口类 InfoTip。

InfoTip 类的声明与基本属性如下：

```
require(["dojo/_base/declare", "dojo/dom-construct", "dojo/dom-attr", "dojo/dom-style",
"dojo/dom-geometry", "dojo/_base/window", "dojo/_base/fx"],
    function (declare, domConstruct, domAttr, domStyle, domGeom, win, fx) {
    declare("InfoTip", // 类名
          null, // 无父类，使用 null
          {
              LOCATION: { left: "left", right: "right", top: "top", bottom: "bottom" },
              _isShowing: false,
              _position: null,
              _height: 0,
              _width: 0,
              _location: "top",
              _padding: 15,
              _xOffset: 0,
              _yOffset: 0,
              _id: "",
              _animationRef: null,
          }
      );
});
```

类的构造函数如下：

```
constructor: function (divId, cssClass, mapPosition, useAnimation) {
    this._xOffset = mapPosition.x;
    this._yOffset = mapPosition.y;
    this._id = divId;
    this._animation = useAnimation;
    var a = domConstruct.create("div");
    domAttr.set(a, { id: divId, "class": cssClass, style: "display:none" });
    win.body().appendChild(a);
},
```

在上述构造函数中，除了根据参数设置属性外，还创建了用于容纳本信息窗口的 DIV。

两个获取属性的方法如下，getId 用于得到本信息窗口 DIV 的 ID，isShowing 用于判断是否已经显示信息窗口：

```
getId: function() {
    return this._id;
},

isShowing: function() {
    return this._isShowing;
```

```
},
```

几个设置属性的方法如下：

```
setPadding: function(padding) {
   this._padding = padding;
},

setLocation: function(location) {
   this._location = location;
},

setSize: function (f, g) {
   domStyle.set(this._id, { height: g + "px", width: f + "px" })
},

setContent: function (f) {
   document.getElementById(this._id).innerHTML = f;
   domStyle.set(this._id, "display", "")
},

setClass: function (className) {
   document.getElementById(this._id).className = className;
},
```

InfoTip 类最重要的就是显示方法，该方法的代码如下：

```
show: function (g) {
   this._position = domGeom.position(this._id);
   this._height = this._position.h;
   this._width = this._position.w;

   var h, f;
   switch (this._location) {
      case "left":
         h = g.y + this._yOffset - (this._height / 2) + "px";
         f = g.x + this._xOffset - this._width - this._padding + "px";
         break;

      case "right":
         h = g.y + this._yOffset - (this._height / 2) + "px";
         f = g.x + this._xOffset + this._padding + "px";
         break;

      case "bottom":
         h = g.y + this._yOffset + this._padding + "px";
         f = g.x + this._xOffset - (this._width / 2) + "px";
         break;

      case "top":
         h = g.y + this._yOffset - this._height - this._padding + "px";
         f = g.x + this._xOffset - (this._width / 2) + "px";
         break
   }

   domStyle.set(this._id, { left: f, top: h, display: "" });
   if (this._animation) {
      if (this._animationRef != null) {
         this._animationRef.stop();
      }

      this._animationRef = fx.fadeIn({ node: this._id, duration: 1000 }).play();
   }
   this._isShowing = true;
},
```

该方法首先通过传入的点坐标计算信息窗口应该显示的位置，然后调用 dojo/dom-style::set 方法设置该位置，最后调用 dojo/_base/fx::fadeIn 创建一个淡入动画对象，并执行该动画对象。

隐藏信息窗口的方法如下：

```
    hide: function () {
        if (!this._isShowing) {
            return
        }

        if (this._animation) {
            this._animationRef = fx.fadeOut({
                node: this._id,
                duration: 800,
                onEnd: function () { this.node.style.display = "none" }
            }).play();
        }
        else {
            domStyle.set(this._id, "display", "none");
        }

        this._isShowing = false;
    }
```

在上述方法中，如果指定使用动画效果，则调用 dojo/_base/fx::fadeOut 创建一个淡出动画对象并执行，如果不使用动画效果，则直接使用 dojo/dom-style:: set 将信息窗口的 display 属性设置为 none，即实现隐藏目的。

至此，完成了信息窗口类。下面来演示如何使用该类。在站点中新增加一个名为 CustomInfoWindow.html 的网页文件，该网页文件包含的代码如下：

```
    <!DOCTYPE html>
    <html>
    <head>
        <meta charset="utf-8">
        <title>Info Template</title>
        <link rel="stylesheet" href="https://js.arcgis.com/4.22/dijit/ themes/claro/claro.css" />
        <link rel="stylesheet" href="https://js.arcgis.com/4.22/esri/ themes/light/main.css"/>
        <link rel="stylesheet" type="text/css" href="sample.css" />
        <style>
            html, body { padding: 0; margin: 0; width: 100%; height: 100%;
            }
        </style>
        <script src="https://js.arcgis.com/4.22/"></script>
        <script type="text/javascript" src="js/InfoTip.js"></script>
        <script type="text/javascript">
            var map, iTip;
            require(["dojo/parser", "esri/geometry/Extent", "esri/Color", "esri/Map",
"esri/views/MapView", "esri/layers/TileLayer", "esri/geometry/Point",
"esri/geometry/SpatialReference", "esri/Graphic", "esri/PopupTemplate",
"esri/symbols/SimpleMarkerSymbol", "esri/symbols/SimpleLineSymbol", "dojo/store/JsonRest",
"dojo/domReady!"],
                function (parser, Extent, Color, Map, MapView, TileLayer, Point,
SpatialReference, Graphic, PopupTemplate, SimpleMarkerSymbol, SimpleLineSymbol, JsonRest) {
                    parser.parse();

                    var extent = new Extent({
                        "xmin": -122.53154754638672, "ymin": 37.68379211425781,
                        "xmax": -122.32555389404297, "ymax": 37.82112121582031,
                        "spatialReference": { "wkid": 4326 }
                    })
                    map = new Map();
                    var agoServiceURL = "http://server.arcgisonline.com/ArcGIS/
rest/services/World_Street_Map/MapServer";
                    var agoLayer = new TileLayer(agoServiceURL);
                    map.add(agoLayer);
                    var view = new MapView(
                        {
                            map: map,
                            extent: extent,
                            container: "mapDiv"
                        });

                    view.on("layerview-create", function (event) {
```

```
                    var clientHeight = document.getElementById("mapDiv").
getBoundingClientRect().top + 5;
                    var point = view.toMap({ x: 0, y: clientHeight });
                    var point = new Point({
                        x: 0,
                        y: clientHeight
                    });
                    iTip = new InfoTip("i2Div", "infoTip white", point, true);
                });

                var popupTemplate = new PopupTemplate({
                    title: "{name}",
                    content: "{url}"
                });
                var symbol = new SimpleMarkerSymbol({
                    style: "circle",
                    size: 15,
                    outline: new SimpleLineSymbol({
                        style: "solid",
                        color: new Color([0, 0, 255, 0.5]),
                        width: 8
                    }),
                    color: new Color([0, 0, 255])
                });

                view.on("layerview-create", addPointGraphics);

                function addPointGraphics() {
                    var store = new JsonRest({ target: "Data/PointData.json" });
                    store.query({ id: "*" }).then(function (result, request) {
                        var items = result.items;
                        for (var i = 0; i < items.length; i++) {
                            var attr = {
                                "name": items[i].name,
                                "url": items[i].url
                            };
                            var loc = new Point({
                                x: items[i].x,
                                y: items[i].y,
                                spatialReference: new SpatialReference({ wkid: 4326 })
                            });
                            var graphic = new Graphic({
                                geometry: loc,
                                symbol: symbol,
                                attributes: attr,
                                popupTemplate: popupTemplate
                            });
                            view.graphics.add(graphic);
                        }
                    });
                }

                view.on("pointer-move", function (event) {
                    view.hitTest(event).then(function (response) {
                        if (response.results.length) {
                            var img = '<img src="images/i_flag.png"/ style="height:20px;
width20px;border:0;">';
                            iTip.setContent(img + " " + response.results[0].graphic.
attributes.name);
                            iTip.show(response.screenPoint);
                        } else {
                            view.popup.close();
                        }
                    });
                });

            }
        );
    </script>
</head>
<body class="claro">
```

```
        <h1>具有淡出/淡入效果的信息窗口</h1>
        <div id="mapDiv" style="width:600px;height:400px;">
        </div>
        <p>
            选择信息窗口的位置（默认为上部）：
            <input type="button" value="左" onclick="iTip.setLocation('left')" />
            <input type="button" value="右" onclick="iTip.setLocation('right')" />
            <input type="button" value="上" onclick="iTip.setLocation('top')" />
            <input type="button" value="下" onclick="iTip.setLocation('bottom')" />
        </p>
        <p>
            选择背景样式（默认为白色）：
            <input type="button" value="绿色" onclick="iTip.setClass('infoTip green')" />
            <input type="button" value="背景图片" onclick="iTip.setClass('infoTip bgimage')" />
            <input type="button" value="黑色" onclick="iTip.setClass('infoTip roundcorner
black')" />
            <input type="button" value="白色" onclick="iTip.setClass('infoTip white')" />
        </p>
    </body>
    </html>
```

上述代码大部分与 DefaultInfoWindow.htm 的一致，这里不再赘述。该网页程序的运行结果如图 6.4 所示。

图 6.4　自定义信息窗口

6.3　符号与图形代码优化

在将一个图形加入视图的图形图层之前，最好设置图形的几何对象与符号。如果在视图中已经加入了一个图形，再更改该图形的 geometry 或 symbol 属性，则将强迫该图形重画。因此，以下代码的效率相对较低：

```
    var graphic = new Graphic({
```

```
        geometry: geometry,
        symbol: defaultSymbol
    });
    view.graphics.add(graphic);
    if (isSelected) {
        graphic.symbol = highlightSymbol;
    }
```

应该使用下面的方式：

```
    var graphic = new Graphic({
        geometry: geometry,
        symbol: isSelected ? highlightSymbol : defaultSymbol
    });
    map.graphics.add(graphic);
```

在创建符号对象时，应该使用默认的符号构造函数，并只覆盖那些要自定义的属性。因此，我们在创建符号对象之前，首先应该检查每种符号的默认属性。

例如，对于线符号来说，默认是实线，但下面的代码通过设置所有的属性来创建一个线符号，这就会带来效率的问题：

```
    var symbol = new SimpleLineSymbol({
        style: "solid",
        color: new Color([255, 0, 0]),
        width: 1
    });
```

而下面的代码效率相对较高，因为它只覆盖了需要自定义的颜色属性：

```
    var symbol = new SimpleLineSymbol()
    symbol.Color = new Color([255, 0, 0]));
```

此外，通过方法链的方式可以减少代码行。图形对象以及符号对象的设置方法返回的是自身对象，因此可以使用方法链。

第 7 章

要素图层与专题图

要素图层（esri/layers/FeatureLayer）是在 ArcGIS 10.0 的时候增加的，是一种特殊的图形图层，它继承自 esri/layers/Layer，用来对服务图层中的要素服务进行显示，同时还提供了支持表达式过滤、要素的关联查询以及在线编辑等功能。切片地图图层以及动态地图图层返回给客户端的只是图片，而要素图层中包含从服务器返回的空间数据以及属性数据，因此要对数据进行操作，必须使用要素图层，这就彰显了要素图层在所有图层中的突出位置。原来专题图也只能应用在要素图层上。

随着版本的升级，除了要素图层之外，用于查询、分析与可视化的图层还包含 GraphicsLayer、MapImageLayer、SceneLayer、CSVLayer、KMLLayer、StreamLayer、WFSLayer、OGCFeatureLayer 与 GeoJSONLayer 等，但是要素图层最典型，因此本章主要介绍要素图层。

通过上一章介绍的符号，只能实现在一个图形图层或要素图层上所有属性都使用同一符号表达，这种普通地图只能强调地物位置及其相互关系。而专题图用于强调表示特定要素或概念，与普通地图相比，它具备突出且较完备地表示一种或几种要素的特点。本章首先介绍要素图层，然后介绍如何使用 ArcGIS API for JavaScript 提供的几个渲染器类来绘制专题图，还将介绍如何绘制直方图与饼图专题图，最后解释智能制图与图层的标注。

7.1　要素图层

FeatureLayer 类有很多属性和方法，用于对要素服务实现查询、渲染与编辑等操作。通过设置 FeatureLayer 的 definitionExpression 属性还可以实现对数据的过滤。

7.1.1 要素图层的创建

可以使用下面 3 种方式之一来创建一个要素图层。

（1）使用地图服务。例如：

```
<!DOCTYPE html>
<html>
<head>
    <meta charset="utf-8">
    <title>Feature Layers</title>
    <link rel="stylesheet" href="https://js.arcgis.com/4.22/esri/ themes/light/main.css">
    <style>
        html, body, #mapDiv { padding: 0; margin: 0; width: 100%; height: 100%;
        }
    </style>
    <script src="https://js.arcgis.com/4.22/"></script>
    <script type="text/javascript">
        require(["esri/Map", "esri/layers/TileLayer", "esri/layers/ FeatureLayer",
"esri/views/MapView", "dojo/domReady!"],
            function (Map, TileLayer, FeatureLayer, MapView) {
                var agoLayer = new TileLayer({
                    url: "https://server.arcgisonline.com/ ArcGIS/rest/services/
World_Street_Map/MapServer"
                });
                var operationsLayer = new FeatureLayer({
                    url: "https://sampleserver5.arcgisonline.com/ arcgis/rest/services/
Earthquakes_Since1970/MapServer/0",
                    outFields: ["*"]
                });
                var map = new Map({
                    layers: [agoLayer, operationsLayer]
                });
                const view = new MapView({
                    map: map,
                    container: "mapDiv",
                })
            }
        );
    </script>
</head>
<body>
    <div id="mapDiv"></div>
</body>
</html>
```

（2）使用要素服务。效果与使用地图服务来创建要素图层一样，只是如果要编辑要素，则必须使用要素服务。例如上面的实例化要素图层的代码替换成如下代码：

```
var operationsLayer = new FeatureLayer({
url: " https://sampleserver5.arcgisonline.com/arcgis/rest/services/
Earthquakes_Since1970/FeatureServer/0",
outFields: ["*"]
});
```

（3）使用客户端要素，方式如下：

```
var layer = new FeatureLayer({
    fields: [{
        name: "ObjectID",
        alias: "ObjectID",
        type: "oid"
    }, {
        name: "type",
        alias: "Type",
        type: "string"
```

```
        }, {
            name: "place",
            alias: "Place",
            type: "string"
        }],
        objectIdField: "ObjectID",
        geometryType: "point",
        spatialReference: { wkid: 4326 },
        source: graphics,
        popupTemplate: pTemplate,
        renderer: uvRenderer
    });
    map.add(layer);
```

7.1.2 返回数据的限定

FeatureLayer 一般是从服务器上获取当前显示范围中的所有数据。但是有时数据量非常大，而且不需要把所有要素都拿到客户端来分析，这时可以通过几种方法来限制从服务器返回的要素。

一是通过 FeatureLayer 类的 definitionExpression 属性设置一个定义表达式，获取满足该定义表达式的要素。例如：

```
    const layer = new FeatureLayer({
      url: "https://services.arcgis.com/V6ZHFr6zdgNZuVG0/arcgis/rest/
services/Landscape_Trees/FeatureServer/0"
      definitionExpression: "Sci_Name = 'Ulmus pumila'"
    });
```

或：

```
    featureLayer.definitionExpression = "STATE_NAME = 'South Carolina'";
```

二是可以通过 FeatureLayer 类的 timeExtent 属性获取指定时间范围内的要素。不过该方法只对时间感知型图层起作用，例如：

```
    require(["esri/TimeExtent", "esri/layers/FeatureLayer"],
        function (TimeExtent, FeatureLayer) {
            var featureLayer = new FeatureLayer("url", {
                outFields: ["*"]
            });
            var timeExtent = new TimeExtent();
            var now = new Date();
            var startDate = new Date(now.setDate(now.getDate() - 7));
            timeExtent.start = startDate;
            timeExtent.end = now;
            featureLayer.timeExtent = timeExtent;
        });
```

三是通过调用 FeatureLayer 的 queryFeatures()方法，执行一个由 esri/rest/support/Query 类指定的查询，从要素服务返回满足条件的要素集。

例如下面的代码用于查询匹配图层配置（例如 definitionExpression）的所有要素：

```
    layer.queryFeatures().then(function(results){
      // 在控制台打印满足条件的要素
      console.log(results.features);
    });
```

下面的代码构建一个 Query 对象，然后执行查询操作：

```
    const layer = new FeatureLayer({
      url: fsUrl
    });
    const query = new Query();
```

```
query.where = "STATE_NAME = 'Washington'";
query.outSpatialReference = { wkid: 102100 };
query.returnGeometry = true;
query.outFields = [ "CITY_NAME" ];
layer.queryFeatures(query).then(function(results){
  console.log(results.features);
});
```

当然，还可以利用 autocasting 特性编码方式集中指定所有条件，例如：

```
const layer = new FeatureLayer({
  url: fsUrl
});
const query = { // 自动转换为 Query 类的对象
  where: "1=1", // 获取所有要素
  returnGeometry: false,
  outFields: ["State_Name", "City_Name", "pop2010"]
};

layer.queryFeatures(query).then(function(results){
  console.log(results.features);  // prints the array of features to the console
});
```

如果想在原来查询的基础上进一步增加条件或更改条件，则可以先调用要素图层的 createQuery()方法得到图层当前配置的查询对象，然后对该对象中的某些属性进行指定，最后调用 queryFeatures()方法执行查询，例如：

```
const queryParams = layer.createQuery();
queryParams.geometry = extentForRegionOfInterest;
queryParams.where = queryParams.where + " AND TYPE = 'Extreme'";
layer.queryFeatures(queryParams).then(function(results){
  console.log(results.features);
});
```

7.1.3　客户端的查询与过滤

前面介绍了如何限制从服务器端获取数据，由于图层与图层视图的分离，还可以利用图层视图在客户端对数据进行进一步的查询与过滤。

要素图层视图 FeatureLayerView 类中的 queryFeatures()方法用于客户端的查询，该方法的使用与要素图层类的 queryFeatures()方法基本一致，接收的是一个 Query 对象的参数。例如下面的代码查询得到指定范围中的要素：

```
let layer = new FeatureLayer({
  url: fsUrl
});
let query = new Query();
query.geometry = new Extent({
  xmin: -9177811,
  ymin: 4247000,
  xmax: -9176791,
  ymax: 4247784,
  spatialReference: 102100
});
query.spatialRelationship = "intersects";
view.whenLayerView(layer).then(function(layerView){
  layerView.watch("updating", function(val){
    if(!val){
      layerView.queryFeatures(query).then(function(results){
        console.log(results.features);
      });
    }
  });
});
```

要素图层视图的 filter 属性可指定属性、几何图形以及时间范围的过滤条件，只有满足条件的要素才会显示在视图中，例如：

```
featureLayerView.filter = new FeatureFilter({
  where: "percentile >= 30",
  geometry: filterPolygon,
  spatialRelationship: "contains",
  distance: 10,
  units: "miles"
});
```

7.1.4 要素高亮显示

通过要素图层视图的 highlight()方法可以高亮显示某些要素，例如下面的代码高亮显示鼠标移动到的要素：

```
view.on("pointer-move", function(event){
  view.hitTest(event).then(function(response){
    if (response.results.length) {
      let graphic = response.results.filter(function (result) {
        return result.graphic.layer === treesLayer;
      })[0].graphic;

     view.whenLayerView(graphic.layer).then(function(layerView){
       layerView.highlight(graphic);
     });
    }
  });
});
```

7.1.5 要素效果

要素图层视图的 filter 属性可以把满足条件的要素筛选出来，如果只指定该属性而不设置 featureEffect（4.22 版本之前是 effect）属性，那么图层视图中只用渲染器中的符号显示满足条件的要素。可通过 featureEffect 属性进一步指定满足条件与不满足条件的要素的显示效果，其中 includedEffect 指定满足条件的要素的显示效果，excludedEffect 指定不满足条件的要素的显示效果，该效果使用 CSS 滤镜来指定，例如：

```
const featureFilter = new FeatureFilter({
  where: "BoroughEdge='true'"
});
layerView.featureEffect = new FeatureEffect({
  filter: featureFilter,
  includedEffect: "drop-shadow(3px, 3px, 3px, black)",
  excludedEffect: "blur(1px) brightness(65%)"
});
```

下面通过实例 7-1（Sample7-1）来演示如何使用 filter 与 featureEffect，使用了地震观测数据。在 Sample7-1 文件夹下新建一个名为 FilterEffect.html 的网页文件，该网页文件包含的代码如下：

```
<!DOCTYPE html>
<html>
<head>
    <meta charset="utf-8">
    <title>客户端过滤与效果</title>
    <link rel="stylesheet" href="https://js.arcgis.com/4.22/esri/ themes/dark/main.css" />
    <link rel="stylesheet" href="main.css" />
</head>
<body>
```

```
    <div id="map"></div>
    <div id="timeSliderDiv"></div>
    <div id="options">
        <fieldset class="fieldset-radio">
            <legend>选择显示方式</legend>
            <label><input id="filter" type="radio" name="time" value="Filter" checked>仅使用
过滤</label>
            <label><input id="effect" type="radio" name="time" value="Effect">过滤与效果
</label>
        </fieldset>
    </div>
    <script src="https://js.arcgis.com/4.22/"></script>
    <script src="FilterEffect.js"></script>
</body>
</html>
```

FilterEffect.js 代码框架如下：

```
require(["esri/Map", "esri/views/MapView", "esri/layers/FeatureLayer",
    "esri/widgets/TimeSlider", "esri/core/watchUtils"],
    function (Map, MapView, FeatureLayer, TimeSlider, watchUtils) {
    const URL = "https://services.arcgis.com/6DIQcwlPy8knb6sg/arcgis/
rest/services/quakes/FeatureServer/0";
    const MAGNITUDE_MIN = 5.0;

    const featureLayerQuake = new FeatureLayer({
        url: URL,
        definitionExpression: "mag >= " + MAGNITUDE_MIN,
        outFields: ["mag"],
        renderer: {
            type: "simple",
            symbol: {
                type: "simple-marker",
                style: "circle",
                size: 7,
                color: "#FF7F00",
                outline: {
                    style: "solid",
                    color: "#3A3B3B",
                    width: 0.5
                }
            }
        },
        visible: false
    });

    const map = new Map({
        basemap: "dark-gray-vector",
        layers: [featureLayerQuake]
    });

    const view = new MapView({
        container: "map",
        map: map,
        center: [170, 0],
        zoom: 2,
        ui: {
            components: []
        }
    });
});
```

在上面的代码中通过指定要素图层的 definitionExpression 属性，只从服务器端返回地震级别大于 5.0 的地震点数据。在新建地图视图时将界面中的组件清空，即不显示放大以及缩小小部件。

为了进一步在客户端对数据进行过滤，这里使用时间范围来过滤。为方便用户操作，使用一个时间小部件，在新建地图视图代码下面加入如下代码：

```
const timeSlider = new TimeSlider({
```

```
    container: "timeSliderDiv",
    playRate: 100,
    stops: {
        interval: {
            value: 1,
            unit: "years"
        }
    }
});
timeSlider.watch("timeExtent", function (timeExtent) {
    updateView(timeExtent);
});
```

在上面的代码中指定当时间小部件的 timeExtent 属性变化后，调用 updateView()函数。该函数在后面实现。

接下来处理要素图层视图。在上面代码的后面加入如下代码：

```
let quakeView = null;
view.whenLayerView(featureLayerQuake).then(function (layerView) {
    watchUtils.whenFalseOnce(layerView, "updating", function () {
        quakeView = layerView;
        timeSlider.fullTimeExtent = featureLayerQuake.timeInfo.fullTimeExtent;
        featureLayerQuake.visible = true;
    });
});
```

上述代码用于设置要素图层视图以及时间小部件的时间范围。

接下来加入用户单击不同效果单选框的处理代码，代码如下：

```
document.getElementById('filter').addEventListener('click', function () {
    if (quakeView == null) { return; }
    quakeView.layer.renderer.symbol.color = "#FF7F00";
    quakeView.effect = null;
    updateView(timeSlider.timeExtent);
});

document.getElementById('effect').addEventListener('click', function () {
    if (quakeView == null) { return; }
    quakeView.layer.renderer.symbol.color = "#FF7F00";
    quakeView.filter = null;
    updateView(timeSlider.timeExtent);
});
```

最后就是真正实现过滤与效果的 updateView()函数，代码如下：

```
function updateView(timeExtent) {
    if (quakeView == null) { return; }
    if (document.getElementById('filter').checked) {
        quakeView.set({
            filter: {
                where: featureLayerQuake.definitionExpression,
                timeExtent: timeExtent
            }
        });
    }
    if (document.getElementById('effect').checked) {
        quakeView.set({
            featureEffect: {
                filter: {
                    where: featureLayerQuake.definitionExpression,
                    timeExtent: timeExtent
                },
                includedEffect: "bloom(0.9 0.6pt 0)",
                excludedEffect: "saturate(0%) opacity(10%)"
            }
        });
    }
}
```

代码也很简单，如果选择仅使用过滤，那么设置要素图层视图的 filter 属性，否则设置要素图层视图的 featureEffect 属性，效果如图 7.1 所示。

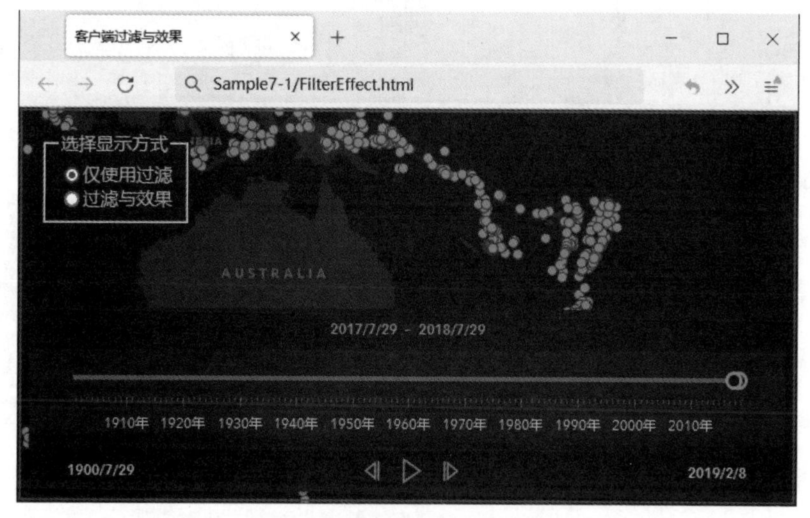

图 7.1　使用 filter 与 featureEffect

7.2 专 题 图

专题图是用于分析和表现数据的一种强有力的方式。用户可以通过使用专题图的方式将数据图形化，使数据以更直观的形式在地图上体现出来。当使用专题渲染在地图上显示数据时，可以清楚地看出这些数据记录上难以发现的模式和趋势，为用户的决策提供依据。专题图所表示的内容往往是普通地图上没有的，地面上看不到或无法直接量算的要素和现象，例如气候、人口分布、各种统计图等。

制作专题图是根据某个特定专题对要素图层“渲染”的过程。所谓专题渲染，就是以某种图案或颜色填充来表明要素对象的某些信息，也就是说，这类渲染存在着主题，经过这样渲染的地图就是专题图。利用 ArcGIS API for JavaScript，可将属性数据中特定的值赋予要素对象的颜色、图案或符号，从而创建不同的专题图。该专题可以是一个或多个专题变量。所谓专题变量，是指在地图上显示的数据。一个专题变量可以是一个字段或表达式。

下面通过实例 7-2（对应代码目录为 Sample7-2）来演示如何创建专题图。

7.2.1　独立值专题图

独立值专题图是一种比较简单的专题图。它使用不同的颜色、符号或线型来显示不同的数据。根据独立值绘制的专题图有助于强调数据的类型差异而不是显示定量信息（例如给定区域内的商店类型、分区类型等）。因此，当用户只需要使用单一的数据值来渲染时，可使用独立值专题图。

esri/renderers/UniqueValueRenderer 类用于制作独立值专题图。在 Sample7-2 目录下增加一个名为 UniqueValueThemeMap.html 的网页文件，目的是按照所在大区来显示美国各个州，该网页文件的内容如下：

```
<!DOCTYPE html>
<html>
<head>
    <meta charset="utf-8">
    <title>独立值专题图</title>
    <link rel="stylesheet" href="https://js.arcgis.com/4.22/esri/ themes/light/main.css">
    <style>
        html, body, #viewDiv { height: 100%; margin: 0; padding: 0;
        }
    </style>
    <script src="https://js.arcgis.com/4.22/"></script>
    <script>
        require(["esri/Map", "esri/views/MapView", "esri/layers/FeatureLayer",
"esri/widgets/Legend"
        ], function ( Map, MapView, FeatureLayer, Legend ) {
            // 州际公路的符号
            const fwySym = {
                type: "simple-line",
                color: "#30ffea",
                width: "2px",
                style: "solid"
            };

            // 联邦公路的符号
            const hwySym = {
                type: "simple-line",
                color: "#ff6207",
                width: "2px",
                style: "solid"
            };

            // 其他主干道的符号
            const otherSym = {
                type: "simple-line",
                color: "#ef37ac",
                width: "2px",
                style: "solid"
            };

            // 创建渲染器
            const hwyRenderer = {
                type: "unique-value",
                legendOptions: {
                    title: "高速公路类别"
                },
                defaultSymbol: otherSym,
                defaultLabel: "州内公路",
                field: "CLASS",
                uniqueValueInfos: [{
                    value: "I",
                    symbol: fwySym,
                    label: "州际公路"
                }, {
                    value: "U",
                    symbol: hwySym,
                    label: "联邦公路"
                }]
            };
            var featureLayer = new FeatureLayer({
                url: "https://services.arcgis.com/P3ePLMYs2RVChkJx/
arcgis/rest/services/USA_Freeway_System/FeatureServer/2",
                renderer: hwyRenderer,
                title: "高速公路系统",
                minScale: 0,
                maxScale: 0,
                labelingInfo: null
            });
```

```
            var map = new Map({
               basemap: "dark-gray-vector",
               layers: [featureLayer]
            });

            var view = new MapView({
               map,
               container: "viewDiv",
               center: [-95.625, 39.243],
               zoom: 2
            });

            const legend = new Legend({
               view: view,
               layerInfos: [{
                  layer: featureLayer
               }]
            });
            view.ui.add(legend, "bottom-right");
         });
      </script>
   </head>
   <body>
      <div id="viewDiv"></div>
   </body>
   </html>
```

从上面的代码可以看出，创建独立值专题图非常容易。首先在构造 UniqueValueRenderer 类的实例时指定使用哪个字段（或公式）作为匹配值，然后通过 value 属性为每个可能的值增加一个符号。该网页程序的运行结果如图 7.2 所示。

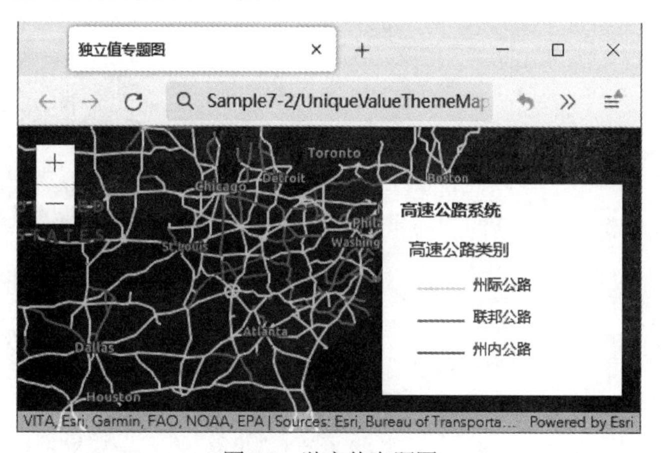

图 7.2 独立值专题图

7.2.2 点密度专题图

点密度专题图是在地图上用点来显示数据，每一点都代表一定数量，某区域中点的总数与该区域的数值呈比例。每个点代表一定数量的单元，该数乘以区域内总的点数，就等于该区域的数据值。例如一个人口点密度专题图，某省人口为 2000 万，而每个点代表 100 万，那么在该省范围内将均匀分布 20 个点。

esri/renderers/DotDensityRenderer 类用于绘制点密度专题图。在该类中最重要的属性是 dotValue。dotValue 是指每个点代表的数值，当增加每个点代表的数值时，将减少在地图上显示的点。

在 Sample7-2 目录下增加一个名为 DotsensityThemeMap.html 的网页文件，显示各个国家的人口点密度图，该网页文件包含的代码如下：

```
<!DOCTYPE html>
<html>
<head>
    <meta charset="utf-8">
    <title>点密度专题</title>
    <link rel="stylesheet" href="https://js.arcgis.com/4.22/esri/ themes/light/main.css">
    <style>
        html, body, #viewDiv { height: 100%; margin: 0;
        }
    </style>
    <script src="https://js.arcgis.com/4.22/"></script>
    <script>
        require(["esri/Map", "esri/views/MapView", "esri/layers/TileLayer",
            "esri/layers/FeatureLayer", "esri/PopupTemplate",
            "esri/renderers/DotDensityRenderer", "esri/widgets/Legend"
        ], function (Map, MapView, TileLayer, FeatureLayer,
            PopupTemplate, DotDensityRenderer, Legend) {
            var map = new Map();

            var baseMapUrl = "http://services.arcgisonline.com/ArcGIS/ rest/services/
World_Topo_Map/MapServer";
            var baseMap = new TileLayer(baseMapUrl);
            map.add(baseMap);

            var renderer = new DotDensityRenderer({
                outline: {
                    color: "blue"
                },
                attributes: [{
                    field: "POP2007",
                    color: "red"
                }],
                dotValue: 100000,
                legendOptions: {
                    unit: "人"
                }
            });
            var layerUrl = "http://services.arcgis.com/BG6nSlhZSAWtExvp/ ArcGIS/rest/
services/Demographics_World_Simp/FeatureServer/0";
            var layer = new FeatureLayer({
                url: layerUrl,
                popupTemplate: new PopupTemplate({
                    title: "{CNTRY_NAME}",
                }),
                renderer: renderer
            });
            map.add(layer);

            var view = new MapView({
                map: map,
                container: "viewDiv",
            });

            const legend = new Legend({
                view: view,
                layerInfos: [{
                    layer: layer,
                    title: "人口分布（2007 年）"
                }]
            });
            view.ui.add(legend, "bottom-right");
        });
    </script>
</head>
<body>
```

```
    <div id="viewDiv"></div>
</body>
</html>
```

该网页程序的运行结果如图 7.3 所示。

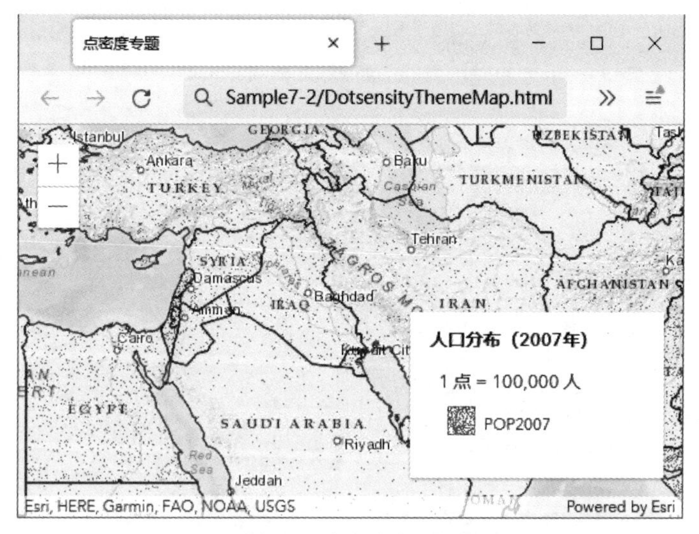

图 7.3　点密度专题图

7.2.3　范围专题图

范围专题图是按照设置的范围显示数据。这些范围用颜色和图案进行渲染。范围专题图能够通过点、线和区域来说明数值，在反映数值和地理区域的关系（如销售数字，家庭收入），或显示比率信息（如人口密度，人口除以面积）时是很有用的。

esri/renderers/ClassBreaksRenderer 类用于制作范围专题图。该类最重要的一个属性就是 classBreakInfos，该属性中指定一个范围及一个符号。如果某一要素的指定字段的数据值落在该范围内，那么就使用对应的符号来绘制该要素。

在 Sample7-2 目录下增加一个名为 ClassBreaksThemeMap.html 的网页文件，用于显示世界各个国家的人口范围专题图，该网页文件包含的代码如下：

```
<!DOCTYPE html>
<html>
<head>
    <meta charset="utf-8">
    <title>范围专题图</title>
    <link rel="stylesheet" href="https://js.arcgis.com/4.22/esri/themes/ light/main.css">
    <style>
        html, body, #viewDiv { height: 100%; margin: 0;
        }
    </style>
    <script src="https://js.arcgis.com/4.22/"></script>
    <script>
        require(["esri/Map", "esri/views/MapView", "esri/layers/FeatureLayer",
            "esri/PopupTemplate", "esri/renderers/ClassBreaksRenderer",
            "esri/symbols/SimpleFillSymbol", "esri/widgets/Legend"
        ], function (Map, MapView, FeatureLayer, PopupTemplate,
            ClassBreaksRenderer, SimpleFillSymbol, Legend
        ) {
            var renderer = new ClassBreaksRenderer({
                field: "POP2007",
```

```
            legendOptions: {
               title: "2007 年数据"
            },
            defaultSymbol: new SimpleFillSymbol({ color: [150, 150, 150, 0.5] }),
            defaultLabel: "其他",
            classBreakInfos: [{
               minValue: 0,
               maxValue: 10000000,
               symbol: new SimpleFillSymbol({ color: [56, 168, 0, 0.5] }),
               label: "少于 1 千万"
            }, {
               minValue: 10000000,
               maxValue: 50000000,
               symbol: new SimpleFillSymbol({ color: [139, 209, 0, 0.5] }),
               label: "1 千万-5 千万"
            }, {
               minValue: 50000000,
               maxValue: 100000000,
               symbol: new SimpleFillSymbol({ color: [255, 255, 0, 0.5] }),
               label: "5 千万-1 亿"
            }, {
               minValue: 100000000,
               maxValue: 500000000,
               symbol: new SimpleFillSymbol({ color: [255, 128, 0, 0.5] }),
               label: "1 亿-5 亿"
            }, {
               minValue: 500000000,
               maxValue: Infinity,
               symbol: new SimpleFillSymbol({ color: [255, 0, 0, 0.5] }),
               label: "大于 5 亿"
            }]
         });
         var layerUrl = "https://services.arcgis.com/BG6nSlhZSAWtExvp/ ArcGIS/rest/
services/Demographics_World_Simp/FeatureServer/0";
         var layer = new FeatureLayer({
            url:layerUrl,
            popupTemplate: new PopupTemplate({
               title: "{CNTRY_NAME}",
               content: "{POP2007}人"
            }),
            outFields: ["*"],
            renderer: renderer
         });

         var map = new Map({
            basemap: "streets-relief-vector"
         });
         map.add(layer);
         var view = new MapView({
            map: map,
            container: "viewDiv"
         });

         var legend = new Legend({
            view: view,
            layerInfos: [{
               title: "各国人口",
               layer: layer
            }],
         });
         view.ui.add(legend, "bottom-right");
      });
   </script>
</head>
<body>
   <div id="viewDiv"></div>
</body>
</html>
```

该网页程序的运行结果如图 7.4 所示。

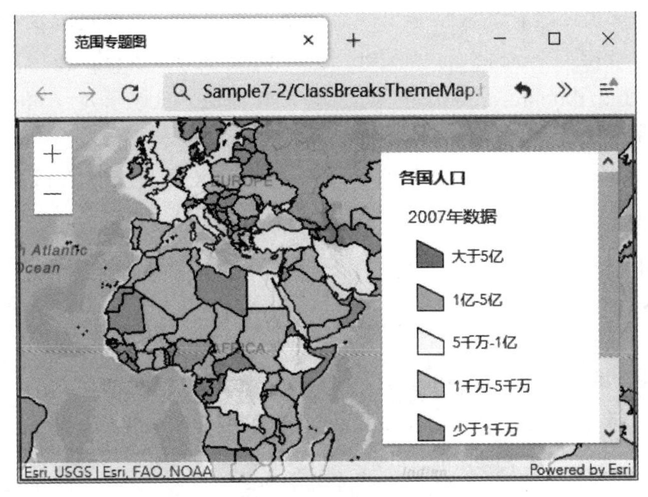

图 7.4　范围专题图

7.2.4　等级符号专题图

等级符号专题图使用不同大小的符号来表示不同的值，而且符号大小与数据值呈比例。等级符号专题图对于阐明定量信息（如由高到低依次变化）很有用处。符号的大小与该要素对应的数值呈比例，数值越大符号就越大，数值越小符号就越小。因此，等级符号专题图最适合数据值数据。

在 ArcGIS API for JavaScript 中，并没有一个专门的类用于等级符号专题图的制作，对于点要素或线要素图层，可使用 esri/renderers/visualVariables/SizeVariable 来实现等级符号专题图的制作。而对于多边形要素图层，可使用前面介绍的 ClassBreaksRenderer 类来分类实现。

1. 点、线要素图层等级符号专题图

渲染器类除了 symbol 属性之外，另一个用于可视化的属性是 visualVariables，该属性是一组 VisualVariable 对象。每个对象都必须指明要应用的可视变量的类型（例如 ColorVariable、SizeVariable、OpacityVariable 与 RotationVariable）、驱动可视化的数值字段或表达式，以及映射到数据的可视值。例如可以创建 SizeVariable 可视变量来显示贫困人口占比，代码如下：

```
renderer.visualVariables = [{
  type: "size",  // 自动转换为 new SizeVariable()
  field: "POP_POVERTY",
  normalizationField: "TOTPOP_CY",
  legendOptions: {
    title: "贫困人口占比"
  },
  stops: [
    { value: 0.15, size: 4, label: "<15%" },
    { value: 0.25, size: 12, label: "25%" },
    { value: 0.35, size: 24, label: ">35%" }
  ]
}];
```

SizeVariable 类主要包含如下属性：

- field，包含数据值的属性字段名或返回数据值的公式，必须指定该属性。
- valucUnit，如果数据代表真实世界中的长度值，那么该属性就是长度的单位，有效值可以是 inches、feet、yards、miles、nautical-miles、millimeters、centimeters、decimeters、meters、kilometers、decimal-degrees 或 unknown。如果数据值不代表长度，例如交通流量、人口数等，那么该属性就应该设置为 unknown，也必须指定该属性。
- valueRepresentation，如果数据值代表真实世界中的长度值，那么该属性指定测量的内容，有效值包括 radius、diameter、area、width 与 distance。如果 valueUnit 属性没有被设置为 unknown，那么必须指定该属性。
- minDataValue，表示数据值最小的值，如果 valueUnit 属性被设置为 unknown，那么必须指定该属性值。
- maxDataValue，表示数据值最大的值，该属性可选。
- minSize，指定最小数值的要素的符号大小，单位为 pt（point，磅）或 px（pixel，像素）。如果 valueUnit 属性被设置为 unknown，那么必须指定该属性值。
- maxSize，符号最大值，该属性可选。
- normalizationField，用于数据归一化的属性字段。如果指定了该属性，那么用于计算符号大小的值等于 field 指定的字段值除以 normalizationField 指定的字段值。该属性可选。
- legendOptions，供在图例小部件中显示的可视化对象的描述。该属性可选。
- axis，仅用在 SceneView 中对 ObjectSymbol3DLayer 中的内容进行渲染，有效值包括 width、depth、height、width-and-depth 和 all，默认值为 all。
- stops，定义从 field 或 valueExpression 返回的数据值到图标大小的映射的对象数组。

在 Sample7-2 目录下增加一个名为 ProportionalThemeMap.html 的网页文件，用于显示世界主要大城市的人口等级符号专题图，该网页文件包含的代码如下：

```
<!DOCTYPE html>
<html>
<head>
   <meta charset="utf-8">
   <title>等级符号专题图</title>
   <link rel="stylesheet" href="https://js.arcgis.com/4.22/esri/ themes/light/main.css">
   <style>
      html, body, #map { height: 100%; margin: 0; padding: 0;
      }
   </style>
   <script src="https://js.arcgis.com/4.22/"></script>
   <script>
      require(["esri/Map", "esri/views/MapView",
         "esri/layers/FeatureLayer", "esri/widgets/Legend"
      ], (Map, MapView, FeatureLayer, Legend) => {
         var map = new Map({
            basemap: "dark-gray-vector"
         });
         const view = new MapView({
            container: "map",
            map: map,
            center: [170, 0],
            zoom: 2
         });

         const defaultSym = {
            type: "simple-marker", // 自动转换为 new SimpleMarkerSymbol()
            color: "palegreen",
            outline: {
               color: "seagreen",
```

```
                width: 0.5
            }
        };
        const sizeVisVar = {
            type: "size", // 自动转换为 new SizeVariable()
            field: "pop",
            legendOptions: {
                title: "人口数量"
            },
            minDataValue: 1000000,
            maxDataValue: 10000000,
            minSize: 3,
            maxSize: 30
        };

        var layerUrl = "http://services.arcgis.com/V6ZHFr6zdgNZuVG0/
ArcGIS/rest/services/WorldCities/FeatureServer/0";
        var layer = new FeatureLayer(layerUrl, {
            title: "全球大城市",
            outFields: ["*"],
            renderer: {
                type: "simple", // 自动转换为 new SimpleRenderer()
                symbol: defaultSym,
                visualVariables: sizeVisVar
            }
        });
        map.add(layer);

        const legend = new Legend({
            view: view,
            layerInfos: [{
                layer: layer
            }]
        });
        view.ui.add(legend, "bottom-right");
    });
    </script>
</head>
<body>
    <div id="map"></div>
</body>
</html>
```

该网页程序的运行结果如图 7.5 所示。

图 7.5　点要素图层等级符号专题图

2. 多边形要素图层等级符号专题图

多边形要素图层的等级符号专题图可使用前面介绍的 ClassBreaksRenderer 类来分类实现。这时，在多边形中显示指定的符号，并通过 backgroundFillSymbol 属性来指定多边形如何着色。不过要特别注意的是，使用这种方法时符号的大小不一定与该要素某字段的数值呈比例。

在 Sample7-2 目录下增加一个名为 PolygonGraduatedSymbols.html 的网页文件，实现用点符号的大小代表美国各县人口的多少，该网页文件包含的代码如下：

```
<!DOCTYPE html>
<html>
<head>
   <meta charset="utf-8">
   <title>等级符号专题图</title>
   <link rel="stylesheet" href="https://js.arcgis.com/4.22/esri/themes/light/main.css">
   <style>
      html, body, #map {
         height: 100%;
         margin: 0;
      }
   </style>
   <script src="https://js.arcgis.com/4.22/"></script>
   <script>
      require(["esri/Map", "esri/views/MapView", "esri/layers/TileLayer",
         "esri/layers/FeatureLayer", "esri/widgets/Legend",
         "esri/renderers/ClassBreaksRenderer", "dojo/_base/array",
      ], (Map, MapView, TileLayer, FeatureLayer, Legend, ClassBreaksRenderer, array) => {
         var map = new Map();

         var url = "http://services.arcgisonline.com/ArcGIS/rest/services/
World_Topo_Map/MapServer/";
         var baseMap = new TileLayer(url);
         map.add(baseMap);

         var view = new MapView({
            map: map,
            container: "map"
         });

         var classBreaks = [
            { minValue: 0, maxValue: 20000, size: 4 },
            { minValue: 20000, maxValue: 50000, size: 6 },
            { minValue: 50000, maxValue: 100000, size: 8 },
            { minValue: 100000, maxValue: 100000, size: 10 },
            { minValue: 1000000, maxValue: Infinity, size: 12 }
         ];

         let renderer = new ClassBreaksRenderer({
            field: "POPULATION",
            legendOptions: {
               title: "2020 年人口数量"
            },
            backgroundFillSymbol: {
               type: "simple-fill",
               style: "none",
               outline: {
                  width: 1,
                  color: "gray"
               }
            }
         });
         array.forEach(classBreaks, function (classBreak) {
            renderer.addClassBreakInfo({
               minValue: classBreak.minValue,
               maxValue: classBreak.maxValue,
               symbol: {
                  type: "simple-marker",
                  style: "circle",
```

```
                        color: "blue",
                        size: classBreak.size,
                        outline: {
                            color: [255, 255, 0],
                            width: 0.5
                        }
                    }
                });
            });

            var featureUrl = "https://services.arcgis.com/P3ePLMYs2RVChkJx/ArcGIS/
rest/services/USA_Census_Counties/FeatureServer/0"
            var layer = new FeatureLayer({
                url: featureUrl,
                title: "各县人口",
                outFields: ["*"],
                popupTemplate: {
                    title: "{NAME}",
                    content: "2020 年人口: {POPULATION }"
                },
                renderer: renderer
            });
            map.add(layer);

            var legend = new Legend({
                view: view,
                layerInfos: [{
                        layer: layer
                    }
                ],
            });
            view.ui.add(legend, "top-right");
        });
    </script>
</head>
<body>
    <div id="map"></div>
</body>
</html>
```

该网页程序的运行结果如图 7.6 所示。

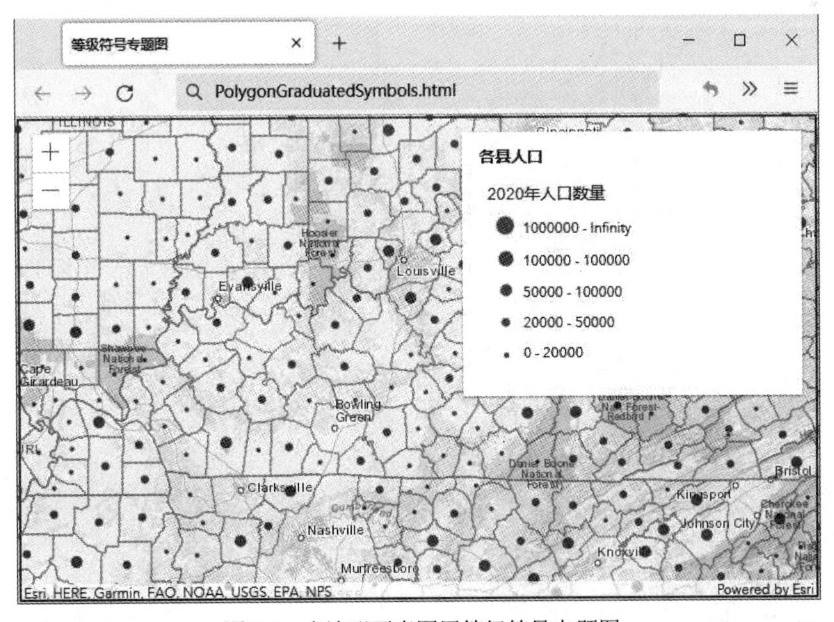

图 7.6　多边形要素图层等级符号专题图

7.2.5 多变量专题图

如前所述，渲染器的 visualVariables 是一个数组，可分别提供符号的旋转、符号的大小、符号的颜色以及符号的不透明度，让其分别代表一个变量，达到使用一个渲染器同时显示多个变量的效果。

例如下面的实例使用了单独的渲染器同时显示气温、风速与风向，颜色用于气温，符号的旋转用于风向，而符号的大小用于风速。

在 Sample7-2 目录下增加一个名为 MultiVarThemeMap.html 的网页文件，该网页文件包含的代码如下：

```
<!DOCTYPE html>
<html>
<head>
    <meta charset="utf-8">
    <title>多变量专题图</title>
    <link rel="stylesheet" href="https://js.arcgis.com/4.22/esri/ themes/light/main.css">
    <style>
        html, body, #viewDiv { height: 100%; margin: 0;
        }
    </style>
    <script src="https://js.arcgis.com/4.22/"></script>
    <script>
        require(["esri/Map", "esri/views/MapView",
            "esri/layers/FeatureLayer", "esri/widgets/Legend"
        ], (Map, MapView, FeatureLayer, Legend) => {
            var map = new Map({
                basemap: "dark-gray-vector"
            });
            const view = new MapView({
                container: "viewDiv",
                map: map,
                center: [170, 0],
                zoom: 2
            });

            const renderer = {
                type: "simple",
                symbol: {
                    type: "simple-marker",
                    // 用 SVG 路径定义箭头标记
                    path: "M14.5,29 23.5,0 14.5,9 5.5,0z",
                    color: [250, 250, 250],
                    outline: {
                        color: [255, 255, 255, 0.5],
                        width: 0.5
                    },
                    angle: 180,
                    size: 15
                },

                visualVariables: [{
                    type: "rotation",
                    field: "WIND_DIRECT",
                    rotationType: "geographic"
                }, {
                    type: "size",
                    field: "WIND_SPEED",
                    legendOptions: {
                        title: "风速"
                    },
                    minDataValue: 5,
                    maxDataValue: 60,
                    minSize: 6,
                    maxSize: 25
```

```
            }, {
                type: "color",
                field: "TEMP",
                legendOptions: {
                    title: "气温"
                },
                stops: [
                    { value: 20, color: "#2b83ba" },
                    { value: 35, color: "#abdda4" },
                    { value: 50, color: "#ffffbf" },
                    { value: 65, color: "#fdae61" },
                    { value: 80, color: "#d7191c" }
                ]
            }]
        };
        var url = "https://services9.arcgis.com/RHVPKKiFTONKtxq3/ArcGIS/
rest/services/NOAA_METAR_current_wind_speed_direction_v1/FeatureServer/0";
        var layer = new FeatureLayer({
            url,
            title: "气象站点",
            outFields: ["*"],
            renderer
        });
        map.add(layer);

        const legend = new Legend({
            view: view,
            layerInfos: [{
                layer: layer
            }]
        });
        view.ui.add(legend, "bottom-right");
    });
  </script>
</head>
<body>
  <div id="viewDiv"></div>
</body>
</html>
```

该网页程序的运行结果如图 7.7 所示。

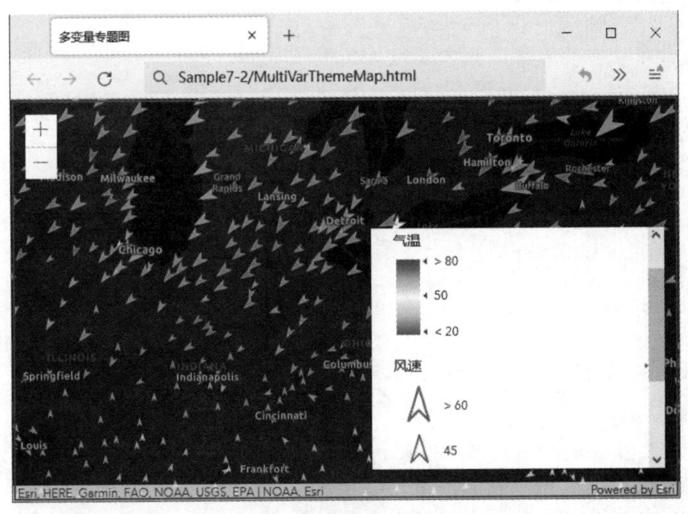

图 7.7　多变量专题图

7.2.6 热力图专题图

热力图（Heatmap）可以非常直观地呈现一些原本不易理解或表达的数据，比如密度、频率、温度等，改用区域和颜色这种更容易被人理解的方式来呈现。

HeatmapRenderer 类用来快速绘制热力图，将要素图层点数据渲染为强调更高密度或加权值区域的栅格可视化效果。

热力图渲染器构造基本结构如下：

```
layer.renderer = {
    type: "heatmap",
    field: "crime_count",
    colorStops: [
        { ratio: 0, color: "rgba(255, 255, 255, 0)" },
        { ratio: 0.2, color: "rgba(255, 255, 255, 1)" },
        { ratio: 0.5, color: "rgba(255, 140, 0, 1)" },
        { ratio: 0.8, color: "rgba(255, 140, 0, 1)" },
        { ratio: 1, color: "rgba(255, 0, 0, 1)" }
    ],
    minPixelIntensity: 0,
    maxPixelIntensity: 5000
};
```

其中 field 指定用于加权每个热力图点强度的属性字段的名称，minPixelIntensity 用于确定在 colorStops 中为哪些像素分配初始颜色的像素强度值，maxPixelIntensity 用于确定在 colorStops 中为哪些像素分配最终颜色的像素强度值。

colorStops 是描述渲染器色带的对象数组。像素的强度值与渲染器的 maxPixelIntensity 的比率沿连续渐变映射到相应的颜色。第一个停靠点的颜色（即比率值最低的停靠点）的 alpha 值必须为 0，这样才能保证最下面的底图在应用程序中可见。

在 Sample7-2 目录下增加一个名为 HeatmapThemeMap.html 的网页文件，用于显示加利福尼亚州涉及超速的致命交通事故点分布的热力图专题图，该网页文件包含的代码如下：

```
<!DOCTYPE html>
<html>
<head>
    <meta charset="utf-8" />
    <title>热力图专题图</title>
    <link rel="stylesheet" href="https://js.arcgis.com/4.22/esri/ themes/light/main.css">
    <style>
        html, body, #viewDiv { height: 100%; margin: 0;
        }
    </style>
</head>
<body>
    <div id="viewDiv"></div>
    <script src="http://js.arcgis.com/4.22/"></script>
    <script>
        require(["esri/Map", "esri/views/MapView", "esri/layers/FeatureLayer"
        ], (Map, MapView, FeatureLayer) => {
            var map = new Map({
                basemap: "streets"
            });

            var view = new MapView({
                map: map,
                center: [-119.11, 36.65],
                zoom: 4,
                container: "viewDiv"
            });

            var featureUrl = "https://services.arcgis.com/V6ZHFr6zdgNZuVG0/
```

```
arcgis/rest/services/2012_CA_NHTSA/FeatureServer/0";
            var featureLayer = new FeatureLayer({
               url: featureUrl,
               renderer: {
                  type: "heatmap",
                  field: "numfatal",
                  blurRadius: 10,
                  colorStops: [
                     { ratio: 0, color: "rgba(0, 255, 150, 0)" },
                     { ratio: 0.6, color: "rgb(250, 250, 0)" },
                     { ratio: 0.85, color: "rgb(250, 150, 0)" },
                     { ratio: 0.95, color: "rgb(255, 50, 0)" }],
               }
            });
            map.add(featureLayer);
         });
      </script>
   </body>
   </html>
```

该网页程序的运行结果如图 7.8 所示。

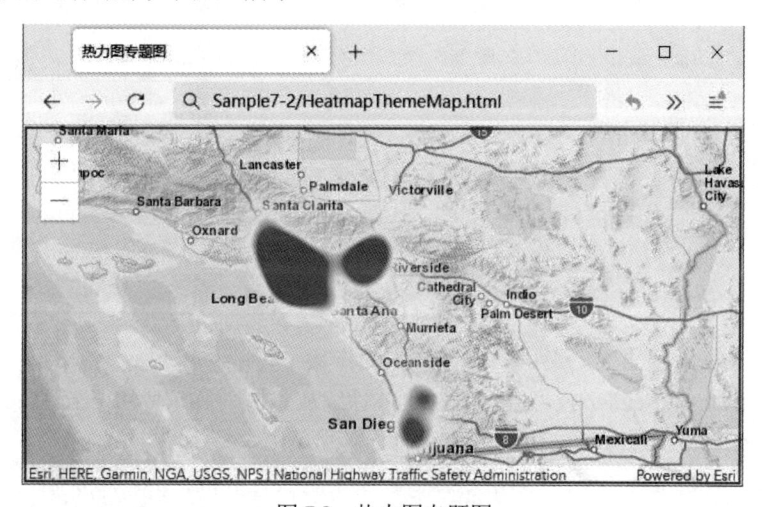

图 7.8　热力图专题图

7.2.7　多比例尺专题图

由于电子地图是可以放大与缩小的，因此像前面提到的点密度专题图或等级符号专题图等，符号的大小并不能在所有比例尺下都合适，这时最好能提供一系列的渲染器，其中某个渲染器适用于某个或某几个地图显示比例尺，这就是多比例尺专题图，也就是说依据给定要素图层的地图比例尺或缩放级别定义一系列渲染器。

使用 ArcGIS API for JavaScript，可以根据视图比例进行调整的符号和渲染器属性有符号大小、多边形轮廓宽度、数据驱动的大小范围（即分级符号）以及点密度值。

对于符号大小，可以使用 SizeVariable 来动态更改点大小和线宽，以确保在任何比例尺下都能比较好地展现地图。同时必须添加一个 Arcade 表达式，将地图视图当前比例尺返回给 SizeVariable 变量（例如$view.scale）。然后，可以将特定比例值映射到 size 属性中。所有其他比例尺级别将依据线性插值得到符号的大小。

例如以下代码段将根据视图的比例尺渲染点大小（或线宽），其大小为停靠点中每个比例所指示的大小。

```
renderer.visualVariables = [{
    type: "size",
    valueExpression: "$view.scale",
    stops: [
        // 比例尺大于 1:1155581 时，符号大小是 7.5 pts
        { size: 7.5, value: 1155581 },
        { size: 6, value: 9244648 },
        { size: 3, value: 73957190 },
        // 比例尺小于 1:591657527 时，符号大小是 1.5 pts
        { size: 1.5, value: 591657527 }
    ]
}];
```

对于多边形轮廓，过粗的轮廓会隐藏小特征并分散可视化的目的。正因为如此，许多人本能地删除了轮廓。但是，这种做法可能会有问题。例如，当某多边形图层显示的轮廓非常粗时，就会完全掩盖区域中其他小多边形的填充颜色。

与按比例调整符号大小类似，可以使用带有$view.scale 的 Arcade 表达式的 SizeVariable 来调整多边形的轮廓宽度。这种情况需要将 target 属性设置为 outline，以便渲染器知道将大小变量应用于符号轮廓。例如：

```
renderer.visualVariables = [{
    type: "size",
    valueExpression: "$view.scale",
    target: "outline",
    stops: [
        { size: 2, value: 56187 },
        { size: 1, value: 175583 },
        { size: 0.5, value: 702332 },
        { size: 0, value: 1404664 }
    ]
}];
```

点密度可视化对地图比例尺很敏感。在恒定的点数下，随着用户放大和缩小，特征的密度会显得不一致。DotDensityRenderer 可根据比例尺线性缩放点值。这是使用 referenceScale 属性配置的。当放大和缩小初始视图时，点的相对密度在不同尺度上保持不变。

除了设置 referenceScale 之外，通常还应该在图层上设置 minScale。这是因为当点不再可区分时，因为它们过于集中或分散，点密度很难区分。

在图层上设置 maxScale 也很重要，因为点密度专题图在大比例尺下往往变得没有意义。用户可能会开始看到现实中不存在的点的随机分布模式。他们也可能错误地将每个点的位置解释为实际的点要素。当 dotValue 设置为 1 时，用户特别容易受到这种影响。例如，线数据集上的点密度可视化只能在州或地区级别查看。

在 Sample7-2 目录下增加一个名为 MultiScaleThemeMap.html 的网页文件，用于根据地图比例尺以不同大小显示全球的主要城市。为了节省篇幅，这里只展示要素图层初始化与设置渲染器的代码，如下：

```
const sizeVV = {
    type: "size",
    valueExpression: "$view.scale",
    stops: [
        { size: 9, value: 1155581 },
        { size: 6, value: 9244648 },
        { size: 3, value: 73957190 },
        { size: 1.5, value: 591657527 }
    ]
};

const renderer = new SimpleRenderer({
    symbol: {
```

```
            type: "simple-marker",
            color: "dodgerblue",
            outline: {
               color: [255, 255, 255, 0.7],
               width: 0.5
            },
            size: "3px"
         },
         visualVariables: [sizeVV]
      });

      var url = "http://services.arcgis.com/V6ZHFr6zdgNZuVG0/ArcGIS/rest/services/
WorldCities/FeatureServer/0";
      const layer = new FeatureLayer({
         url,
         renderer: renderer
      });
```

该网页程序的运行结果如图 7.9 所示。

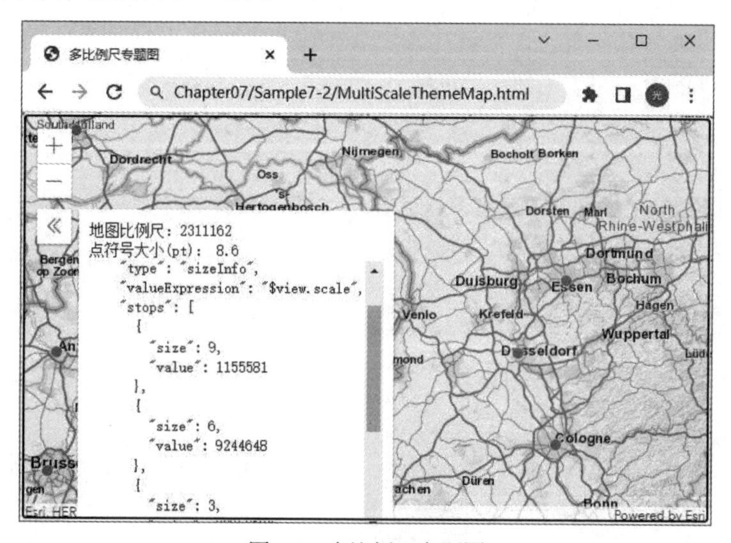

图 7.9　多比例尺专题图

7.3　自定义专题图

直方图专题图与饼图专题图也是 GIS 中常见的专题图形式，但是 ArcGIS API for JavaScript 并没有提供对应的类来实现。这需要我们自己来扩展实现。

7.3.1　直方图专题图

直方图专题图在地图的每个要素对象的中心创建一个直方图，通过对比直方条的高度来分析专题变量，可以在整个地图中检查同一个变量。例如，假设一个要素图层包含我国各省的男女人口数量，创建一个每个省显示两个直方条的直方图专题图，一个直方条代表男性人口数量，另一个直方条代表女性人口数量。在该专题图中可以对比各个省的人口，也可以检查每个省男女人口数量的差别。

我们实现直方图与饼图专题图的思路是，使用 DojoX Charting 提供的图表来创建直方图或饼图，然后将直方图放置在一个自定义的信息窗口中，通过指定该窗口的位置来为每个要素创建一个直方图或饼图。

首先来实现自定义的信息窗口，其派生于 esri/InfoWindowBase。

新建一个站点，其目录名称为 Sample7-3。在该目录下创建一个 js 目录，并在其中增加一个名为 createTooltip.js 的文件。

```
function createTooltip(view) {
    const tooltip = document.createElement("div");
    const style = tooltip.style;

    tooltip.setAttribute("role", "tooltip");
    tooltip.classList.add("tooltip");
    view.container.appendChild(tooltip);

    let x = 0;
    let y = 0;
    let targetX = 0;
    let targetY = 0;
    let visible = false;
    let labelPt = null;

    // 渐进式地移动
    function move() {
        x += (targetX - x) * 0.1;
        y += (targetY - y) * 0.1;

        if (Math.abs(targetX - x) < 1 && Math.abs(targetY - y) < 1) {
            x = targetX;
            y = targetY;
        } else {
            requestAnimationFrame(move);
        }

        style.transform =
            "translate3d(" + Math.round(x) + "px," + Math.round(y) + "px, 0)";
    }

    return {
        show: (point) => {
            if (!visible) {
                x = point.x;
                y = point.y;
            }

            targetX = point.x;
            targetY = point.y;
            style.opacity = 1;
            visible = true;

            move();
        },

        hide: () => {
            style.opacity = 0;
            visible = false;
        },

        setLabelPt: (pt) => {
            labelPt = pt;
        },

        getLabelPt: () => {
            return labelPt;
        },

        setContent: (content) => {
```

```
            tooltip.appendChild(content);
        },

        resize: (width, height) => {
            style.width = width + "px";
            style.height = height + "px";
        }
    };
}
```

上面的代码主要是创建一个 div，加入视图对应的 div 中，对外提供显示、隐藏、设置内容、调整大小、设置显示位置等方法，内部的一个移动方法用于渐进式地从原位置移动到新位置。

此外，为了能对多边形要素图层进行直方图专题制图，这里提供了一个在客户端计算多边形标记点的方法，从而避免调用 GeometryService.labelPoints()方法与服务器交互，提高响应速度。

在 js 文件夹中加入一个名为 CustomModules 的文件夹，并在 CustomModules 文件夹中增加一个名为 geometryUtils.js 的文件，文件内容如下：

```
define(["esri/geometry/Point", "esri/geometry/Extent"], function (Point, Extent) {
    var geometryUtils = {
    };

    geometryUtils.getPolygonCenterPoint = function (polygon) {
        var momentX = 0;
        var momentY = 0;
        var weight = 0;
        var ext = polygon.getExtent();
        var p0 = new Point([ext.xmin, ext.ymin]);
        for (var i = 0; i < polygon.rings.length; i++) {
            var pts = polygon.rings[i];
            for (var j = 0; j < pts.length - 1; j++) {
                var p1 = polygon.getPoint(i, j);
                var p2;
                if (j == pts.length - 1) {
                    p2 = polygon.getPoint(i, 0);
                }
                else {
                    p2 = polygon.getPoint(i, j + 1);
                }
                var dWeight = (p1.x - p0.x) * (p2.y - p1.y) - (p1.x - p0.x) * (p0.y - p1.y)
/ 2 - (p2.x - p0.x) * (p2.y - p0.y) / 2 - (p1.x - p2.x) * (p2.y - p1.y) / 2;
                weight = weight + dWeight;
                var pTmp = new Point([(p1.x + p2.x) / 2, (p1.y + p2.y) / 2]);
                var gravityX = p0.x + (pTmp.x - p0.x) * 2 / 3;
                var gravityY = p0.y + (pTmp.y - p0.y) * 2 / 3;
                momentX = momentX + gravityX * dWeight;
                momentY = momentY + gravityY * dWeight;
            }
        }

        return new Point(momentX / weight, momentY / weight, polygon.spatialReference);
    };

    return geometryUtils;
});
```

上面的代码演示了如何在 Dojo 中使用 AMD 的方式创建功能类。由于是功能类，因此按照 Dojo 的命名规则，最好类名的第一个字母小写。

在 Sample7-3 目录下增加一个名为 ChartThemeMap.html 的网页文件。我们将在该页面中制作美国各个州按人种显示的人口直方图专题图。该网页文件包含的代码如下：

```
<!DOCTYPE html>
<html>
<head>
    <meta charset="utf-8">
```

```
    <title>直方图专题图</title>
    <link rel="stylesheet" href="https://js.arcgis.com/4.22/esri/ themes/light/main.css">
    <link rel="stylesheet" href="css/ChartInfoWindow.css" />
    <style>
        .tooltip > div {
            margin: 0 auto;
            transform: translate3d(-50%, -100px, 0);
        }
    </style>
</head>
<body>
    <div id="viewDiv"></div>
    <script>
        var dojoConfig = {
            packages: [{
                name: "CustomModules",
                location: location.pathname.replace(/\/[^/]+$/, "") + "/js/CustomModules"
            }]
        };
    </script>
    <script src="http://js.arcgis.com/4.22/"></script>
    <script src="js/createTooltip.js"></script>
    <script src="js/ChartThemeMap.js"></script>
</body>
</html>
```

程序代码在 ChartThemeMap.js 文件夹中，代码框架如下：

```
require(["esri/Map", "esri/views/MapView", "esri/layers/FeatureLayer",
    "CustomModules/CustomTheme", "CustomModules/geometryUtils",
    "esri/core/watchUtils", "dojo/_base/array", "dojo/dom-construct",
    "dojo/_base/window", "dojox/charting/Chart", "dojox/charting/action2d/Highlight",
    "dojox/charting/action2d/Tooltip", "dojox/charting/plot2d/ClusteredColumns"
], function (Map, MapView, FeatureLayer, CustomTheme, geometryUtils, watchUtils,
    array, domConstruct, win, Chart, Highlight, Tooltip
) {
    var map = new Map({
        basemap: "streets-relief-vector"
    });

    var view = new MapView({
        map: map,
        center: [-95.625, 39.243],
        zoom: 4,
        container: "viewDiv"
    });

    var featureUrl = "https://sampleserver6.arcgisonline.com/arcgis/rest/ services/Census/
MapServer/3";
    var chartFields = ["WHITE", "BLACK", "AMERI_ES", "ASIAN", "HAWN_PI", "OTHER"];
    var chartFieldNames = ["白人", "非洲裔", "印第安人", "亚洲人", "太平洋岛民", "其他"];
    var fields = chartFields.concat(["STATE_NAME"]);
    var featureLayer = new FeatureLayer({
        url: featureUrl,
        outFields: fields,
        renderer: {
            type: "simple",  // autocasts as new SimpleRenderer()
            symbol: {
                type: "simple-fill",  // autocasts as new SimpleFillSymbol()
                style: "none",
                outline: {  // autocasts as new SimpleLineSymbol()
                    width: 1,
                    color: "black"
                }
            }
        }
    });
    map.add(featureLayer);

    view.whenLayerView(featureLayer).then(layerView => {
        watchUtils.once(layerView, "updating", function (val) {
```

```
            if (!val) {
                layerView.queryFeatures().then(function (results) {
                    createChartInfoWindow(results.features, chartFields);
                });
            }
        });
    });

    // 等到地图视图的 stationary 属性成为 true 时执行 updatePostion()函数
    watchUtils.whenTrue(view, "stationary", () => {
        updatePostion();
    });
});
```

上面的代码与普通加载一个要素图层的代码完全类似，主要功能是获得要素图层中的数据（即 queryFeatures()）之后，调用 createChartInfoWindow 函数来创建包含直方图的信息窗口。该函数的代码如下：

```
var infoWindows = [];
function createChartInfoWindow(graphics, showFields) {
    var max = maxAttribute(graphics, showFields);
    var featureSums = [];
    array.forEach(graphics, function (graphic) {
        var sum = 0;
        for (var i = 0, j = showFields.length; i < j; i++) {
            sum += graphic.attributes[showFields[i]];
        }

        featureSums.push(sum);
    });
    var sumMax = -10000;
    array.forEach(featureSums, function (featureSum) {
        if (sumMax < featureSum) sumMax = featureSum;
    });

    array.forEach(graphics, function (graphic, index) {
        var infoWindow = createTooltip(view);

        var nodeChart = null;

        nodeChart = domConstruct.create("div",
            { id: 'nodeTest' + index, style: "width:50px;height:100px" }, win.body());
        var chart = makeChart(nodeChart, graphics[index].attributes, showFields, max);
        infoWindow.resize(50, 101);

        var labelPt = geometryUtils.getPolygonCenterPoint(graphic.geometry);
        infoWindow.setLabelPt(labelPt);
        infoWindow.setContent(nodeChart);
        infoWindow.show(view.toScreen(labelPt));

        infoWindows.push(infoWindow);
    });
}
```

由于在调用 dojox/charting/Chart 制作一个直方图时，会在制图范围内以最大高度显示一组数据的最大值，但是对于我们的直方图专题图来说，还要比较各个要素中的直方图高度，因此在上面的函数中，首先要得到所有要素中参与显示的字段的最大值，然后针对每个要素初始化一个信息窗口类的实例，调用 makeChart 在其中绘制一个直方图，接着获取该要素的标记点，并将信息窗口显示在该标记点处。

计算某要素多个指定字段数据最大值的函数代码如下：

```
function maxAttribute(graphics, showFields) {
    var max = -100000;
    array.forEach(graphics, function (graphic) {
        var attributes = graphic.attributes;
```

```
        for (var i = 0, j = showFields.length; i < j; i++) {
            if (max < attributes[showFields[i]]) {
                max = attributes[showFields[i]];
            }
        }
    });

    return max;
}
```

在一个信息窗口中绘制直方图的函数代码如下：

```
function makeChart(node, attributes, showFields, max) {
    var chart = new Chart(node, { margins: { l: 0, r: 0, t: 0, b: 0 } }).
        setTheme(CustomTheme).
        addPlot("default", { type: "Columns", gap: 0 });
    var serieValues = [];
    var length = showFields.length;
    for (var i = 0; i < length; i++) {
        serieValues = [];
        for (var m = 0; m < i; m++) {
            serieValues.push(0);
        }
        serieValues.push(attributes[showFields[i]]);
        chart.addSeries(showFields[i], serieValues, { stroke: { color: "black" } });
    }

    serieValues = [];
    for (var k = 0; k < length; k++) {
        serieValues.push(0);
    }
    serieValues.push(max);
    chart.addSeries("隐藏", serieValues,
        { stroke: { color: [0x3b, 0x44, 0x4b, 0] }, fill: "transparent" });

    var anim1 = new Highlight(chart, "default", {
        highlight: function (e) {
            if (e.a == 0 && e.r == 0 && e.g == 0 && e.b == 0) {
            }
            else {
                return "lightskyblue";
            }
        }
    });
    var anim2 = new Tooltip(chart, "default", {
        text: function (o) {
            var fieldName = o.chart.series[o.index].name;
            if (fieldName == "隐藏") return "";
            fieldName = chartFieldNames[o.index];
            return (fieldName + ": " + o.y);
        }
    });
    chart.render();
    return chart;
}
```

当地图放大缩小以及平移之后，需要更新位置，调用的函数是 updatePostion()，代码如下：

```
function updatePostion() {
    array.forEach(infoWindows, function (infoWindow) {
        var pt = infoWindow.getLabelPt();
        infoWindow.show(view.toScreen(pt));
    });
}
```

运行该网页程序，显示效果如图 7.10 所示。

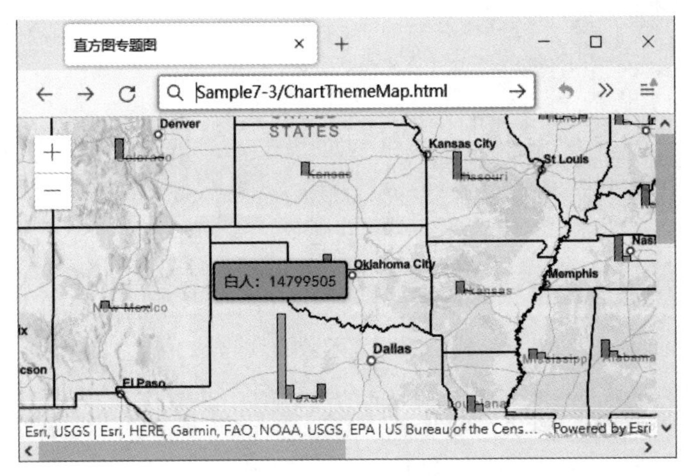

图 7.10 直方图专题图

7.3.2 饼图专题图

饼图专题图以饼图显示要素中的专题变量。饼图可以包含多个变量。在地图上使用饼图可以一次分析多个变量，比较每个图中的饼扇的大小可以比较要素中的几个字段的值的大小与所占比例，比较所有饼图中某一个饼扇，可以比较所有要素中某个字段的变量。

饼图与直方图类似，饼图允许每次对要素分析多个字段属性，但直方图比较的是直方条的高度，而饼图比较的是饼中的饼扇，或是对所有的饼图分析某个特定的饼扇。

在 Sample7-3 目录下增加一个名为 PieThemeMap.html 的网页文件。代码的总体框架与 ChartThemeMap.html 一致，只是绘制直方图需要引用 dojox/charting/plot2d/ClusteredColumns，而绘制饼图需要引用 dojox/charting/plot2d/Pie。

将 ChartThemeMap.html 中的 createChartInfoWindow 函数替换为如下代码：

```
function createChartInfoWindow(graphics, showFields) {
    var max = maxAttribute(graphics, showFields);
    var featureSums = [];
    array.forEach(graphics, function (graphic) {
        var sum = 0;
        for (var i = 0, j = showFields.length; i < j; i++) {
            sum += graphic.attributes[showFields[i]];
        }

        featureSums.push(sum);
    });
    var sumMax = -10000;
    array.forEach(featureSums, function (featureSum) {
        if (sumMax < featureSum) sumMax = featureSum;
    });

    array.forEach(graphics, function (graphic, index) {
        var infoWindow = createTooltip(view);

        var curSum = 0;
        for (var i = 0, j = showFields.length; i < j; i++) {
            curSum += graphic.attributes[showFields[i]];
        }
        var radius = 180 * curSum / sumMax;
        var styleStr = "width:" + radius + "px;height:" + radius + "px";
        var nodeChart = domConstruct.create("div",
            { id: 'nodeTest' + index, style: styleStr }, win.body());
```

```
        var chart = makePieChart(nodeChart, graphic.attributes, showFields, max);

        infoWindow.resize(radius + 2, radius + 2);
        infoWindow.align = "Center";

        var labelPt = geometryUtils.getPolygonCenterPoint(graphic.geometry);
        infoWindow.setLabelPt(labelPt);
        infoWindow.setContent(nodeChart);
        infoWindow.show(view.toScreen(labelPt));

        infoWindows.push(infoWindow);
    });
}
```

在其中调用了 makePieChart 来绘制饼图，该函数的代码如下：

```
function makePieChart(node, attributes, showFields) {
    var chart = new Chart(node, { margins: { l: 0, r: 0, t: 0, b: 0 } }).
        setTheme(CustomTheme).
        addPlot("default", { type: "Pie" });
    var serieValues = [];
    var regionName = attributes["STATE_NAME"];
    var length = showFields.length;
    for (var i = 0; i < length; i++) {
        serieValues.push({ y: attributes[showFields[i]], legend: showFields[i], region:
regionName });
    }
    chart.addSeries(showFields[i], serieValues, { stroke: { color: "black" } });

    var anim1 = new Highlight(chart, "default", {
        highlight: function (e) {
            return "lightskyblue";
        }
    });
    var anim2 = new Tooltip(chart, "default", {
        text: function (o) {
            var fieldName = chartFieldNames[o.index];
            var regionName = o.chart.series[0].data[o.x].region;
            return (regionName + " " + fieldName + ": " + o.y);
        }
    });
    chart.render();
    return chart;
}
```

该网页程序的运行结果如图 7.11 所示。

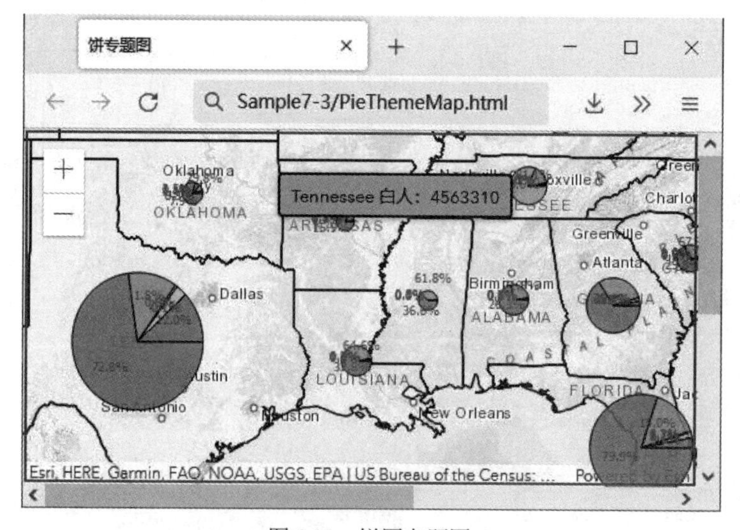

图 7.11　饼图专题图

7.4　高密集数据的可视化

大而密的要素数据很难很好地可视化。这些数据通常包含重叠的要素，这使得在原始数据中很难甚至不可能看到空间模式。因此，为了可视化这类高密集的数据，可以从客户端与服务器端两个方向来考虑。

在服务器端，可使用将数据聚合、细化数据以及设置可见比例尺等技术来减少传递到客户端的数据，从而实现较好地可视化高密集数据。

数据聚合可以将具有许多要素的图层中的数据进行汇总（或聚合），得到较少的要素。这通常通过汇总多边形内的点来完成，其中每个多边形将使用分级符号显示每个区域内的点数。但也适用于点到线和多边形到多边形聚合。服务器端的数据聚合与下面要介绍的客户端的聚类不同，该聚合以单一分辨率将数据表示为静态聚合要素。

例如在美国，龙卷风是最具破坏力的一种风暴。如果想要了解龙卷风在各州各县造成的影响，包括人员伤亡、财产损失和经济损失，那么可以获取美国境内的龙卷风位置，但是需要一个更好的方法来对所选边界范围内的数据进行可视化。这时可以将龙卷风数据聚合到州县边界，并按人口对数据进行规范化，从而找到受龙卷风影响最为严重的区域。

在客户端，可使用点数据聚类、热力图、设置不透明度以及发光图层效果等技术来可视化高密集数据。

注　意
聚类是客户端聚合的一种形式，当用户放大和缩小时，它会重新计算。

服务器端的数据处理不在本书的介绍范围。本节只介绍数据聚类与设置不透明度。

7.4.1　数据聚类

聚类是一种聚合点要素的方法，会将地图上位于彼此一定距离内的点要素分组至同一符号中，因此视图中显示的点要素较少。这有助于揭示数据中存在的潜在空间模式，如果用相同的符号显示所有点，这些空间模式可能不会立即显现出来。如图 7.12 所示，右侧的图像根据给定的屏幕空间对点进行聚类，从而发现哪些位置要素更加密集。

聚类将基于每个聚类中点要素的数量由按比例尺调整大小的符号表示。聚类符号越小，其中包含的点越少；聚类符号越大，其中包含的点越多。我们可以调整应用于聚类符号的大小范围。

聚类动态应用为多个比例，这意味着缩小时会有更多点聚合为更少的群组，而放大时会创建更多的聚类群组。当缩放至一定程度，其中一个点要素周围的聚类区域不再包含其他要素时，将不会对该点要素进行聚类，其将显示为具有应用至图层的样式选项的单个点要素。我们可以通过设置聚类半径来调整划分至聚类的点要素数量。

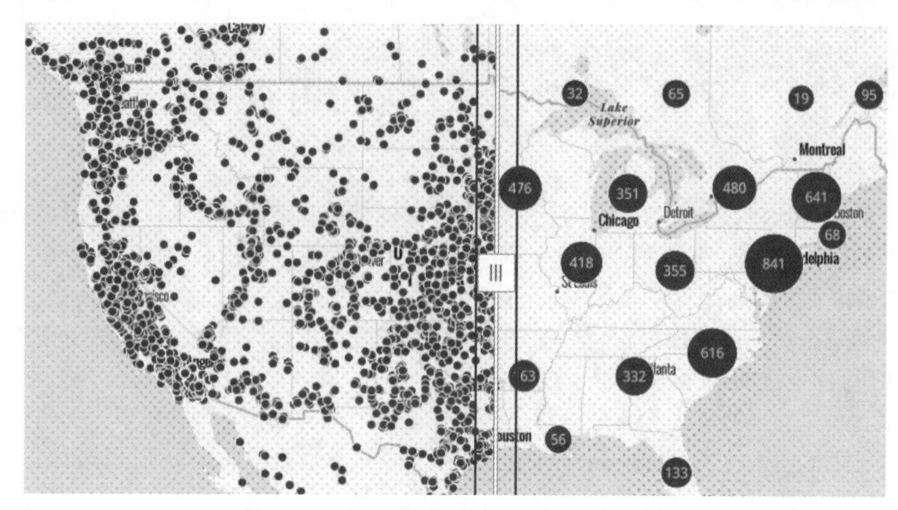

图 7.12 利用聚类来发现数据分布空间模式

ArcGIS 聚类实现中最引人注目的部分可能是它与图层渲染器的分离。在图层上启用聚类，而不是在渲染器上启用，这意味着在启用聚类时，图层会保留所有渲染属性。启用后，每个聚类的弹出窗口将汇总用于驱动每个要素可视化的属性。每个类的颜色和大小是根据构成该类的要素的平均值或优势值确定的。

聚类是通过 FeatureLayer 中的 featureReduce 属性来管理的，只需在图层的构造函数中将类型设置为 cluster，就可以启用聚类，例如：

```
var layer = new FeatureLayer(serviceUrl, {
    featureReduction: {
        type: "cluster"
    }
});
```

featureReduction 属性是一个 FeatureReductionCluster 类的实例，该类中包含许多控制聚类的属性，clusterRadius 定义了每个聚类包含要素的范围。还可以通过设置 popupTemplate 和 labelingInfo 属性来汇总集群中包含的要素。

当在地图中单击聚类时，将显示聚类弹出窗口。聚类弹出窗口中显示的信息取决于应用于图层的样式。如果应用的是主要类别样式，则默认聚类弹出窗口将包含每个聚类的主要属性值。例如，下面的代码在弹出窗口中显示两段文字，第一段显示单击的聚类中包含的要素个数，第二段显示聚类中的主要类别。

```
layer.featureReduction = {
    type: "cluster",
    popupTemplate: {
        content: [{
            type: "text",
            text: "该聚类中包含<b>{cluster_count}</b> 个要素。"
        }, {
            type: "text",
            text: "该聚类中人口总数为<b>{cluster_type_religion}</b>。"
        }]
    }
};
```

标注聚类与在图层中标注单个要素类似。我们可以控制标注的样式，包括字体、文本大小以及放置位置等。也可以通过显示每个聚类中的要素数量来简化标注，如果使用属性来设置图层样式，则可以将该属性用于聚类标注。例如，如果图层按每平方英尺的值显示宗地，则可以配置聚类标注以显示每个聚类中所有点的每平方英尺的平均值。例如下面的代码在聚类上显示该聚类包含的要素个数。

```
layer.featureReduction = {
    type: "cluster",
    labelingInfo: [{
        labelExpressionInfo: {
            expression: "$feature.cluster_count"
        },
        deconflictionStrategy: "none",
        labelPlacement: "center-center",
        symbol: {
            type: "text",
            color: "white",
            font: {
                size: "12px"
            },
            haloSize: 1,
            haloColor: "black"
        }
    }]
};
```

下面以实例来演示如何使用聚类，使用的数据是 311 紧急电话呼叫的处理情况。新建 Sample7-4 文件夹，在该文件夹中新增一个名为 Clustering.html 的网页文件，该网页文件包含的代码如下：

```
<!DOCTYPE html>
<html>
<head>
    <meta charset="utf-8">
    <title>点数据聚类</title>
    <link rel="stylesheet" href="https://js.arcgis.com/4.22/esri/ themes/light/main.css">
    <style>
        html, body, #viewDiv { height: 100%; margin: 0;
        }
    </style>
</head>
<body>
    <div id="viewDiv"></div>
    <script src="http://js.arcgis.com/4.22/"></script>
    <script src="js/Clustering.js"></script>
</body>
</html>
```

JavaScript 代码在 js 文件夹下的 Clustering.js 文件中，内容如下：

```
require(["esri/Map", "esri/views/MapView",
    "esri/layers/FeatureLayer", "esri/widgets/Legend"
], (Map, MapView, FeatureLayer, Legend) => {
    var map = new Map({
        basemap: "streets-relief-vector"
    });

    var view = new MapView({
        map: map,
        center: [-73.90245, 40.68563],
        zoom: 12,
        container: "viewDiv"
    });

    var url = "https://services.arcgis.com/V6ZHFr6zdgNZuVG0/
arcgis/rest/services/311_Service_Requests_from_2015_50k/FeatureServer/0";
    var outFields = ["Created_Date", "Due_Date", "Closed_Date", "Complaint_Type"];
    var expression = `var closed = IIF(IsEmpty($feature.Closed_Date), Now(),
$feature.Closed_Date);
```

```
                    var due = $feature.Due_Date;
                    var closureDueDiff = DateDiff(closed, due, "days");
                    IIF(IsEmpty(due), 0, closureDueDiff);`;
   var arcadeExpression = {
      name: "arcade-days-overdue",
      title: "关闭时事件解决逾期的天数",
      expression
   };
   var symbol = {
      type: "simple-marker",
      color: "gray",
      size: "6px",
      outline: {
         color: [128, 128, 128, 0.5],
         width: 0.5
      }
   };
   var renderer = {
      type: "simple",
      symbol,
      visualVariables: [{
         type: "color",
         valueExpression: arcadeExpression.expression,
         valueExpressionTitle: arcadeExpression.title,
         stops: [
            { value: -5, color: [5, 113, 176], label: "< -5 days (early)" },
            { value: -2.5, color: [146, 197, 222], label: null },
            { value: 0, color: [247, 247, 247], label: "0 (on time)" },
            { value: 2.5, color: [244, 165, 130], label: null },
            { value: 5, color: [202, 0, 32], label: "> 5 days (overdue)" },
         ]
      }]
   };
   var labelingInfo = [{
      deconflictionStrategy: "none",
      labelExpressionInfo: {
         expression: "$feature.cluster_count"
      },
      symbol: {
         type: "text",
         color: "white",
         font: {
            weight: "bold",
            family: "Noto Sans",
            size: "12px"
         }
      },
      labelPlacement: "center-center"
   }];
   var featureLayer = new FeatureLayer({
      url,
      outFields,
      renderer,
      featureReduction: {
         type: "cluster",
         labelingInfo
      }
   });
   map.add(featureLayer);

   const legend = new Legend({
      view: view,
      layerInfos: [{
         layer: featureLayer
      }]
   });
   view.ui.add(legend, "bottom-right");
});
```

该网页程序的运行结果如图 7.13 所示。

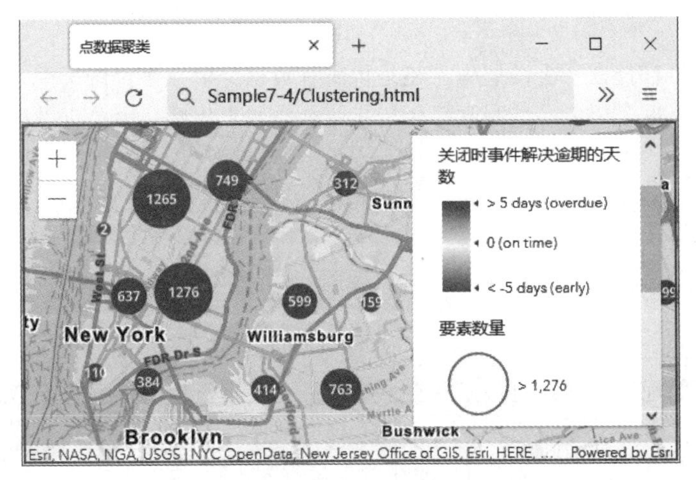

图 7.13　聚类可视化点数据

7.4.2　设置每个要素的不透明度

聚类和热力图仅适用于点图层。当面重叠时，可以使用每个要素的不透明度来可视化其密度。

通过在所有要素上设置高度透明的符号可以有效地可视化具有大量重叠要素的图层（90%~99%的透明度效果最佳）。这对于显示许多多边形和折线相互堆叠的区域特别有效。

例如，图 7.14 包含两个地图，显示的都是在 10 年内遭受山洪暴发警告的区域。每个面表示一个持续 1~12 个小时时间跨度的山洪暴发警告。每个符号都分配了一个蓝色填充符号。如果未基于每个要素设置不透明度，则只能区分至少经历过一次山洪暴发警告的区域，如左边的地图。右边的地图设置了不透明度为 0.04（透明度为 96%），那么仅经历过一次山洪暴发警告的区域的不透明度值将为 0.04，而经历过多次警告的区域将具有更高的不透明度值，因此在地图中更明显。

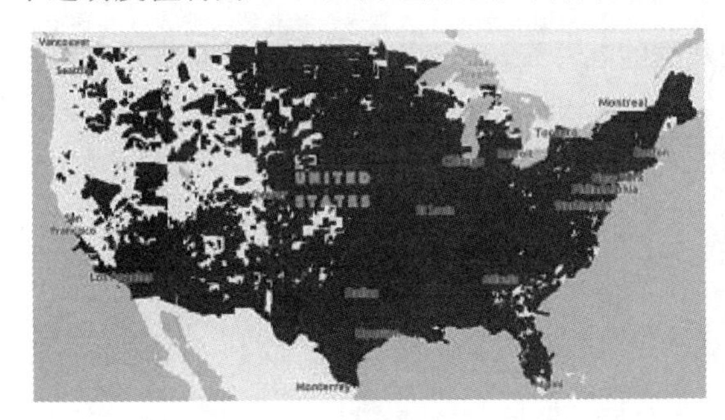

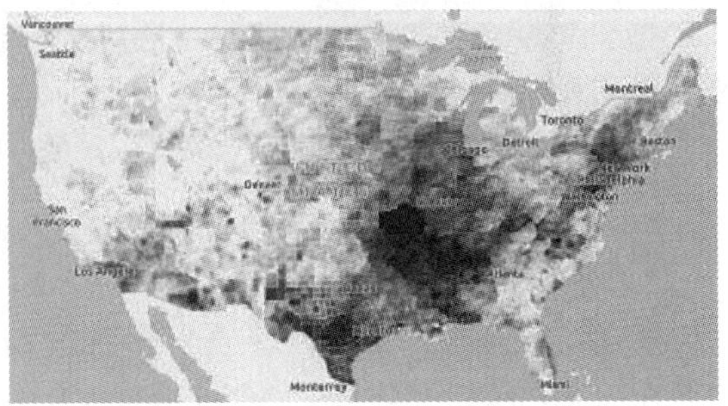

图 7.14　未设置及设置每个要素不透明度地图效果的对比

由于要设置所有要素的不透明度，因此只能通过设置渲染器的符号对象的颜色属性来实现。例如如下代码段中颜色值的每个参数表示一个颜色通道（即 rgba（红色、绿色、蓝色、alpha））。alpha（即不透明度）值必须是一个非常小的数字。根据要素的密度，介于 0.01 和 0.1 之间的数字通常效果最佳。

```
layer.renderer = new SimpleRenderer({
   symbol: new SimpleFillSymbol({
      color: "rgba(0,76,115,0.04)",
      outline: null
   })
```

```
});
```

无论将所有数据存储在一个图层中，还是将所有数据分隔在多个图层中，此可视化技术都有效。在任一方案中，每个要素的透明度都会与其他重叠要素相乘，因此可以很明显地查看要素密度较高的地点。

7.5 智能制图

要想制作理想的地图，需要对数据非常了解，最主要是数据的汇总统计信息，例如最大值、最小值、平均值、标准差和总体分布等。如果没有这种理解，很容易就会创建具有误导性的可视化效果。在获得正确的可视化效果之前需要花费大量时间进行试验。

除了了解数据之外，在创建空间数据可视化时，还需要熟悉制图和色彩理论的基本原理。但是并非每个人都关注设计，并且了解用颜色可视化和分类数据。

总之，数据可视化很难。智能制图旨在帮助开发人员开始使用数据可视化。它由十几个 API 组成，这些 API 根据输入要素数据的特点生成特定的渲染器。这些 API 旨在帮助用户和开发人员了解其数据，以便他们能够选择最适合的可视化方法。

虽然智能制图能针对数据特点生产渲染器，但是要注意的是，智能制图 API 只是为设置图层样式提供了良好的起点，不应假定智能制图函数生成的渲染器是可视化数据最合适的方式。在最终确定图层渲染器的配置时，应始终慎重探索与选择。

按样式组织，4.22 版本的 API 智能制图包含 colorRendererCreator、dotDensityRendererCreator、heatmapRendererCreator、locationRendererCreator、opacityVariableCreator、predominanceRendererCreator、relationshipRendererCreator、sizeRendererCreator、typeRendererCreator 与 univariateColorSizeRenderer-Creator 十个模块。

每个模块中的 createRenderer()方法都会查询数据的汇总统计信息，并选择最适合给定底图或视图背景颜色的配色方案。

每种智能制图方法通常需要设置以下参数：

- 应用生成的渲染器的图层。
- 渲染图层的视图。
- 包含可视化数据的字段或 Arcade 表达式。

例如下面的代码沿扩散（即上方和下方）色带生成连续的色彩渲染器。

```
const { renderer } = await colorRendererCreator.createContinuousRenderer({
    layer: featureLayer,
    view: mapView,
    field: "Median_HH_Income",
    theme: "above-and-below"
});
featureLayer.renderer = renderer;
```

这些模块中的方法可以与许多滑块小部件一起使用，包括 ClassedColorSlider、ClassedSizeSlider、ColorSizeSlider、ColorSlider、HeatmapSlider、OpacitySlider 与 SizeSlider。

7.5.1 为地图选择更好的符号大小与颜色

智能制图的目的是创作视觉上强大的地图，让数据自己说话。作为其中的一部分，智能制图API 引入了将符号的大小和颜色应用于数据的新方法，以解决长期存在的数据分类问题，同时克服了未分类地图的一些众所周知的限制。

智能制图 API 还提供了基于直方图的微调界面，可以更好地确定如何将符号的颜色和大小应用于数据。

多年来，制图学在处理数字数据时有两种选择，一是将数据分类为几个范围（例如 0~10、11~20、21~30 等），二是从最低值到最高值对符号应用连续的大小或色带。问题是这两种选择都有众所周知的局限性。例如，分类可能因为过度概括而掩盖重要的细节，许多开发者不确定对于他们的数据最适合使用多少类或哪种分类方法。另一方面，未分类的地图可能会因一个或两个极值（异常值）而变得无用，使得除了一个巨大或微小的异常值外，其他地方看起来都一样。在打印的地图中，很难将地图上的颜色与图例中的颜色相匹配。幸运的是，在这个交互式数字时代，我们可以在需要时单击地图查看精确值，从而进一步减少对数据进行分类的需要。

要根据图层中要素的字段值或表达式自动生成具有连续颜色或独立值的渲染器，可使用 colorRendererCreator 模块（esri/smartMapping/renderers/color）。此模块中的方法生成渲染器或可视变量对象，这些对象可以直接应用于数据图层。渲染器根据与视图背景兼容的数据值和颜色指定要素的可视化方式。

colorRendererCreator 模块中主要的方法包括 createAgeRenderer()、createClassBreaksRenderer()、createContinuousRenderer()与 createVisualVariable()等。

这里以 createContinuousRenderer()方法为例来说明，该方法生成可直接应用于调用此方法的图层的渲染器。渲染器包含一个连续的颜色视觉变量，该变量根据视图背景的颜色，并基于指示字段或表达式中查询的统计信息，将特定值映射到某一最佳颜色。

在大多数情况下，需要设置图层、视图、字段和主题等参数来生成此渲染器。有时数据的统计信息并不是很清楚，并且用户不知道要在可视化中使用什么颜色，这时可以使用 valueExpression 而不是字段，来根据从运行时执行的脚本返回的值来可视化要素。

当然还以可提供其他选项，例如，如果已在另一个操作中生成了统计信息，则可以将统计信息对象传递给 statistics 参数，以避免对服务器进行额外的调用。

下面是调用 createContinuousRenderer()方法的示例：

```
    let layer = new FeatureLayer({
        url: "https://services.arcgis.com/V6ZHFr6zdgNZuVG0/
arcgis/rest/services/counties_politics_poverty/FeatureServer/0"
    });
    // 基于字段与标准化字段来可视化
    let colorParams = {
        layer: layer,
        view: view,
        field: "POP_POVERTY",
        normalizationField: "TOTPOP_CY",
        theme: "above-and-below"
    };
    // 创建渲染器完成之后，将该渲染器应用到要素图层上
    colorRendererCreator.createContinuousRenderer(colorParams).then(function (response) {
        layer.renderer = response.renderer;
    });
```

对于要根据数据统计的特征自动生成具有连续大小或分类间隔大小的符号，可使用 sizeRendererCreator 模块（esri/renderers/smartMapping/creators/size）。该模块同样包含 createAgeRenderer()、createClassBreaksRenderer()、createContinuousRenderer()与 createVisualVariable()四个方法。

这些方法的调用与 colorRendererCreator 模块中的方法一样，例如要创建连续大小符号的渲染器，可调用 createContinuousRenderer()方法，示例如下：

```
    let layer = new FeatureLayer({
       url: "https://services.arcgis.com/V6ZHFr6zdgNZuVG0/arcgis/rest/services/
counties_politics_poverty/FeatureServer/0"
    });
    // 基于字段与标准化字段来可视化
    let colorParams = {
       layer: layer,
       view: view,
       field: "POP_POVERTY",
       normalizationField: "TOTPOP_CY",
       theme: "above-and-below"
    };
    // 创建渲染器完成之后，将该渲染器应用到要素图层上
    colorRendererCreator.createContinuousRenderer(colorParams).then(function (response) {
       layer.renderer = response.renderer;
    });
```

除了用于创建渲染器的模块之外，智能制图还提供了颜色、不透明度等滑块小部件，用于让用户来调整参数。

使用从 createColorRenderer()方法返回的渲染器和统计信息，可以生成直方图，以便可视化字段的数据分布。直方图对应的模块是 esri/smartMapping/statistics/histogram。可参考如下代码来创建直方图：

```
    let rendererResult = null;
    colorRendererCreator.createContinuousRenderer(colorParams).then(function (response) {
       rendererResult = response;
       layer.renderer = response.renderer;

       return histogram({
          layer: layer,
          view: view,
          numBins: 70
       });
    });
```

上面虽然创建了直方图对象，但是并没有在用户界面中显示出来，需要借助 ColorSlider 与 SizeSlider 等其他小部件才能显示。

例如要显示出上面的代码创建的直方图，可在最后一个“)”后加入如下代码：

```
    .then(function (histogramResult) {
       const colorSlider = ColorSlider.fromRendererResult(rendererResult, histogramResult);
       colorSlider.container = "slider";
       colorSlider.primaryHandleEnabled = true;
    })
```

有了这个滑块小部件之后，可以通过响应滑块移动的事件同步对渲染器进行更改。

下面用一个实例来演示如何使用这几个模块以及相关的辅助模块，包括 ColorSlider、SizeSlider 与 histogram 等。

新建 Sample7-5 文件夹，在其中新增一个名为 SizeColor.html 的网页文件，该网页文件包含的代码如下：

```
<!DOCTYPE html>
<html>
<head>
    <meta charset="utf-8">
    <title>为地图选择更好的符号大小与颜色</title>
    <link rel="stylesheet" href="https://js.arcgis.com/4.22/esri/css/main.css">
    <style>
        html, body, #viewDiv { padding: 0; margin: 0; height: 100%; width: 100%;
        }
        #containerDiv { background-color: white; padding: 3px; text-align: center;
        }
        #title { font-size: 14pt; font-weight: 500;
        }
        .widget-background { background-color: white; font-size: 12pt; padding: 8px;
        }
    </style>
</head>
<body class="claro">
    <div id="viewDiv"></div>
    <div id="color-container" class="widget-background">
        <h3>颜色</h3>
        字段：<select id="color-field-select" class="esri-widget">
            <option value="PCT_OBM">% voted Obama</option>
            <option value="PCT_ROM">% voted Romney</option>
            <option value="PCT_OTHR">% voted Other</option>
            <option value="PCT_WNR">% voted winner</option>
            <option value="UNEMPRT_CY">Unemployment rate</option>
            <option value="VOTE_TURNOUT">% voter turnout</option>
            <option value="PER_LIBERAL">% adults identify as liberal</option>
            <option value="PER_MIDDLE">% adults identify as independent</option>
            <option value="PER_REPUBLICAN">% adults registered republicans</option>
            <option value="PER_DEMOCRATS">% adults registered democrats</option>
            <option value="PER_OTHER">% adults third party</option>
        </select>
        主题：<select id="theme-options" class="esri-widget">
            <option value="high-to-low" selected>High to low</option>
            <option value="centered-on">Centered on</option>
            <option value="extremes">Extremes</option>
            <option value="above-and-below">Above and below</option>
        </select><br>
    </div>
    <div id="size-container" class="widget-background">
        <h3>大小</h3>
        字段：<select id="size-field-select" class="esri-widget">
            <option value="PCT_OBM">% voted Obama</option>
            <option value="PCT_ROM">% voted Romney</option>
            <option value="PCT_OTHR">% voted Other</option>
            <option value="PCT_WNR">% voted winner</option>
            <option value="OBAMA">Total Obama votes</option>
            <option value="ROMNEY">Total Romney votes</option>
            <option value="OTHERS">Total votes for others</option>
            <option value="TTL_VT">Total voters</option>
            <option value="UNEMPRT_CY">Unemployment rate</option>
            <option value="VOTE_TURNOUT">% voter turnout</option>
            <option value="PER_LIBERAL">% adults identify as liberal</option>
            <option value="PER_MIDDLE">% adults identify as independent</option>
            <option value="PER_REPUBLICAN">% adults registered republicans</option>
            <option value="PER_DEMOCRATS">% adults registered democrats</option>
            <option value="PER_OTHER">% adults third party</option>
            <option value="MP06024a_B">Total registered democrats</option>
            <option value="MP06025a_B">Total registered republicans</option>
            <option value="MP06026a_B">Total independents/third party</option>
        </select>
    </div>
    <script src="https://js.arcgis.com/4.22/"></script>
    <script src="js/SizeColor.js"></script>
</body>
</html>
```

JavaScript 代码在 SizeColor.js 文件中，为了节省篇幅，这里只列出生成颜色渲染器的代码。

```
function getColorVisualVariable(params) {
    var colorParams = {
        layer: params.layer ? params.layer : layer,
        basemap: params.basemap ? params.basemap : map.basemap,
        field: params.colorField ? params.colorField : colorFieldSelect.value,
        view: params.view,
        theme: params.theme ? params.theme : themeOptions.value
    };

    if (!colorParams.field &&
        colorParams.layer.renderer.visualVariables &&
        colorSlider) {
        var renderer = colorParams.layer.renderer.clone();
        renderer.visualVariables = renderer.visualVariables.filter(function (vv) {
            return vv.type !== "color";
        });
        colorParams.layer.renderer = renderer;
        colorSlider.container = null;
        colorSlideEvent.remove();
        colorSlider = null;
        sizeSliderParent = null;
        return;
    }

    var colorVV, colorResponse;
    return colorRendererCreator.createContinuousRenderer(colorParams
    ).then(function (response) {
        colorResponse = response;

        colorVV = lang.clone(response.visualVariable);
        var oldRenderer = colorParams.layer.renderer.clone();
        var newRenderer = response.renderer;
        var renderer;

        if (oldRenderer.visualVariables) {
            var unchangedVVs = oldRenderer.visualVariables.filter(function (vv) {
                return vv.type !== "color";
            });
            oldRenderer.visualVariables = unchangedVVs.concat([colorVV]);
            renderer = unchangedVVs.length > 0 ? oldRenderer : newRenderer;
        } else {
            renderer = newRenderer;
        }

        layer.renderer = renderer;

        return histogram({
            layer: colorParams.layer,
            field: colorParams.field,
            numBins: 30
        });
    }).then(function (colorHistogram) {
        if (!colorSlider) {
            var colorSliderParent = document.getElementById("color-container");
            var colorSliderContainer = document.createElement("div");
            colorSliderParent.appendChild(colorSliderContainer);

            colorSlider = ColorSlider.fromRendererResult(colorResponse, colorHistogram);
            colorSlider.container = colorSliderContainer;
            colorSlider.primaryHandleEnabled = colorParams.theme === "above-and-below";

            colorSlideEvent = colorSlider.on(["thumb-change", "thumb-drag"], function () {
                var renderer = layer.renderer.clone();
                var visualVariables = lang.clone(renderer.visualVariables);
                layer.renderer.visualVariables = [];

                if (visualVariables) {
                    var unchangedVVs = visualVariables.filter(function (vv) {
                        return vv.type !== "color";
                    });
                    var colorVariable = visualVariables.filter(function (vv) {
```

```
                    return vv.type === "color";
                })[0];
                colorVariable.stops = colorSlider.stops;
                renderer.visualVariables = unchangedVVs.concat(colorVariable);
            }

            layer.renderer = renderer;
        });
    } else {
        colorSlider.updateFromRendererResult(colorResponse, colorHistogram);
        colorSlider.primaryHandleEnabled = colorParams.theme === "above-and-below";
    }
  });
}
```

该网页程序的运行结果如图 7.15 所示。

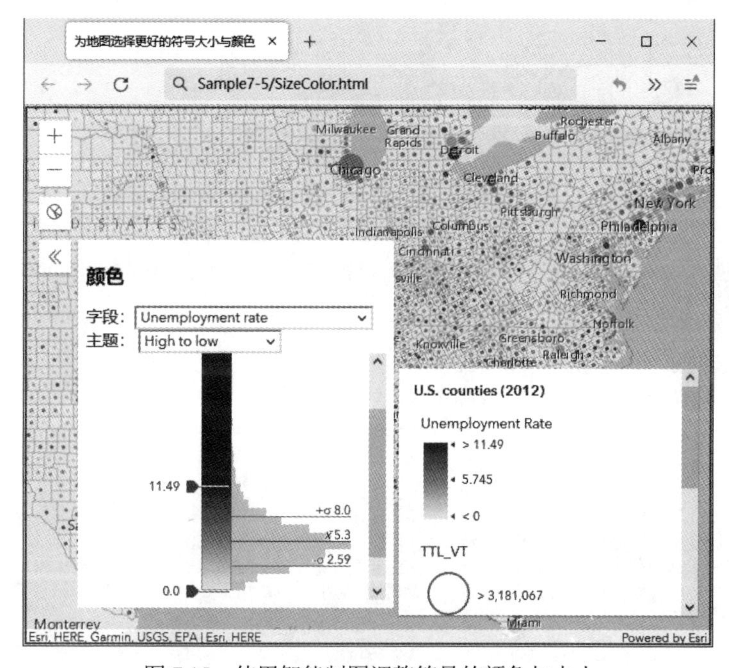

图 7.15 使用智能制图调整符号的颜色与大小

7.5.2 优势字段可视化

优势字段的可视化涉及根据一组竞争数值属性中的哪个属性在总数中获胜或优于其他属性来对图层的要素进行着色。其常见应用包括可视化选举结果、调查结果和多数人口统计。

每当看到同一要素中有相同测量单位的多列数据时，可尝试使用优势制图。这种技术有助于显示数据中可能隐藏的模式。

例如，假设有一个全国各县的图层，其字段包含小麦、大豆、玉米、棉花和蔬菜等各种作物的总销售额，这时可使用优势制图方法生成默认可视化效果，以描述每个县的主要作物。

智能制图 API 中的 esri/smartMapping/renderers/predominance 对象用于生成优势成分可视化的渲染器。该对象中只有 createRenderer()一个方法，需要提供图层、视图和字段列表作为参数才能生成此渲染器。此外，可以将 includeSizeVariable 设置为 true，那么就会依据要素与整个图层相比的影响力设置每个要素的大小。还可以将 includeOpaticityVariable 设置为 true，以便根据优势字段与所有其他字段相比的强弱为每个要素设置不透明度。如果某个要素的优势字段数值以很大的优势击败了所有其他字段，那么该要素是不透明的；如果只是获胜，但没有很大的优势，那么这个要素将非常透明。

例如使用下面的代码创建反映优势作物的渲染器：

```
const layer = new FeatureLayer({
   url: "https://services.arcgis.com/V6ZHFr6zdgNZuVG0/arcgis/rest/services/
USA_County_Crops_2007/FeatureServer/0"
});
const params = {
   layer: layer,
   view: view,
   fields: [{
      name: "M217_07", label: "Vegetables"
   }, {
      name: "M188_07", label: "Cotton"
   }, {
      name: "M172_07", label: "Wheat"
   }, {
      name: "M193_07", label: "Soybeans"
   }, {
      name: "M163_07", label: "Corn"
   }],
   includeOpacityInfo: true
};
predominanceRendererCreator.createRenderer(params).then(function (response) {
   layer.renderer = response.renderer;
});
```

下面用实例来演示如何通过智能制图显示每个社区哪个学历的人口最多。在 Sample7-5 下面新增一个名为 EducationPredominance.html 的网页文件，该网页文件包含的代码如下：

```
<!DOCTYPE html>
<html>
<head>
   <meta charset="utf-8" />
   <title>优势字段可视化</title>
   <link rel="stylesheet" href="https://js.arcgis.com/4.22/esri/css/main.css">
   <style>
      html, body, #viewDiv { padding: 0; margin: 0; height: 100%; width: 100%;
      }
   </style>
</head>
<body>
   <div id="viewDiv"></div>
   <script src="https://js.arcgis.com/4.22/"></script>
   <script src="js/EducationPredominance.js"></script>
</body>
</html>
```

JavaScript 代码在 EducationPredominance.js 文件中，初始化地图并加入受教育程度要素图层的代码就不展示了，这里列出创建渲染器并设置根据比例尺变化而变化符号大小的代码。

```
view.when().then(async () => {
   const fields = [{
      name: "NOHS_CY", label: "高中以下"
   }, {
      name: "SOMEHS_CY", label: "高中同等学历"
   }, {
      name: "HSGRAD_CY", label: "高中学位"
   }, {
      name: "SMCOLL_CY", label: "大学同等学历"
   }, {
      name: "ASSCDEG_CY", label: "副学士学位"
   }, {
```

```
            name: "BACHDEG_CY", label: "学士学位"
        }, {
            name: "GRADDEG_CY", label: "研究生学位"
        }];

        const predominanceScheme = predominanceSchemes.getSchemeByName({
            geometryType: layer.geometryType,
            numColors: fields.length,
            theme: "default",
            name: "Flower Field"
        });

        predominanceScheme.sizeScheme.background.outline.width = 0;
        predominanceScheme.sizeScheme.marker.minSize = 1;
        predominanceScheme.sizeScheme.marker.maxSize = 20;

        const params = {
            layer,
            view,
            fields,
            includeOpacityVariable: true,
            includeSizeVariable: true,
            outlineOptimizationEnabled: false,
            sizeOptimizationEnabled: false,
            legendOptions: {
                title: "受教育程度",
                showLegend: true
            },
            sortBy: "value",
            defaultSymbolEnabled: false,
            predominanceScheme
        };

        const { renderer } = await predominanceCreator.createRenderer(params);
        layer.renderer = renderer;

        const rs = 800000;
        const sizeVariable = renderer.visualVariables.filter(vv => vv.type === "size")[0];
        sizeVariable.minDataValue = 0;
        sizeVariable.maxDataValue = 40000;
        sizeVariable.legendOptions.title = "25 岁以上人口数";
        sizeVariable.minSize = {
            type: "size",
            valueExpression: "$view.scale",
            stops: [
                { value: rs, size: 1 },
                { value: rs / 2, size: 2 },
                { value: rs / 4, size: 3 },
                { value: rs / 8, size: 4 }
            ]
        };
        sizeVariable.maxSize = {
            type: "size",
            valueExpression: "$view.scale",
            stops: [
                { value: rs, size: 20 },
                { value: rs / 2, size: 25 },
                { value: rs / 4, size: 30 },
                { value: rs / 8, size: 35 }
            ]
        };
    });
```

该网页程序的运行结果如图 7.16 所示。

图 7.16　优势字段可视化

7.5.3　字段之间关系可视化

字段之间关系可视化智能制图可创建用于浏览两个数值字段之间关系的渲染器。这通常称为二元分区统计图可视化。此渲染器将每个变量按单独的色带分成 2 个、3 个或 4 个类。其中一个色带旋转 90° 并叠加在另一个色带上，以创建 2×2、3×3 或 4×4 正方形网格。x 轴指示一个变量，y 轴指示另一个变量。正方形中从左下角到右上角的对角线表示两个变量可能相关或彼此一致的要素，如图 7.17 所示。右下角和左上角表示一个字段具有高值而另一个字段具有低值的要素。

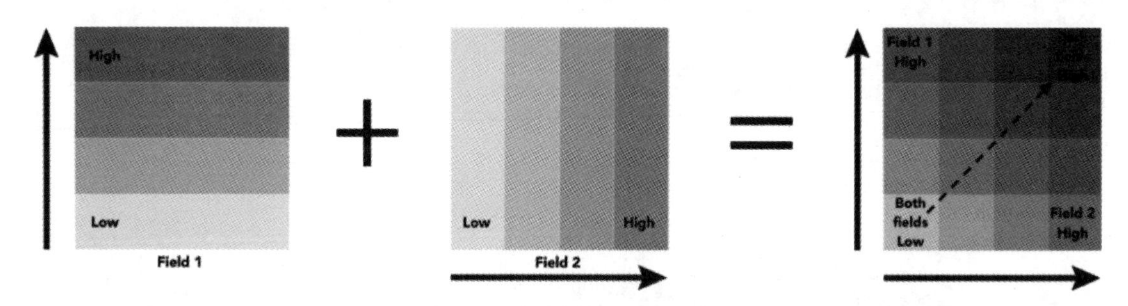

图 7.17　关系渲染器合成方式

要注意的是，即使观察到两个感兴趣的变量之间存在正相关关系，也不意味着它们在统计上是相关的，也就是说并不意味着一个变量的存在会影响另一个变量。

智能制图 API 的 esri/smartMapping/renderers/relationship 对象用于生成关系渲染器。该对象中只有两个方法，分别是 createRenderer()与 updateRenderer()，分别用于创建与更新渲染器。

调用 createRenderer()方法时，必须指定 layer、view、field1 与 field2 参数，此外，可以设置 focus 参数以更改图例的旋转，设置 numClasses 参数以更改图例的网格大小。基本使用方法可参考如下代码：

```
const layer = new FeatureLayer({
   url: "https://services.arcgis.com/..."
});
const params = {
   layer: layer,
   view: view,
```

```
        field1: {
            field: "POP_Diabetes",
            normalizationField: "TOTAL_POP"
        },
        field2: {
            field: "POP_Obesity",
            normalizationField: "TOTAL_POP"
        },
        focus: "HH",
        defaultSymbolEnabled: false
    };
    relationshipRendererCreator.createRenderer(params).then(function (response) {
        layer.renderer = response.renderer;
    });
```

下面的实例展示如何创建表示家庭规模与家庭收入关系的可视化地图。在 Sample7-5 中新增一个名为 RelationshipMap.html 的网页文件，该网页文件包含的代码如下：

```
<!DOCTYPE html>
<html>
<head>
    <meta charset="utf-8" />
    <title>关系可视化</title>
    <link rel="stylesheet" href="https://js.arcgis.com/4.22/esri/css/main.css">
    <style>
        html, body, #viewDiv { padding: 0; margin: 0; height: 100%; width: 100%;
        }
    </style>
</head>
<body>
    <div id="viewDiv"></div>
    <script src="https://js.arcgis.com/4.22/"></script>
    <script src="js/RelationshipMap.js"></script>
</body>
</html>
```

JavaScript 代码在 RelationshipMap.js 文件夹中，具体内容如下：

```
require(["esri/views/MapView", "esri/Map", "esri/layers/FeatureLayer",
    "esri/widgets/Legend", "esri/widgets/Expand",
    "esri/smartMapping/renderers/relationship"
], function (MapView, Map, FeatureLayer,
    Legend, Expand, relationshipRendererCreator) {
    var url = "https://services.arcgis.com/V6ZHFr6zdgNZuVG0/
arcgis/rest/services/usa_education_income/FeatureServer/0";
    const layer = new FeatureLayer({
        url,
        blendMode: "multiply",
        definitionExpression: "STATE = 'AZ'"
    });

    const map = new Map({
        basemap: "streets-relief-vector",
        layers: [layer]
    });

    const view = new MapView({
        container: "viewDiv",
        map: map,
        scale: 1155580,
        center: [-111.868, 33.411]
    });

    view.ui.add(new Expand({
        content: new Legend({
            view
        }),
        view
    }), "top-right");
```

```
    layer.when().then(createRelationshipRenderer).then(applyRenderer);

    function createRelationshipRenderer() {
        const params = {
            layer: layer,
            view: view,
            field1: {
                field: "AVGHHSZ_CY",
                label: "家庭规模"
            },
            field2: {
                field: "AVGHINC_CY",
                label: "家庭收入"
            },
            focus: null,
            numClasses: 3,
            outlineOptimizationEnabled: true
        };
        return relationshipRendererCreator.createRenderer(params);
    }

    function applyRenderer(response) {
        const renderer = response.renderer;
        renderer.uniqueValueInfos.forEach(function (info) {
            switch (info.value) {
                case "HH":
                    info.label = "大家庭;高收入";
                    break;
                case "HL":
                    info.label = "大家庭;低收入";
                    break;
                case "LH":
                    info.label = "小家庭;高收入"
                    break;
                case "LL":
                    info.label = "小家庭;低收入";
                    break;
            }
        });
        layer.renderer = renderer;
    }
});
```

上述代码很简洁，不再赘述。该网页程序的运行结果如图 7.18 所示。

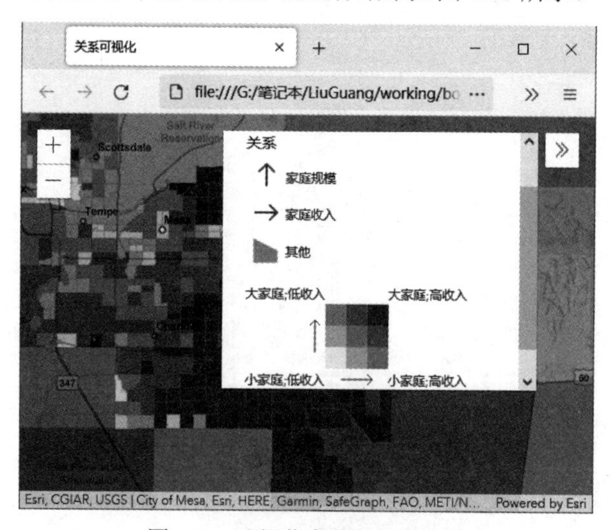

图 7.18　可视化字段之间的关系

7.6 图层标注

要对矢量图层的要素进行标注，只需要设置图层的 labelingInfo 属性即可。该属性是一个 LabelClass 数组。通过 LabelClass 为图层指定标注属性，例如标注表达式、放置位置和大小。调用的方法如下：

```
const statesLabelClass = new LabelClass({
    labelExpressionInfo: { expression: "$feature.NAME" },
    symbol: {
        type: "text",  // 自动转换为 new TextSymbol()
        color: "black",
        haloSize: 1,
        haloColor: "white"
    }
});
featureLayer.labelingInfo = [statesLabelClass];
```

如果要在同一要素上定义具有不同样式的多个标注，那么可以在构造 LabelClass 时使用 where 参数。同样，也可以使用多个标注分类来标注不同类型的要素（例如，湖泊的蓝色标注和公园的绿色标注）。这可以参考下面的实例。

新建一个名为 Sample7-6 的文件夹，在其中加入一个名为 FeatureLable.html 的网页文件，该网页程序的代码与前面几个网页程序的代码基本一致，这里不再列出。主要的 JavaScript 代码在 FeatureLayer.js 文件夹中，该网页文件包含的代码如下：

```
require([ "esri/Map", "esri/views/MapView",
    "esri/layers/FeatureLayer", "esri/widgets/Legend"
], (Map, MapView, FeatureLayer, Legend) => {
    const scale = 9000000;
    const url = "https://services.arcgis.com/V6ZHFr6zdgNZuVG0/ arcgis/rest/services/
128peaks/FeatureServer/0";
    var renderer = {
        type: "unique-value",
        field: "Climbed",
        legendOptions: {
            title: "成功攀登"
        },
        uniqueValueInfos: [{
            value: "Yes",
            label: '是',
            symbol: {
                type: "simple-marker",
                style: "triangle",
                color: "green",
                size: 16
            }
        }, {
            value: "No",
            label: '否',
            symbol: {
                type: "simple-marker",
                style: "triangle",
                color: "red",
                size: 16
            }
        }]
    };
    var labelingInfo = [{
        where: "Climbed='Yes'", // SQL
        labelExpressionInfo: {
```

```
            expression: "$feature.Mountain_Peak" // arcade
         },
         labelPlacement: "above-center",
         minScale: scale,
         symbol: {
            type: "text", // 自动转换为 new TextSymbol()
            font: {
               size: 12,
               family: "Noto Sans"
            },
            color: "green",
            yoffset: -2
         }
      }, {
         where: "Climbed='No'", // SQL
         labelExpressionInfo: {
            expression: "$feature.Mountain_Peak + TextFormatting.NewLine +
Concatenate([$feature.Elevation], '', \"##,###\") + ' ft'"
         },
         labelPlacement: "above-center",
         minScale: scale,
         symbol: {
            type: "text", // 自动转换为 new TextSymbol()
            font: {
               size: 12,
               family: "Noto Sans"
            },
            color: "red",
            yoffset: -2
         }
      }];
      var layer = new FeatureLayer({
         url,
         title: "美国 128 座著名山峰",
         renderer,
         labelingInfo
      });
      var map = new Map({
         basemap: "gray-vector",
         layers: [layer]
      });

      const view = new MapView({
         container: "viewDiv",
         center: [-117, 37],
         zoom: 7,
         map
      });
      let legend = new Legend({
         view: view,
      });
      view.ui.add(legend,  "bottom-right");
   });
```

为了对有没有成功攀登过的山峰使用不同的样式标注，在上面代码的 labelingInfo 中使用了两个 LabelClass，分别使用了 where 来限制。

该网页程序的运行结果如图 7.19 所示。

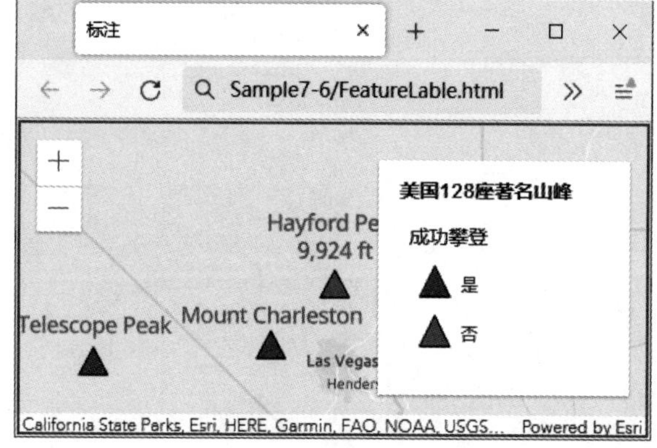

图 7.19　图层要素标注

第 8 章

空间分析

空间分析主要通过空间数据和空间模型的联合分析来挖掘空间目标的潜在信息，而这些空间目标的基本信息无非是其空间位置、分布、形态、距离、方位、拓扑关系等，其中距离、方位、拓扑关系组成了空间目标的空间关系，它是地理实体之间的空间特性，可以作为数据组织、查询、分析和推理的基础。通过将地理空间目标划分为点、线、面等不同的类型，可以获得这些不同类型目标的形态结构。将空间目标的空间数据和属性数据结合起来，可以进行许多特定任务的空间计算与分析。本章将介绍如何使用 ArcGIS API for JavaScript 中的一系列任务类来实现常规的空间查询与分析功能。

8.1　图形查询属性

由于 GIS 数据主要包括图形信息与属性信息，因此 GIS 数据查询实际上包含图形和属性的双向查询以及自然语言查询、模糊查询等。

图形查询属性就是用户通过在屏幕上选取地物目标来查询其对应的图形和属性信息。图形查询属性包括两种方式：区域查询和点选查询。区域查询包括矩形区域查询、圆形区域查询和任意多边形区域查询，用户通过在屏幕上指定一个区域来查询其中的地物目标的信息；点选查询指用户通过直接在屏幕上选取地物目标的整体（点状地物）或者局部（线状和面状地物）来查询其信息。

8.1.1　利用 identify 实现空间查询

可使用 identify 或 query 来实现图形查询属性，不同的是 identify 可实现一次从多个图层中查询，而 query 每次只能查询一个图层。因此，需要特别注意在创建这两个类的实例时，参数 url 的设置。对于 identify，其 url 指向代表地图服务的 REST 资源；而对于 query，其 url 需要指向代表地图服务中某图层的 REST 资源。

identify 类本身很简单，只包含一个 identify()方法，在该方法的参数中指定地址和查询参数 IdentifyParameters 以及查询完毕后的回调函数。

IdentifyParameters 对象规定了用于空间查询的一些参数，其中 geometry 属性指定了用哪个几何对象进行空间关系分析，layerIds 属性规定了对哪些图层进行空间查询，returnGeometry 属性规定了是否需要返回几何对象，如果不需要向用户显示几何对象，可将该属性设置为 false，这样便可大大减少返回的数据量，从而提高程序效率。而 tolerance 属性指定了空间关系分析时的冗余。

identify 执行空间查询完毕后，返回的是一个 IdentifyResult 数组。IdentifyResult 类的 displayFieldName 是某图层的主要显示字段，layerId 表示图层的 ID，layerName 则是图层的名称，而 feature 属性表示查询得到的地理特征，类型是 Graphic，即图形对象。

下面通过实例 8-1 来说明如何使用上述几个类实现点、线与多边形图形选择地理特征，并从地理特征中得到属性。新建一个站点，加入一个名为 Identify.html 的网页文件，该网页文件包含的代码如下：

```
<!DOCTYPE html>
<html>
<head>
    <meta charset="utf-8">
    <title>图形查询属性</title>
    <link rel="stylesheet" href="https://js.arcgis.com/4.22/dijit/ themes/claro/claro.css" />
    <link rel="stylesheet" href="https://js.arcgis.com/4.22/esri/themes/ light/main.css"/>
    <script src="https://js.arcgis.com/4.22/"></script>
    <script src="Identify.js"></script>
</head>
<body class="claro">
    <button data-dojo-type="dijit/form/Button">点</button>
    <button data-dojo-type="dijit/form/Button">线</button>
    <button data-dojo-type="dijit/form/Button">多边形</button>
    <div id="mapDiv" style="width:900px; height:600px; border:1px solid #000;"></div>

    <!-- info window tabs -->
    <div id="tabs" data-dojo-type="dijit/layout/TabContainer"
style="width:385px;height:150px;">
      <div id="layer2Tab" data-dojo-type="dijit/layout/ContentPane" title="城市"></div>
      <div id="layer1Tab" data-dojo-type="dijit/layout/ContentPane" title="河流"></div>
      <div id="layer0Tab" data-dojo-type="dijit/layout/ContentPane" title="道路"></div>
    </div>
</body>
</html>
```

这里将所有的 JavaScript 代码放置在 Identify.js 文件中了。

在 Identify.js 文件中首先增加全局变量，包括如下这些：

```
var map, identifyTask, identifyParams;
var pointSym, lineSym, polygonSym;
var layer2results, layer1results, layer0results;
var showFeature;
```

需要引用的包包括如下这些：

```
require(["dojo/parser", "dojo/_base/array", "dijit/registry", "esri/Map",
"esri/views/MapView", "esri/layers/MapImageLayer", "esri/layers/GraphicsLayer",
"esri/widgets/Sketch/SketchViewModel",
      "esri/symbols/SimpleMarkerSymbol", "esri/symbols/SimpleLineSymbol",
"esri/symbols/SimpleFillSymbol", "esri/Color",
      "esri/rest/identify", "esri/rest/support/IdentifyParameters",
      "dijit/form/Button", "dijit/layout/TabContainer", "dijit/layout/ContentPane",
"dojo/domReady!"],
      function (parser, array, registry, Map, MapView, MapImageLayer, GraphicsLayer,
SketchViewModel,
```

```
        SimpleMarkerSymbol, SimpleLineSymbol, SimpleFillSymbol, Color,
        identify, IdentifyParameters) {
        parser.parse();
});
```

在 parser.parse()代码行下面加入如下初始化代码：

```
    map = new Map();
    var url = "https://sampleserver6.arcgisonline.com/arcgis/rest/
services/MtBaldy_BaseMap/MapServer";
    var agoLayer = new MapImageLayer({
       url: url,
       opacity: 0.5
    });
    var graphicsLayer = new GraphicsLayer({ id: "graphicsLayer" });
    var map = new Map({
       basemap: "osm",
       layers: [agoLayer, graphicsLayer]
    });

    var view = new MapView(
       {
          map: map,
          container: "mapDiv",
          center: [-117.23502, 34.23911],
          zoom: 13
       });

    var redColor = new Color([255, 0, 0]);
    var halfFillYellow = new Color([255, 255, 0, 0.5]);
    pointSym = new SimpleMarkerSymbol({
       style: "diamond",
       size: 10,
       outline: new SimpleLineSymbol({
          style: "solid",
          color: redColor,
          width: 1
       }),
       color: halfFillYellow
    });
    lineSym = new SimpleLineSymbol({
       style: "dash-dot",
       color: redColor,
       width: 2
    });
    polygonSym = new SimpleFillSymbol({
       style: "solid",
       outline: new SimpleLineSymbol({
          style: "solid",
          color: redColor,
          width: 2
       }),
       color: halfFillYellow
    });

    var sketchViewModel = new SketchViewModel({
       view: view,
       layer: graphicsLayer
    });

    array.forEach(registry.toArray(), function (d) {
       if (d.declaredClass === "dijit.form.Button") {
          d.on("click", activateTool);
       }
    });
```

上述代码在实现加载图层与实例化符号功能之后，初始化了一个绘图工具，并指示当用户在地图上绘制完点、线或多边形几何图形之后，调用 doIdentify 函数执行地理要素的选择。然后得到页面中的按钮小部件，将它们的 click 事件响应函数指定为 activateTool 函数。该函数代码如下：

```
function activateTool() {
    var tool = null;
    switch (this.label) {
        case "点":
            tool = "point";
            break;
        case "线":
            tool = "polyline";
            break;
        case "多边形":
            tool = "polygon";
            break;
    }
    sketchViewModel.create(tool, { mode: "click" });
}
```

初始化 identify 任务的代码如下：

```
view.when(function () {
    registry.byId("tabs").resize();
    document.getElementById("tabs").style.display = "none";
    // Identify 参数设置
    identifyParams = new IdentifyParameters({
        // 冗余范围
        tolerance: 3,
        // 返回地理元素
        returnGeometry: true,
        // 进行 Identify 的图层
        layerIds: [2, 1, 0],
        // 进行 Identify 的图层为全部
        layerOption: "all"
    });
    view.popup.content = registry.byId("tabs").domNode;
    sketchViewModel.on("create", function (event) {
        if (event.state === "complete") {
            doIdentify(event);
        }
    });
});
```

在上述代码中，当 MapView 实例被创建时，设置了查询的参数，并且设置了信息窗口的一些参数。

当用户在地图上绘制了用于查询的点、线或多边形之后，将执行 doIdentify 函数进行查询，该函数的代码如下：

```
function doIdentify(evt) {
    // 清除上一次的高亮显示
    map.findLayerById("graphicsLayer").removeAll();
    // Identify 的 geometry
    identifyParams.geometry = evt.graphic.geometry;
    // Identify 范围
    identifyParams.mapExtent = view.extent;
    identify
        .identify(url, identifyParams)
        .then(function (response) {
            addToMap(response.results, evt.graphic.geometry);
        });
}
```

在上述代码中，在设置了查询的几何对象与空间范围后，调用任务的 identify 方法向服务器发送请求，请求执行指定的空间分析。当执行完毕后，将调用 addToMap 函数，在信息窗口中显示查询结果。

addToMap 函数的代码如下：

```
    function addToMap(idResults, geometry) {
        layer2results = { displayFieldName: null, features: [] };
        layer1results = { displayFieldName: null, features: [] };
        layer0results = { displayFieldName: null, features: [] };
        for (var i = 0, il = idResults.length; i < il; i++) {
            var idResult = idResults[i];
            if (idResult.layerId === 2) {
                if (!layer2results.displayFieldName) {
                    layer2results.displayFieldName = idResult.displayFieldName;
                }
                layer2results.features.push(idResult.feature);
            } else if (idResult.layerId === 1) {
                if (!layer1results.displayFieldName) {
                    layer1results.displayFieldName = idResult.displayFieldName;
                }
                layer1results.features.push(idResult.feature);
            } else if (idResult.layerId === 0) {
                if (!layer0results.displayFieldName) {
                    layer0results.displayFieldName = idResult.displayFieldName;
                }
                layer0results.features.push(idResult.feature);
            }
        }
        registry.byId("layer2Tab").setContent(layerTabContent(layer2results, "layer2results"));
        registry.byId("layer1Tab").setContent(layerTabContent(layer1results, "layer1results"));
        registry.byId("layer0Tab").setContent(layerTabContent(layer0results, "layer0results"));

        // 设置 infoWindow 显示
        var firstPt;
        if (geometry.type == "point")
            firstPt = geometry;
        else
            firstPt = geometry.getPoint(0, 0);

        view.popup.open({
            location: firstPt,
            title: "Identify 结果",
        });

        document.getElementById("tabs").style.display = "block";
    }
```

在上面的代码中，对返回的结果数组进行循环，将从不同图层中选择的地理特征放入不同的变量中。然后调用 layerTabContent 函数，从选择的地理特征中获取属性的值，并放置到不同的标签中。

layerTabContent 函数的代码如下：

```
    function layerTabContent(layerResults, layerName) {
        var content = "<i>选中要素数目为: " + layerResults.features.length + "</i>";
        switch (layerName) {
            case "layer2results":
                content += "<table border='1'><tr><th>ID</th><th>面积</th></tr>";
                for (var i = 0, il = layerResults.features.length; i < il; i++) {
                    content += "<tr><td>" + layerResults.features[i].attributes['BLOCK_ID'] + "
<a href='#' onclick='showFeature(" + layerName + ".features[" + i + "]); return false;'>(显
示)</a></td>";
                    content += "<td>" +
layerResults.features[i].attributes['Shape_Area'].toFixed(3) + "</td>";
                }
                content += "</tr></table>";
                break;
            case "layer1results":
                content += "<table border='1'><tr><th>ID</th><th>河流名称</th><th>面积</th></tr>";
                for (var i = 0, il = layerResults.features.length; i < il; i++) {
                    content += "<tr><td>" + layerResults.features[i].attributes['BLOCK_ID'] + "
<a href='#' onclick='showFeature(" + layerName + ".features[" + i + "]); return false;'>(显
示)</a></td>";
```

```
                content += "<td>" + layerResults.features[i].attributes['LABEL_LOCAL'] +
"</td>";
                content += "<td>" +
layerResults.features[i].attributes['Shape_Area'].toFixed(3) + "</td>";
            }
            content += "</tr></table>";
            break;
        case "layer0results":
            content += "<table border='1'><tr><th>ID</th><th>长度</th></tr>";
            for (var i = 0, il = layerResults.features.length; i < il; i++) {
                content += "<tr><td>" + layerResults.features[i].attributes['BLOCK_ID'] + "
<a href='#' onclick='showFeature(" + layerName + ".features[" + i + "]); return false;'>(显
示)</a></td>";
                content += "<td>" +
layerResults.features[i].attributes['Shape_Length'].toFixed(3) + "</td>";
            }
            content += "</tr></table>";
            break;
    }
    return content;
}
```

高亮显示指定的图形为 showFeature 函数，代码如下：

```
showFeature = function (feature) {
    map.findLayerById("graphicsLayer").removeAll();
    var symbol;
    // 将几何对象加入到地图中
    switch (feature.geometry.type) {
        case "point":
            symbol = pointSym;
            break;
        case "polyline":
            symbol = lineSym;
            break;
        case "polygon":
            symbol = polygonSym;
            break;
    }
    feature.symbol = symbol;
    graphicsLayer.add(feature);
}
```

该网页程序的运行结果如图 8.1 所示。

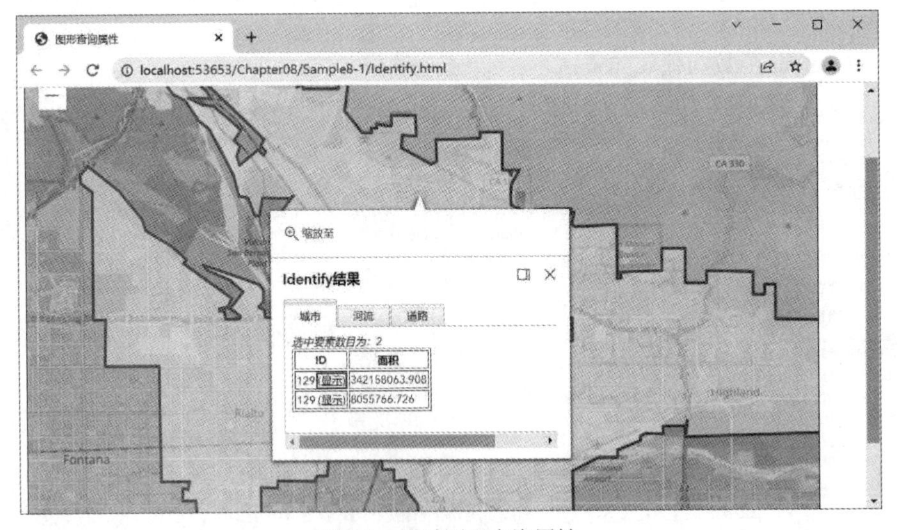

图 8.1　通过图形查询属性

8.1.2 利用 query 类实现空间查询

也可以使用 query 来判断空间关系而选择地理特征。与 identify 不同的是，query 每次只能针对一个图层进行查询，而 identify 可以同时针对多个图层进行查询。此外，在 query 进行查询时，还可以指定属性过滤条件，同时进行空间与属性的查询。

查询的指定是通过 esri/rest/support/Query 类完成的。其 geometry 属性指定了用于空间查询的几何对象，可以是 Extent、Point、Multipoint、Polyline 或 Polygon 等几个类的对象。outFields 属性指定返回结果 FeatureSet 中包含的属性字段。这些字段必须存在于图层，而且必须使用真实的字段名，而不能使用字段别名。返回的字段使用的也是真实的字段名。但是在显示结果时，可以使用别名。可以通过该属性只指定需要的字段，指定的字段越少，服务器的响应越快。虽然每次查询都会访问图层的 shape 与 objectid 字段，但是并不需要在 outFields 属性中包含这两个字段。returnGeometry 属性指定是否在返回结果 FeatureSet 中的地理特征（即图形对象）中包含几何对象。spatialRelationship 属性指定了执行空间查询时对输入几何对象使用的空间关系。ArcGIS API for JavaScript 规定了 8 种查询方法。每一种查询方法对应一个常量。Text 属性是一个使用 like 的 where 从句的速写方式，针对的是在地图文档中定义的显示字段，可以从服务目录中查看每个图层的显示字段。例如某图层的显示字段为 STATE_NAME（州名），那么如下代码表示查询州名为 Washington 的地理特征：

```
query.text = "Washington";
```

Query 类的 where 属性指定了属性查询的 where 从句，任何有效的 SQL where 从句都可以。例如：

```
query.where = "NAME = '" + stateName + "'";
query.where = "POP04 > " + population;
```

下面将演示如何利用 query 实现空间查询。在实例 8-1 中加入一个名为 Query.html 的网页文件，该网页文件包含的代码如下：

```
<!DOCTYPE html>
<html>
<head>
    <meta charset="utf-8">
    <title>图形查询属性</title>
    <link rel="stylesheet" href="https://js.arcgis.com/4.22/dijit/ themes/claro/claro.css" />
    <link rel="stylesheet" href="https://js.arcgis.com/4.22/esri/ themes/light/main.css"/>
    <script src="https://js.arcgis.com/4.22/"></script>
    <script src="Query.js"></script>
</head>
<body class="claro">
    <button data-dojo-type="dijit/form/Button">点</button>
    <button data-dojo-type="dijit/form/Button">线</button>
    <button data-dojo-type="dijit/form/Button">多边形</button>
    <button data-dojo-type="dijit/form/Button">取消查询</button>
    <select id="task">
        <option value="urbanTask">城市图层</option>
        <option value="waterTask">河流图层</option>
        <option value="roadsTask">道路图层</option>
    </select>
    <div id="mapDiv" style="width:900px; height:600px; border:1px solid #000;"></div>
</body>
</html>
```

由于 query 每次只能对一个图层进行查询，因此在上述代码中增加了一个下拉选择框，用于确定针对哪个图层进行查询。

所有的 JavaScript 代码放置在 Query.js 文件中，它们的外围代码如下：

```
    var map, query;
    var urbanPopupTemplate, waterPopupTemplate, roadsPopupTemplate;
    var pointSym, lineSym, polygonSym;

    require(["dojo/parser", "dojo/_base/array", "dijit/registry", "esri/Map",
"esri/views/MapView", "esri/layers/TileLayer", "esri/widgets/Sketch/SketchViewModel",
        "esri/symbols/SimpleMarkerSymbol", "esri/symbols/SimpleLineSymbol",
"esri/symbols/SimpleFillSymbol", "esri/Color",
        "esri/rest/query", "esri/rest/support/Query", "esri/PopupTemplate",
        "dijit/form/Button", "dojo/domReady!"],
        function (parser, array, registry, Map, MapView, TileLayer, SketchViewModel,
          SimpleMarkerSymbol, SimpleLineSymbol, SimpleFillSymbol, Color,
          queryClass, Query, PopupTemplate) {
          parser.parse();
          var url = "https://sampleserver6.arcgisonline.com/arcgis/
rest/services/MtBaldy_BaseMap/MapServer";
          var agoLayer = new TileLayer({
             url: url,
             opacity: 0.5
          });
          var map = new Map({
             layers: [agoLayer]
          });

          var view = new MapView(
             {
                map: map,
                container: "mapDiv",
                center: [-117.23502, 34.23911],
                zoom: 13
             });

          var sketchViewModel = new SketchViewModel({
             view: view,
             layer: view.graphics
          });

          array.forEach(registry.toArray(), function (d) {
             if (d.declaredClass === "dijit.form.Button") {
                d.on("click", activateTool);
             }
          });

          // 实例化查询参数类
          query = new Query();
          query.returnGeometry = true;

          // 实例化信息模板类
          urbanPopupTemplate = new PopupTemplate({
             title: "{BLOCK_ID}",
             content: "城市 ID: {BLOCK_ID}<br/> <br />城市面积: {Shape_Area}"
          });
          waterPopupTemplate = new PopupTemplate({
             title: "{BLOCK_ID}",
             content: "河流 ID : {BLOCK_ID}<br/> 河流名称: {LABEL_LOCAL}<br/><br/>河流面积:
{Shape_Area}"
          });
          roadsPopupTemplate = new PopupTemplate({
             title: "{BLOCK_ID}",
             content: "道路 ID: {BLOCK_ID}<br/> 道路长度: {Shape_Length}"
          });

          // 实例化符号类
          var redColor = new Color([255, 0, 0]);
          var halfFillYellow = new Color([255, 255, 0, 0.5]);
          pointSym = new SimpleMarkerSymbol({
```

```
        style: "diamond",
        size: 10,
        outline: new SimpleLineSymbol({
            style: "solid",
            color: redColor,
            width: 1
        }),
        color: halfFillYellow
    });
    lineSym = new SimpleLineSymbol({
        style: "dash-dot",
        color: redColor,
        width: 2
    });
    polygonSym = new SimpleFillSymbol({
        style: "solid",
        outline: new SimpleLineSymbol({
            style: "solid",
            color: redColor,
            width: 2
        }),
        color: halfFillYellow
    });

    function activateTool() {
        var tool = null;
        if (this.label == "取消查询") {
            sketchViewModel.cancel();
        } else {
            switch (this.label) {
                case "点":
                    tool = "point";
                    break;
                case "线":
                    tool = "polyline";
                    break;
                case "多边形":
                    tool = "polygon";
                    break;
            }
            sketchViewModel.create(tool, { mode: "click" });
        }
    }

    view.when(function () {
        sketchViewModel.on("create", function (event) {
            if (event.state === "complete") {
                doQuery(event);
            }
        });
    })
});
```

上述代码主要是实例化需要使用到的对象，例如几何对象绘制工具条、查询任务、查询参数、信息模板与符号等。当用户在地图上绘制点、线或多边形完毕后，将调用 doQuery 执行查询。

doQuery 函数的代码如下：

```
function doQuery(evt) {
    query.geometry = evt.graphic.geometry;
    var taskName = document.getElementById("task").value;
    var queryTask;
    if (taskName === "urbanTask") {
        queryUrl = url + "/2";
        query.outFields = ["BLOCK_ID", "Shape_Area"];
    }
    else if (taskName === "waterTask") {
        queryUrl = url + "/1";
        query.outFields = ["BLOCK_ID", "LABEL_LOCAL", "Shape_Area"];
    }
```

```
    else {
        queryUrl = url + "/0";
        query.outFields = ["BLOCK_ID", "Shape_Length"];
    }

    queryClass
        .executeQueryJSON(queryUrl, query)
        .then(function (featureSet) {
            showResults(featureSet);
        });
}
```

在上述代码中，首先判断用户针对哪个图层进行查询，从而设置查询任务对象，然后调用 executeQueryJSON 方法向服务器发送请求执行查询，查询完毕后将调用 showResults 函数显示查询结果。

showResults 函数的代码如下：

```
function showResults(featureSet) {
    // 清除上一次的高亮显示
view.graphics.removeAll();
    var symbol, popupTemplate;
    var taskName = document.getElementById("task").value;
    switch (taskName) {
        case "urbanTask":
            symbol = polygonSym;
            popupTemplate = urbanPopupTemplate;
            break;
        case "waterTask":
            symbol = polygonSym;
            popupTemplate = waterPopupTemplate;
            break;
        case "roadsTask":
            symbol = lineSym;
            popupTemplate = roadsPopupTemplate;
            break;
    }

    var resultFeatures = featureSet.features;
    for (var i = 0, il = resultFeatures.length; i < il; i++) {
        // 从 featureSet 中得到当前地理特征
        // 地理特征就是一个图形对象
        var graphic = resultFeatures[i];
        graphic.symbol = symbol;
        // 设置信息模板
        graphic.popupTemplate = popupTemplate;
        // 在 view.graphics 中增加图形
        view.graphics.add(graphic);
    }
}
```

在上述代码中，首先根据用户选择的是哪个图层设置信息模板与符号变量，然后对返回的地理特征进行循环，将它们实例化为图形对象，并加入地图的图形图层中。我们这里使用了模板，因此可以直接通过单击图形显示信息。不过在这之前需要使用“取消查询”推出绘制状态。

该页面的运行结果如图 8.2 所示。

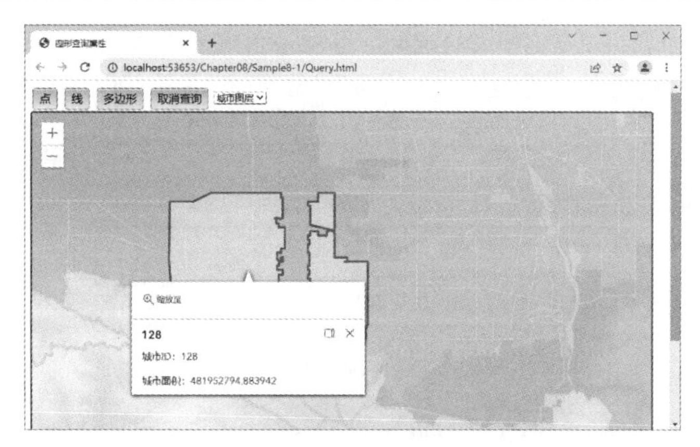

图 8.2　利用 query 类执行空间查询

8.1.3　表格形式显示查询结果

在实例 8-1 中，使用了信息窗口来显示属性结果，要得到该结果，需要单击地图上的图形，而且这种方式也不直观，属性信息被隐藏起来了。因此，本小节将介绍如何使用表格的方式直观地显示属性结果，在下一小节将演示如何使用图标的方式来展示这些属性结果。

我们这里要介绍的是 DojoX DataGrid。Grid 可能是 DojoX 中最受欢迎的部件，比起普通的 Web 表格部件，Grid 更像一个基于 Web 的 Excel 组件。这使得 Grid 足可以应付较为复杂的数据展示及数据操作。在 DojoX 1.2 中，dojox.grid 包中新增了 DataGrid 类，该类是对原 Grid 类的强化和替代，之所以叫作 DataGrid，是由于该类与 Dojo 的数据操作类 store 无缝整合在一起。而之前的 Grid 需要将 store 对象包装为 model 对象才能使用。下文如果没有特殊声明，所有 Gird 或 DataGrid 均指新版 DataGrid，而不是 Grid 1.0。

下面列出了 Grid 的特性：

- 用户只需向下拖曳滚动条，Grid 即可加载延迟的记录，省去了翻页操作，减少了 Web 与服务器的交互，提高了性能。
- 可以任意地增加和删除单元格、行或者列。
- 对行进行统计摘要，Grid 可以生成类似于 OLAP 分析的报表。
- Grid 超越了二维表格的功能，它可以跨行或跨列合并单元格以满足不同的数据填充的需求。
- 行列冻结功能，使得浏览数据更加灵活方便。
- Grid 事件采用了钩子机制，我们可以通过 onStyle 钩子完成对样式的更改。
- 单元格具备富操作，所有的 dijit 部件都可以在单元格中使用，并且单元格可以通过单击转换为编辑状态。
- 可以为不同的单元格设置不同的上下文菜单。
- Grid 嵌套，也就是说 Grid 可以在单元格中嵌套其他的 Grid，从而组成更为复杂的应用。

除此之外，Grid 还具有其他很多特性，例如非常实用的偶数行上色、灵活的选取功能、自动调整列宽、数据的展开与合闭等。

一个 DataGrid 实例的组成结构如图 8.3 所示，一个小部件通常由框架和样式组成，因此我们需要指定 DataGrid 的样式表并且声明 DataGrid 实例。DataGrid 实例会组合一个 Structure 和一个

Store。Structure 是一个表头及数据模型的定义，而 Store 用于承载数据。

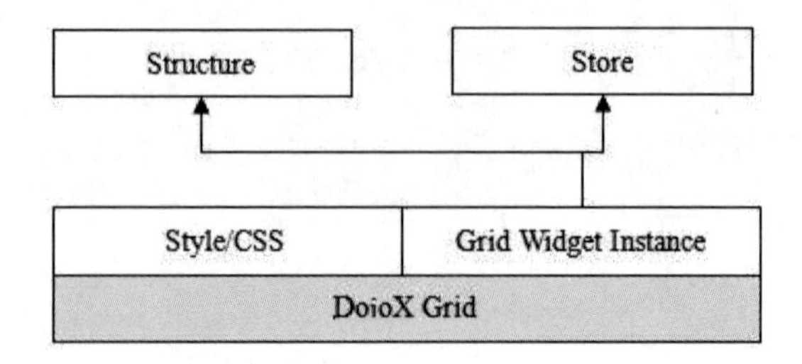

图 8.3　DataGrid 实例组成结构

下面通过实例 8-2 来演示如何使用 DataGrid 显示查询得到的属性结果。新建一个站点，在其中加入一个名为 ShowInGrid.html 的网页文件，该网页文件包含的代码如下：

```
    <!DOCTYPE html>
    <html>
    <head>
        <meta charset="utf-8">
        <title>图形查询属性</title>
        <link rel="stylesheet" href="https://js.arcgis.com/4.22/ dijit/themes/claro/claro.css" />
        <link rel="stylesheet" href="https://js.arcgis.com/4.22/
dojox/grid/resources/Grid.css" />
        <link rel="stylesheet" href="https://js.arcgis.com/4.22/
dojox/grid/resources/claroGrid.css">
        <link rel="stylesheet" href="https://js.arcgis.com/4.22/ esri/themes/light/main.css"/>
        <link rel="stylesheet" href="Main.css" />
        <script src="https://js.arcgis.com/4.22/"></script>
        <script type="text/javascript" src="ShowInGrid.js"></script>
    </head>
    <body class="claro">
        <div id="buttonbox">
            <button data-dojo-type="dijit/form/Button">多边形</button>
            <button data-dojo-type="dijit/form/Button">徒手多边形</button>
            <button data-dojo-type="dijit/form/Button">删除选择结果</button>
        </div>

        <div id="box">
            <div>多边形内的城市数为: <span id="numberOfBlocks">0</span></div>
            <div>多边形内的人口数为: <span id="totalPopulation">0</span></div>
        </div>

        <div id="mapbox">
            <div id="map" style="width:700px; height:512px; border:2px solid #000;"
class="tundra"></div>
        </div>

        <div id="grid" data-dojo-type="dojox/grid/DataGrid" data-dojo-id="gridWidget"></div>

        <div id="legend">
            <b>人口:  </b>
            <img src="images/CircleBlue16.png" /> 5 万
            <img src="images/CircleBlue24.png" /> 10 万
            <img src="images/CircleRed32.png" /> 大于 10 万
        </div>
    </body>
    </html>
```

在上面的代码中，我们加载了 Grid 与 claroGrid 样式来保证 DataGrid 能够正常显示。所有的 JavaScript 代码都放在 ShowInGrid.js 文件中。Dojo 初始化代码如下：

```
    require(["dojo/parser", "dijit/registry", "esri/Map", "esri/views/MapView",
"esri/geometry/Extent", "esri/geometry/SpatialReference", "esri/PopupTemplate",
```

```
"esri/layers/TileLayer", "esri/Graphic", "esri/widgets/Sketch/SketchViewModel",
      "esri/symbols/PictureMarkerSymbol", "esri/symbols/SimpleLineSymbol",
"esri/symbols/SimpleFillSymbol", "esri/Color",
      "esri/rest/query", "esri/rest/support/Query", "dojo/_base/array",
"dojo/data/ItemFileReadStore", "dojox/grid/DataGrid",
      "dijit/form/Button", "dojo/domReady!"],
      function (parser, registry, Map, MapView, Extent, SpatialReference, PopupTemplate,
TileLayer, Graphic, SketchViewModel,
        PictureMarkerSymbol, SimpleLineSymbol, SimpleFillSymbol, Color,
        queryClass, Query, array, ItemFileReadStore) {

        parser.parse();

        var extent = new Extent({
           xmin: -110,
           ymin: 30,
           xmax: -100,
           ymax: 40,
           spatialReference: new SpatialReference({ wkid: 4326 })
        })
        //Create a new street map layer
        var streetMap = new TileLayer("http://server.arcgisonline.com/ArcGIS/
rest/services/World_Street_Map/MapServer");
        var map = new Map({
           layers: [streetMap]
        });
        var view = new MapView({
           map: map,
           container: "map",
           extent: extent
        });

        var sketchViewModel = new SketchViewModel({
           view: view,
           layer: view.graphics
        });

        array.forEach(registry.toArray(), function (d) {
           if (d.declaredClass === "dijit.form.Button") {
              d.on("click", activateTool);
           }
        });

        view.when(function () {
           sketchViewModel.on("create", function (event) {
              if (event.state === "complete") {
                 addGraphic(event);
              }
           });
        })

        // 监听在 Dojo 表格中单击行的事件
        gridWidget.on("RowClick", onTableRowClick);

        // 弹出表格
        setGridHeader();

        var resultTemplate = new PopupTemplate({
           title: "详细信息：",
           content: "城市： {areaname},<br/>人口： {pop2000}"
        });

        var symbol = new SimpleFillSymbol({
           style: "solid",
           outline: new SimpleLineSymbol({
              style: "dash-dot",
              color: new Color([255, 0, 0]),
              width: 2
           }),
           color: new Color([255, 255, 0, 0.5])
        });
```

```
        var pntSym1 = new PictureMarkerSymbol({
            url: "images/CircleBlue16.png",
            width: "16px",
            height: "16px"
        });
        var pntSym2 = new PictureMarkerSymbol({
            url: "images/CircleBlue24.png",
            width: "24px",
            height: "24px"
        });
        var pntSym3 = new PictureMarkerSymbol({
            url: "images/CircleRed32.png",
            width: "32px",
            height: "32px"
        });

        // 初始化查询任务与查询参数
        var query = new Query();
        query.returnGeometry = true;
        query.outFields = ["objectid", "areaname", "class", "st", "capital", "pop2000 "];
        var queryUrl = "https://sampleserver6.arcgisonline.com/arcgis/rest/
services/USA/MapServer/0";

        function activateTool() {
            var tool = null;
            if (this.label == "删除选择结果") {
                remove();
            } else {
                switch (this.label) {
                    case "多边形":
                        sketchViewModel.create("polygon", { mode: "click" });
                        break;
                    case "徒手多边形":
                        sketchViewModel.create("polygon", { mode: "freehand" });
                        break;
                }
            }
        }
    });
```

在上述代码中，首先构造地图实例；然后构造几何对象绘制工具条实例，并监听绘制完毕事件；接着实例化了一个图层，并加入地图中；监听 Grid 的行单击事件；调用 drawTable 函数，定义 Grid 的布局；设置信息模板；初始化查询任务与查询参数；最后加入了处理页面按钮单击事件。

setGridHeader 函数的代码如下：

```
    function setGridHeader() {
        var layout = [
            { field: 'areaname', name: '城市', width: "100px", headerStyles: "text-
align:center;" },
            { field: 'pop2000', name: '人口', width: "100px", headerStyles: "text-
align:center;" }
        ];
        gridWidget.setStructure(layout);
    }
```

在上述代码中定义了一个数组 layout，其中每一个成员表示一个列的定义，其中 field 指定了使用的数据项，该取值需要遵循 JavaScript 变量定义规则，name 为该列显示的名称。最后调用 setStructure 方法设置布局。

当用户在地图上绘制几何对象之后，将调用 addGraphic 函数。该函数的代码如下：

```
    function addGraphic(evt) {
        var handgraphic = new Graphic({
            geometry: evt.graphic.geometry,
            symbol: symbol
        });
```

```
        view.graphics.add(handgraphic);
        // 将用户绘制的几何对象传入查询参数
        query.geometry = handgraphic.geometry;
        queryClass
            .executeQueryJSON(queryUrl, query)
            .then(function (featureSet) {
                showResult(featureSet);
            });
}
```

在上述代码中，首先将用户绘制的几何对象应用符号形成图形并加入地图的图形图层中，然后调用查询任务的 executeQueryJSON 方法进行查询。当服务器将查询结果返回后，将调用 showResult 函数。

showResult 函数的代码如下：

```
function showResult(featureSet) {
    var resultFeatures = featureSet.features;
    for (var i = 0, il = resultFeatures.length; i < il; i++) {
        var graphic = resultFeatures[i];
        setTheSymbol(graphic);
        graphic.popupTemplate = resultTemplate;
        view.graphics.add(graphic.clone());
    }

    var totalPopulation = sumPopulation(featureSet);
    var r = "<i>" + totalPopulation + "</i>";
    document.getElementById('totalPopulation').innerHTML = r;
    document.getElementById("numberOfBlocks").innerHTML = resultFeatures.length;
    drawTable(resultFeatures);
    sketchViewModel.cancel();
}
```

sumPopulation 函数的代码如下：

```
function sumPopulation(fset) {
    var features = fset.features;
    var popTotal = 0;
    var intHolder = 0;
    for (var x = 0; x < features.length; x++) {
        popTotal = popTotal + features[x].attributes['pop2000'];
    }
    return popTotal;
}
```

setTheSymbol 函数的代码如下：

```
function setTheSymbol(graphic) {
    if (graphic.attributes['pop2000'] < 50000) {
        graphic.symbol = pntSym1;
    }
    else if (graphic.attributes['pop2000'] < 100000) {
        graphic.symbol = pntSym2;
    }
    else {
        graphic.symbol = pntSym3;
    }
}
```

在上述代码中，首先对返回的地理特征数组进行循环处理，根据人口数量设置图形的符号与信息模板，并加入地图的图形图层中，需要注意的是加入的图形应为 graphic.clone()，否则采用引用的方式无法将 Popup 窗口显示在正确位置；然后计算街区数与总人口数量；接着调用 drawTable 函数将属性信息显示在 Grid 中；最后取消几何对象的绘制，使用默认的鼠标行为。

drawTable 函数的代码如下：

```
function drawTable(features) {
```

```
        // 创建需要加入 store 的数据
        var items = [];
        items = array.map(features, "return item.attributes");
        // 将数据转换为可用于 store 的格式
        var data = {
            identifier: "objectid",  // 唯一值字段
            label: "objectid",       // 用于显示的名称字段
            items: items
        };
        var store = new ItemFileReadStore({ data: data });
        gridWidget.setStore(store);
        gridWidget.setQuery({ areaname: '*' });
    }
```

在上述代码中，我们首先创建用于构造一个 JSON 数据对象的 items，然后实例化了一个 JSON 数据对象，这里 identifier 是对于整行的唯一标识，因此在数据中不能出现重复，数组 items 是这个表格所显示的数据。DataGrid 使用了 store 作为数据源，在上面的代码中，我们将构造好的 JSON 数据作为 data 参数值传给 store 的构造方法。最后调用 DataGrid 类的 setStore 方法设置 store。

当用户在表格中单击某行时，将触发 onTableRowClick 事件，该事件的处理代码如下：

```
    function onTableRowClick(evt) {
        var clickedId = gridWidget.getItem(evt.rowIndex).objectid[0];
        var graphic;
        for (var i = 0, il = view.graphics.length; i < il; i++) {
            var currentGraphic = view.graphics.items[i];
            if ((currentGraphic.attributes) && currentGraphic.attributes.objectid == clickedId)
{
                graphic = currentGraphic;
                break;
            }
        }
        view.popup.open({
            title: "详细信息: ",
            content: "城市: " + graphic.attributes['areaname'] + "<br/>人口: " +
graphic.attributes['pop2000'],
            location: graphic.geometry
        });
    }
```

在上述代码中，首先得到用户单击行的 objectid 字段值，该字段是唯一标识字段，然后对地图图形图层中的所有图形进行循环，通过遍历寻找拥有用户单击行的 objectid 字段值的图形。得到该图形后，利用信息窗口显示该图形的详细信息。

“删除选择结果”按钮调用的是 remove 函数，该函数的代码如下：

```
    function remove() {
        // 从地图中清除所有的图形
        view.graphics.removeAll();
        //重置城市和人口数为 0
        var r = "0";
        dojo.byId('numberOfBlocks').innerHTML = r;
        dojo.byId('totalPopulation').innerHTML = r;
        drawTable();
    }
```

该网页程序的运行结果如图 8.4 所示。

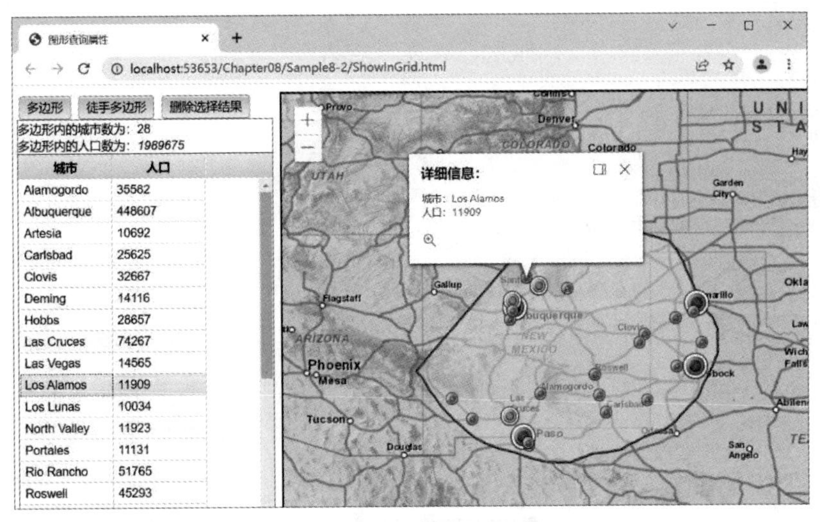

图 8.4　用表格显示属性结果

8.1.4　图形化表达查询结果

除了使用表格来列出属性结果之外，另一个更加直观的方式是利用图表来展现查询得到的地理特征的属性结果。我们可以使用 DojoX Charting 提供的图表功能来简化这项的工作。

DojoX Charting 是基于 DojoX 绘图包的数据可视化组件，包括 Chart2D 和 Chart3D，分别用于绘制二维与三维图表。Chart2D 提供了多种样式的饼图、柱状图、折线图、面积图、网格等图表。而 Chart3D 目前仅提供了三维柱状图和三维圆柱图。Charting 的应用主要分为如下几个步骤：

步骤 01　首先引入所需要的 Dojox 类，例如：

```
require("dojox.charting.Chart2D", function (Chart2D) {}); //Chart2D 所需要类
require("dojox.charting.Chart3D", function (Chart3D) {}); //Chart3D 所需要类
```

步骤 02　声明图表对象，包括 Chart2D 或 Char3D。

例如，var chart1 = new Chart2D('chart1')。

这里传入的参数为要在网页中载入 chart1 的元素的 ID，也就是 chart1 显示后的上层标签的 ID。

步骤 03　使用图表对象的 setTheme 设置主题来保证准确地绘制图表。

步骤 04　使用图表对象的 addPlot 方法添加部件，可以添加多个部件。

步骤 05　使用图表对象的 addSeries 方法添加数据。

步骤 06　最后调用 render 方法将图表对象添加到页面节点中。

下面我们通过实例 8-3 来演示如何使用图表对象来图形化表达查询结果。这里要演示的是使用二维图表展现用户在地图中选择的社区的收入、教育程度以及人口种族构成。

新建一个站点，加入一个名为 ShowInChart.html 的网页文件，该网页文件包含的代码如下：

```
<!DOCTYPE html>
<html>
<head>
    <meta charset="utf-8">
    <title>使用图表表达属性结果</title>
    <link rel="stylesheet" href="https://js.arcgis.com/4.22/esri/css/ main.css" />
```

```
    <style>
        html, body, #viewDiv { height: 100%; width: 100%; margin: 0; padding: 0;
        }
    </style>
    <script src="http://js.arcgis.com/4.22/"></script>
    <script src="ShowInChart.js"></script>
</head>
<body class="claro">
    <div id="viewDiv">
        <div id="paneAge" style="width: 300px; height: 225px;">
            在地图上点击需要进行统计的社区
        </div>
    </div>
</body>
</html>
```

所有的 JavaScript 代码都放置在 ShowInChart.js 文件中。引入类、初始化地图以及视图的代码如下：

```
require(["esri/Map", "esri/geometry/Extent", "esri/geometry/SpatialReference",
    "esri/views/MapView", "esri/layers/GraphicsLayer", "esri/rest/query",
    "esri/rest/support/Query", "dojox/charting/Chart2D",
"dojox/charting/action2d/Highlight",
    "dojox/charting/action2d/Tooltip", "dojox/charting/action2d/MoveSlice",
    "dojox/charting/plot2d/ClusteredColumns", "dojox/charting/plot2d/Pie"
], function (Map, Extent, SpatialReference, MapView,
    GraphicsLayer, query, Query,
    Chart2D, Highlight, Tooltip, MoveSlice) {

    var initialExtent = new Extent(-117.28, 32.65, -116.99, 32.86, new SpatialReference({
        wkid: 4326
    }));
    var selectedGraphicsLayer = new GraphicsLayer();
    var map = new Map({
        basemap: "topo-vector",
        layers: [selectedGraphicsLayer]
    });
    var view = new MapView({
        map,
        container: "viewDiv",
        extent: initialExtent
    });

    var queryUrl = "https://services1.arcgis.com/gFqWrLF7jCTW9q6S/
ArcGIS/rest/services/City_of_San_Diego_CEI_RVSD_2020_Full/FeatureServer/0";
    var neighborhoodSymbol = {
        type: "simple-fill",
        color: [72, 61, 139, 0.5],
        style: "solid",
        outline: { color: [72, 61, 139, 0.9], width: 1 }
    };
    var selectedSymbol = {
        type: "simple-fill",
        color: [255, 0, 0, 0.7],
        style: "solid",
        outline: { color: "white", width: 2 }
    };
    // 地图加载后，执行下面的代码
    view.when(function () {
        view.ui.add("paneAge", "bottom-right");
        addAllNeighborhood();
        // 监听社区被单击事件
        view.on("click", selectNeighborhood);
    });
});
```

在上述代码中，selectedGraphicsLayer 用于容纳用户选择的某社区的图形。此外，还实例化了几个符号，然后增加了一些监听事件的代码。从社区图层中获取所有社区的地理要素，并显示在视图图形图层中，使用的是 addAllNeighborhood()函数，该函数的代码如下：

```
function addAllNeighborhood() {
    var queryObject = new Query();
    queryObject.returnGeometry = true;
    queryObject.outSpatialReference = map.spatialReference;
    queryObject.where = "1=1";

    query.executeQueryJSON(queryUrl, queryObject).then(function (results) {
        view.graphics.removeAll();

        for (var i = 0, il = results.features.length; i < il; i++) {
            var graphic = results.features[i];
            graphic.symbol = neighborhoodSymbol;
            view.graphics.add(graphic);
        }
    });
}
```

当用户在地图上单击时，将调用 selectNeighborhood 事件响应函数。

```
function selectNeighborhood(evt) {
    var queryClickedNeighborhood = new Query();
    queryClickedNeighborhood.returnGeometry = true;
    queryClickedNeighborhood.outFields = ["Age_under5", "Age_5_9", "Age_10_14",
"Age_15_19", "Age_20_24", "Age_25_34", "Age_35_44", "Age_45_54",
        "Age_55_64", "Age_65_74", "Age_75_84", "Age_85plus"];
    queryClickedNeighborhood.geometry = evt.mapPoint;

    query.executeQueryJSON(queryUrl, queryClickedNeighborhood).then(results => {
        if (results.features.length < 1) {
            return;
        } else {
            selectedGraphicsLayer.removeAll();
            var graphic = results.features[0];
            graphic.symbol = selectedSymbol;
            selectedGraphicsLayer.add(graphic);
            selectedNeighborhood = graphic;
            view.goTo([graphic]);
        }

        displayAgeStats();
    });
}
```

在上面的代码中，首先构造查询任务与查询参数的实例，然后调用查询任务的 executeQueryJSON()方法执行查询，在查询完毕后，将被单击的图形加入 selectedGraphicsLayer 图形图层中。最后调用 displayAgeStats()函数刷新统计面板。

displayAgeStats()函数用饼图显示社区居民年龄结构构成的统计。代码如下：

```
function displayAgeStats() {
    var div = document.getElementById("paneAge"); div.innerHTML = "";
    var attributes = selectedNeighborhood.attributes;

    var Age_under10 = Math.round(attributes.Age_under5 + attributes.Age_5_9);
    var Age_10 = Math.round(attributes.Age_10_14 + attributes.Age_15_19);
    var Age_20_24 = Math.round(attributes.Age_20_24);
    var Age_25_34 = Math.round(attributes.Age_25_34);
    var Age_35_44 = Math.round(attributes.Age_35_44);
    var Age_45_54 = Math.round(attributes.Age_45_54);
    var Age_55_64 = Math.round(attributes.Age_55_64);
    var Age_65_74 = Math.round(attributes.Age_65_74);
    var Age_75_84 = Math.round(attributes.Age_75_84);
    var Age_85plus = Math.round(attributes.Age_85plus);

    // 使用饼图
    var chartRace = new Chart2D(div);
    chartRace.addPlot("default", {
```

```
            type: "Pie",
            font: "normal normal bold 8pt Tahoma",
            fontColor: "black",
            radius: 65,
            labelOffset: -25
        });

        // 在图表中增加数据系列
        chartRace.addSeries("Series A", [
            { y: Age_under10, text: "小于 10 岁", color: "powderblue", stroke: "black", tooltip:
"小于 5 岁占比: " + Age_under10 + "%" },
            { y: Age_10, text: "10 到 19 岁", color: "cadetblue", stroke: "black", tooltip: "10 到
19 岁占比: " + Age_10 + "%" },
            { y: Age_20_24, text: "20 到 24 岁", color: "cornflowerblue", stroke: "black",
tooltip: "20 到 24 岁占比: " + Age_20_24 + "%" },
            { y: Age_25_34, text: "25 到 34 岁", color: "lightsteelblue", stroke: "black",
tooltip: "25 到 34 岁占比: " + Age_25_34 + "%" },
            { y: Age_35_44, text: "35 到 44 岁", color: "dodgerblue", stroke: "black", tooltip:
"35 到 44 岁占比: " + Age_35_44 + "%" },
            { y: Age_45_54, text: "45 到 54 岁", color: "darkblue", stroke: "black", tooltip: "45
到 54 岁占比: " + Age_45_54 + "%" },
            { y: Age_55_64, text: "55 到 64 岁", color: "deepskyblue", stroke: "black", tooltip:
"55 到 64 岁占比: " + Age_55_64 + "%" },
            { y: Age_65_74, text: "55 到 74 岁", color: "lightblue", stroke: "black", tooltip:
"65 到 74 岁占比: " + Age_65_74 + "%" },
            { y: Age_75_84, text: "75 到 84 岁", color: "lightskyblue", stroke: "black", tooltip:
"75 到 84 岁占比: " + Age_75_84 + "%" },
            { y: Age_85plus, text: "85 岁以上", color: "lightsteelblue", stroke: "black",
tooltip: "85 岁以上占比: " + Age_85plus + "%" },
        ]);

        // 增加特殊效果与提示信息
        var animMoveSlice = new MoveSlice(chartRace, "default");
        var animHighlightSlice = new Highlight(chartRace, "default");
        var animSliceTooltip = new Tooltip(chartRace, "default");
        chartRace.render();
    }
```

该网页程序的运行结果如图 8.5 所示。

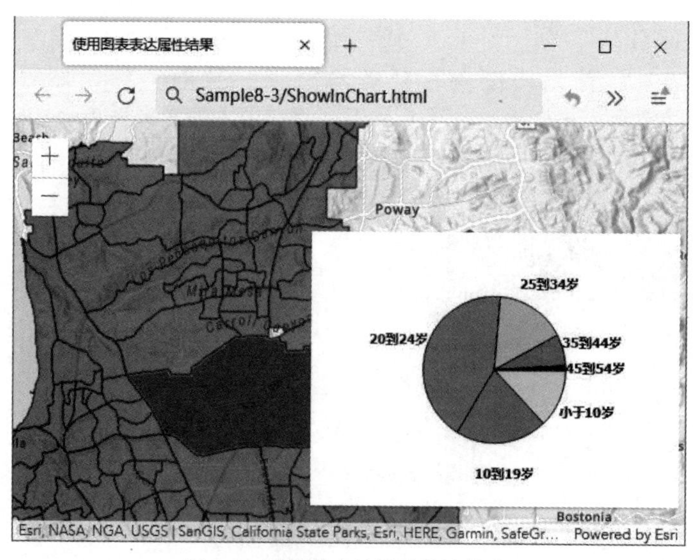

图 8.5　用图表表达属性统计信息

8.2　属性查询图形

在 8.1 节中介绍了如何使用 query 类实现属性查询图形。在 ArcGIS API for JavaScript 中，另一个专门用于属性查询图形的是 find 类。它们之间的区别是，query 类每次只能对一个图层进行查询，而 find 类可以同时对多个图层的多个字段进行查询。正是由于这一点，可使用 find 来实现类似全文搜索的功能。此外，query 类在进行属性查询时，还可以同时进行空间查询，而这是 find 类不具备的功能。

与 find 类配合使用的设置查询条件的是 FindParameters 类。FindParameters 类的 layerIds 属性指定了针对哪些图层进行查询。而 searchFields 属性指定了针对哪些字段进行查询，如果有几个图层都包含某个指定的字段，那么将同时查询这些字段，如果没有设置该属性的值，那么将搜索所有的字段。searchText 属性指定查询的字符串。contains 属性指定匹配程度，如果该属性设置为 false，那么将严格执行完全匹配，如果为 true，只要字段中包含 searchText 属性指定的文本就算满足条件。returnGeometry 属性指定在返回的结果地理特征中是否包含几何对象数据。

find 类查询返回的结果是一个 FindResult 类对象数组。FindResult 类的 feature 属性是查询得到的地理特征，layerId 与 layerName 属性表示地理特征所在的图层的 ID 与名称，foundFieldName 属性表示包含查询字符串的字段，而 displayFieldName 属性表示该图层的首要显示字段。

下面我们通过实例 8-4 来演示上述几个类的使用。新建一个站点，在其中加入一个名为 Find.html 的网页文件，该网页文件包含的代码如下：

```
<!DOCTYPE html>
<html>
<head>
    <meta charset="utf-8">
    <title>属性查询图形</title>
    <link rel="stylesheet" href="https://js.arcgis.com/4.22/dijit/ themes/claro/claro.css" />
    <link rel="stylesheet" href="https://js.arcgis.com/4.22/esri/ themes/light/main.css"/>
    <link rel="stylesheet" href="Layout.css" />
    <script src="https://js.arcgis.com/4.22/"></script>
    <script src="Find.js"></script>
</head>
<body class="claro">
    <div id="mainWindow" data-dojo-type="dijit/layout/BorderContainer" data-dojo-
props="design:'headline',gutters:false" style="width:100%; height:100%;">
      <!--标题区域-->
      <div id="header" data-dojo-type="dijit/layout/ContentPane" data-dojo-
props="region:'top'" style="height:50px;">
          属性查询图形
      </div>

      <!--中间地图区域-->
      <div id="mapDiv" data-dojo-type="dijit/layout/ContentPane" data-dojo-
props="region:'center'" style="margin:5px;">
      </div>
      <!--右边为属性查询与结果显示区域-->
      <div data-dojo-type="dijit/layout/ContentPane" data-dojo-props="region:'right'"
style="width:35%;margin:5px;background-color:whitesmoke;">
          输入查询文本
          <input id="searchText" value="New" type="text" />
          <input id="findBtn" type="button" value="查 找" />
          <div id="contentsContainer"></div>
      </div>
    </div>
```

```
    </body>
    </html>
```

所有的 JavaScript 代码都放置在 Find.js 文件中。其中引入包、地图与变量的初始化代码如下：

```
    var map;
    require(["dojo/parser", "dojo/on", "esri/Map", "esri/views/MapView",
"esri/geometry/Extent",
        "esri/geometry/SpatialReference", "esri/layers/TileLayer", "esri/layers/MapImageLayer",
"esri/geometry/Point",
        "esri/rest/find", "esri/rest/support/FindParameters", "esri/PopupTemplate",
        "esri/symbols/SimpleMarkerSymbol", "esri/symbols/SimpleLineSymbol",
"esri/symbols/SimpleFillSymbol", "esri/Color",
        "dijit/layout/BorderContainer", "dijit/layout/ContentPane", "dojo/domReady!"],
        function (parser, on, Map, MapView, Extent,
          SpatialReference, TileLayer, MapImageLayer, Point,
          find, FindParameters, PopupTemplate,
          SimpleMarkerSymbol, SimpleLineSymbol, SimpleFillSymbol, Color) {
          parser.parse();

          var startExtent = new Extent({
             xmin: -127.968857954995,
             ymin: 25.5778580720472,
             xmax: -65.0742781827045,
             ymax: 51.2983251993735,
             spatialReference: new SpatialReference({ wkid: 4326 })
          });
          map = new Map();
          var agoServiceURL = "http://server.arcgisonline.com/ArcGIS/rest/
services/ESRI_Imagery_World_2D/MapServer";
          var agoLayer = new TileLayer(agoServiceURL);
          map.add(agoLayer);

          findUrl = "https://sampleserver6.arcgisonline.com/arcgis/
rest/services/USA/MapServer";
          // 动态图
          var usaBase = new MapImageLayer(findUrl);
          // 设置图层透明度
          usaBase.opacity = 0.8;
          map.add(usaBase);

          var view = new MapView( {
                map: map,
                container: "mapDiv",
                extent: startExtent
             });

          // find 的参数
          var findParams = new FindParameters({
             layerIds: [0],
             returnGeometry: true,
             searchFields: ["areaname"]
          });

          var ptSymbol = new SimpleMarkerSymbol({
             style: "square",
             size: "10px",
             outline: new SimpleLineSymbol({
                style: "solid",
                color: new Color([255, 0, 0]),
                width: 1
             }),
             color: new Color([0, 255, 0, 0.25])
          });
          var lineSymbol = new SimpleLineSymbol({
             style: "dash",
             color: new Color([255, 0, 0]),
             width: 1
          });
          var polygonSymbol = new SimpleFillSymbol({
             style: "none",
```

```
            outline: new SimpleLineSymbol({
                style: "dash-dot",
                color: new Color([255, 0, 0]),
                width: 2
            }),
            color: new Color([255, 255, 0, 0.25])
        });

        on(document.getElementById("findBtn"), "click", function () {
            execute(document.getElementById('searchText').value);
        });
    });
```

在上述代码中，首先在地图中加入两个地图资源，然后实例化了一个查询任务类，并设置了一些查询参数，最后实例化了分别用于高亮显示点、线与多边形的符号。

当用户选择查询按钮后，将执行 execute 函数，该函数的代码如下：

```
    function execute(searchText) {
        findParams.searchText = searchText;
        find.find(findUrl, findParams).then(function (results) {
            showResults(results.results);
        });
    }
```

在上述代码中，首先设置了查找字符串，然后调用查找任务的 execute 方法。当查询完毕后，将调用回调函数 showResults。

showResults 函数的代码如下：

```
    function showResults(results) {
        // 清除上一次的高亮显示
        view.graphics.removeAll();

        var innerHtml = "";
        var symbol;
        for (var i = 0; i < results.length; i++) {
            var curFeature = results[i];
            var graphic = curFeature.feature;
            var popupTemplate = null;

            // 根据类型设置显示样式
            switch (graphic.geometry.type) {
                case "point":
                    symbol = ptSymbol;
                    popupTemplate = new PopupTemplate({
                        title: "{AREANAME}",
                        content: "城市：{AREANAME}<br />所在州：{ST}<br />人口：{POP2000}",
                        outFields: ["*"]
                    });
                    break;
                case "polyline":
                    var symbol = lineSymbol;
                    break;
                case "polygon":
                    var symbol = polygonSymbol;
                    break;
            }
            // 设置显示样式
            graphic.symbol = symbol;
            graphic.popupTemplate = popupTemplate;
            // 添加到 graphics 进行高亮显示
            view.graphics.add(graphic);

            if (curFeature.layerId === 0) {
                innerHtml += "<a href='javascript:positionFeature(" +
graphic.attributes.OBJECTID + ")'>" + graphic.attributes.AREANAME + "</a><br>";
            }
        }
```

```
    document.getElementById("contentsContainer").innerHTML = innerHtml;
}
```

在上面的代码中，对返回的结果数组进行循环，在地图的图形图层中加入查找到的地理特征，并列出每个地理特征的名称。这些列出的地理特征名称以超链接的方式显示。当单击这些名称时，将调用 positionFeature 函数定位对应的地理特征。

positionFeature 函数的代码如下：

```
window.positionFeature = function (id) {
    var sGrapphic;
    //遍历地图的图形查找 OBJECTID 和单击行的 OBJECTID 相同的图形
    for (var i = 0; i < view.graphics.length; i++) {
        var cGrapphic = view.graphics.items[i];
        if ((cGrapphic.attributes) && cGrapphic.attributes.OBJECTID == id) {
            sGrapphic = cGrapphic;
            break;
        }
    }

    var sGeometry = sGrapphic.geometry;
    // 当单击的名称对应的图形为点类型时进行地图中心定位显示
    if (sGeometry.type == "point") {
        var cPoint = new Point();
        cPoint.x = sGeometry.x;
        cPoint.y = sGeometry.y;
        view.goTo({
            center: cPoint
        })

        view.popup.open({
            title: sGrapphic.attributes.AREANAME,
            content: "城市：" + sGrapphic.attributes.AREANAME + "<br/>所在州：" +
sGrapphic.attributes.ST + "<br/>人口：" + sGrapphic.attributes.POP2000,
            location: sGeometry
        });
    }
    //当单击的名称对应的图形为线或面类型时获取其范围进行放大显示
    else {
        var sExtent = sGeometry.extent;
        sExtent = sExtent.expand(2);
        view.extent = sExtent;
    }
};
```

在上述代码中，首先遍历地图的图形，查找 OBJECTID 属性与传入的参数一致的图形。如果找到的是点对象，则将地图中心设置为该点对象，并显示信息窗口；如果找到的是线或多边形对象，则进行放大显示。

这里要特别注意的是，由于我们根据查询结果生成的链接的上下文是在页面中，因此 positionFeature 函数要定义为一个全局的函数。

该网页程序的运行结果如图 8.6 所示。

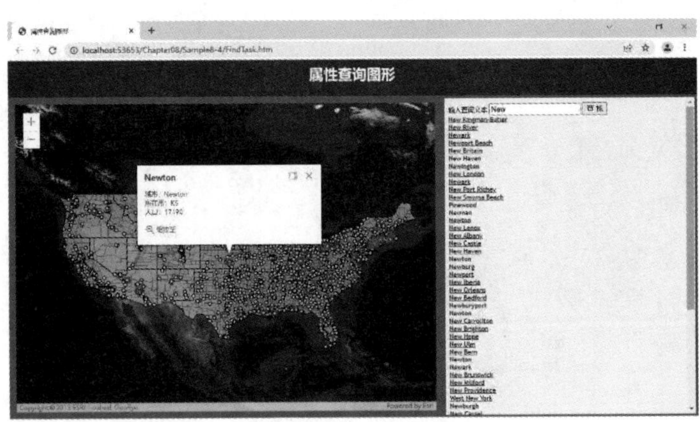

图 8.6　通过查找任务显示属性查询图形

8.3　几何服务

每个 ArcGIS Server 都可以发布一个几何服务（Geometry Service）用以处理几何对象，比如投影转换、简化对象、缓冲区、量测、判断空间关系、计算标注点等，用于弥补客户端 GIS 功能的不足。几何服务类（esri/rest/geometryService）包含上述一些复杂的和经常使用的几何运算等实用方法。请注意，如果需要几何服务的输入和输出，总是需要将其封装为一个数组。

使用几何服务可以实现：

- 投影（project 方法）：返回几何对象投影的一个数组。
- 简化（simplify 方法）：返回一系列的简化几何对象，确保拓扑关系正确，例如将自相交的多边形改变为拓扑正确的多边形。
- 加密（densify 方法）：通过在现有节点间增加新的节点来增加几何对象节点的密度。
- 缓冲区（buffer 方法）：返回对输入几何对象指定距离的一系列多边形，可用的一个选项是对每一个距离缓冲图形的合并。
- 计算面积和长度（areasAndLengths 方法）：计算指定输入的每个多边形的面积和周长。
- 长度（lengths 方法）：计算指定输入的每条线的长度。
- 计算标注点（labelPoints 方法）：计算多边形内部用于注记多边形的点。
- 计算空间关系（relation 方法）：判断两个几何对象是否属于某种空间关系。
- 求差（difference 方法）：计算一组几何对象与另一个几何对象的差异部分，即不相交部分。
- 自动闭合（autoComplete 方法）：创建填充一个多边形对象与一组线对象之间间隙的一个多边形对象。
- 凸多边形（convexHull 方法）：计算凸多边形。
- 裁剪（cut 方法）：使用拆分线将输入的线或多边形拆分成两部分。
- 综合（generalize 方法）：用 Douglas-Poiker 算法为输入的线或多边形几何对象执行制图综合（减少节点数量）。
- 相交（intersect 方法）：计算两个几何对象的相交部分。
- 偏移（offset 方法）：将输入的几何对象进行偏移。
- 重塑（reshape 方法）：使用重塑线或多边形几何对象。
- 截断/延伸（trimExtend 方法）：对输入的线执行截断或延伸操作，以使之匹配另一条线。
- 合并（union 方法）：将一组几何对象合并，所有输入的几何对象必须是同一类型。

我们已经在第 5 章中介绍了如何利用几何服务实现投影，在第 6 章中介绍了如何利用几何服务得到多边形的标注点以及周长与面积。因此，本节将主要介绍缓冲区与空间关系的计算。

8.3.1　缓冲区分析

要实现缓冲区分析，除了使用 geometryService 之外，还需要使用 BufferParameters 类。该类的 distances 属性指定了要缓冲的距离，该属性是一个数组，也就是说可以同时计算多个距离的缓冲区。而距离的单位则由 unit 属性指定。geometries 属性包含的是要计算缓冲区的图形。unionResults 属性表示是否需要将缓冲区计算得到的多个多边形合并为一个多边形。

下面以实例 8-5 来演示如何使用 geometryService 类来实现缓冲区分析。本实例要实现的功能是，首先根据用户在地图上绘制的几何对象生成缓冲区多边形，然后用该多边形去查询其中包含的街区。后面一部分的功能与实例 8-2 的功能完全一致。

新建一个站点，在其中加入一个名为 BufferAnalysis.html 的网页文件，该网页文件包含的代码如下：

```
    <!DOCTYPE html>
    <html>
    <head>
        <meta charset="utf-8">
        <title>缓冲区分析</title>
        <link rel="stylesheet" href="https://js.arcgis.com/4.22/dijit/ themes/claro/claro.css" />
        <link rel="stylesheet" href="https://js.arcgis.com/4.22/dojox/
grid/resources/Grid.css">
        <link rel="stylesheet" href="https://js.arcgis.com/4.22/dojox/
grid/resources/claroGrid.css" />
        <link rel="stylesheet" href="https://js.arcgis.com/4.22/esri/ themes/light/main.css"/>
        <link rel="stylesheet" href="Main.css" />
        <script src="https://js.arcgis.com/4.22/"></script>
        <script src="BufferAnalysis.js"></script>
    </head>
    <body class="claro">
        <div id="buttonbox">
            <button data-dojo-type="dijit/form/Button">点</button>
            <button data-dojo-type="dijit/form/Button">线</button>
            <button data-dojo-type="dijit/form/Button">多边形</button>
        </div>

        <div id="box">
            缓冲距离（千米）： <input type="text" id="bufferDistance" value="100" size="5"/>
            <div>缓冲区内的城市数为：<span id="numberOfBlocks">0</span></div>
            <div>缓冲区内的人口数为：<span id="totalPopulation">0</span></div>
        </div>

        <div id="mapbox">
            <div id="map" style="width:700px; height:532px; border:2px solid #000;"></div>
        </div>

        <div id="grid" data-dojo-type="dojox/grid/DataGrid" data-dojo-id="gridWidget"></div>
    </body>
    </html>
```

所有的 JavaScript 代码都位于 BufferAnalysis.js 文件中。其中网页及地图初始化代码如下：

```
    require(["dojo/parser", "dijit/registry", 'dojo/on', "esri/Map", "esri/views/MapView",
"esri/geometry/Extent", "esri/geometry/SpatialReference", "esri/PopupTemplate",
"esri/layers/TileLayer", "esri/Graphic", "esri/widgets/Sketch/SketchViewModel",
        "esri/symbols/SimpleMarkerSymbol", "esri/symbols/SimpleLineSymbol",
"esri/symbols/SimpleFillSymbol", "esri/Color",
        "esri/rest/query", "esri/rest/support/Query", "esri/rest/geometryService",
"esri/rest/support/BufferParameters", "dojo/_base/array", "dojo/data/ItemFileReadStore",
"dojox/grid/DataGrid",
        "dijit/form/Button", "dojo/domReady!"],
        function (parser, registry, on, Map, MapView, Extent, SpatialReference, PopupTemplate,
TileLayer, Graphic, SketchViewModel,
            SimpleMarkerSymbol, SimpleLineSymbol, SimpleFillSymbol, Color,
            queryClass, Query, geometryService, BufferParameters, array, ItemFileReadStore) {
            parser.parse();
            var extent = new Extent({
                xmin: -110,
                ymin: 30,
                xmax: -100,
                ymax: 40,
```

```
            spatialReference: new SpatialReference({ wkid: 4326 })
        })
        var map = new Map();
        var streetMap = new TileLayer("http://server.arcgisonline.com/
ArcGIS/rest/services/World_Street_Map/MapServer");
        map.add(streetMap);
        var view = new MapView(
            {
                map: map,
                container: "map",
                extent: extent
            });

        array.forEach(registry.toArray(), function (d) {
            if (d.declaredClass === "dijit.form.Button") {
                d.on("click", activateTool);
            }
        });

        // 信息模板
        var popupTemplate = new PopupTemplate({
            title: "详细信息: ",
            content: "城市: {areaname},<br/>人口: {pop2000}"
        });

        var geometryServiceUrl = "https://utility.arcgisonline.com/arcgis/
rest/services/Geometry/GeometryServer";

        // 初始化查询任务与查询参数
        queryUrl = "https://sampleserver6.arcgisonline.com/
arcgis/rest/services/USA/MapServer/0"
        var query = new Query({
            returnGeometry: true,
            outFields: ["objectid", "areaname", "class", "st", "capital", "pop2000 "]
        });

        var sketchViewModel = new SketchViewModel({
            view: view,
            layer: view.graphics
        });

        sketchViewModel.on("create", function (event) {
            if (event.state === "complete") {
                doBuffer(event);
            }
        });

        // 监听表格中的行单击事件
        gridWidget.on("RowClick", onTableRowClick);

        // 设置表格结构
        setGridHeader();

        function activateTool() {
            var tool = null;
            if (this.label == "删除选择结果") {
                remove();
            } else {
                switch (this.label) {
                    case "多边形":
                        tool = "polygon";
                        break;
                    case "线":
                        tool = "polyline";
                        break;
                    case "点":
                        tool = "point";
                        break;
                }
                sketchViewModel.create(tool, { mode: "click" });
```

```
            }
        }

        function setGridHeader() {
            var layout = [
                { field: 'areaname', name: '城市', width: "100px", headerStyles: "text-align:center;" },
                { field: 'pop2000', name: '人口', width: "100px", headerStyles: "text-align:center;" }
            ];
            gridWidget.setStructure(layout);
        }
    });
```

当用户在地图上绘制几何对象后，将调用 doBuffer 函数，执行缓冲区分析。

doBuffer 函数的代码如下：

```
function doBuffer(evt) {
    view.graphics.removeAll();

    var params = new BufferParameters({
        geometries: [evt.graphic.geometry],
        distances: [document.getElementById('bufferDistance').value],
        unit: "kilometers",
        outSpatialReference: view.spatialReference,
        bufferSpatialReference: new SpatialReference({ wkid: 102113 })
    });

    geometryService.buffer(geometryServiceUrl, params).then(function (results) {
        doQuery(results)
    });
}
```

在上述代码中，首先设置了一些计算缓冲区需要的参数，然后调用几何服务的 buffer 方法向服务器发出请求计算缓冲区。计算完毕后，将调用回调函数 doQuery。

doQuery 函数的代码如下：

```
function doQuery(polygon) {
    var symbol = new SimpleFillSymbol({
        style: "none",
        outline: new SimpleLineSymbol({
            style: "dash-dot",
            color: new Color([255, 0, 0]),
            width: 2
        }),
        color: new Color([255, 255, 0, 0.25])
    });
    var graphic = new Graphic({
        geometry: polygon[0],
        symbol: symbol
    });
    view.graphics.add(graphic);
    query.geometry = graphic.geometry;
    queryClass
        .executeQueryJSON(queryUrl, query)
        .then(function (featureSet) {
            showResult(featureSet);
        });
}
```

在上述代码中，首先将返回的缓冲区多边形实例化为一个图形对象，加入地图的图形图层中，然后调用查询的 executeQueryJSON 方法查询该多边形中的城市。查询完毕后，将调用 showResult 函数来显示结果。而 showResult 函数及其相关函数与实例 8-2 的完全一致，因此这里不再给出。

该网页程序的运行结果如图 8.7 所示。

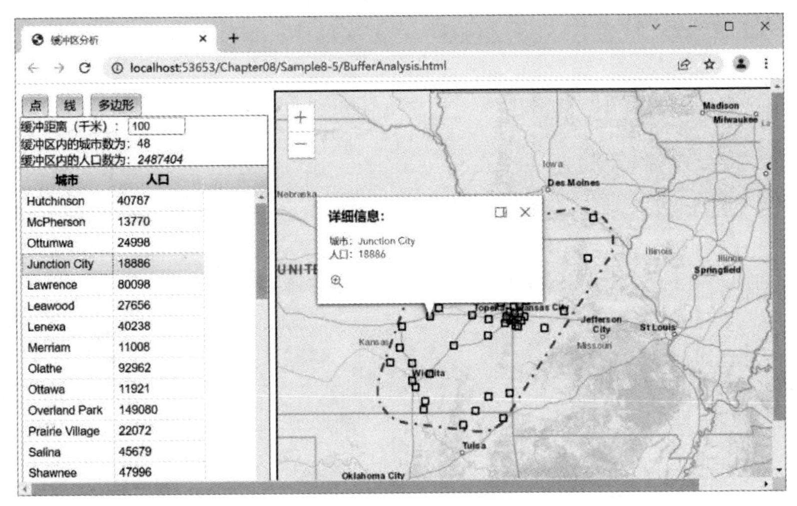

图 8.7　缓冲区分析

8.3.2　确定空间关系

GIS 中的空间对象除了拥有属性数据之外，它们之间还拥有某种关系，比如一个点在一个面的内部，两个对象相交、相等、包含、相接等关系。通过几何服务的 relation 方法可以确定图形之间的空间关系。空间关系运算需要 RelationParameters 对象的支持，该对象作为关系运算的参数对象，除了用于比较的几何对象之外，还需要设置关系类型，在使用关系运算的时候，一般要涉及两个或者多个几何对象，其中一个是基础几何对象，其他是比较几何对象，在进行比较的时候，如果有空的几何对象存在，那么比较的关系也就不成立。

这里以实例 8-6 来演示如何使用该方法。该实例要实现的功能是判断用户绘制的两个多边形是否属于某种空间关系。新建一个站点，在其中加入一个名为 SpatialRelation.html 的网页文件，该网页文件包含的代码如下：

```
<!DOCTYPE html>
<html>
<head>
    <meta charset="utf-8">
    <title>几何服务：空间关系</title>
    <link rel="stylesheet" href="https://js.arcgis.com/4.22/dijit/ themes/claro/claro.css" />
    <link rel="stylesheet" href="https://js.arcgis.com/4.22/esri/ themes/light/main.css"/>
    <script src="https://js.arcgis.com/4.22/"></script>
    <script src="SpatialRelation.js"></script>
</head>
<body class="claro">
    <div>
        <button id="polygonBtn">多边形</button>
        <button id="removeBtn">删除多边形</button>
        选择空间关系：
        <select id="relation">
            <option value="SPATIAL_REL_WITHIN">包含</option>
            <option value="SPATIAL_REL_INTERSECTION">相交</option>
            <option value="SPATIAL_REL_DISJOINT">分离</option>
        </select>
    </div>

    <div id="map" style="width:700px; height:512px; border:2px solid #000;"></div>
</body>
</html>
```

所有 JavaScript 代码都放置在 SpatialRelation.js 文件中。其中页面、地图及变量的初始化代码如下：

```
    require(['dojo/on', "esri/Map", "esri/views/MapView", "esri/layers/ TileLayer",
"esri/layers/GraphicsLayer", "esri/widgets/Sketch/ SketchViewModel",
        "esri/symbols/SimpleLineSymbol", "esri/symbols/SimpleFillSymbol", "esri/Color",
"esri/rest/geometryService", "esri/rest/support/ RelationParameters", "dojo/domReady!"],
        function (on, Map, MapView, TileLayer, GraphicsLayer, SketchViewModel,
SimpleLineSymbol, SimpleFillSymbol, Color, geometryService, RelationParameters) {
            var map = new Map();
            var streetMap = new TileLayer("http://server.arcgisonline.com/
ArcGIS/rest/services/World_Street_Map/MapServer");
            map.add(streetMap);

            var graphicLayer = new GraphicsLayer();
            map.add(graphicLayer);
            var view = new MapView(
                {
                    map: map,
                    container: "map"
                });

            var resultSymbol = new SimpleFillSymbol({
                style: "solid",
                outline: new SimpleLineSymbol({
                    style: "solid",
                    color: new Color([255, 0, 0]),
                    width: 2
                }),
                color: new Color([0, 255, 0, 0.5])
            });

            // 实例化几何服务
            var geometryServiceUrl = "https://utility.arcgisonline.com/arcgis/
rest/services/Geometry/GeometryServer";
            var relationParams = new RelationParameters();

            on(document.getElementById("polygonBtn"), "click", function () {
                sketchViewModel.create("polygon", { mode: "click" });
            });

            on(document.getElementById("removeBtn"), "click", function () {
                graphicLayer.removeAll();
            });

            var sketchViewModel = new SketchViewModel({
                view: view,
                layer: graphicLayer
            });
            sketchViewModel.on("create", function (event) {
                if (event.state === "complete") {
                    addGraphic(event);
                }
            });
        });
```

上面的代码主要是实例化全局变量。当用户在地图中绘制多边形后，将调用 addGraphic 函数。在该函数中，首先判断图形图层中是否存在多于两个图形：如果是，则提示用户先删除这些图形；如果少于两个图形，则加入用户绘制的多边形，然后判断是否有两个多边形，如果是，则调用几何服务的 relation 方法计算两个多边形的指定空间关系。该函数的代码如下：

```
    function addGraphic(evt) {
        if (graphicLayer.graphics.length > 2) {
            alert("请先使用删除多边形按钮删除原来的多边形，才能继续！");
            return;
        }
        if (graphicLayer.graphics.length === 2) {
```

```
        var relationship = document.getElementById("relation").value;
        if (relationship === "SPATIAL_REL_WITHIN") {
            relationParams.relation = "within";
        } else if (relationship === "SPATIAL_REL_INTERSECTION") {
            relationParams.relation = "intersection";
        } else {
            relationParams.relation = "disjoint";
        }
        relationParams.geometries1 = [graphicLayer.graphics.items[0].geometry];
        relationParams.geometries2 = [graphicLayer.graphics.items[1].geometry];
        geometryService.relation(geometryServiceUrl, relationParams).then(function (results) {
            addRelateResultsToMap(results)
        });
    }
}
```

当几何服务计算空间关系完毕后，将调用回调函数 addRelateResultsToMap 显示结果。该函数的代码如下：

```
function addRelateResultsToMap(relations) {
    for (var i = 0; i < relations.length; i++) {
        graphicLayer.graphics.items[relations[i].geometry1Index].symbol = resultSymbol;
    }
}
```

该网页程序的运行结果如图 8.8 所示。

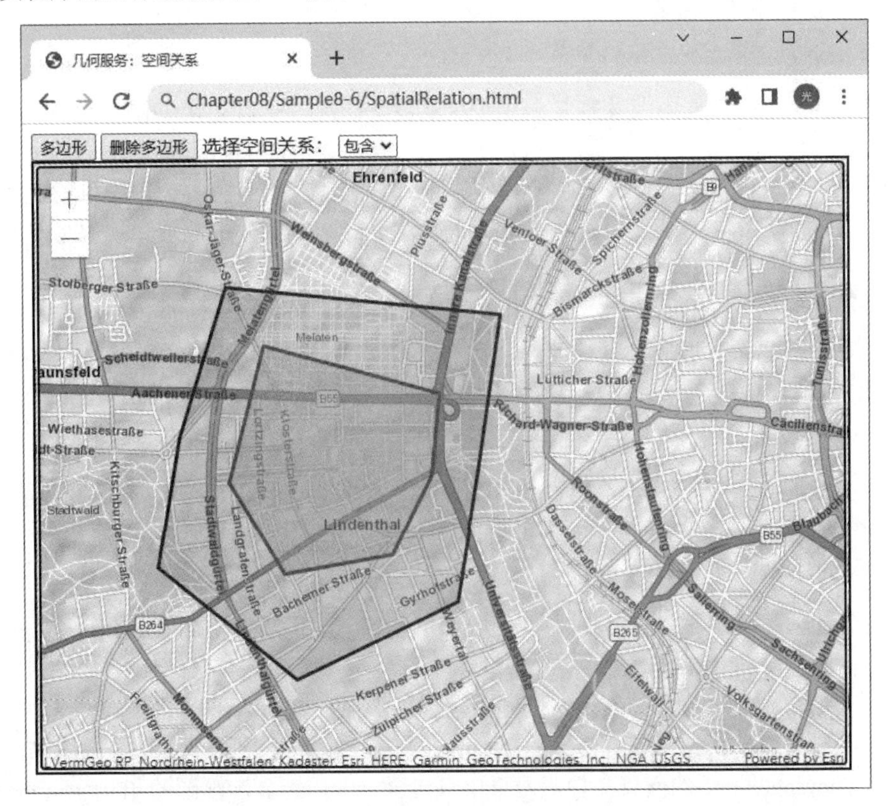

图 8.8　利用几何服务计算空间关系

8.4 地理处理服务

地理处理是企业地理信息系统业务的一个基本组成部分。地理处理提供所有地理信息系统用户所必需的数据分析、数据管理和数据转换工具。

地理处理服务表现为一系列已发布的操作和分析地理信息的工具集。每个工具执行一项或多项操作，例如地图投影变换、新增表的属性列或建立要素周围的缓冲区。工具接收输入（如要素集、表和属性值），执行输入数据操作，并生成输出到地图或进一步加工的软件客户端，工具可以同步或异步执行。

使用地理处理服务可以实现：

- 列出可用的工具及其输入/输出参数。
- 同步执行一项任务。
- 异步提交工作的任务。
- 获取工作信息，包括工作状态。
- 使用地图服务显示结果。
- 检索由客户端进一步处理的结果。

许多地理信息系统的使用涉及重复工作，这就需要创建一个自动化工作流的框架。地理处理服务通过综合一系列按顺序的操作模型来满足这个需要，并将模型输出为一个工具。

REST API 地理处理服务资源提供了基本的信息与服务，如服务说明、提供的任务、参数、执行类型和结果的地图服务器名称。例如本节实例使用的是视域分析地理处理服务，对应的网址是
https://sampleserver6.arcgisonline.com/arcgis/rest/services/Elevation/ESRI_Elevation_World/GPServer/Viewshed，打开该网址可以查看服务要求细节。

地理处理服务功能的调用有两种方式，分别对应 esri/rest/geoprocessor 功能类的 execute()方法和 submitJob()方法。

- execute 对应同步执行任务，当一个任务是同步执行时，使用者必须等待执行的结果。
- submitJob 对应异步调用，当工作是异步提交时，用户可以进行其他的工作，并同时等待任务完成的通知。

对于某个地理处理服务究竟是使用同步执行还是异步调用，可从该服务的服务目录中找到说明。

下面通过实例 8-7 来演示如何使用地理处理服务实现视域分析。该实例要实现的功能是在地图上显示在某点的视域分析。新建一个站点 Sample8-7，或直接新建文件夹 Sample8-7，在其中加入一个名为 Viewshed.html 的网页文件，网页中只包含一个用于显示视图的 ID 为 viewDiv 的 div 元素。JavaScript 代码在 Viewshed.js 文件中，其中的初始化代码如下：

```
    require(["esri/Map", "esri/views/SceneView", "esri/layers/GraphicsLayer",
        "esri/Graphic", "esri/geometry/Point", "esri/rest/geoprocessor",
        "esri/rest/support/LinearUnit", "esri/rest/support/FeatureSet"
    ], (Map, SceneView, GraphicsLayer, Graphic, Point, geoprocessor, LinearUnit, FeatureSet)
=> {
```

```
    const map = new Map({
       basemap: "hybrid",
       ground: "world-elevation"
    });

    const view = new SceneView({
       container: "viewDiv",
       map: map,
       camera: { position: [7.59564, 46.06595, 5184], tilt: 70 }
    });

    const graphicsLayer = new GraphicsLayer();
    map.add(graphicsLayer);

    const markerSymbol = {
       type: "simple-marker",
       color: [255, 0, 0],
       outline: { color: [255, 255, 255], width: 2 }
    };
    const fillSymbol = {
       type: "simple-fill",
       color: [226, 119, 40, 0.75],
       outline: { color: [255, 255, 255], width: 1 }
    };
    const options = {
       outSpatialReference: {
          wkid: 102100
       }
    };
    const gpUrl = "https://sampleserver6.arcgisonline.com/
arcgis/rest/services/Elevation/E SRI_Elevation_World/GPServer/Viewshed";

    view.on("click", computeViewshed);
 });
```

当用户在地图上单击后，将调用 computeViewshed 函数。该函数的代码如下：

```
 function computeViewshed(event) {
    graphicsLayer.removeAll();
    const point = new Point({
       longitude: event.mapPoint.longitude,
       latitude: event.mapPoint.latitude
    });
    const inputGraphic = new Graphic({
       geometry: point,
       symbol: markerSymbol
    });
    graphicsLayer.add(inputGraphic);
    const inputGraphicContainer = [];
    inputGraphicContainer.push(inputGraphic);
    const featureSet = new FeatureSet();
    featureSet.features = inputGraphicContainer;
    const vsDistance = new LinearUnit();
    vsDistance.distance = 15000;
    vsDistance.units = "meters";
    const params = {
       Input_Observation_Point: featureSet,
       Viewshed_Distance: vsDistance
    };
    geoprocessor.execute(gpUrl, params, options).then(drawViewshed);
 }
```

在上述代码中，首先清除图形图层中的所有图形，然后将用户单击的点实例化为一个点图形并加入视图中，然后设置视域分析地理处理需要的参数，最后调用地理处理服务的 execute()方法。当得到服务器的响应后，将调用回调函数 drawViewshed()以绘制视域多边形。

drawViewshed 函数的代码如下：

```
 function drawViewshed(result) {
```

```
    const resultFeatures = result.results[0].value.features;

    const viewshedGraphics = resultFeatures.map((feature) => {
        feature.symbol = fillSymbol;
        return feature;
    });

    graphicsLayer.addMany(viewshedGraphics);
    view.goTo({
        target: viewshedGraphics,
        tilt: 0
    });
}
```

该网页程序的运行结果如图 8.9 所示。

图 8.9 视域分析

8.5 网络分析

ArcGIS Server 的网络分析服务是用来执行交通网络分析的操作，例如查找最近的设施点、车辆或车队的最佳行进路线，使用位置分配定位设施点，计算 OD（起始—目的地）成本矩阵以及生成服务区。

使用网络分析服务的基本步骤包括：

步骤 01 获得对网络分析服务的引用。

步骤 02 设置求解程序参数。这些参数包括想要执行的分析的类型以及分析过程中要使用的网络位置（如停靠点）。

步骤 03 调用网络分析服务的求解方法传入求解程序参数。

步骤 04 处理从服务返回的结果。这包括在地图上显示结果或报告行驶路线。

8.5.1 最优路径分析

ArcGIS Server 网络分析服务中最重要的一类就是路径分析，可用于查询路径、确定行驶路线。求解路径分析表示根据给定的阻抗查找最快、最短甚至是景色最优美的路径。如果阻抗是时间，则最优路径即为最快路径。因此，可将最优路径定义为阻抗最低或成本最低的路径，其中，阻抗可选择。确定最优路径时，所有成本属性均可用作阻抗。

在 ArcGIS API for JavaScript 中，路径分析功能利用路径任务（esri/tasks/RouteTask）及其相关的类函数实现。路径任务使点对点的路径查询和路线选择变得非常容易。此外，在进行路径分析时，可以执行复杂的路径选择以避开多个路障，也可以查询到达多个站点的最佳路径。

RouteTask 类很简单，只有一个 solve 方法。主要的参数设置工作是通过路径参数 RouteParameters 类来完成的。RouteParameters 类中最重要的属性是 stops，该属性指定了路径必须经过的点，barriers 属性指定了路径需要避开的路障。可以通过将 findBestSequence 属性设置为 true 来分析效率最高的路径，而不一定按照加入的需经过的点的顺序。当然，可以通过将 preserveFirstStop 与 preserveLastStop 两个属性设置为 true 来确保起点或终点。

RouteTask 的 solve 方法执行完毕后，从服务器返回的是一个路径结果 RouteResult 类的对象。而该类的某个属性是否有效取决于路径参数类中某些属性的值。例如，只有当路径参数类的 returnDirections 属性被设置为 true 时，才返回路径方向，RouteResult 类的 directions 属性才有值。当路径参数类的 returnRoutes 设置为 true 时，RouteResult 类的 route 属性中包含路径图形。

8.5.2 最近设施点分析

最近设施点分析可测量事件点和设施点间的行程成本，然后确定最近的行程。查找最近设施点时，可以指定查找数量和行进方向（朝向设施点或远离设施点）。最近设施点分析将显示事件点与设施点间的最佳路径，报告它们的行程成本并返回驾车指示。

查找最近设施点时可以指定约束条件，例如中断成本（ArcGIS Server 网络分析不会搜索超出该中断成本的设施点）。例如，可以建立最近设施点问题来搜索距离事故地点 15 分钟以内车程的医院，查找结果中将不会包含任何行程时间超过 15 分钟的医院。在本例中，医院即为设施点，而事故地点则为事件点。ArcGIS Server 网络分析支持同时执行多个最近设施点分析。这意味着允许存在多个事件点，并可以为每个事件点查找最近设施点。

esri/tasks/ClosestFacilityTask 类用于执行最近设施点分析任务的调用。该类与 RouteTask 一样，只有一个 solve 方法，主要的参数设置工作是通过路径参数 ClosestFacilityParameters 类来完成的。incidents 与 facilities 是其最重要的两个属性，分别表示事件点与设施点。任务返回的数据可由 returnIncidents、returnRountes 与 returnDirections 属性控制，它们都是简单的布尔变量。defaultCutoff 属性表示默认中断值，超出该值的将不计算。impedenceAttribute 表示作为阻抗的成本属性。travelDirection 属性用于确定方向，如果是从事件点到设施点，则设置为 NATypes.TravelDirection.TO_FACILITY，如果是从设施点到事件点，则设置为 NATypes.TravelDirection.FROM_FACILITY。其默认值由网络图层规定。defaultTargetFacilityCount 表示得到几个最近的设施点，默认值为 1。

ClosestFacilityTask 操作返回的结果是一个 ClosestFacilitySolveResult 对象，其中的 routes 属性是事件点与最近设施点之间的最佳路径，而 directions 属性包含两点间最佳路径的方向。

8.5.3 服务区分析

使用 ArcGIS Server 的网络分析还可以查找网络中任何位置周围的服务区。服务区是指包含所有通行街道（即在指定的阻抗范围内的街道）的区域。例如，网络上某一点的 5 分钟服务区包含从该点出发在 5 分钟内可以到达的所有街道。由网络分析创建的服务区还有助于评估可达性。同心服务区显示可达性随阻抗的变化方式。服务区创建好以后，就可以用来标识邻域或区域内的人数、土地量，或其他任何数量。

esri/tasks/ServiceAreaTask 类用于执行服务区分析，该类与 ClosestFacilityTask、RouteTask 两个类一样，只有一个 solve 方法，主要的参数设置工作是通过路径参数 ServiceAreaParameters 类来完成的。可设置的参数包括设施点（facilities）、中断数组（defaultBreaks）、方向（travelDirection）以及其他一些限制条件等。任务的返回结果是一个 ServiceAreaSolveResults 对象，主要属性是 serviceAreaPolygons，表示服务区多边形。

这里的实例 8-8 将演示如何通过网络分析服务来实现计算并显示从某点驱车几分钟能到达的区域。新建 Sample8-8 文件夹，在其中新增一个名为 ServiceAreas.html 的网页文件，该网页文件包含的代码如下：

```
<html>
<head>
    <meta charset="utf-8">
    <title>服务区分析</title>
    <link rel="stylesheet" href="https://js.arcgis.com/4.22/esri/ themes/dark-purple/main.
css">
    <style>
        html, body, #viewDiv { width: 100%; height: 100%; padding: 0; margin: 0;
        }
    </style>
</head>
<body>
    <div id="viewDiv">
    </div>
    <script>
        var dojoConfig = {
            packages: [{
                name: "flubber",
                location: "https://veltman.github.io/flubber/build/",
                main: "flubber.min"
            }]
        };
    </script>
    <script src="https://js.arcgis.com/4.22/"></script>
    <script src="Interpolator.js"></script>
    <script src="ServiceAreas.js"></script>
</body>
</html>
```

为了在后面单击并计算出服务区之后，流畅的动画切换前后两个服务区，我们引入了 flubber 库，此库的目标是为任意两个形状（或形状集合）提供最佳猜测插值，从而产生相当流畅的动画，而无须大量的计算。

为了方便调用，针对 ArcGIS API for JavaScript 的库进行了进一步的封装，封装为 Interpolator 类，代码在 Interpolator.js 文件中。为了节省篇幅，这里不再列出。

主体 JavaScript 代码在 ServiceAreas.js 文件中，在该文件中首先加入如下一些初始化地图视图的代码：

```
require(["flubber", "esri/core/promiseUtils", "esri/Map", "esri/Graphic",
   "esri/views/MapView", "esri/layers/GroupLayer", "esri/layers/VectorTileLayer",
   "esri/layers/GraphicsLayer", "esri/tasks/ServiceAreaTask",
   "esri/tasks/support/FeatureSet", "esri/tasks/support/ServiceAreaParameters"
], (flubber, promiseUtils, Map, Graphic, MapView, GroupLayer, VectorTileLayer,
   GraphicsLayer, ServiceAreaTask, FeatureSet, ServiceAreaParameters) => {

   const driveTimePolygon = new Graphic({
      symbol: {
         type: "simple-fill",
         style: "solid",
         color: "black",
         outline: { color: "black", style: "solid", width: "1px" }
      }
   });

   map = new Map({
      basemap: {
         baseLayers: [
            new VectorTileLayer({
               url: "https://www.arcgis.com/sharing/rest/content/items/ b69e76a
446ac479998ff31de839ba323/resources/styles/root.json"
            })
         ]
      },
      layers: [
         new GroupLayer({
            layers: [
               new VectorTileLayer({
                  portalItem: {
                     id: "63c47b7177f946b49902c24129b87252"
                  }
               }),
               layer = new GraphicsLayer({
                  graphics: [driveTimePolygon],
                  blendMode: "destination-in"
               })
            ]
         })
      ]
   });

   const view = new MapView({
      container: "viewDiv",
      map: map,
      zoom: 12,
      center: [-117.182500, 34.054722],
      constraints: {
         snapToZoom: false
      }
   });

   const serviceAreaTask = new ServiceAreaTask({
      url: "https://utility.arcgis.com/usrsvcs/servers/f9e04ae426214cde93fa84b35708fca0/
rest/services/World/ServiceAreas/NAServer/ServiceArea_World/solveServiceArea"
   });

   var interpolator;
   view.when(() => {
      interpolator = new Interpolator(view, driveTimePolygon, flubber);
   });

   view.on("click", (event) => {
      event.stopPropagation();
      updateDriveTimePolygons(view.toMap(event));
   });
});
```

在上面的代码中，首先实例化了一个地图对象并加入了一个地图资源，然后实例化了地图视图，最后加入了监听用户在地图上的点击事件。

当用户在地图上单击后，将调用 updateDriveTimePolygons()函数，该函数将调用网络分析服务进行计算。

updateDriveTimePolygons()函数的代码如下：

```
const updateDriveTimePolygons = promiseUtils.debounce(async (point) => {
   // 设置一个或多个设施点
   const facilities = new FeatureSet({
      features: [{
         geometry: point
      }]
   });

   // 设置服务需要的输入参数
   const parameters = new ServiceAreaParameters({
      facilities,
      defaultBreaks: [5], // 5 分钟
      outSpatialReference: point.spatialReference
   });

  const { serviceAreaPolygons } = await serviceAreaTask. solve(parameters);

   if (serviceAreaPolygons. length) {
      const polygon = serviceAreaPolygons[0].geometry;
      interpolator. interpolate(polygon);
   }
});
```

该网页程序的运行结果如图 8.10 所示。

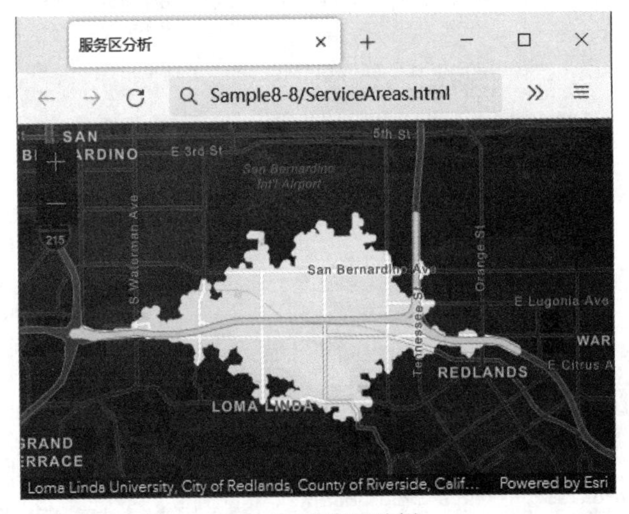

图 8.10　服务区分析

8.6　影像分析

我们在第 4 章中介绍了影像服务及其栅格函数处理。除此之外，通过影像服务还可以实现许多高级功能，包括查询、动态处理、查看轮廓、预览每个栅格、下载和添加。

8.6.1 查询影像服务

通过 ImageIdentifyTask 可以对影像服务进行查询，该对象与 identify（IdentifyTask）类似，但只能用于识别影像服务数据。

ImageIdentifyTask 使用 ImageIdentifyParameters 对象作为执行参数，执行完将返回 ImageIdentifyResult 对象，可以从该对象中获取想要的信息。

ImageIdentifyParameters 主要包括如下属性：

- geometry：进行识别的几何图形，有效的图形类型包括 Point 和 Polygon。
- mosaicRule：获取或设置镶嵌规则。指定镶嵌规则定义了影像的排列顺序。如果未指定，则默认为 center。
- pixelSize：设置像素的大小，是包括 x、y 和 spatialReference 的对象。

下面我们通过实例 8-9 来演示如何通过 ImageIdentifyTask 查询用户单击处的高程值。新建一个站点，在其中加入一个名为 DemMeasure.html 的网页文件，其内容如下：

```
<!DOCTYPE html>
<html>
<head>
    <meta charset="utf-8">
    <title>高程测量</title>
    <link rel="stylesheet" href="https://js.arcgis.com/4.22/dijit/ themes/claro/claro.css" />
    <link rel="stylesheet" href="https://js.arcgis.com/4.22/esri/ themes/light/main.css"/>
    <link rel="stylesheet" href="Main.css" />
    <script src="https://js.arcgis.com/4.22/"></script>
    <script src="DemMeasure.js"></script>
</head>
<body  class="claro" style="background-color:lightgray">
    <div data-dojo-type="dijit/layout/BorderContainer" data-dojo-
props="design:'headline',gutters:false" style="width:100%; height:100%; background-
color:white">
        <div data-dojo-type="dijit/layout/ContentPane" data-dojo-props="region:'top'"
style="width:100%; border:solid medium gray;">
            <center>
                <label for="result">高程（米）：</label>
                <input type="text" name="result" data-dojo-type="dijit/form/TextBox"
id="result" />
                <div data-dojo-type="dijit/form/Button" id="measureTool" data-dojo-
props="showLabel:true, label:'测量'"></div>
            </center>
        </div>
        <div id="mapParentDiv" data-dojo-type="dijit/layout/ContentPane" data-dojo-
props="region:'center'" style="width:100%;">
            <div id="map" style="height:100%;"></div>
        </div>
    </div>
</body>
</html>
```

功能实现代码在 DemMeasure.js 文件中，其初始化的代码如下：

```
require(["dojo/parser", "dijit/registry", "esri/Map", "esri/views/MapView",
    "esri/geometry/Extent", "esri/layers/ImageryLayer",
"esri/layers/support/RasterFunction",
    "esri/widgets/Sketch/SketchViewModel", "esri/Graphic",
"esri/symbols/SimpleMarkerSymbol", "esri/symbols/SimpleLineSymbol", "esri/Color",
    "esri/tasks/ImageIdentifyTask", "esri/tasks/support/ImageIdentifyParameters",
"esri/layers/support/MosaicRule",
    "dijit/layout/BorderContainer", "dijit/layout/ContentPane", "dijit/form/TextBox",
```

```
"dojo/domReady!"],
       function (parser, registry, Map, MapView,
          Extent, ImageryLayer, RasterFunction,
          SketchViewModel, Graphic, SimpleMarkerSymbol, SimpleLineSymbol, Color,
          ImageIdentifyTask, ImageIdentifyParameters, MosaicRule) {
          parser.parse();

          var initExtent = new Extent({ "xmin": 450000, "ymin": 3800000, "xmax": 460000,
"ymax": 3810000, "spatialReference": { "wkid": 32611 } });
          map = new Map();
          var rasterFunction = new RasterFunction();
          rasterFunction.functionName = "Hillshade";
          rasterFunction.variableName = "DEM";
          var arguments = {};
          arguments.Azimuth = 215.0;
          arguments.Altitude = 60.0;
          arguments.ZFactor = 30.3;
          rasterFunction.functionArguments = arguments;
          var imageLayer = new ImageryLayer({
             url: "https://sampleserver6.arcgisonline.com/arcgis/
rest/services/Elevation/MtBaldy_Elevation/ImageServer",
             renderingRule: rasterFunction
          });
          map.add(imageLayer);
          var view = new MapView({
             map: map,
             container: "map",
             extent: initExtent
          });

          var redColor = new Color([255, 0, 0]);
          var halfFillYellow = new Color([255, 255, 0, 0.5]);
          var inputSymbol = new SimpleMarkerSymbol({
             style: "diamond",
             outline: new SimpleLineSymbol({
                style: "solid",
                color: redColor,
                width: 1
             }),
             color: halfFillYellow
          });

          var sketchViewModel = new SketchViewModel({
             view: view,
             layer: view.graphics
          });
          view.when(function () {
             sketchViewModel.on("create", function (evt) {
                if (evt.state === "complete") {
                   onDrawEnd(evt);
                }
             });
             registry.byId("measureTool").on("click", function () {
                view.graphics.removeAll();
                sketchViewModel.create("point", { mode: "click" });
             });
          });
       });
```

上述代码在地图中加入了一个 DEM 服务，并对其进行了 Hillshade 栅格函数处理，然后实例化了一个绘图小部件。当用户在地图上单击一点时，将触发绘图小部件的 draw-end 事件，调用 onDrawEnd 函数。该函数的代码如下：

```
      function onDrawEnd(evt) {
         var userGraphic = new Graphic({
            geometry: evt.graphic.geometry,
            symbol: inputSymbol
         });
         view.graphics.add(userGraphic);
```

```
    sketchViewModel.cancel();

    var imageIdentify = new ImageIdentifyTask({
        url: imageLayer.url
    })
    var parm = new ImageIdentifyParameters({
        geometry: evt.graphic.geometry,
        mosaicRule: new MosaicRule({
            ascending: false,
            method: "center"
        })
    });
    imageIdentify.execute(parm).then(
        function (identifyResult) {
            registry.byId("result").set('value', identifyResult.value);
        }, function (error) {
            console.log("Error: ", error.message);
        }
    );
}
```

在该函数中，首先将用户单击的点加入地图的图形图层中，然后构造一个影像服务查询任务 ImageIdentifyTask 类的实例，并设置类的一些参数，最后调用任务的 execute 方法执行查询。服务器的响应结果的 value 属性就是用户单击处的高程值。

该网页程序的运行结果如图 8.11 所示。

图 8.11　查询影像服务

8.6.2　影像测量

如果发布的影像服务具有测量功能，那么就能在影像上测量点、距离、角度、高度、周长和面积。不过 ArcGIS API for JavaScript 目前并没有对应的类来实现这些功能，需要我们直接调用 REST 接口来实现。

对于高度的测量，有如下三种方式：

- 仅从结构测量结构的高度：通过从结构底部至结构顶层进行测量，计算结构的高度。假设测量是垂直于底部进行的，因此不能以一定角度构建建筑物。沿建筑物测量的线必须使其终点正好位于起点的上方。例如在图 8.12 中，在这些建筑物上可以很容易地识别建筑物底部和顶部位置。

图 8.12 使用底部与顶部来测量高度

- 仅从阴影测量结构的高度：通过从结构底部到地面上结构阴影的顶部进行测量，计算结构的高度。阴影中的点必须表示垂直于底部的结构上的点。例如在图 8.13 中，由于选取灯顶部有困难，因此可通过从灯底部到灯顶部的阴影进行测量，从而得到此灯柱的高度。

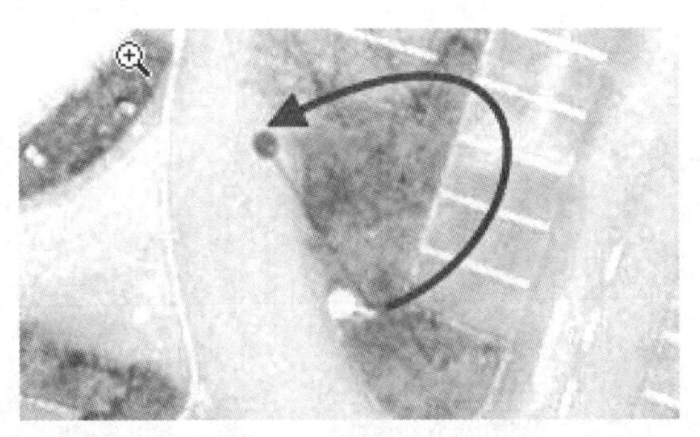

图 8.13 使用阴影测量高度

- 从结构和阴影测量结构的高度：通过从结构顶部到地面上结构阴影的顶部进行测量，计算结构的高度。结构上的点及其阴影必须表示相同的点。例如在图 8.14 中，由于基本点正好位于屋顶的下方，无法轻易选取，尖屋顶的高度仅可从屋顶点的顶部到阴影的顶部进行测量。

图 8.14 结合阴影测量高度

这里以实例 8-10 来演示如何使用影像测量建筑物的高度。新建一个站点，在其中加入一个名为 ImageMeasure.html 的网页文件，其内容如下：

```
<!DOCTYPE html>
<html>
<head>
    <meta charset="utf-8">
    <title>高度测量</title>
    <link rel="stylesheet" href="https://js.arcgis.com/4.22/dijit/ themes/claro/claro.css" />
    <link rel="stylesheet" href="https://js.arcgis.com/4.22/esri/ themes/light/main.css"/>
    <link rel="stylesheet" href="Main.css" />
    <script src="https://js.arcgis.com/4.22/"></script>
    <script src="ImageMeasure.js"></script>
</head>
<body  class="claro" style="background-color:lightgray">
    <div data-dojo-type="dijit/layout/BorderContainer" data-dojo-
props="design:'headline',gutters:false" style="width:100%; height:100%; background-
color:white">
        <div data-dojo-type="dijit/layout/ContentPane" data-dojo-props="region:'top'"
style="width:100%; border:solid medium gray;">
            <center>
                <select data-dojo-type="dijit/form/Select" id="measureOpt">
                    <option value="esriMensurationHeightFromBaseAndTop" selected="selected">
底部至顶层高度</option>
                    <option value="esriMensurationHeightFromBaseAndTopShadow">底部至阴影高度
</option>
                    <option value="esriMensurationHeightFromTopAndTopShadow">顶部至阴影高度
</option>
                </select>
                <label for="result">高度（米）：</label>
                <input type="text" name="result" data-dojo-type="dijit/form/TextBox"
id="result" />
                <div data-dojo-type="dijit/form/Button" id="measureTool" data-dojo-
props="showLabel:true, label:'测量'"></div>
            </center>
        </div>
        <div id="mapParentDiv" data-dojo-type="dijit/layout/ContentPane" data-dojo-
props="region:'center'" style="width:100%;">
            <div id="map" style="height:100%;"></div>
        </div>
    </div>
</body>
</html>
```

功能实现代码在 ImageMeasure.js 文件中，其初始化的代码如下：

```
require(["dojo/parser", "dijit/registry", "esri/request", "esri/Map",
"esri/views/MapView",
    "esri/geometry/Point", "esri/geometry/SpatialReference",
"esri/layers/ImageryTileLayer",
    "esri/widgets/Sketch/SketchViewModel", "esri/Graphic", "esri/symbols/SimpleLineSymbol",
"esri/Color",
    "dijit/layout/BorderContainer", "dijit/layout/ContentPane", "dijit/form/Select",
"dijit/form/TextBox", "dojo/domReady!"],
    function (parser, registry, esriRequest, Map,
        MapView, Point, SpatialReference, ImageryTileLayer,
        SketchViewModel, Graphic, SimpleLineSymbol, Color) {
        parser.parse();

        var pt = new Point({
            x: - 8837407.939287,
            y: 5410409.73274808,
            spatialReference: new SpatialReference({ wkid: 102100 })
        });

        var url = "http://sampleserver6.arcgisonline.com/arcgis/
rest/services/Toronto/ImageServer/";
        var baseMap = new ImageryTileLayer({
            url: url
```

```
        });
        var map = new Map();
        map.add(baseMap);
        var view = new MapView({
            map: map,
            container: "map",
            center: pt,
            zoom: 18
        });

        var inputSymbol = new SimpleLineSymbol({
            style: "dash",
            color: new Color([255, 0, 0]),
            width: 2
        });

        var sketchViewModel = new SketchViewModel({
            view: view,
            layer: view.graphics,
            polylineSymbol: inputSymbol
        });
        view.when(function () {
            sketchViewModel.on("create", function (evt) {
                if (evt.state === "complete") {
                    onDrawEnd(evt);
                }
            });
            registry.byId("measureTool").on("click", function () {
                view.graphics.removeAll();
                sketchViewModel.create("polyline", { mode: "click" });
            });
        });
    });
```

当用户在地图上拖曳鼠标绘制一条直线后，将调用 onDrawEnd 函数，该函数的代码如下：

```
    function onDrawEnd(evt) {
        sketchViewModel.cancel();
        var content = {
            fromGeometry: '{ "x":' + evt.graphic.geometry.paths[0][0][0] + ', "y": ' +
evt.graphic.geometry.paths[0][0][1] + ', "spatialReference": { "wkid": 102100 } }',
            toGeometry: '{ "x":' + evt.graphic.geometry.paths[0][1][0] + ', "y": ' +
evt.graphic.geometry.paths[0][1][1] + ', "spatialReference": { "wkid": 102100 } }',
            geometryType: 'esriGeometryPoint',
            measureOperation: registry.byId("measureOpt").value,
            f: 'json'
        };
        var RequestOptions = {
            responseType: "json",
            query: content
        }
        esriRequest(url + 'measure', RequestOptions).then(
            function (response) {
                registry.byId("result").set('value', response.data.height.value);
            }, function (error) {
                console.log("Error: ", error.message);
            });
    }
```

上述代码首先将用户绘制的直线添加到图形图层中，然后用 esri/request 构造一个请求，请求的地址是影像服务地址加“measure”，查询的参数需要在 query 中设置，包括起点位置、终点位置、几何要素的类型以及测量方式等。构造之后，浏览器将发送如下请求：

```
    https://sampleserver6.arcgisonline.com/arcgis/rest/services/Toronto/ImageServer/measure?f
romGeometry={ "x":-8837309.407180209, "y": 5410278.356605701, "spatialReference": { "wkid":
102100 } }&toGeometry={ "x":-8837407.939286996, "y": 5410410.329912367, "spatialReference":
{ "wkid":
102100 } }&geometryType=esriGeometryPoint&measureOperation=esriMensurationHeightFromBaseAndTop
&f=json
```

在 ArcGIS Server 服务器返回的请求中，一个主要内容是 height 对象，该对象中的 value 是高度值，uncertainty 是误差值。

运行该网页程序，测量加拿大国家电视塔的高度，如图 8.15 所示。

图 8.15　影像测量

第 9 章

三维 Web GIS

虽然在 ArcGIS API for JavaScript 中显示二维与三维分别使用不同的类，但是大多数类同时可以在二维与三维中使用，例如大部分的图层类、智能制图相关类等。即使有些类是专门针对三维的，但基础理念与使用方式与二维的很类似。因此，本章只介绍专门针对三维的类的使用。

9.1 场景视图与三维图层

SceneView 类使用 WebGL 显示 Map 或 WebScene 实例的三维场景视图。如果要以二维的形式渲染地图及其图层，则必须使用 MapView 类。

9.1.1 场景视图

初始化场景视图 SceneView 类的基本代码如下：

```
var view = new SceneView ({
   container: "viewDiv",
   map: {
      basemap: "satellite",
      ground: "world-elevation"
   },
   camera: {
      position: [-55.03975781, 14.94826384, 19921223.30821],
      heading: 2.03,
      tilt: 0.13
   },
   environment: {
      lighting: {
         date: "Sun Mar 15 2022 18:00:00 GMT-8"
      }
   }
});
```

SceneView 类的初始化与 MapView 类的初始化类似，只是新增加了几个重要的属性，包括相机、环境等，此外更重要的是可以指定地面的地形高程。在上面的代码中，利用了 autocast 特性，通过将地图的 ground 属性设置为 world-elevation，在地图中增加了一个常用的世界高程图层。高程图层对应的类是 esri/layers/ElevationLayer，是一个切片图层，每个像素的值就是该位置的高程值。这个世界高程图层对应的服务地址是 https://elevation3d.arcgis.com/arcgis/rest/services/WorldElevation3D/Terrain3D/ImageServer。如果还要结合海洋测深的数据，那么可指定为 world-topobathymetry，其对应的服务地址是 https://elevation3d.arcgis.com/arcgis/rest/services/WorldElevation3D/TopoBathy3D/ImageServer。

上面的代码是最常用的设置三维场景的方法，即在高程上叠加遥感影像，就会得到如图 9.1 所示的比较逼真的三维场景。

图 9.1　在高程上叠加遥感影像创建三维场景

SceneView 支持两种不同的查看模式，即 global 和 local，由 viewMode 属性指定。global 场景将地球渲染为三维球体，而 local 场景则将地球表面渲染为平面。local 模式允许在局部或裁剪区域进行导航和功能显示。在这两种查看模式下，用户都可以通过将 Ground.navigationConstraint.type 设置为 none 来查看地表以下。

如果没有显式设置，那么查看模式将根据视图的空间参考确定。如果空间参考为 Web 墨卡托、WGS84、CGCS2000、GCS_Mars_2000 或 GCS_Moon_2000，则查看模式将默认为 global。对于任何其他空间参考，查看模式将默认为 local。

9.1.2　相机

在三维场景视图中，需要在三维空间中定义一个点，从这个位置查看场景。这一点也称为相机。本小节将解释如何定义相机、如何获取相机以及如何将相机移动到场景中的另一个点，还将简要介绍如何创建更复杂的动画，例如旋转地球或围绕场景中的对象旋转相机。

Camera 对象直接位于 SceneView 上，具有 3 个主要属性：

- Position：由经度、纬度与 z 值决定的相机位置，其中 z 值表示点相对于海平面的高度。
- tile：俯仰角，即相机方向与垂直于地面的角度。tile 值的范围为 0° ~180° ，其中 0° 是向下直视（地球中心），180° 是向上直视（朝向外太空）。
- heading：俯仰角，即相机方向与顺时针方向形成的水平角度。该值的范围为 0° ~360° 。0° 表示照相机指向北方，90° 表示摄像机指向东方。

除了直接设置相机对象的属性之外，SceneView 还提供了通过 goTo()方法来更改摄像机。与直接在 SceneView 上设置相机不同的是，goTo()方法可实现到新视点的平滑过渡。

goTo()方法更强大的是，还可以向它传递要在场景中看到的内容，可以传递一个或多个目标，goTo()方法将计算出需要导航到的新相机位置。目标可以是几何对象（点、线、多边形、网格、范围）或图形。

有时我们只想更改相机的部分属性，例如倾俯仰角或俯仰角，同时保留相机其他属性不变。在这种情况下，也可以使用 goTo()方法，并且只传递我们要更改的属性。

正如之前所看到的，goTo()使用动画将相机过渡到其新位置。动画是展示三维内容并邀请用户进一步探索场景的好方法。在没有附加参数的情况下使用时，goTo()方法将选择最适合的过渡动画属性。例如，最终目标位置越远，动画的持续时间就越长，我们可以使用相对值 speedFactor 或者以毫秒为单位的绝对值 duration 来加快或减慢动画的速度。

```
// 动画速度提高一倍
view.goTo(target, {
   speedFactor: 2,
});
// 动画持续 30 秒
view.goTo(target, {
   duration: 30000,
   maxDuration: 30000,
});
// 禁止动画
view.toTo(target, { duration: 0 });
```

此外，goTo()还会在开始时加速移动，并在结束时减慢速度。在动画术语中，这称为缓动，goTo()支持各种不同的预设。为了确保相机始终以相同的速度过渡，只需调用 view.goTo (target, { easing: 'linear' })。

如果有一个应用程序，其中的数据在地球上分布得比较分散，那么在应用程序启动时旋转地球可能会很好。通过这种方式，用户知道他们可以与地球进行交互。为此，只需将相机更改为具有修改经度的新相机，并在每一帧上更新该相机即可。当用户与地球进行交互时，希望停止动画，因此在开始时检查 view.interacting 是否为真。

```
function rotate() {
   if (!view.interacting) {
      const camera = view.camera.clone();
      camera.position.longitude -= 0.2;
      view.goTo(camera, { animate: false });
      requestAnimationFrame(rotate);
   }
}
view.when(function () {
   watchUtils.whenFalseOnce(view, "updating", rotate);
});
```

在上面的代码中，将动画设置为 false。这是因为我们对相机经度位置只稍微更改了，所以希望不需要对中间位置进行插值。

当然用类似的方式也可以实现绕某个点旋转视图。下面通过一个实例来演示如何实现旋转视图。新建一个名为 Sample9-1 的文件夹，在其中新增一个名为 Rotate.html 的网页文件，它的内容如下：

```
<!DOCTYPE html>
<html>
<head>
    <meta charset="utf-8" />
    <title>定点旋转视图</title>
    <link rel="stylesheet" href="https://js.arcgis.com/4.22/esri/ themes/light/main.css"/>
    <link rel="stylesheet" href="Style.css" />
</head>
<body>
    <div id="viewDiv" />
    <div class="overlay">
        <div>
            <span id="play" class="button esri-icon-play" style="display: block;" />
        </div>
        <div>
            <span id="pause" class="button esri-icon-pause" style="display: none;" />
        </div>
        <div id="label">俯仰角： 0&deg;</div>
    </div>
    <script src="https://js.arcgis.com/4.22/"></script>
    <script src="Rotate.js"></script>
</body>
</html>
```

JavaScript代码在Rotate.js文件中，对应的内容如下：

```
require(["esri/views/SceneView", "esri/Map"], function (SceneView, Map) {
    var map = new Map({
        basemap: "hybrid",
        ground: "world-elevation"
    });

    var view = new SceneView({
        map: map,
        camera: {
            position: [
                88.03180526,
                27.28360018,
                24501.03377
            ],
            heading: 6.88,
            tilt: 67.67
        },
        container: "viewDiv",
    });

    view.watch("camera.heading", (heading) => {
        label.innerHTML = `俯仰角： ${heading.toFixed(1)}&deg;`;
    });

    let abort = false;
    let center = null;
    function rotate() {
        if (!view.interacting && !abort) {
            play.style.display = "none";
            pause.style.display = "block";

            center = center || view.center;
            view.goTo({
                heading: view.camera.heading + 0.2,
                center
            }, { animate: false });

            requestAnimationFrame(rotate);
        } else {
            abort = false;
            center = null;
            play.style.display = "block";
```

```
            pause.style.display = "none";
        }
    }

    play.onclick = rotate;
    pause.onclick = function () {
        abort = true;
    };
});
```

该网页程序的运行结果如图 9.2 所示。

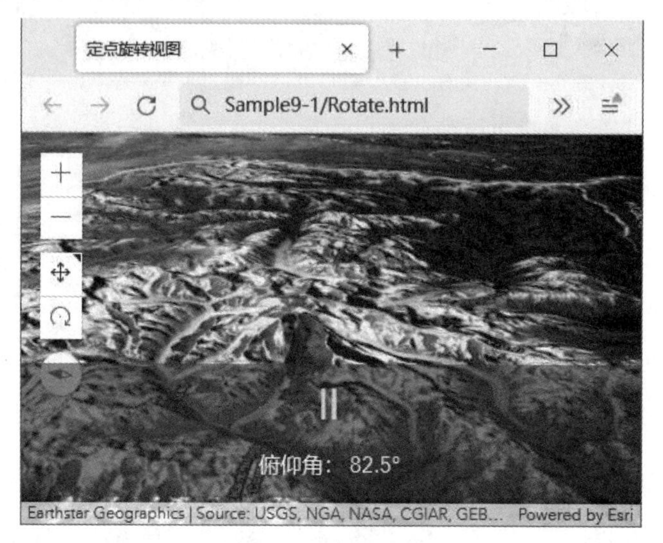

图 9.2　定点选择视图

9.1.3　三维图层

除了前面介绍的高程图层之外，只能在三维场景视图中使用的图层还有 SceneLayer、BuildingSceneLayer、PointCloudLayer 与 IntegratedMeshLayer 等。

SceneLayer（场景图层）显示来自场景服务的数据。场景服务可以保存适用于 Web 流的开放格式的大量要素。该图层是专为按需流式处理以及在场景视图中显示大量数据而设计的，会从粗略的制图表达开始，逐步加载要素，并根据近距离视图的需要将它们细化为更局部的细节。该图层支持两种几何类型，分别是点和 3D 对象（例如建筑物）。

```
    let sceneLayer = new SceneLayer({
      url: "https://scene.arcgis.com/arcgis/rest/services/Hosted/ Building_Hamburg/SceneServ
er/layers/0"
    });
```

我们将在下一节详细介绍该图层的使用。可以使用下面这个链接在 ArcGIS Online 上部署 SceneLayer 能使用的服务：

```
    https://www.arcgis.com/home/search.html?start=1&sortOrder=desc&sortField=relevance&q=&foc
us=layers-weblayers-scenelayers
```

BuildingSceneLayer 用于在场景视图中可视化具有详细内部信息的建筑物。这些建筑模型通常从建筑信息模型（Building Information Modeling，BIM）项目中导出。BuildingSceneLayer 中的数据可以表示墙壁、照明设备、机械系统与家具等。

```
    const buildingLayer = new BuildingSceneLayer({
      url: "https://tiles.arcgis.com/tiles/V6ZHFr6zdgNZuVG0/arcgis/ rest/services/Esri_Admin_
Building/SceneServer"
    });
```

PointCloudLayer 用于显示点云数据。点云数据是经过后处理的空间组织激光雷达数据，由大量的三维点集合组成。地面、建筑物、森林树冠、高速公路立交桥以及在激光雷达勘测期间捕获的任何其他内容的高程构成了点云数据。

```
    let pointCloudLayer = new PointCloudLayer({
        url: "https://tiles.arcgis.com/tiles/V6ZHFr6zdgNZuVG0/arcgis/ rest/services/BARNEGAT_
BAY_LiDAR_UTM/SceneServer"
    });
```

IntegratedMeshLayer 图层用于可视化集成网格数据，是通过倾斜摄影获得的。集成网格数据通常是从高重叠影像集中自动化构建三维对象，将原始输入图像信息集成为带纹理的三角网。集成网格可以表示建筑和自然界中的三维要素，例如建筑、树木、山谷和悬崖，并具有逼真的纹理。

```
    var meshLayer = new IntegratedMeshLayer({
        url: "https://tiles.arcgis.com/tiles/u0sSNqDXr7puKJrF/arcgis/
rest/services/Frankfurt201 7_v17/SceneServer/layers/0"
    });
```

9.2　三维可视化

虽然场景视图支持用于在地图视图中渲染数据的所有二维符号类型（SimpleMarkerSymbol、SimpleLineSymbol 与 SimpleFillSymbol 等），但也可以使用三维符号，以便更好地自定义控制每个符号的外观和感觉。这要归功于符号层。

9.2.1　符号层

ArcGIS API for JavaScript 从 4.0 版开始在三维符号中引入符号层的概念。将符号对象视为包含多个符号层的集合，每个符号层用于定义符号的外观，可以一个符号层定义轮廓，另一个符号层定义填充样式等。符号层与符号的关系类似于图层与地图的关系。

有 5 种类型的三维符号，如图 9.3 所示，分别对应特定的几何类型：PointSymbol3D（点）、LineSymbol3D（线）、PolygonSymbol3D（面）、LabelSymbol3D（文字）和 MeshSymbol3D（网格）。这些符号只能分配给共享其各自几何类型的要素。

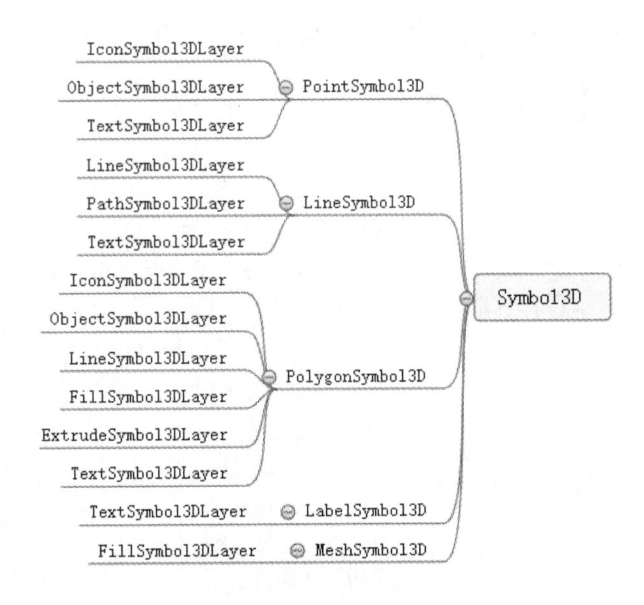

图 9.3　三维符号系统

每种符号类型都有一个 symbolLayers 属性，该属性是组成符号的符号层数组。所有符号必须至少向此属性添加一个符号层。有各种类型的符号层，请参阅表 9-1。

表 9-1 符号层与符号的关系

符号层类型	符号类型	形状	大小单位	实例
IconSymbol3DLayer	PointSymbol3D、PolygonSymbol3D	平面	像素	
ObjectSymbol3DLayer	PointSymbol3D、PolygonSymbol3D	立体	米	
LineSymbol3DLayer	LineSymbol3D、PolygonSymbol3D	平面	像素	
PathSymbol3DLayer	LineSymbol3D	立体	米	
FillSymbol3DLayer	PolygonSymbol3D、MeshSymbol3D	平面		
ExtrudeSymbol3DLayer	PolygonSymbol3D	立体	米	
TextSymbol3DLayer	PointSymbol3D、LineSymbol3D、PolygonSymbol3D、LabelSymbol3D	平面	像素	Text

每个符号层都有一个材质属性 material（用于定义符号的颜色）和一个控制符号大小的属性 size（FillSymbol3DLayer 除外）。

9.2.2 使用图标、线条和填充符号

本小节解释平面类型的符号层，包括 IconSymbol3DLayer、LineSymbol3DLayer 和 FillSymbol3DLayer。

IconSymbol3DLayer 用于场景视图中，使用二维平面图标（例如圆形）来渲染点几何图形。面要素也可以使用 IconSymbol3DLayers 进行渲染，但是在这种情况下，图标符号层必须包含在 PolygonSymbol3D 符号中，而不是在 PointSymbol3D 中。

图标的形状在 resource 属性中设置，颜色在 material 属性中设置。我们可以使用 size 属性以像素为单位定义大小，还可以在渲染器的可视变量属性中设置此符号层。

例如下面的代码在三维点符号中增加一个红色的圆符号层。

```
let symbol = {
  type: "point-3d",  // 自动转换为 new PointSymbol3D()
  symbolLayers: [{
    type: "icon",  // 自动转换为 new IconSymbol3DLayer()
    size: 8,
    resource: { primitive: "circle" },
    material: { color: "red" }
  }]
};
```

LineSymbol3DLayer 使用二维平面线渲染线几何图形。线条的颜色在 material 属性中设置。使用 size 属性定义线的宽度。使用时必须将 LineSymbol3DLayer 添加到 LineSymbol3D 的

symbolLayers 属性中，也可以将其添加到 PolygonSymbol3D 符号中以创建面要素的轮廓。

```
const symbol = {
  type: "line-3d",  // 自动转换为new LineSymbol3D()
  symbolLayers: [{
    type: "line",  // 自动转换为new LineSymbol3DLayer()
    size: 2,
    material: { color: "black" },
    cap: "round",
    join: "round"
  }]
});
```

FillSymbol3DLayer 用于在场景视图中渲染二维平面多边形几何图形和三维体积网格的表面。填充的颜色在 material 属性中设置。由于面和网格几何的性质，在此符号层中，大小没有意义。使用时必须将 FillSymbol3DLayer 添加到 PolygonSymbol3D 或 MeshSymbol3D 的 symbolLayers 属性中。outline 属性在与 MeshSymbol3D 一起使用时没有效果。

```
const symbol = {
  type: "polygon-3d",  // 自动转换为new PolygonSymbol3D()
  symbolLayers: [{
    type: "fill",  // 自动转换为new FillSymbol3DLayer()
    material: { color: "red" }
  }]
};
```

下面以实例来演示如何在一个符号中创建多个符号层。新建一个名为 Sample9-2 的文件夹，在其中新增一个名为 IconSymbol.html 的网页文件，网页中就只有一个 viewDiv。JavaScript 代码在 IconSymbol.js 中，内容如下：

```
require(["esri/layers/GeoJSONLayer", "esri/Map","esri/views/SceneView"
], function (GeoJSONLayer, Map, SceneView) {
    const url = "https://earthquake.usgs.gov/earthquakes/feed/v1.0/summary/
all_week.geojson";
    const template = {
        title: "{title}",
        content: "<b>Location:</b> {place}<br>" +
            "<b>Date and time:</b> {time}<br>" +
            "<b>Magnitude (0-10): </b> {mag}<br>" +
            "<b>Intensity (1-10): </b> {mmi}<br>" +
            "<b>Depth: </b> {depth} km<br>" +
            "<b>Number who reported feeling the quake: </b> {felt}<br>" +
            "<b>Significance: </b> {sig}<br><br>" +
            "<a href='{url}'>View more information provided by the USGS</a>",
        fieldInfos: [{
            fieldName: "time",
            format: {
                dateFormat: "short-date-short-time"
            }
        }, {
            fieldName: "felt",
            format: {
                digitSeparator: true,
                places: 0
            }
        }]
    };

    let symbol = {
        type: "point-3d",  // 自动转换为new PointSymbol3D()
        symbolLayers: [{
            // 半透明的大图标
            type: "icon",  // 自动转换为new IconSymbol3DLayer()
            size: 16,
            resource: { primitive: "circle" },
```

```
            material: { color: [219, 53, 53, 0.5] }
        }, {
            // 在半透明图标正中心的较小点的不透明图标
            type: "icon",
            material: { color: [219, 53, 53, 1] },
            resource: { primitive: "circle" },
            size: 8,
            outline: {
                color: "white",
                size: 0.5
            }
        }, {
            // 在半透明红色图标外围放置一个圆环
            type: "icon",
            material: { color: [0, 0, 0, 0] },
            resource: { primitive: "circle" },
            size: 20,
            outline: {
                color: "black",
                size: 0.5
            }
        }]
    };

    const renderer = {
        type: "simple",
        symbol
    };
    var geojsonLayer = new GeoJSONLayer({
        url: url,
        popupTemplate: template,
        renderer,
        timeInfo: {
            startField: "time"
        }
    });

    const map = new Map({
        basemap: "hybrid",
        ground: "world-
elevation",
        layers: [geojsonLayer]
    });

    const view = new
SceneView({
        container: "viewDiv",
        map: map,
        extent: {
            xmax: -12741021,
            xmin: -13368167,
            ymax: 4258147,
            ymin: 3756675,
            spatialReference:
{ wkid: 3857 }
        }
    });
});
```

该网页程序的运行结果如图 9.4 所示。

图 9.4　在三维场景视图中使用图标符号

9.2.3　使用对象、路径和拉伸符号

上一小节介绍了平面符号层，这一小节介绍立体符号层，包括 ObjectSymbol3DLayer、PathSymbol3DLayer 与 ExtrudeSymbol3DLayer。

创建立体符号层与创建平面符号层基本相同，但有三个主要例外：

- 一是在定义ObjectSymbol3DLayer的基元或形状时，可能的形状有sphere、cylinder、cube、cone、inverted-cone、diamond与tetrahedron，而不是IconSymbol3DLayer中列出的形状。
- 二是立体符号的大小始终以米为单位定义，而不是点或像素。
- 三种立体符号层的类型始终在真实的三维世界中定义，而不是像平面符号层那样在屏幕空间中定义。因此，与广告牌平面图标不同，三维对象、路径和拉伸符号的大小根据其与相机的距离显示为较大或较小。

在下面的代码中，使用ObjectSymbol3DLayer中的sphere来符号化世界城市。请注意，大小设置为50000（米）。

```
var renderer = new SimpleRenderer({
    symbol: new PointSymbol3D({
        symbolLayers: [new ObjectSymbol3DLayer({
            resource: { primitive: "sphere" },
            material: { color: "orange" },
            width: 50000
        })]
    })
});
```

如之前的章节所述，可以使用视觉变量根据一个或多个属性改变符号的大小。这可以根据每个城市的人口改变球体符号的大小来改进上述代码的例子。

在二维地图中定义视觉变量的相同原则也适用于三维场景。在下面的代码中，在PolygonSymbol3D中使用ExtrudeSymbol3DLayer根据美国各州的人口密度创建三维可视化。

```
var extrudePolygonRenderer = new SimpleRenderer({
    symbol: new PolygonSymbol3D({
        symbolLayers: [new ExtrudeSymbol3DLayer()]
    }),
    visualVariables: [{
        type: "size",
        field: "POP07_SQMI",  // 每平方英里的人口数
        stops: [
            { value: 1, size: 40000 },
            { value: 1000, size: 1000000 }
        ]
    }, {
        type: "color",
        field: "POP07_SQMI",
        stops: [
            { value: 1, color: "white" },
            { value: 1000, color: "red" }
        ]
    }]
});
```

在传统制图中，通常不会同时使用颜色和大小可视化同一个属性。然而，在三维中，对大小的感知可能会有问题。由于透视，很难处理要素之间的空间大小差异。例如，假设正在查看两座高度均为100米的建筑物。一个位于面前约100米处，另一个位于1千米之外，那么1千米之外的建筑物看起来比100米处的建筑物小得多，尽管两者的大小相同。

同理，在三维渲染中判断大小变得相对困难。为同一属性添加色带有助于更轻松地识别难以理解的空间模式。当然，可以自由地将颜色用于第二个属性，而不是用于相同的属性大小。

由于多边形上的拉伸仅影响高度，并且路径使用单个大小来设置管的直径，因此，对于ExtrudeSymbol3DLayer和PathSymbol3DLayer，设置单个大小值就足够了。

但是，处理三维对象会更复杂。像圆柱体和金字塔这样的对象有 3 个轴需要考虑，分别是高度、宽度（从东到西的直径）和深度（从北到南的直径）。通过视觉变量上 size 属性的 axis 子属性来定义其中的每个值。在下面的飓风示例代码中，我们在宽度和深度轴上设置了恒定大小，以使所有圆柱体直径的大小相同（50km），高度轴则根据每个要素的 WIND_KTS 字段的值设置为 60~450km。

```
var renderer = new SimpleRenderer({
   symbol: new PointSymbol3D({
      symbolLayers: [new ObjectSymbol3DLayer({
         resource: { primitive: "cone" },
         width: 50000
      })]
   }),
   visualVariables: [{
      type: "color",
      field: "PRESSURE",
      stops: [
         { value: 950, color: "red" },
         { value: 1020, color: "blue" }
      ]
   }, {
      type: "size",
      field: "WINDSPEED",
      stops: [
         { value: 20, size: 60000 },
         { value: 150, size: 500000 }
      ],
      axis: "height"
   }, {
      type: "size",
      axis: "width-and-depth",
      useSymbolValue: true
   }]
});
```

因为有 3 个轴可以使用，所以可以可视化两个或多个变量。在下面这个实例中，两个属性与不同轴上的大小进行映射：高度表示每个县的人口数量，宽度表示每个县的面积。

在 Sample9-2 中新增一个名为 ObjectSymbol.html 的网页文件，在网页中增加一个 ID 为 viewDiv 的 div，再引用样式与 API。JavaScript 代码在 ObjectSymbol.js 文件中，内容如下：

```
require(["esri/Map", "esri/views/SceneView",
   "esri/layers/FeatureLayer", "esri/renderers/SimpleRenderer",
   "esri/symbols/ObjectSymbol3DLayer", "esri/symbols/PointSymbol3D"
], function (Map, SceneView, FeatureLayer, SimpleRenderer,
   ObjectSymbol3DLayer, PointSymbol3D) {

   var initCam = {
      position: {
         x: -12225019,
         y: 1071034,
         z: 1769305,
         spatialReference: { wkid: 3857 }
      },
      heading: 27,
      tilt: 68
   };

   var renderer = new SimpleRenderer({
      symbol: new PointSymbol3D({
         symbolLayers: [new ObjectSymbol3DLayer({
            resource: { primitive: "cylinder" }
         })]
      }),
      visualVariables: [{
         type: "size",
```

```
            field: "POPULATION",  // 2020 年人口数
            axis: "height",
            stops: [
                { value: 100000, size: 10000 },
                { value: 1000000, size: 2000000 }
            ]
        }, {
            type: "size",
            field: "SQMI",  // 面积
            axis: "width-and-depth",
            stops: [
                { value: 5000, size: 30000 },
                { value: 30000, size: 300000 }
            ]
        }, {
            type: "color",
            field: "POP_SQMI ",  // 每平方英里人口数
            stops: [
                { value: 10, color: "#FF3030" },
                { value: 1000, color: "blue" }
            ]
        }]
    });
    var lyr = new FeatureLayer({
        url: "https://services.arcgis.com/P3ePLMYs2RVChkJx/ArcGIS/rest/services/
USA_Census_Counties/FeatureServer/0",
        renderer: renderer,
        popupTemplate: {
            title: "{COUNTY}, {STATE}",
            content: "2020 年人口：{POPULATION}<br>" +
                "面积： {SQMI}<br>" +
                "人口密度： {POP_SQMI}"
        },
        outFields: ["*"],
        elevationInfo: {
            mode: "relative-to-ground"
        }
    });
    var map = new Map({
        basemap: "gray",
        layers: [lyr]
    });

    var view = new SceneView({
        container: "viewDiv",
        map: map,
        camera: initCam,
        viewingMode: "local",
        clippingArea: {
            xmax: -7331005,
            xmin: -14188498,
            ymax: 6831415,
            ymin: 2578451,
            spatialReference: { wkid: 3857 }
        }
    });
});
```

该网页程序的运行结果如图 9.5 所示。

在这个实例中，查看了三个变量，分别是各县人口数、面积及人口密度。根据视觉变量的定义方式，预计人口密度高的地区会是深蓝色、高但半径小的圆柱体。在旧金山和纽约等地区，情况确实如此。

虽然使用 size 可视变量的 axis 属性表达多个属性可以可视化一些复杂的空间特征，但也可能创建非常复杂、有误导性和令人困惑的场景。与出于制作专题图的目的而使用其他视觉变量时的情况一样，最好尽可能保持简单。虽然可能性是无穷无尽的，但一般的经验法则是，同时可视化

两个或三个以上属性的地图变得非常难以理解。因此，虽然视觉变量可能很强大，但在专题图中还是需要非常谨慎地使用。

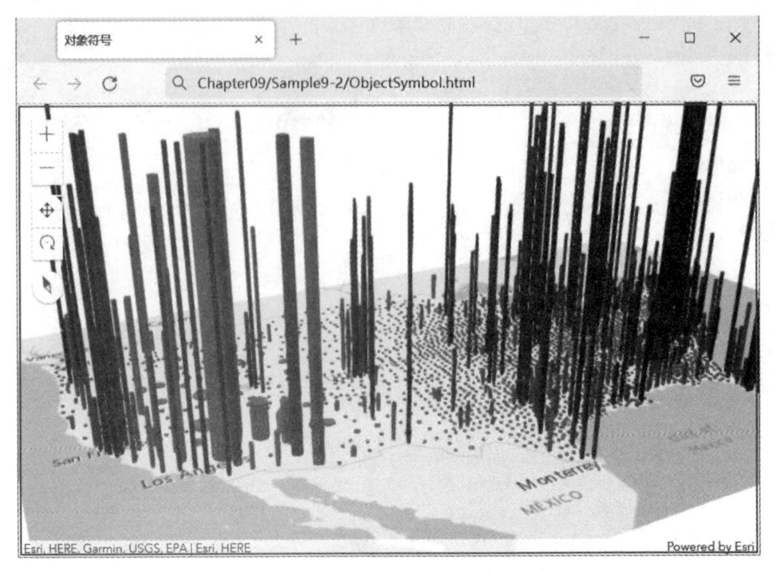

图 9.5　使用对象符号

由于三维符号层使用米来渲染要素的宽度、深度和高度，因此可以使用可视变量来制图表达现实世界中存在要素的大小。这就是 sizeInfo 对象上的 axis 属性变得特别强大的原因。在下一小节中，将解释如何利用视觉变量制图表达要素的位置和实际大小。

9.2.4　使用属性表示要素的实际大小

在一个管线数据集中，一般有一个存储每个要素直径的属性字段。在树木的点数据集中，一般也会有树干宽度、高度和树冠大小等属性。对于这些属性，可以使用可视变量在视图中创建表示其实际大小的符号。

在采用此方法之前，请记住以下几点：

- 一是默认情况下，在使用立体符号层时，大小可视变量中的单位以米表示。
- 二是用于制图表达实际大小的属性字段必须是数字字段，不能是字符串字段。

在一个建筑物底座的多边形数据集中，如果其中包含一个存储每个建筑物高度的属性，那么可以使用 PolygonSymbol3D 中的 ExtrudeSymbol3DLayer 来把建筑物按照高度拉起来。

可视化实际大小时，无须设置停靠点即可将字段的最小值/最大值映射到符号的最小值/最大值。由于数据值表示了真实大小，因此我们将直接使用它们来创建每个要素的大小。由于默认情况下立体符号层的大小以米为单位定义，因此，如果原始测量数据中不是以米为单位，则必须将大小可视变量的 valueUnit 属性设置为数据的单位。

在下面的实例中使用一个建筑物底座要素图层，图层包含一个 ELEVATION 字段，该字段存储每个建筑物的高度（以英尺为单位）。要设置建筑物的适当大小，我们只需要将字段属性设置为 ELEVATION 属性，并在值 Unit 字段中指示度量单位（在本实例中为 feet）即可。

在 Sample9-2 中新增一个名为 ExtrudeSymbol.html 的网页文件，JavaScript 代码在 ExtrudeSymbol.js 文件中，内容如下：

```
require(["esri/Map", "esri/views/SceneView", "esri/layers/FeatureLayer",
    "esri/renderers/SimpleRenderer", "esri/symbols/ExtrudeSymbol3DLayer",
    "esri/symbols/PolygonSymbol3D", "esri/support/popupUtils"
], function (Map, SceneView, FeatureLayer, SimpleRenderer,
    ExtrudeSymbol3DLayer, PolygonSymbol3D, popupUtils) {
    var renderer = new SimpleRenderer({
        symbol: new PolygonSymbol3D({
            symbolLayers: [new ExtrudeSymbol3DLayer({
                material: { color: "orange" }
            })]
        }),
        visualVariables: [{
            type: "size",
            field: "ELEVATION",
            valueUnit: "feet"
        }, {
            type: "color",
            field: "ELEVATION",
            stops: [
                { value: 0, color: "#fff7ec" },
                { value: 50, color: "orange" }
            ]
        }]
    });

    var buildingsLyr = new FeatureLayer({
        url: "https://services1.arcgis.com/jjVcwHv9AQEq3DH3/arcgis/rest/ services/Buildin
gs/FeatureServer/0",
        renderer: renderer,
        outFields: ["*"],
        definitionExpression: "OBJECTID < 2000",
        elevationInfo: {
            mode: "on-the-ground"
        }
    });

    var map = new Map({
        basemap: "satellite",
        layers: [buildingsLyr]
    });

    var view = new SceneView({
        container: "viewDiv",
        map: map,
        camera: {
            position: { x: -8354148, y: 4641966, z: 129, spatialReference: { wkid: 3857 }
            },
            heading: 300,
            tilt: 75
        }
    });

    function toNiceName(text) {
        if (!text) {
            return null;
        }
        return text.toLowerCase().split(/_|__|\s/).join(' ');
    }
    function createMyPopupTemplate(layer) {
        const config = {
            fields: layer.fields.map(field => (
                {
                    name: field.name,
                    type: field.type,
                    alias: toNiceName(field.alias)
                }
            )),
```

```
            title: toNiceName(layer.title)
        };
        return popupUtils.createPopupTemplate(config);
    }

    view.whenLayerView(buildingsLyr).then(function (layerView) {
        const popupTemplate = createMyPopupTemplate(buildingsLyr);
        if (!popupTemplate) {
            console.log("FeatureLayer has no fields.");
        } else {
            buildingsLyr.popupTemplate = popupTemplate;
        }
    });
});
```

该网页程序的运行结果如图 9.6 所示。

图 9.6　建筑物拉伸

9.2.5 场景图层的专题图

SceneLayer 同样具有 renderer 属性，因此完全可以应用第 7 章介绍的专题图制图。

MeshSymbol3D 用于在场景视图中绘制的三维网格要素。当前在 MeshSymbol3D 中只能包含 FillSymbol3DLayer 符号层。使用方式如下：

```
let symbol = {
    type: "mesh-3d",  // 自动转换为 new MeshSymbol3D()
    symbolLayers: [{
        type: "fill",  // 自动转换为 new FillSymbol3DLayer()
        material: { color: "green" }
    }]
};
sceneLayer.renderer = {
    type: "simple",  // 自动转换为 new SimpleRenderer()
    symbol: symbol
};
```

上面使用的是 SimpleRenderer，如果要进行专题制图，则可使用 UniqueValueRenderer、ClassBreaksRenderer 等。

下面的实例演示如何对场景图层制作独立值专题图。在 Sample9-2 文件夹下新增一个名为

UniqueValueTheme.html 的网页文件，在网页中只有一个显示视图的 ID 为 viewDiv 的 div 元素。JavaScript 代码在 UniqueValueTheme.js 文件中，代码如下：

```
require(["esri/Map", "esri/views/SceneView",
    "esri/layers/SceneLayer", "esri/widgets/Legend"
], function (Map, SceneView, SceneLayer, Legend) {
    var usageValues = [{
        value: "MIPS", color: "#FD7F6F", label: "办公"
    }, {
        value: "RESIDENT", color: "#7EB0D5", label: "住宅"
    }, {
        value: "MIXRES", color: "#BD7EBE", label: "多用途"
    }, {
        value: "MIXED", color: "#B2E061", label: "非住宅多用途"
    }];
    const uniqueValueInfos = usageValues.map(function (element) {
        return {
            value: element.value,
            symbol: {
                type: "mesh-3d",
                symbolLayers: [{
                    type: "fill",
                    material: { color: element.color, colorMixMode: "replace" }
                }]
            },
            label: element.label
        }
    });

    var renderer = {
        type: "unique-value",
        field: "landuse",
        legendOptions: { title: "用途" },
        defaultSymbol: {
            type: "mesh-3d",
            symbolLayers: [{
                type: "fill",
                material: { color: "#FFB55A", colorMixMode: "replace" },
            }]
        },
        defaultLabel: "其他",
        uniqueValueInfos: uniqueValueInfos
    }
    var sceneLayerr = new SceneLayer({
        url: "https://services.arcgis.com/V6ZHFr6zdgNZuVG0/arcgis/rest/ services/SF_BLD
G_WSL1/SceneServer/layers/0",
        title: "建筑物",
        renderer,
        popupTemplate: {
            content: "建筑物高{height_m}米，建于{yrbuilt}年，用途是{landuse}"
        },
        outFields: ["*"]
    });
    var map = new Map({
        basemap: "hybrid",
        ground: "world-elevation",
        layers: [sceneLayerr]
    });

    var view = new SceneView({
        container: "viewDiv",
        map: map,
        camera: {
            position: {
                x: -13625131.28, y: 4548286.97, z: 1294.55,
                spatialReference: { wkid: 3857 }
            },
            heading: 346.66502885695047,
            tilt: 46.79522953917244
```

```
        },
        clippingArea: {
            xmin: -13644317.25, ymin: 4538608.77,
            xmax: -13615825.03, ymax: 4555196.53,
            spatialReference: { wkid: 3857 }
        }
    });

    const legend = new Legend({
        view: view,
        layerInfos: [{
            layer: sceneLayerr
        }]
    });
    view.ui.add(legend, "bottom-right");
});
```

该网页程序的运行结果如图 9.7 所示。

图 9.7　三维专题制图

9.2.6　艺术风格制图

充分综合利用 API 提供的各种属性能制作出各种艺术风格的地图。本小节演示如何使用素描样式加载和可视化城市的建筑物。

在 Sample9-2 文件夹下新建一个名为 Sketch.html 的网页文件，网页中只有一个用于显示场景视图的 ID 为 viewDiv 的 div 元素。JavaScript 代码在 Sketch.html 文件中，我们逐步来完善。首先在视图中加入一个场景图层，显示的是美国旧金山的建筑物。代码如下：

```
require(["esri/Map", "esri/views/SceneView", "esri/layers/SceneLayer"
], function (Map, SceneView, SceneLayer) {
    var sceneLayer = new SceneLayer({
        url: "https://services2.arcgis.com/cFEFS0EWrhfDeVw9/arcgis/rest/ services/SM__3
857__US_SanFrancisco__Buildings_walk_time_attributes/ SceneServer/layers/0",
        title: "旧金山建筑物"
    });
    var map = new Map({
        ground: {
            opacity: 0
        },
        basemap: null,
        layers: [sceneLayer]
```

```
    });

    var view = new SceneView({
        container: "viewDiv",
        map: map,
        camera: {
            position: {
                x: -13623034.78,
                y: 4549929.18,
                z: 235.56,
                spatialReference: { wkid: 3857 }
            },
            heading: 274.34,
            tilt: 83.31
        }
    });
});
```

接下来需要在场景图层上设置具有素描边缘的渲染器，代码如下：

```
sceneLayer.renderer = {
    type: "simple",
    symbol: {
        type: "mesh-3d",
        symbolLayers: [{
            type: "fill",
            material: {
                color: [255, 255, 255, 0.1],
                colorMixMode: "replace"
            },
            // 设置深色素描风格的边缘
            edges: {
                type: "sketch",
                color: [0, 0, 0, 0.8],
                size: 1,
                extensionLength: 2
            }
        }]
    }
};
```

三维场景视图默认的背景是黑暗的星空，不太适合作为素描艺术风格的背景。因此需要换掉。这里使用了一个带有旧纸纹理的背景图像。在页面的样式中增加如下设置：

```
body {
    background-image: url('images/background-pencil.jpg');
    background-size: cover;
}
```

即使这样设置后，视图的背景依然是黑暗的星空。这主要是因为视图的背景没有透明。为此，需要禁用大气层和星星，并将背景透明度设置为 0，还需要在初始化时设置 alphaCompositingEnabled 为 true。代码如下：

```
var view = new SceneView({
    container: "viewDiv",
    map: map,
    camera: {
        position: {
            x: -13623034.78,
            y: 4549929.18,
            z: 235.56,
            spatialReference: { wkid: 3857 }
        },
        heading: 274.34,
        tilt: 83.31
    },
    alphaCompositingEnabled: true,
    environment: {
```

```
        background: {
            type: "color",
            color: [0, 0, 0, 0]
        },
        starsEnabled: false,
        atmosphereEnabled: false
    }
});
```

该网页程序的运行结果如图 9.8 所示，非常具有艺术感。

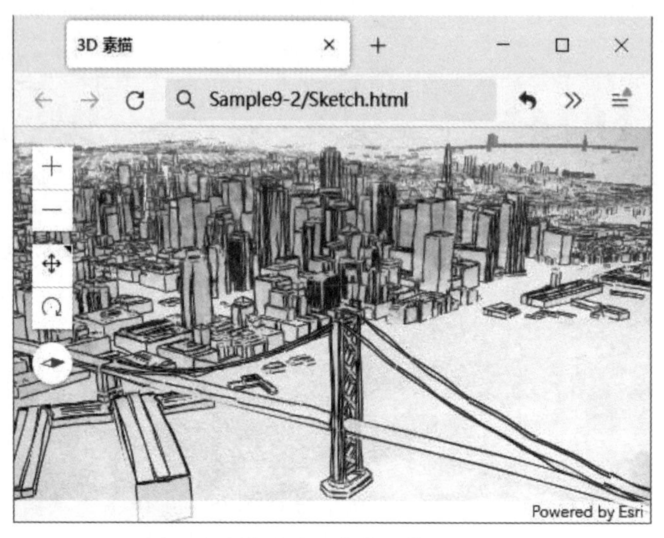

图 9.8　创作艺术风格的三维 Web GIS

9.3　高亮与标注

当用户在场景中选择要素时，必须提供一些视觉提示。本节将介绍可用于突出显示场景中所选要素的几种视觉样式。

三维中的标注需要使用 LabelSymbol3D 类来实现。

9.3.1　高亮三维要素

可以使用 SceneView 上的 highlightOptions 属性来设置所选要素的样式，从而实现高亮显示。

当用户选择一个要素时，我们可以做的最简单的事情就是给该要素应用一种颜色。默认的高光颜色为青色（cyan），因为它非常明亮，并且在底图或专题数据样式中不常用。尽管青色是高亮显示的默认颜色，不过通过 ArcGIS API for JavaScript 可以对其进行更改。

下面的实例实现的是在场景视图中展示旧金山的建筑物，当鼠标悬停在建筑物上时，它会在建筑物上应用橙色调。新建一个名为 Sample9-3 的文件夹，在其中加入一个名为 HighlightFeature.html 的网页文件，网页中只有一个用于显示场景视图的 ID 为 viewDiv 的 div 元素。JavaScript 代码在 HighlightFeature.js 文件中，代码如下：

```
require(["esri/layers/SceneLayer", "esri/views/SceneView", "esri/Map",
```

```
        "esri/renderers/SimpleRenderer", "esri/symbols/MeshSymbol3D",
        "esri/symbols/FillSymbol3DLayer", "esri/Color",
        "esri/symbols/edges/SolidEdges3D", "esri/core/promiseUtils"
    ], function (SceneLayer, SceneView, Map, SimpleRenderer, MeshSymbol3D,
        FillSymbol3DLayer, Color, SolidEdges3D, promiseUtils) {
        const buildings = new SceneLayer({
            opacity: 1,
            popupEnabled: false,
            renderer: new SimpleRenderer({
                symbol: new MeshSymbol3D({
                    symbolLayers: [
                        new FillSymbol3DLayer({
                            material: {
                                color: new Color([200, 200, 200]),
                                colorMixMode: "replace"
                            },
                            edges: new SolidEdges3D({
                                color: new Color([100, 100, 100, 0.5])
                            })
                        })
                    ]
                })
            }),
            url: "https://services.arcgis.com/V6ZHFr6zdgNZuVG0/ArcGIS/rest/ services/SF_BLD
G_WSL1/SceneServer/layers/0"
        });

        const view = new SceneView({
            container: "viewDiv",
            map: new Map({
                basemap: "gray-vector",
                ground: "world-elevation",
                layers: [buildings]
            }),
            qualityProfile: "high",
            camera: {
                position: [-122.39274277, 37.78022093, 601.67648],
                heading: 330.47,
                tilt: 64.02
            },
            highlightOptions: {
                color: new Color([255, 153, 0]),
                fillOpacity: 0.6,
                haloOpacity: 0
            }
        });

        view.when().then(async () => {
            const buildingsLV = await view.whenLayerView(buildings);
            let highlight = null;
            view.on("pointer-move",
                promiseUtils.debounce(async (e) => {
                    const ht = await view.hitTest(e, {
                        include: [buildings]
                    });
                    if (highlight) {
                        highlight.remove();
                        highlight = null;
                    }
                    if (ht.results.length > 0) {
                        const graphic = ht.results[0].graphic;
                        if (graphic) {
                            highlight = buildingsLV.highlight(graphic);
                        }
                    }
                })
            );
            view.on("pointer-leave", () => {
                if (highlight) {
                    highlight.remove();
                    highlight = null;
```

```
            }
        });
    });
});
```

上述代码在视图对象上通过 highlightOptions 属性设置全局颜色和不透明度等选项。为了判断当前鼠标停在了哪个要素上，需要监听视图上的鼠标移动事件。在每次鼠标移动时，都会对视图调用 hitTest()方法，以检索建筑物图层中当前位于鼠标下方的要素。

该网页程序的运行结果如图 9.9 所示。

图 9.9　高亮三维要素

但是当要素已具有表示属性值的纹理或颜色时，再在要素上应用其他颜色，会显得比较乱，而且高亮效果很难看清。在这种情况下，突出显示的最佳方法是在所选要素周围添加光晕。

下面以实例来演示如何实现添加光晕效果。在 Sample9-3 文件夹下新增一个名为 HaloFeature.html 的网页文件，同样该网页中只有一个用于显示场景视图的 ID 为 viewDiv 的 div 元素。代码在 HaloFeature.js 文件中，内容如下：

```
require(["esri/layers/SceneLayer", "esri/views/SceneView", "esri/Map",
    "esri/renderers/UniqueValueRenderer", "esri/symbols/MeshSymbol3D",
    "esri/symbols/FillSymbol3DLayer", "esri/Color", "esri/core/promiseUtils"
], function (SceneLayer, SceneView, Map, UniqueValueRenderer,
    MeshSymbol3D, FillSymbol3DLayer, Color, promiseUtils) {
    const usageValues = [{
        value: "MIPS", color: "#ffc06e", label: "Office"
    }, {
        value: "RESIDENT", color: "#FD7F6F", label: "Residential"
    }, {
        value: "MIXRES", color: "#B2E061", label: "Mixed use"
    }, {
        value: "MIXED", color: "#7EB0D5", label: "Mixed use without residential"
    }];

    const uniqueValueInfos = usageValues.map(function (element) {
        return {
            value: element.value,
            symbol: {
                type: "mesh-3d",
                symbolLayers: [{
                    type: "fill",
                    material: { color: element.color, colorMixMode: "replace" }
                }]
            },
```

```
            label: element.label
          };
        });

        const buildings = new SceneLayer({
          opacity: 1,
          popupEnabled: false,
          renderer: new UniqueValueRenderer({
            field: "landuse",
            defaultSymbol: new MeshSymbol3D({
              symbolLayers: [
                new FillSymbol3DLayer({
                  material: { color: "#bd99de", colorMixMode: "replace" }
                })
              ]
            }),
            uniqueValueInfos: uniqueValueInfos
          }),
          url: "https://services.arcgis.com/V6ZHFr6zdgNZuVG0/ ArcGIS/rest/services/SF_BLD
G_WSL1/SceneServer/layers/0"
        });

        const view = new SceneView({
          container: "viewDiv",
          map: new Map({
            basemap: "gray-vector",
            ground: "world-elevation",
            layers: [buildings]
          }),
          qualityProfile: "high",
          environment: { lighting: { directShadowsEnabled: true } },
          camera: {
            position: [-122.39274277, 37.78022093, 601.67648],
            heading: 330.47,
            tilt: 64.02
          },
          highlightOptions: {
            fillOpacity: 0,
            shadowColor: new Color("cyan"),
            shadowOpacity: 0.3
          }
        });

        view.when().then(async () => {
          const buildingsLV = await view.whenLayerView(buildings);
          let highlight = null;
          view.on("click", promiseUtils.debounce(async (e) => {
            const ht = await view.hitTest(e, {
              include: [buildings]
            });
            if (highlight) {
              highlight.remove();
              highlight = null;
            }
            if (ht.results.length > 0) {
              const graphic = ht.results[0].graphic;
              if (graphic) {
                highlight = buildingsLV.highlight(graphic);
              }
            }
          }));
        });
      });
```

本实例类似于 HighlightFeature.html 实例，使用默认突出显示并在视图上设置 highlightOptions 属性。我们指定 fillOpacity 为 0，表示完全不透明。我们将 haloColor 和 haloOpacity 保留为默认值。此外，还在 environment 的 lighting 属性上设置了阴影选项，以便为所选建筑物阴影进行着色。

在此应用程序实例中，我们侦听单击事件，以检测用户选择的要素。该网页程序的运行结果如图 9.10 所示。

图 9.10　通过光晕高亮显示三维要素

9.3.2　高亮集成网格图层

本小节介绍使用客户端三维几何图形在要素周围构建边界框。在这里，我们主要展示高亮显示建筑物，但可以将这些样式应用于任何其他三维要素。

对于此样式，我们使用网格几何图形在所选建筑物周围创建边界框。当用户单击建筑物时，我们会在图层视图中查询三维范围，并在关联要素图层中查询建筑物底座。利用这些信息在建筑物周围构建一个多面体。通过将底部顶点颜色设置为完全不透明，将顶部顶点颜色设置为完全透明，可以在不透明度方面从上到下获得很好的平滑过渡。

下面是实例代码。在 Sample9-3 中增加一个名为 HighlightBox.html 的网页文件，网页中只有一个用于显示场景视图的 ID 为 viewDiv 的 div 元素。代码在 HighlightBox.js 文件中，内容如下：

```
    require(["esri/layers/SceneLayer", "esri/views/SceneView", "esri/Map", "esri/Graphic",
        "esri/symbols/MeshSymbol3D", "esri/symbols/FillSymbol3DLayer", "esri/Color",
        "esri/core/promiseUtils", "esri/layers/GraphicsLayer", "esri/geometry/Mesh",
        "esri/geometry/support/MeshMaterialMetallicRoughness",
        "esri/geometry/support/MeshComponent", "esri/geometry/geometryEngine",
        "esri/layers/FeatureLayer"
    ], function (SceneLayer, SceneView, Map, Graphic, MeshSymbol3D, FillSymbol3DLayer,
        Color, promiseUtils, GraphicsLayer, Mesh, MeshMaterialMetallicRoughness,
        MeshComponent, geometryEngine, FeatureLayer) {
        const wallColor = new Color("#00fffb");

        const buildings = new SceneLayer({
            opacity: 1,
            popupEnabled: false,
            url: "https://services.arcgis.com/V6ZHFr6zdgNZuVG0/ ArcGIS/rest/services/SF_BLD
G_WSL1/SceneServer/layers/0"
        });

        const footprints = new FeatureLayer({
            url: "https://services.arcgis.com/V6ZHFr6zdgNZuVG0/ ArcGIS/rest/services/SF_BLD
G_WSL1/FeatureServer/0"
        });
```

```
const walls = new GraphicsLayer({
    elevationInfo: {
        mode: "absolute-height"
    }
});

const view = new SceneView({
    container: "viewDiv",
    map: new Map({
        basemap: "satellite",
        ground: "world-elevation",
        layers: [buildings, walls]
    }),
    qualityProfile: "high",
    environment: {
        lighting: {
            directShadowsEnabled: true
        }
    },
    camera: {
        position: [-122.38429652, 37.78940182, 466.37978],
        heading: 274.36,
        tilt: 54.29
    }
});

async function createBoundingBox(building, extent) {
    const objectId = building.getObjectId();
    const query = footprints.createQuery();
    query.objectIds = [objectId];
    query.outFields = ["*"];
    query.multipatchOption = "xyFootprint";
    query.returnGeometry = true;

    const result = await footprints.queryFeatures(query);
    if (result.features.length === 0) {
        return;
    }

    const footprint = result.features[0];
    const hull = geometryEngine.convexHull(footprint.geometry, true);
    const wall = geometryEngine.buffer(hull, 10, "meters");
    const size = (extent.zmax - extent.zmin) * 0.9;

    const mesh = createMesh(wall, extent.zmin, size);
    walls.removeAll();
    const fill = new FillSymbol3DLayer({
        material: {
            color: wallColor,
            colorMixMode: "tint"
        },
        castShadows: false
    });
    walls.add(
        new Graphic({
            geometry: mesh,
            symbol: new MeshSymbol3D({
                symbolLayers: [fill]
            })
        })
    );
}

function createMesh(polygon, zmin, height = 100) {
    const ring = polygon.rings[0];
    const triangles = [];
    const vertices = [];
    const colors = [];

    for (let i = 0; i < ring.length; i++) {
```

```
            const vIdx0 = 2 * i;
            const vIdx1 = 2 * i + 1;

            const vIdx2 = (2 * i + 2) % (2 * ring.length);
            const vIdx3 = (2 * i + 3) % (2 * ring.length);

            vertices.push(ring[i][0], ring[i][1], zmin);
            vertices.push(ring[i][0], ring[i][1], height);

            colors.push(255, 255, 255, 255);
            colors.push(255, 255, 255, 0);
            triangles.push(vIdx0, vIdx1, vIdx2, vIdx2, vIdx1, vIdx3);
        }

        const wall = new MeshComponent({
            faces: triangles,
            shading: "flat",
            material: new MeshMaterialMetallicRoughness({
                emissiveColor: wallColor,
                metallic: 0.5,
                roughness: 0.8,
                doubleSided: true
            })
        });

        return new Mesh({
            components: [wall],
            vertexAttributes: {
                position: vertices,
                color: colors
            },
            spatialReference: polygon.spatialReference
        });
    }

    view.when().then(async () => {
        const buildingsLV = await view.whenLayerView(buildings);
        view.on( "click",
            promiseUtils.debounce(async (e) => {
                const ht = await view.hitTest(e, {
                    include: [buildings]
                });

                walls.removeAll();
                for (const result of ht.results) {
                    const graphic = result.graphic;
                    if (graphic && graphic.layer === buildings) {
                        const extentResult = await buildingsLV.queryExtent({
                            objectIds: [graphic.getObjectId()],
                            returnGeometry: true
                        });

                        await createBoundingBox(graphic, extentResult.extent);

                        return;
                    }
                }
            })
        );
    });
});
```

上面的代码也演示了如何从头编码创建一个 Mesh 对象。该网页程序的运行结果如图 9.11 所示。

图 9.11　用包围盒高亮显示要素

9.3.3　三维要素标注

在三维场景视图中，FeatureLayer、CSVLayer、SceneLayer、StreamLayer、OGCFeatureLayer 和 Sublayer 支持标注。通过图层的 labelingInfo 属性来设置标注，该属性是 LabelClass 对象的数组，每个对象包含 labelExpressionInfo、labelPlacement 和 TextSymbol3DLayer。TextSymbol3DLayer 类支持更改标签图形的材质、字体、光晕和其他属性。点、线和面都支持标注。

下面以标注纽约艺术画廊为例来演示如何在三维场景中标注要素。在 Sample9-3 文件夹下新增一个名为 3DLabels.html 的网页文件，在网页中只有一个用于显示场景视图的 ID 为 viewDiv 的 div 元素。代码在 3DLabels.js 文件中。这里详细介绍实现的步骤。首先设置基本的场景视图，在 3DLabels.js 中增加如下代码：

```
    require(["esri/WebScene", "esri/views/SceneView", "esri/layers/FeatureLayer",
        "esri/layers/VectorTileLayer", "esri/layers/SceneLayer",
        "esri/renderers/ClassBreaksRenderer", "esri/renderers/SimpleRenderer",
        "esri/symbols/MeshSymbol3D", "esri/symbols/FillSymbol3DLayer",
        "esri/symbols/PointSymbol3D", "esri/symbols/IconSymbol3DLayer",
        "esri/symbols/callouts/LineCallout3D", "esri/symbols/LabelSymbol3D",
        "esri/symbols/TextSymbol3DLayer"
    ], function (WebScene, SceneView, FeatureLayer, VectorTileLayer, SceneLayer,
        ClassBreaksRenderer, SimpleRenderer, MeshSymbol3D, FillSymbol3DLayer,
        PointSymbol3D, IconSymbol3DLayer, LineCallout3D, LabelSymbol3D, TextSymbol3DLayer) {
        const basemapLayer = new VectorTileLayer({
            url: "https://www.arcgis.com/sharing/rest/content/items/ fdf540eef40344b79ead
3c0c49be76a9/resources/styles/root.json",
            opacity: 0.5
        });
        const webscene = new WebScene({
            basemap: { baseLayers: [basemapLayer] },
            ground: "world-elevation"
        });

        const view = new SceneView({
            container: "viewDiv",
            map: webscene
        });
        view.ui.empty("top-left");
    });
```

下面显示建筑物场景图层。建筑的可视化是赋予场景位置感的重要一步。例如，这些建筑物使查找艺术画廊变得更加容易。考虑到这一点，对于属于艺术画廊的建筑物使用紫色来渲染，其他建筑物使用米黄色。为了实现这一点，使用了 ClassBreaksRenderer。在上面的代码下面加入如下代码：

```
var renderer = new ClassBreaksRenderer({
    field: "NoArtGalleries",
    defaultSymbol: new MeshSymbol3D({
        symbolLayers: [new FillSymbol3DLayer({
            material: {
                color: [255, 235, 190, 0.9]
            },
            edges: {
                type: "solid",
                color: [122, 107, 78, 0.6]
            }
        })]
    }),
    classBreakInfos: [{
        minValue: 1,
        maxValue: 30,
        symbol: new MeshSymbol3D({
            symbolLayers: [new FillSymbol3DLayer({
                material: { color: [187, 165, 181] },
                edges: {
                    type: "solid",
                    color: [122, 107, 78, 0.6]
                }
            })]
        })
    }]
});
const buildingsLayer = new SceneLayer({
    url: "https://tiles.arcgis.com/tiles/V6ZHFr6zdgNZuVG0/arcgis/
rest/services/Buildings_N ewYork_Galleries/SceneServer",
    renderer
});
webscene.add(buildingsLayer);
```

下面加入代表艺术画廊的兴趣点要素图层。在这个数据集中，有 917 个艺术画廊，其中许多都在建筑物内。因此，在详细的倾斜视图中查看场景时，建筑物将隐藏点要素。而在较小比例尺的视图中，点要素的图标又会完全覆盖场景。这可以通过将兴趣点放在建筑物的屋顶上来解决。用更专业的术语来说，可以相对于建筑物场景图层高度显示点的位置。这可以通过将图层的 elevationInfo 属性的 mode 子属性设置为 relative-to-scene 来实现。

```
var pointsOfInterest = new FeatureLayer({
    ...,
    elevationInfo: {
        mode: "relative-to-scene"
    }
});
```

现在可以看到图标了，但出现了另一个问题：在某些区域，有太多的艺术画廊，当缩小比例尺时，它们会相互重叠，这使得场景看起来非常拥挤。这时，可以使用图层的 featureReduction 属性来过滤掉重叠的图标。这可确保所有图标在大比例尺下都可见，而在小比例尺下也不会使场景显得混乱。

```
var pointsOfInterest = new FeatureLayer({
    ...,
    featureReduction: {
        type: "selection"
    }
});
```

在三维场景中，一般仅仅通过观察场景很难判断图标的位置，必须平移和旋转才能真正弄清楚艺术画廊属于哪座建筑。现在，通过使用指向每个点的实际位置的标注线可以改善这种体验。标注线是在符号级别上设置的。首先，需要使用垂直偏移来垂直平移点：

```
verticalOffset: {
    screenLength: 40,
        maxWorldLength: 200
}
```

然后设置标注线：

```
callout: new LineCallout3D({
    color: "#534741",
    size: 1
})
```

加入艺术画廊兴趣点要素图层并进行标注的代码如下：

```
const popupTemplate = {
    title: "{name}",
    content: "<p><b>Address:</b> {address1}, {city}</p>" +
        "<p><b>Telephone:</b> {tel}</p>" +
        "<p><a href={url} target='_blank'>Visit homepage</a></p>",
};

var featureRenderer = new SimpleRenderer({
    symbol: new PointSymbol3D({
        symbolLayers: [new IconSymbol3DLayer({
            resource: {
                primitive: "circle"
            },
            material: { color: "red" }
        })],
        verticalOffset: {
            screenLength: 40,
            maxWorldLength: 200,
            minWorldLength: 35
        },
        callout: new LineCallout3D({
            color: "#534741",
            size: 1
        })
    })
});
const artGalleriesLayer = new FeatureLayer({
    url: "https://services2.arcgis.com/cFEFS0EWrhfDeVw9/arcgis/rest/
services/art_galleries_nyc/FeatureServer",
    renderer: featureRenderer,
    popupEnabled: true,
    popupTemplate: popupTemplate,
    elevationInfo: {
        mode: "relative-to-scene"
    },
    outFields: ["*"],
    featureReduction: {
        type: "selection"
    },
    labelingInfo: [{
        labelExpressionInfo: {
            value: "{name}"
        },
        symbol: new LabelSymbol3D({
            symbolLayers: [new TextSymbol3DLayer({
                material: {
                    color: "white"
                },
                halo: {
                    size: 1,
                    color: [50, 50, 50]
```

```
                },
                size: 10
            })]
        })
    }],
    labelsVisible: true
});
webscene.add(artGalleriesLayer);
view.when(function () {
    view.goTo({ target: buildingsLayer.fullExtent, tilt: 60, zoom: 15 });
});
```

该网页程序的运行结果如图 9.12 所示。

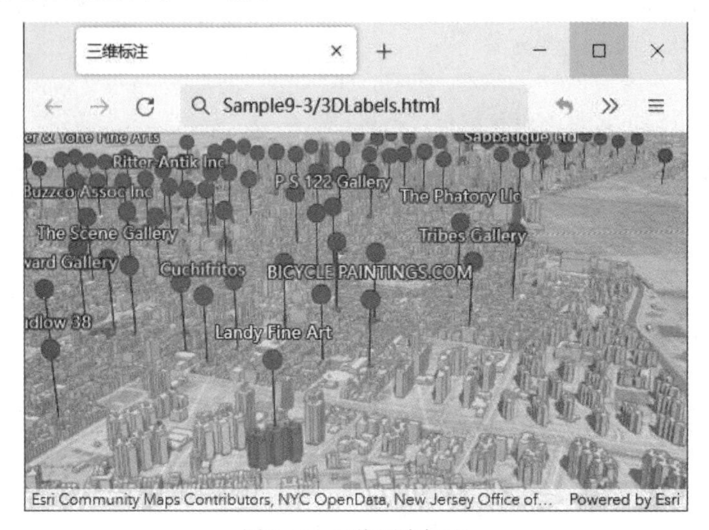

图 9.12　三维要素标注

9.4　性能和质量

三维场景，特别是高质量的三维场景，非常消耗性能。通常需要在性能与质量之间谋求平衡，不能顾此失彼。

场景视图的 qualityProfile 属性用于控制三维场景的质量。该属性的值可以是 low、medium 与 high 三者之一，分别代表低、中、高质量。

低质量设置通过将内存限制减少到 200MB，能够显著提高较慢浏览器和设备上的性能。内存限制会影响 SceneLayer 细节级别和要素图层中显示的要素数量。此外，低质量的设置会降低地图分辨率、影响大气效果和禁用抗锯齿（边缘平滑），从而影响视觉质量。

高质量和中等质量在允许使用的最大内存量方面有所不同（中等质量为 750MB，高质量为 1.5GB）。较高的内存限制可以提高具有多个图层的复杂场景的质量，但会对绘制性能和稳定性产生负面影响。

PBR（Physically-Based Rendering，基于物理的渲染）材质在场景视图的所有三维对象上以高质量模式启用。但是，如果 GLT 模型或三维对象场景图层在材质上定义了 PBR 设置，则按照设置的质量来渲染。

场景视图的性能取决于显示的数据量、质量设置和设备类型。场景视图可以检查内存消耗和为特定场景显示的要素数。

场景视图的 performanceInfo 属性包含有关场景中性能的信息（如全局内存使用情况），以及有关内存消耗与要素图层数等详细信息。

其中 totalMemory 显示分配给场景视图的总内存。对于中等质量设置，视图最多可以使用750MB，对于高质量设置，它最多可以使用 1500MB。

performanceInfo 的 usedMemory 属性用于显示场景视图当前正在使用的内存量的估计值。当此值接近总内存时，质量会降低。这将降低场景图层的细节级别，降低切片图层的切片分辨率，并减少要素图层的要素数量。

performanceInfo 的 layerPerformanceInfos 属性包含有关场景中每个图层的内存消耗的信息。其子属性 displayedNumberOfFeatures 显示视图中当前显示的要素数。子属性 maximumOfFeatures 显示视图中可以显示的要素数。FeatureLayer、CSVLayer、GeoJSONLayer 和点 SceneLayer 上可用的 maximumNumberOfFeatures 属性可用于覆盖默认值并显示更多要素，即使没有足够的内存也是如此。但是，较高的值可能会导致浏览器内存不足。

下面通过一个实例来查看哪些因素会影响性能。新建一个名为 Sample9-4 的文件夹，在其中新增一个名为 MemoryQuality.html 的网页文件，该网页文件的内容如下：

```
<!DOCTYPE html>
<html>
<head>
    <meta charset="utf-8" />
    <title>性能和质量</title>
    <link rel="stylesheet" href="https://js.arcgis.com/4.22/esri/themes/ light/main.css"/>
    <style>
        html, body, #viewDiv { padding: 0; margin: 0; height: 100%; width: 100%;
        }
        #log, #handler { background-color: rgba(255, 255, 255, 0.9); padding: 0;
        }
        .center { text-align: center;
        }
    </style>
</head>
<body>
    <div id="viewDiv">
        <div id="log">
            <h4 id="title"></h4>
            <table id="memory"></table>
            <table id="count"></table>
        </div>
        <div id="handler">
            <input type="checkbox" id="basemap" class="esri-widget" />
            使用简单的基础底图 <br />
            <input type="checkbox" id="treeeNum" class="esri-widget" />
            减少树木显示总数 <br />
            <input type="checkbox" id="edge" class="esri-widget" checked />
            建筑物描边
        </div>
    </div>
    <script src="https://js.arcgis.com/4.22/"></script>
    <script src="MemoryQuality.js"></script>
</body>
</html>
```

代码在 MemoryQuality.js 页面中，内容如下：

```
require(["esri/views/SceneView", "esri/layers/FeatureLayer", "esri/layers/SceneLayer",
    "esri/Map", "esri/renderers/SimpleRenderer", "esri/symbols/WebStyleSymbol"
], (SceneView, FeatureLayer, SceneLayer, Map, SimpleRenderer, WebStyleSymbol) => {
    var trees = new FeatureLayer("https://services.arcgis.com/ V6ZHFr6zdgNZuVG0/arcgis/
rest/services/Tree_Census_2015/FeatureServer");
```

```
    trees.renderer = new SimpleRenderer({
        symbol: new WebStyleSymbol({
            name: "Abies",
            styleName: "EsriThematicTreesStyle"
        })
    });

    var renderer = {
        type: "simple",
        symbol: {
            type: "mesh-3d",
            symbolLayers: [{
                type: "fill",
                enabled: true,
                edges: { type: "solid", color: [0, 0, 0] },
                material: { color: [255, 255, 250] }
            }]
        }
    };
    var buildings = new SceneLayer({
        url: "https://tiles.arcgis.com/tiles/WQ9KVmV6xGGMnCiQ/ arcgis/rest/services/NY
C3D_AGO_Z_BFCull/SceneServer",
        renderer
    });

    var view = new SceneView({
        container: "viewDiv",
        map: new Map({
            basemap: "topo-vector",
            ground: "world-elevation",
            layers: [trees, buildings]
        }),
        camera: {
            position: {
                x: -8235500, y: 4961500, z: 200,
                spatialReference: { latestWkid: 3857, wkid: 102100 }
            },
            heading: 5,
            tilt: 83
        }
    });

    view.pixelRatio = 2;
    view.qualitySettings.memoryLimit = 400;
    const basemapElement = document.getElementById("basemap");
    const treeeNumElement = document.getElementById("treeeNum");
    const edgeElement = document.getElementById("edge");

    var treeLayerView = null;
    view.when(() => {
        view.ui.add("log", "bottom-left");
        view.ui.add("handler", "bottom-right");
        updatePerformanceInfo();

        view.whenLayerView(trees).then(function (layerView) {
            treeLayerView = layerView;
        });

        basemapElement.addEventListener("change", (event) => {
            if (basemapElement.checked) {
                view.map.basemap = "topo-vector";
            } else {
                view.map.basemap = "topo";
            }
        });

        treeeNumElement.addEventListener("change", (event) => {
            if (treeeNumElement.checked) {
                treeLayerView.maximumNumberOfFeatures = 10000;
            } else {
                treeLayerView.maximumNumberOfFeatures = 50000;
```

```
            }
        });

        edgeElement.addEventListener("change", (event) => {
            if (edgeElement.checked) {
                buildings.renderer = renderer;
            } else {
                var bldRenderer = buildings.renderer.clone();
                bldRenderer.symbol.symbolLayers.getItemAt(0).edges = null;
                buildings.renderer = bldRenderer;
            }
        });
    });

    updatePerformanceInfo = () => {
        const performanceInfo = view.performanceInfo;
        var overview = "内存: " + getMB(performanceInfo.usedMemory) + "MB/" +
getMB(performanceInfo.totalMemory) + "MB，质量: " + Math.round(100 * performanceInfo.quality) +
"%";
        document.getElementById("title").innerHTML = overview;
        updateTables(performanceInfo);
        setTimeout(updatePerformanceInfo, 1000);
    };

    function updateTables(stats) {
        const tableMemoryContainer = document.getElementById("memory");
        const tableCountContainer = document.getElementById("count");
        tableMemoryContainer.innerHTML = "<tr><th>资源</th><th>内存(MB)</th></tr>";
        for (layerInfo of stats.layerPerformanceInfos) {
            const row = document.createElement("tr");
            row.innerHTML = `<td>${layerInfo.layer.title
                }</td><td class="center">${getMB(layerInfo.memory)}</td>`;
            tableMemoryContainer.appendChild(row);
        }

        tableCountContainer.innerHTML = `<tr>
            <th>图层 - 要素</th>
            <th>显示 / 最大</th>
            <th>总数</th>
          </tr>`;

        for (layerInfo of stats.layerPerformanceInfos) {
            if (layerInfo.maximumNumberOfFeatures) {
                const row = document.createElement("tr");
                row.innerHTML = `<td>${layerInfo.layer.title}`;
                row.innerHTML += `<td class="center">
    ${layerInfo.displayedNumberOfFeatures
                        ? layerInfo.displayedNumberOfFeatures
                        : "-"
                    } / ${layerInfo.maximumNumberOfFeatures
                        ? layerInfo.maximumNumberOfFeatures : "-"
                    }</td>`;
                row.innerHTML += `<td class="center">
    ${layerInfo.totalNumberOfFeatures
                        ? layerInfo.totalNumberOfFeatures : "-"
                    }</td>`;
                tableCountContainer.appendChild(row);
            }
        }
    }

    function getMB(bytes) {
        const kilobyte = 1024;
        const megabyte = kilobyte * 1024;
        return Math.round(bytes / megabyte);
    }
});
```

在上面的代码中，利用场景视图的 performanceInfo 属性得到性能的指标，列在 ID 为 log 的

div 元素中，并增加了 3 个复选框，分别用于控制是否显示简单底图、是否减少要素显示总数以及是否显示建筑物的边框。大家可以通过这几个复选框查看这几个方面对性能影响的程度。

该网页程序的运行结果如图 9.13 所示。

图 9.13　查看性能指标

第 10 章

小部件

在前面的章节中已经介绍了部分小部件，包括 Popup、Sketch、Legend 等。随着 ArcGIS API for JavaScript 版本的发展，其包含的小部件与工具条越来越多。在 ArcGIS API for JavaScript 4.x 中将相关功能封装在了 esri/widgets 下，以供直接调用。除了前面介绍的小部件外，还有基础底图小部件（BasemapGallery）、书签小部件（Bookmarks）、打印小部件（Print）、量测小部件（Measurement）、比例尺小部件（Scalebar）、直方图滑块小部件（HistogramRangeSlider）、定位按钮小部件（Locate）等，下面挑选几种常用的小部件进行介绍。

10.1 图层列表小部件

使用图层列表小部件 esri/widgets/LayerList 可以对视图中的所有图层建立目录树，并方便对某一图层或图层组进行隐藏或显示操作。图层列表小部件提供 listItemCreatedFunction 属性，用以自定义图层操作功能。

这里以实例 10-1 来演示如何使用图层列表小部件，并通过 listItemCreatedFunction 属性自定义设置透明度功能。新建一个站点，加入一个名为 LayerList.html 的网页文件，该网页文件的内容如下：

```
<html>
<head>
    <meta charset="utf-8" />
    <title>图层列表小部件</title>
    <link rel="stylesheet" href="https://js.arcgis.com/4.22/esri/themes/ light/main.css"/>
    <style>
        html,
        body,
        #viewDiv { padding: 0; margin: 0; height: 100%; overflow: hidden;
        }
    </style>
    <script src="https://js.arcgis.com/4.22/"></script>
    <script>
```

```
        require([ "esri/views/SceneView", "esri/widgets/LayerList", "esri/WebScene"
        ], (SceneView, LayerList, WebScene) => {
            const scene = new WebScene({
                portalItem: {
                    id: "adfad6ee6c6043238ea64e121bb6429a"
                }
            });
            const view = new SceneView({
                container: "viewDiv",
                map: scene
            });
        });
    </script>
</head>
<body class="calcite">
    <div id="viewDiv"></div>
</body>
</html>
```

在 view.when()中对 LayerList 进行实例化，并将自定义的透明度设置功能写在 defineActions 中，同时定义 LayerList 的 trigger-action 相关功能：

```
view.when(() => {
    const layerList = new LayerList({
        view: view,
        listItemCreatedFunction: defineActions
    });

    view.ui.add(layerList, "top-right");

    // 自定义事件
    function defineActions(event) {
        var type = event.item.layer.type;
        if (type != "group") {
            event.item.actionsSections = [
                [
                    {
                        title: "设置透明",
                        className: "esri-icon-environment-settings",
                        id: "set-opacity"
                    }
                ]
            ];
        }
    }

    layerList.on("trigger-action", function (event) {
        var visibleLayer = event.item.layer;
        var id = event.action.id;
        if (id === "set-opacity") {
            visibleLayer.opacity -= 0.2;
            if (visibleLayer.opacity === 0) {
                visibleLayer.opacity += 1;
            }
        }
    });
});
```

运行该网页程序，效果如图 10.1 所示。

图 10.1　通过 LayerList 实现图层目录树

10.2　量测小部件

量测小部件的调用类为 esri/widgets/Measurement，可以在二维视图和三维视图中进行距离和面积量测。对于二维视图，距离是根据大地坐标系和 Web Mercator 进行测量计算的。对于投影坐标系不是 Web Mercator 的情况，距离小于阈值以平面距离进行计算，超过阈值则通过大地测量进行计算，默认的阈值为 100 千米。对于三维视图，计算距离的模式是欧氏距离或大地测量距离。欧式距离是在地固坐标系下进行测量，大地测量是在 WGS84 椭球体上进行测量。

下面我们通过实例 10-2 来演示如何通过量测小部件来实现距离和面积的量测。新建一个站点，在其中加入一个名为 Measurement.html 的网页文件，该网页文件的基础内容如下：

```
<html>
<head>
    <meta charset="utf-8" />
    <title>量测小部件</title>
    <style>
        html, body , #viewDiv { height: 100%; width: 100%; margin: 0; padding: 0;
        }
        #toolbarDiv { position: absolute; top: 15px; right: 15px; cursor: default;
            display: flex; flex-direction: row; flex-wrap: nowrap;
        }
        #infoDiv { position: absolute; top: 15px; left: 60px;
        }
            #infoDiv input { border: none; box-shadow: rgba(0, 0, 0, 0.3) 0px 1px 2px;
            }
        .esri-widget--button.active,
        .esri-widget--button.active:hover,
        .esri-widget--button.active:focus { cursor: default; background-color: #999696;
        }
            .esri-widget--button.active path,
            .esri-widget--button.active:hover path,
            .esri-widget--button.active:focus path {
                fill: #E4E4E4;
            }
    </style>
    <link rel="stylesheet"
        href="https://js.arcgis.com/4.22/esri/themes/light/main.css" />
    <script src="https://js.arcgis.com/4.22/"></script>
    <script>
```

```
        require([
            "esri/Map", "esri/views/MapView", "esri/views/SceneView",
"esri/layers/TileLayer", "esri/layers/FeatureLayer", "esri/widgets/Measurement"
        ], ( Map, MapView, SceneView, TileLayer, FeatureLayer, Measurement ) => {
            const tileLayer = new TileLayer({
                url: "https://services.arcgisonline.com/arcgis/rest/services/
Ocean/World_Ocean_Base/MapServer"
            });
            const featureLayer = new FeatureLayer({
                url: "https://services.arcgis.com/V6ZHFr6zdgNZuVG0/arcgis/
rest/services/europe_country_capitals/FeatureServer/0"
            });
            const map = new Map({
                layers: [tileLayer, featureLayer]
            });

            const mapView = new MapView({
                zoom: 6,
                center: [26.1025, 44.4268],
                map: map
            });

            const sceneView = new SceneView({
                scale: 123456789,
                center: [26.1025, 44.4268],
                map: map
            });

            // 将 mapView 设为当前视图
            let activeView = mapView;

            // 实例化量测小部件
            const measurement = new Measurement();

            const switchButton = document.getElementById("switch-btn");
            const distanceButton = document.getElementById("distance");
            const areaButton = document.getElementById("area");
            const clearButton = document.getElementById("clear");

            switchButton.addEventListener("click", () => {
                switchView();
            });
            distanceButton.addEventListener("click", () => {
                distanceMeasurement();
            });
            areaButton.addEventListener("click", () => {
                areaMeasurement();
            });
            clearButton.addEventListener("click", () => {
                clearMeasurements();
            });

            loadView();

            function loadView() {
                activeView.set({
                    container: "viewDiv"
                });
                activeView.ui.add(measurement, "bottom-right");
                measurement.view = activeView;
            }
        });
    </script>
</head>
<body>
    <div id="viewDiv"></div>
    <div id="infoDiv">
        <input class="esri-component esri-widget--button esri-widget esri-interactive"
                type="button" id="switch-btn" value="3D" />
    </div>
    <div id="toolbarDiv" class="esri-component esri-widget">
```

```
        <button id="distance"
              class="esri-widget--button esri-interactive esri-icon-measure-line"
              title="Distance Measurement Tool"></button>
        <button id="area"
              class="esri-widget--button esri-interactive esri-icon-measure-area"
              title="Area Measurement Tool"></button>
        <button id="clear"
              class="esri-widget--button esri-interactive esri-icon-trash"
              title="Clear Measurements"></button>
    </div>
</body>
</html>
```

为了同时展示二维量测和三维量测的功能，上述代码在一个页面中同时定义了 MapView 和 SceneView，并通过单击 switchButton 进行场景转换。此外，还定义了 distanceButton、areaButton 和 clearButton 三个按钮，并对单击事件进行监听，分别用于距离、面积量测和量测记录清除。单击 switch 时调用二维/三维视图转换函数 ButtonswitchView()，其内容如下：

```
function switchView() {
    const viewpoint = activeView.viewpoint.clone();
    const type = activeView.type;
    clearMeasurements();
    activeView.container = null;
    activeView = null;
    activeView = type.toUpperCase() === "2D" ? sceneView : mapView;
    activeView.set({
        container: "viewDiv",
        viewpoint: viewpoint
    });
    activeView.ui.add(measurement, "bottom-right");
    measurement.view = activeView;
    switchButton.value = type.toUpperCase();
}
```

distanceMeasurement()和 areaMeasurement()函数定义了二维、三维场景下的距离和面积量测，其代码如下：

```
function distanceMeasurement() {
    const type = activeView.type;
    measurement.activeTool =
        type.toUpperCase() === "2D" ? "distance" : "direct-line";
    distanceButton.classList.add("active");
    areaButton.classList.remove("active");
}
function areaMeasurement() {
    measurement.activeTool = "area";
    distanceButton.classList.remove("active");
    areaButton.classList.add("active");
}
通过 clearMeasurements()函数可以清除场景中的量测结果：
function clearMeasurements() {
    distanceButton.classList.remove("active");
    areaButton.classList.remove("active");
    measurement.clear();
}
```

运行该网页程序，将显示如图 10.2 所示的结果。

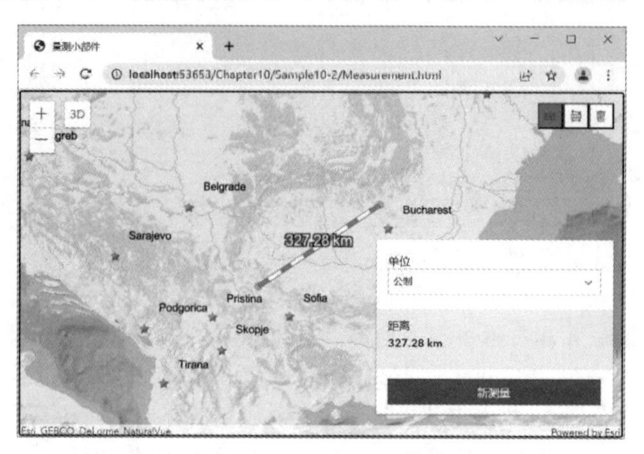

图 10.2　通过量测小部件进行距离和面积量测

10.3　卷帘小部件

ArcGIS API for JavaScript 提供了卷帘小部件 esri/widgets/Swipe 来实现不同图层在同一页面的卷帘操作，可以对同一位置不同来源或不同时相的数据进行对比。通过 leadingLayers 属性定义上部或左部显示的图层内容，通过 trailingLayers 定义下部或右部显示的图层内容。通过 direction 属性定义卷帘方式为左右卷帘或上下卷帘，其取值为"horizontal"或"vertical"。通过 position 属性定义卷帘的起始位置。

这里以实例 10-3 来演示如何使用卷帘小部件。新建一个站点，加入一个名为 Swipe.html 的网页文件，该网页文件的内容如下：

```
<html>
<head>
   <meta charset="utf-8" />
   <title>卷帘小部件</title>
   <link rel="stylesheet" href="https://js.arcgis.com/4.22/esri/ themes/dark/main.css" />
   <script src="https://js.arcgis.com/4.22/"></script>
   <style>
      html,body,#viewDiv { padding: 0; margin: 0; height: 100%; width: 100%;
      }
   </style>

   <script>
      require([
         "esri/Map", "esri/views/MapView", "esri/layers/TileLayer",
"esri/widgets/Swipe" ], (Map, MapView, TileLayer, Swipe) => {
         const map = new Map({
            basemap: "satellite"
         });

         const infrared = new TileLayer({
            url: "https://tiles.arcgis.com/tiles/P3ePLMYs2RVChkJx/arcgis/
rest/services/WV03_Kilauea_20180519_ShortwaveInfrared/MapServer",
            maxScale: 3000
         });
         map.add(infrared);

         const nearInfrared = new TileLayer({
            url: "https://tiles.arcgis.com/tiles/P3ePLMYs2RVChkJx/arcgis/
rest/services/WV03_Kilauea_20180519_NearInfrared/MapServer",
```

```
            maxScale: 3000
        });
        map.add(nearInfrared);

        const view = new MapView({
            container: "viewDiv",
            map: map,
            zoom: 14,
            center: [-154.88, 19.46], // longitude, latitude
            constraints: {
                maxZoom: 17,
                minZoom: 8
            }
        });

        // 建立卷帘小部件
        const swipe = new Swipe({
            leadingLayers: [infrared],
            trailingLayers: [nearInfrared],
            position: 35,
            direction: "horizontal",
            view: view
        });

        view.ui.add(swipe);
    });</script>
</head>

<body>
    <div id="viewDiv"></div>
</body>
</html>
```

该网页程序的运行结果如图 10.3 所示。

图 10.3　卷帘小部件的使用

10.4　搜索小部件

搜索小部件 esri/widgets/Search 用来通过用户输入的地名、地址在二维地图或三维场景中进行定位。小部件的 allPlaceholder 属性用来定义搜索框中默认的提示内容。locationEnabled 属性值为布尔值，决定了是否允许获取用户当前位置，并作为搜索内容。maxResults 决定了返回的默认搜索结果数量，默认值为 6。maxSuggestions 定义了在搜索框中提示的默认地址数量，默认值是 6。sources 属性决定了搜寻源，可以是地图服务图层中的某列属性或者某一个 GeocodeServer。

这里以实例 10-4 来演示如何使用搜索小部件。新建一个站点，在其中加入一个名为 Search.html 的网页文件，该网页文件的内容如下：

```
<html>
<head>
    <meta charset="utf-8" />
    <title>搜索小部件</title>
    <style>
      html, body, #viewDiv { padding: 0; margin: 0; height: 100%; width: 100%;
      }
    </style>
    <link rel="stylesheet" href="https://js.arcgis.com/4.22/esri/themes/ light/main.css"/>
    <script src="https://js.arcgis.com/4.22/"></script>
    <script>
      require([
        "esri/Map", "esri/views/MapView", "esri/layers/FeatureLayer",
"esri/widgets/Search" ], (Map, MapView, FeatureLayer, Search) => {
        const map = new Map({
          basemap: "dark-gray-vector"
        });

        const view = new MapView({
          container: "viewDiv",
          map: map,
          center: [-97, 38],
          scale: 10000000
        });

        const featureLayerDistricts = new FeatureLayer({
          url: "https://services.arcgis.com/P3ePLMYs2RVChkJx/arcgis/
rest/services/USA_117th_Congressional_Districts_all/FeatureServer/0",
        });

        const featureLayerSenators = new FeatureLayer({
          url: "https://services.arcgis.com/V6ZHFr6zdgNZuVG0/arcgis/
rest/services/US_Senators_2020/FeatureServer/0",
        });

        const searchWidget = new Search({
          view: view,
          allPlaceholder: "请输入搜索内容",
          includeDefaultSources: false,
          sources: [
            {
              layer: featureLayerDistricts,
              searchFields: ["DISTRICTID"],
              displayField: "DISTRICTID",
              exactMatch: false,
              outFields: ["DISTRICTID", "NAME", "PARTY"],
              name: "Congressional Districts"
            },
            {
              layer: featureLayerSenators,
              searchFields: ["Name", "Party"],
              suggestionTemplate: "{Name}, Party: {Party}",
              exactMatch: false,
              outFields: ["*"],
              name: "Senators",
              zoomScale: 500000,
              resultSymbol: {
                type: "picture-marker",
                url: "https://developers.arcgis.com/javascript/ latest/sample-
code/widgets-search-multiplesource/live/images/senate.png",
                height: 36,
                width: 36
              }
```

```
                    },
                    {
                        name: "ArcGIS World Geocoding Service",
                        apiKey: "这里输入API Key",
                        singleLineFieldName: "SingleLine",
                        locator: "https://geocode-api.arcgis.com/arcgis/rest/
services/World/GeocodeServer"
                    }
                ]
            });

            view.ui.add(searchWidget, {
                position: "top-right"
            });
        });</script>
    </head>

    <body>
        <div id="viewDiv"></div>
    </body>
    </html>
```

该网页程序的运行结果如图 10.4 所示。

图 10.4 使用搜索小部件进行定位

10.5 时间滑块小部件

从 ArcGIS 10 开始，Esri 提供了对时态感知图层的支持，该图层中存储了数据集随着时间变化的状态，可用于显示一段时间内数据中的模式和变化趋势，比如美国人口随时间的迁移，以及土地利用的变化情况等。而 ArcGIS API for JavaScript 提供了两种方式来支持对时态感知图层的应用：第一种是执行时间查询，使用时间定义或设置地图的时间范围来过滤图层；第二种是使用时间滑块与直方图时间滑块小部件。这里介绍第二种方式。

时间滑块小部件通过一个集成的组件简化了可视化时态数据的过程。该小部件包含了许多部分。每个时间滑块小部件可以包含一个或两个滑块，通常对于要显示在某个时间点的数据或到某个时间点累计的数据，适合使用一个滑块，两个滑块适用于显示时间范围间的数据。此外，时间滑块小部件还包含控制开始和停止时间的进展的控件。最后，在时间轴上有一系列的时间停靠点，就相当于一个直尺上的刻度，在时间滑块上表现为一条一条的竖线，这些相邻竖线间的间隔就是滑块移动的一个单位时间。

esri/widgets/TimeSlider 类表示时间滑块小部件，其使用步骤通常如下：

步骤 01 使用 MapImageLayer 或 FeatureLayer 将一个时态感知地图服务或要素服务加入地图中：

```
    const layer = new FeatureLayer({
       url: "https://services9.arcgis.com/RHVPKKiFTONKtxq3/arcgis/
rest/services/NDFD_Precipitation_v1/FeatureServer/0"
    });
    const map = new Map({
       basemap: "hybrid",
       layers: [layer]
    });
    const view = new MapView({
       map: map,
       container: "viewDiv",
       zoom: 4,
       center: [-100, 30]
    });
```

步骤 02 创建时间滑块小部件的实例，并将时间滑块与地图联系起来：

```
    const timeSlider = new TimeSlider({
       container: "timeSlider",
       view: view,
       timeVisible: true,
       loop: true
    });
```

步骤 03 设置时间范围与可视化的时间片：

```
    view.whenLayerView(layer).then((lv) => {
                timeSlider.fullTimeExtent = layer.timeInfo.fullTimeExtent.expandTo("hours");
                timeSlider.stops = {
                   interval: layer.timeInfo.interval
                };
             });
```

当将时间滑块小部件与要素图层连接之后，时间滑块小部件将根据当前显示的时间片完成请求与显示相关要素的工作。

这里以实例 10-5 来演示如何使用时间滑块小部件，要实现的功能是以 6 小时为间隔，对美国周边地区未来 72 小时的降水增量进行可视化预测。新建一个站点，并增加一个名为 TimeSlider.html 的网页文件，该网页文件的内容如下：

```
    <html>
    <head>
       <meta charset="utf-8" />
       <title>时间滑块小部件</title>
       <link rel="stylesheet" href="https://js.arcgis.com/4.22/esri/ themes/light/main.css"/>
       <script src="https://js.arcgis.com/4.22/"></script>
       <style>
          html, body, #viewDiv { padding: 0; margin: 0; height: 100%; width: 100%;
          }

          #timeSlider { position: absolute; left: 5%; right: 5%; bottom: 20px;
          }

          #titleDiv { padding: 10px; font-weight: 36; text-align: center;
          }
       </style>
       <script>
          require(["esri/Map", "esri/views/MapView", "esri/layers/FeatureLayer",
"esri/widgets/TimeSlider", "esri/widgets/Expand", "esri/widgets/Legend"
```

```
        ], (Map, MapView, FeatureLayer, TimeSlider, Expand, Legend) => {
            const layer = new FeatureLayer({
               url: "https://services9.arcgis.com/RHVPKKiFTONKtxq3/
arcgis/rest/services/NDFD_Precipitation_v1/FeatureServer/0"
            });

            const map = new Map({
               basemap: "hybrid",
               layers: [layer]
            });

            const view = new MapView({
               map: map,
               container: "viewDiv",
               zoom: 4,
               center: [-100, 30]
            });

            const timeSlider = new TimeSlider({
               container: "timeSlider",
               view: view,
               timeVisible: true,
               loop: true
            });

            view.ui.add("titleDiv", "top-right");

            view.whenLayerView(layer).then((lv) => {
               timeSlider.fullTimeExtent = layer.timeInfo.fullTimeExtent.expandTo("hours");
               timeSlider.stops = {
                  interval: layer.timeInfo.interval
               };
            });

            const legend = new Legend({
               view: view
            });
            const legendExpand = new Expand({
               expandIconClass: "esri-icon-legend",
               expandTooltip: "Legend",
               view: view,
               content: legend,
               expanded: false
            });
            view.ui.add(legendExpand, "top-left");
         });
      </script>
   </head>

   <body>
      <div id="viewDiv"></div>
      <div id="timeSlider"></div>
      <div id="titleDiv" class="esri-widget">
         <div id="titleText">Precipitation forecast for next 72 hours</div>
      </div>
   </body>
   </html>
```

该网页程序的运行结果如图 10.5 所示。

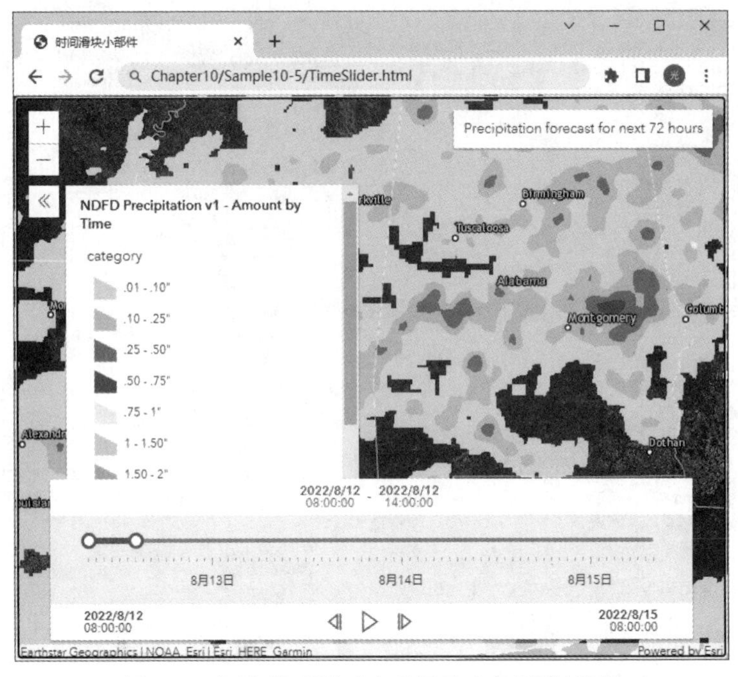

图 10.5　使用时间滑块小部件展示时点范围的数据

10.6　打印小部件

我们可以通过打印小部件 esri/widgets/Print 和打印服务（如 Esri 提供的打印服务）对网页上的地图、图例等进行 JPG、PDF 等格式的高质量输出和打印。view 和 printServiceUrl 是打印小部件的两个必要属性，其中 view 决定了所打印的视图，printServiceUrl 定义了打印服务地址。此外，allowedFormats 属性决定了输出格式，如["jpg","pdf"]定义了输出格式为 JPG 和 PDF，默认值为"all"。allowedLayouts 定义了支持的纸张大小，取值包括"map-only"、"a3-landscape"、"a3-portrait"、"a4-landscape"、"a4-portrait"、"letter-ansi-a-landscape"、"letter-ansi-a-portrait"、"tabloid-ansi-b-landscape"、"tabloid-ansi-b-portrait"，默认值为支持上述所有类型。extraParameters 属性定义了作者、版权等信息。

这里以实例 10-6 来演示如何使用打印小部件调用服务器端的打印服务进行地图打印。新建一个站点，加入一个名为 Print.html 的网页文件，该网页文件的内容如下：

```
<html>
<head>
   <meta charset="utf-8" />
   <title>打印小部件</title>
   <link rel="stylesheet" href="https://js.arcgis.com/4.22/esri/themes/light/main.css" />
   <style>
      html, body, #viewDiv { padding: 0; margin: 0; height: 100%; overflow: hidden;
      }
   </style>
   <script src="https://js.arcgis.com/4.22/"></script>
   <script>
      require(["esri/views/MapView", "esri/widgets/Print", "esri/WebMap"], (
         MapView, Print, WebMap ) => {
```

```
            const webmap = new WebMap({
               portalItem: {
                  id: "d6d830a7184f4971b8a2f42cd774d9a7"
               }
            });
            const view = new MapView({
               container: "viewDiv",
               map: webmap
            });
            view.when(() => {
               const print = new Print({
                  view: view,
                  printServiceUrl: "https://utility.arcgisonline.com/arcgis/
rest/services/Utilities/PrintingTools/GPServer/Export%20Web%20Map%20Task"
               });
               view.ui.add(print, "top-right");
            });
         });
      </script>
   </head>
   <body class="calcite">
      <div id="viewDiv"></div>
   </body>
   </html>
```

运行该网页程序，效果如图 10.6 所示。

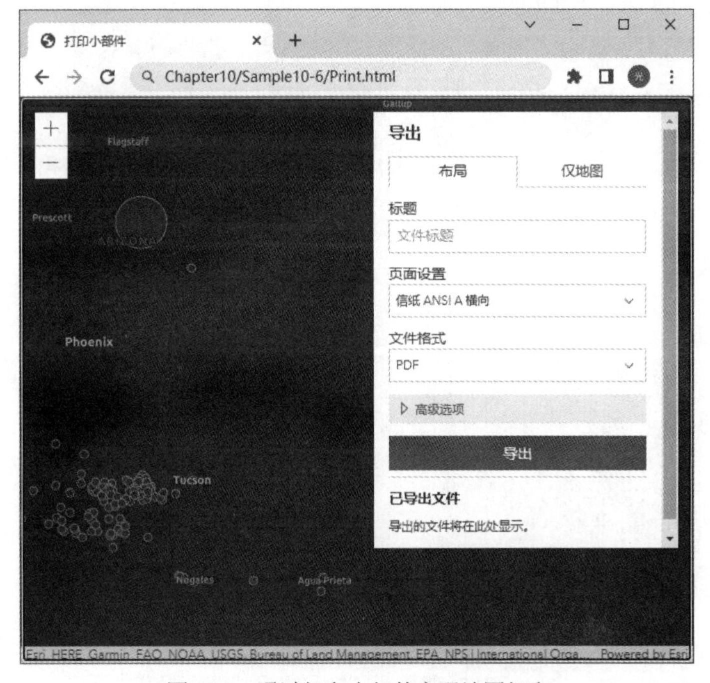

图 10.6　通过打印小部件实现地图打印

当用户单击了导出按钮之后，将把所选择的内容转换为 PDF 文件以供打印，所转换的 PDF 文件内容如图 10.7 所示。

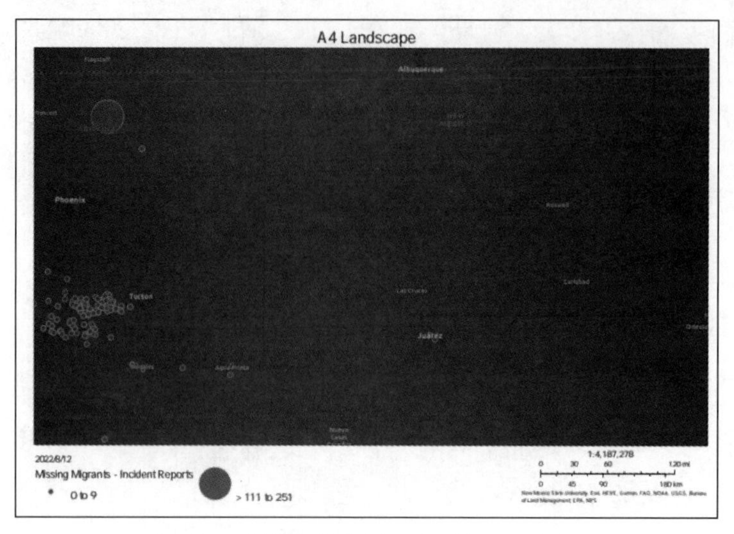

图 10.7　通过打印小部件导出的 PDF 文件

第 11 章

创建自定义图层与图层视图

随着版本的升级，ArcGIS API for JavaScript 的功能越来越强大，但是有些时候还必须对 API 提供的图层与图层视图类进行扩展，创建自定义的图层与图层视图类，主要应用场景包含如下几个方面：

- 一是显示 ArcGIS API for JavaScript 还不支持的数据。
- 二是需要在视图中显示数据之前处理数据，例如服务返回的是二进制数据，需要处理并生成图像。
- 三是实现当前 API 还没有直接支持的可视化。
- 四是将多个服务融合创建新的可视化。

由于图层只用于访问数据，图层视图可视化数据，而且三维数据显示的特殊性，因此自定义图层与图层视图可以划分为三大类，也就是本章所要介绍的内容。

- 一是针对自定义图像或切片处理的需要，可以扩展 BaseElevationLayer、BaseDynamicLayer 与 BaseTileLayer。
- 二是针对自定义绘制二维图形的需要，可用 Canvas API 或 WebGL 来实现，分别需要扩展 BaseLayerView2D 与 BaseLayerViewGL2D。
- 三是针对自定义绘制三维图形的需要，可使用 externalRenderers 模块创建自定义的外部渲染器。

11.1 创建自定义图层

如前所述，如果只自定义图层而不同时自定义图层视图，那么只能针对从服务器返回的图像或图片进行处理，而不进行图形的绘制。

ArcGIS API for JavaScript 提供了 3 个基类用于用户自定义图层，分别是 BaseElevationLayer、BaseDynamicLayer 与 BaseTileLayer。BaseElevationLayer 用于自定义高程图层，BaseDynamicLayer 用于自定义动态地图图层，而 BaseTileLayer 用于自定义切片图层。

11.1.1 自定义高程图层

要创建自定义高程图层，需要调用 BaseElevationLayer 的 createSubclass()方法，在该方法的参数中指定自定义类的属性与方法。

如果新图层需要获取和准备资源，则可以在加载图层之前异步初始化属性。这需要在 load()方法中处理。当图层即将显示时，由用户或视图调用此方法一次。在该方法的主体中，可以调用 addResolvingPromise()方法来添加一个必须在图层被认为已加载之前解析的 promise 对象。

此外，必须覆盖 fetchTile()方法中的逻辑以返回自定义高程数据的值，例如可以夸大实际高程值或将专题数据映射为高程图层。转换高程数据的值时，建议保持无数据值不变。

下面通过一个实例来演示自定义高程图层的过程，实现的功能是将夜光数据的亮度夸大作为高程值。

新建一个名为 Sample11-1 的文件夹，在该文件夹中新建一个名为 layers 的文件夹，在 layers 文件夹中新建一个名为 EarthAtNight3DLayer.js 的 JavaScript 文件。我们将在该文件中自定义高程图层，代码如下：

```
define(["esri/layers/BaseElevationLayer"], function (BaseElevationLayer) {
    var EarthAtNight3DLayer = BaseElevationLayer.createSubclass({
        constructor: function () {
            // 用于保存构造函数传入夜光图层
            this.earthAtNightLayer = null;
        },

        properties: {
            // 夸大系数
            exaggerationFactor: 85000
        },
        load: function () {
            var internalLayerResourcePromise = this.earthAtNightLayer
                .load()
                .then(function () {
                    // 设置高程图层的切片信息
                    this.tileInfo = this.earthAtNightLayer.tileInfo;
                }.bind(this));

            // 增加一个必须在高程图层被认为已加载之前解析的 promise 对象
            this.addResolvingPromise(internalLayerResourcePromise);
        },
        fetchTile: function (level, row, col, options) {
            // 从夜光图层中获取切片图像
            // 然后将每个像素的亮度转换为高程值
            // 最后返回一个 promise 对象，该对象将被解析为 ElevationTileData 对象
            return this.earthAtNightLayer.fetchTile(level, row, col, options).then(function
(imageElement) {
                var width = imageElement.width;
                var height = imageElement.height;

                var canvas = document.createElement('canvas');
                canvas.width = width;
                canvas.height = height;

                var ctx = canvas.getContext('2d');
                ctx.drawImage(imageElement, 0, 0, width, height);
```

```
                var imageData = ctx.getImageData(0, 0, width, height).data;

                var elevations = [];
                for (var index = 0; index < imageData.length; index += 4) {
                    var r = imageData[index];
                    var g = imageData[index + 1];
                    var b = imageData[index + 2];
                    // 可通过 imageData[index + 3]来获得不透明度，但并不需要

                    // 利用 chroma 库将该像素颜色的 RGB 转为 0 到 1 的亮度值
                    var luminance = new chroma([r, g, b]).luminance();

                    // 将亮度值夸大以表示高程值
                    // 例如将 0.75 设置为 63750 米的高程
                    var elevation = luminance * this.exaggerationFactor;

                    // 将高程值加入高程数组中
                    elevations.push(elevation);
                }

                // 返回的 promise 对象必须解析为一个 ElevationTileData 对象
                return {
                    values: elevations,
                    width: width,
                    height: height,
                    noDataValue: -1
                };
            }.bind(this));
        }
    });

    return EarthAtNight3DLayer;
});
```

在上面的 fetchTile()方法中，先通过夜光图层的 fetchTile 方法获得切片图像，然后针对图像中的每个像素的颜色值，通过颜色转换库 chroma 转换为 0~1 的亮度值，再乘以一个夸大系数，转为高程值，最后构造一个 ElevationTileData 对象并返回给该方法的调用者。

下面需要在一个网页中调用该自定义类。在 Sample11-1 文件夹下新建一个名为 LightMountains.html 的网页文件，该网页文件的内容如下：

```
<!DOCTYPE html>
<html>
<head>
    <meta charset="utf-8" />
    <title>将亮度转为高程</title>
    <link rel="stylesheet" href="https://js.arcgis.com/4.22/esri/ css/main.css">
    <style>
        html, body, #viewDiv { padding: 0; margin: 0; height: 100%; width: 100%;
        }
    </style>
</head>
<body>
    <div id="viewDiv"></div>
    <script src="https://cdnjs.cloudflare.com/ajax/libs/chroma-js/2.1.0/
chroma.min.js"></script>
    <script>
        var locationPath = window.location.href.replace(/\/[^/]+$/, "/")
        var dojoConfig = {
            paths: {
                layers: locationPath + "layers"
            }
        };
    </script>
    <script src="https://js.arcgis.com/4.22"></script>
    <script src="js/LightMountains.js"></script>
</body>
</html>
```

主要代码在 js 文件夹的 LightMountains.js 中。在 Sample11-1 中新建一个名为 js 的文件夹，在该文件夹中新建一个名为 LightMountains.js 的 JavaScript 文件，该文件中的代码如下：

```
    require([ 'layers/EarthAtNight3DLayer', 'esri/layers/FeatureLayer',
'esri/layers/WebTileLayer',
        'esri/Map', 'esri/views/SceneView', 'esri/widgets/BasemapToggle',
    ], function ( EarthAtNight3DLaye, FeatureLayer, WebTileLayer,
        Map, SceneView, BasemapToggle) {
        // 创建夜光切片图层的帮助函数
        function createEarthAtNightWebTileLayer() {
            var earthAtNightWebTileLayer = new WebTileLayer({
                urlTemplate: 'https://gibs.earthdata.nasa.gov/wmts/epsg3857/best/
VIIRS_Black_Marble/default/2016-01-01/GoogleMapsCompatible_Level8/{level}/{row}/{col}.png'
            });

            // 夜光图层中只存在 1~8 缩放层级的切片
            earthAtNightWebTileLayer.tileInfo.lods.splice(0, 1);
            earthAtNightWebTileLayer.tileInfo.lods.splice(8);

            return earthAtNightWebTileLayer;
        }

        // 创建夜光图层，用于放置在自定义的高程图层之上
        var earthAtNight2DLayer = createEarthAtNightWebTileLayer();

        // 自定义高程图层
        var earthAtNight3DLayer = new EarthAtNight3DLaye({
            earthAtNightLayer: createEarthAtNightWebTileLayer()
        });

        // 用于注记的城市要素图层
        var citiesLayer = new FeatureLayer({
            url: 'https://services.arcgis.com/P3ePLMYs2RVChkJx/ArcGIS/rest/
services/World_Cities/FeatureServer/0',
            elevationInfo: {
                mode: 'relative-to-ground'
            },
            returnZ: false,
            minScale: 25000000,
            definitionExpression: 'POP_RANK <= 6 OR STATUS LIKE \'%National%\'',
            outFields: ['CITY_NAME'],
            screenSizePerspectiveEnabled: true,
            featureReduction: {
                type: 'selection'
            },
            renderer: {
                type: 'simple',
                symbol: {
                    type: 'point-3d',
                    symbolLayers: [{
                        type: 'icon',
                        size: 0
                    }]
                }
            },
            labelingInfo: [{
                labelPlacement: 'above-center',
                labelExpressionInfo: {
                    expression: '$feature.CITY_NAME'
                },
                symbol: {
                    type: 'label-3d',
                    symbolLayers: [{
                        type: 'text',
                        material: {
                            color: 'black'
                        },
                        halo: {
                            color: [255, 255, 255, 0.75],
```

```
                        size: 1.75
                    },
                    size: 10
                }],
                verticalOffset: {
                    screenLength: 10000,
                    maxWorldLength: 50000,
                    minWorldLength: 1000
                },
                callout: {
                    type: 'line',
                    size: 2,
                    color: [255, 255, 255, 0.75]
                }
            }
        }]
    });

    var map = new Map({
        ground: {
            layers: [ earthAtNight3DLayer ],
            surfaceColor: 'black'
        },
        basemap: {
            baseLayers: [ earthAtNight2DLayer ],
            title: '夜光',
            id: 'nighttime',
            thumbnailUrl: './images/Black_Marble.png'
        },
        layers: [
            citiesLayer
        ]
    });

    var view = new SceneView({
        container: 'viewDiv',
        map: map,
        camera: {
            position: {
                longitude: 36.68,
                latitude: 24.44,
                z: 650000
            },
            heading: 320,
            tilt: 55
        },
        environment: {
            atmosphere: {
                quality: 'high'
            }
        }
    });

    // 当场景视图准备好之后增加底图切换小部件
    view.when(function (view) {
        view.ui.add(new BasemapToggle({
            view: view,
            nextBasemap: 'satellite',
            visibleElements: {
                title: true
            }
        }), 'top-right');
    });
});
```

在上述代码中，以自定义的高程图层作为地面高程加入地图中，在其上放置夜光遥感影响切片图层，再加入用于标注的城市要素图层，最后展示在三维场景视图中。

该网页程序的运行结果如图 11.1 所示。

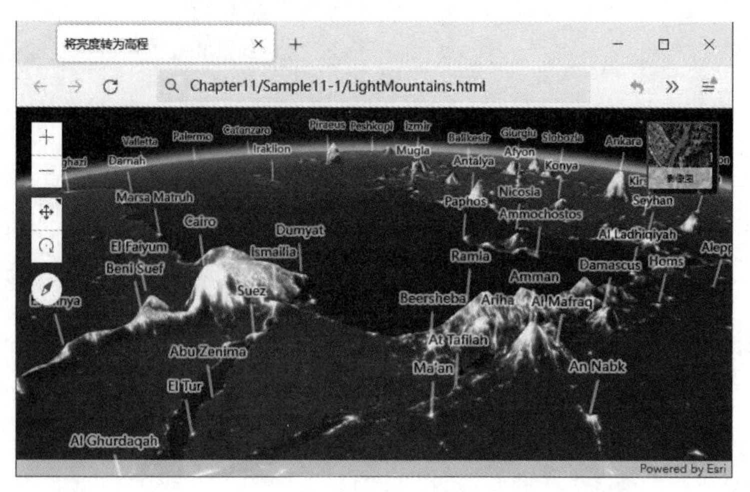

图 11.1　自定义高程图层

11.1.2　自定义切片图层

要创建自定义切片图层，需要调用 BaseTileLayer 的 createSubclass()方法，在该方法的参数中指定自定义类的属性与方法。对于 BaseTileLayer，可覆盖的主要是 getTileUrl()与 fetchTile()方法。

getTileUrl()方法用于根据切片的层级以及行列构建获取切片数据的 URL。

实际获取切片数据的是 fetchTile()方法，默认的实现是根据 getTileUrl()方法返回的 URL 去获得图像。如果需要转换数据，则覆盖该方法。

但是有些时候不一定要去服务器获取数据才能实现一定的地图功能。下面通过一个非常简单的实例来介绍如果自定义切片图层，该实例不需要去服务器获取数据，因此也就无须实现 getTileUrl()方法，实现的是将切片的层级与行列的信息显示在切片的中间。

在 Sample11-1/layer 文件夹中新建一个名为 TileInfoLayer.js 的 JavaScript 文件，用于实现自定义切片图层，代码如下：

```
define(["esri/layers/BaseTileLayer"], function (BaseTileLayer) {
    var TileInfoLayer = BaseTileLayer.createSubclass({
        fetchTile: function (level, row, col, options) {
            var width = this.tileInfo.size[0];
            var height = this.tileInfo.size[1];

            // 创建一个画布对象，用于绘制切片的位置信息
            var canvas = document.createElement("canvas");
            canvas.width = width;
            canvas.height = height;

            var ctx = canvas.getContext("2d");
            ctx.strokeStyle = "black";
            ctx.strokeRect(0, 0, width, height);
            ctx.font = "bold 18px sans-serif";
            ctx.lineWidth = 2;
            ctx.strokeStyle = "#f30";

            var textContent = `level ${level}, row ${row}, col ${col}`;
            var textWidth = ctx.measureText(textContent).width;
            ctx.strokeText(textContent, width / 2 - textWidth / 2, height / 2);
            ctx.fillText(textContent, width / 2 - textWidth / 2, height / 2);

            return Promise.resolve(canvas);
        }
```

```
    });

    return TileInfoLayer;
});
```

在 Sample11-1 文件夹中新建一个名为 TileInfo.html 的网页文件，该网页文件的内容如下：

```
<!DOCTYPE html>
<html>
<head>
    <meta charset="utf-8" />
    <title>自定义切片图层</title>
    <link rel="stylesheet" href="https://js.arcgis.com/4.22/esri/themes/ light/main.css"/>
    <style>
        html, body, .esri-view { padding: 0; margin: 0; height: 100%; width: 100%;
        }

        body { display: grid; grid-template-columns: 1fr 30px 1fr;
            grid-template-rows: 100%;
        }

        #gutter { color: white; text-align: center; font-family: sans-serif;
        }

        #gutter div:first-of-type {
            transform: rotate(90deg) translateX(33vh) translateY(5px);
        }

        #gutter div:last-of-type {
            transform: rotate(-90deg) translateX(-66vh) translateY(5px);
        }
    </style>
</head>
<body>
    <div id="viewDiv2D"></div>
    <div id="gutter" style="background-color: black;">
        <div>MapView</div>
        <div>SceneView</div>
    </div>
    <div id="viewDiv3D"></div>
    <script>
        var locationPath = window.location.href.replace(/\/[^/]+$/, "/")
        var dojoConfig = {
            paths: {
                layers: locationPath + "layers"
            }
        };
    </script>
    <script src="https://js.arcgis.com/4.22/"></script>
    <script src="js/TileInfo.js"></script>
</body>
</html>
```

这里利用了 CSS 的网格布局来实现网页的布局，相对于在第 3 章中介绍的 Dojo 布局来说要简洁。功能实现代码在 js 文件夹下面的 TileInfo.js 中，该文件中的代码如下：

```
    require([ "esri/Map", "esri/views/MapView", "esri/views/SceneView",
"layers/TileInfoLayer"
    ], function ( Map, MapView, SceneView, TileInfoLayer ) {
        // 创建自定义图层的一个实例
        var tileInfoLayer = new TileInfoLayer();

        var map = new Map({
            basemap: "satellite",
            ground: "world-elevation",
            layers: [tileInfoLayer]
        });

        new MapView({
            container: "viewDiv2D",
```

```
        map: map,
        center: [90.41, 27.4],
        zoom: 9
    });

    new SceneView({
        container: "viewDiv3D",
        map: map,
        center: [90.41, 27.4],
        zoom: 9,
    }).goTo({
        tilt: 30
    });
});
```

代码非常简单，就是创建自定义切片图层的一个实例，并加入地图中。然后分别创建一个地图视图与一个场景视图来显示地图内容。该网页程序的运行结果如图 11.2 所示。

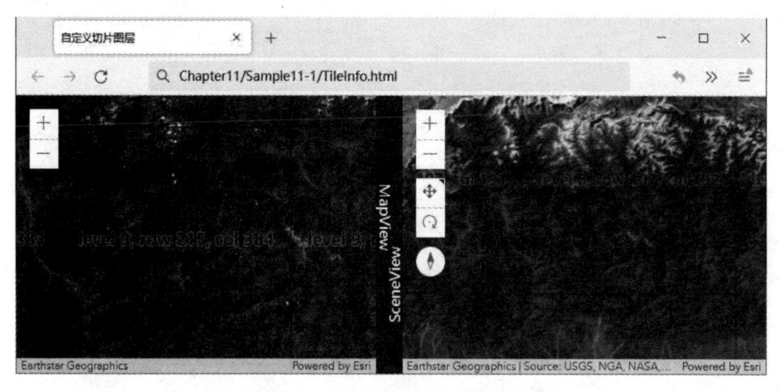

图 11.2　自定义切片地图

11.1.3　创建融合图层

前面介绍的自定义图层针对的只是单个图层，还可以创建融合多个图层的自定义图层。由于包含多个图层，因此可以使用图层的 blendMode 与 effect 创建高质量的融合图层。

这里通过一个实例来介绍如何充分利用融合模式与过滤效果来创建自定义的融合图层。

在 Sample11-1/layers 文件夹下新建一个名为 BlendLayer.js 的 JavaScript 文件，我们在这里创建自定义融合图层。原理很简单，新建一个 Canvas 对象，将 blendMode 设置给 Canvas 对象上下文的 globalCompositeOperation 属性，然后针对包含的每个图层，在绘制每个图层的切片之前，将图层的模糊、灰度等过滤效果设置给 Canvas 对象上下文的 filter 属性，然后调用上下文的 drawImage 来绘制切片。代码如下：

```
    define(["esri/layers/BaseTileLayer", "esri/core/promiseUtils"], function (BaseTileLayer,
promiseUtils) {
        var BlendLayer = BaseTileLayer.createSubclass({
            properties: {
                blendLayers: null,
                blendMode: null
            },

            load: function () {
                this.blendLayers.forEach(function (layer) {
                    this.addResolvingPromise(layer.load());
                }, this);
            },
```

```
        fetchTile: function (level, row, col) {
            const tilePromises = this.blendLayers.map(function (layer) {
                return layer.fetchTile(level, row, col);
            });

            return promiseUtils.eachAlways(tilePromises).then(function (results) {
                const width = this.tileInfo.size[0];
                const height = this.tileInfo.size[0];
                const canvas = document.createElement("canvas");
                canvas.width = width;
                canvas.height = height;

                const context = canvas.getContext("2d");
                context.globalCompositeOperation = this.blendMode || 'normal';

                results.forEach(function (result, index) {
                    const image = result.value;
                    const cssFilter = this.blendLayers[index].cssFilter || null;
                    context.filter = cssFilter || 'none';
                    context.drawImage(image, 0, 0, width, height);
                }, this);

                return canvas;
            }.bind(this));
        }
    });

    return BlendLayer;
});
```

上述代码也展示了 ArcGIS API for JavaScript 在底层是如何实现 blendMode 与 effect 两个属性的。

在 Sample11-1 文件夹下新建一个名为 Hillshade.html 的网页文件，该网页文件的内容如下：

```
<!DOCTYPE html>
<html>
<head>
    <meta charset="utf-8" />
    <title>自定义融合图层</title>
    <link rel="stylesheet" href="https://js.arcgis.com/4.22/esri/themes/ dark/main.css" />
    <link rel="stylesheet" href="https://s3-us-west-1.amazonaws.com/
patterns.esri.com/files/calcite-web/1.2.0/css/calcite-web.min.css"/>
    <style>
        html, body, #viewDiv { padding: 0; margin: 0; height: 100%; width: 100%;
        }
        #controlDiv { position: absolute; top: 20px; right: 20px; z-index: 10;
        }
        .panel-black { background: rgba(0,0,0,.7);
        }
        .layer-list-link { cursor: pointer;
        }
    </style>
</head>
<body>
    <div id="viewDiv"></div>
    <div id='controlDiv'>
        <div id='layerListDiv'></div>
    </div>
    <script>
        var locationPath = window.location.href.replace(/\/[^/]+$/, "/")
        var dojoConfig = {
            paths: {
                layers: locationPath + "layers"
            }
        };
    </script>
    <script src="https://js.arcgis.com/4.22"></script>
    <script src="js/CustomizedLayerList.js"></script>
    <script src="js/Hillshade.js"></script>
```

```
</body>
</html>
```

这里创建了一个自定义的图层列表 CustomizedLayerList 功能函数，代码在 CustomizedLayerList.js 中，为了节省篇幅，这里不再列出。

主要功能实现在 Hillshade.js 文件中，代码如下：

```
require(["esri/layers/MapImageLayer", "esri/layers/TileLayer",
"esri/layers/VectorTileLayer", "esri/Map",
    "esri/views/MapView", "layers/BlendLayer"
], function (MapImageLayer, TileLayer, VectorTileLayer, Map, MapView, BlendLayer) {
    const map = new Map({
        layers: []
    });

    const mapView = new MapView({
        container: "viewDiv",
        map: map,
        center: [-95, 40],
        zoom: 4,
        constraints: {
            snapToZoom: false,
            rotationEnabled: false
        }
    });

    const BLEND_MODE_RECIPE = {
        "薄纱效果": {
            blendLayerOptions: {
                blendMode: "luminosity",
                imageryLayerCssFilter: "brightness(1.3) hue-rotate(-45deg) contrast(5)
saturate(0.5)",
                hillShadeLayerCssFilter: "brightness(0.9) contrast(1.15)"
            },
            labelLayerOptions: {
                itemID: "ba52238d338745b1a355407ec9df6768",
                opacity: .75
            },
            deatiledLayerOptions: {
                itemID: "97fa1365da1e43eabb90d0364326bc2d",
                opacity: .25
            }
        },
        "地形增强": {
            blendLayerOptions: {
                blendMode: "color-burn",
                imageryLayerCssFilter: "",
                hillShadeLayerCssFilter: ""
            },
            labelLayerOptions: {
                itemID: "4a3922d6d15f405d8c2b7a448a7fbad2",
                opacity: .5
            },
            deatiledLayerOptions: {
                itemID: "1ddbb25aa29c4811aaadd94de469856a",
                opacity: .25
            }
        },
        "作战室效果": {
            blendLayerOptions: {
                blendMode: "luminosity",
                imageryLayerCssFilter: ": brightness(1.25) saturate(0.3) hue-rotate(-25deg)",
                hillShadeLayerCssFilter: "invert(0.9)"
            },
            labelLayerOptions: {
                itemID: "4a3922d6d15f405d8c2b7a448a7fbad2",
                opacity: .5
            }
        }
```

```
      };
      addBlendLayer(BLEND_MODE_RECIPE['薄纱效果']);

      const layerList = new CustomizedLayerList({
         container: 'layerListDiv',
         layers: Object.keys(BLEND_MODE_RECIPE),
         layerOnSelectHandler: (layerName) => {
            const styleRecipe = BLEND_MODE_RECIPE[layerName];
            addBlendLayer(styleRecipe);
         }
      });

      function getBlendLayer(options) {
         const blendMode = options.blendMode || 'normal';
         const imageryLayerCssFilter = options.imageryLayerCssFilter || 'none';
         const hillShadeLayerCssFilter = options.hillShadeLayerCssFilter || 'none';

         const imageryLayer = new TileLayer({
            url: "https://services.arcgisonline.com/ArcGIS/rest/services/
World_Imagery/MapServer",
            cssFilter: imageryLayerCssFilter
         });

         const hillShadeLayer = new TileLayer({
            url: "https://services.arcgisonline.com/arcgis/rest/services/
Elevation/World_Hillshade/MapServer",
            cssFilter: hillShadeLayerCssFilter
         });

         const blendLayer = new BlendLayer({
            blendLayers: [
               imageryLayer,
               hillShadeLayer
            ],
            title: "Blended World Imagery Map",
            blendMode: blendMode
         });

         return blendLayer;
      }

      function getVectorTileLayer(options) {
         const itemID = options.itemID || null;
         const vtlLayer = new VectorTileLayer({
            portalItem: {
               id: itemID
            },
            opacity: options.opacity || 1,
         });

         return vtlLayer;
      }

      function addBlendLayer(styleRecipe) {
         const blendLayer = getBlendLayer(styleRecipe.blendLayerOptions);
         const labelLayer = styleRecipe.labelLayerOptions ?
getVectorTileLayer(styleRecipe.labelLayerOptions) : null;
         const deatiledLayer = styleRecipe.deatiledLayerOptions ?
getVectorTileLayer(styleRecipe.deatiledLayerOptions) : null;
         const layersToAdd = [blendLayer, deatiledLayer, labelLayer].filter(d => d !== null);
         mapView.map.layers.removeAll();
         mapView.map.layers.addMany(layersToAdd);
      }
   });
```

在上面的代码中，我们提供了 3 种方案来创建融合图层，虽然融合模式与效果过滤方式不同，但是针对的图层是一致的，一个是全球遥感影像，另一个是将海拔绘制成山体阴影的地图。

- 第一种融合方案实现了薄纱效果，使用 CSS 过滤器来增强遥感影像切片图层的对比度，然后使用“亮度”模式融合山体阴影切片图层。结果是一个浅浅的山体阴影图层，下面是土地覆盖的元素。

- 第二种融合方案是地形增强，有助于为景观提供一种突出的效果，在遥感影像中地形不明显的地方突出显示地形，如图 11.3 所示。
- 第三种融合方案制作了一张深色风格的底图，类似于二战电影中将军秘密作战室背后的大石膏地图。它使用 CSS 过滤器来增亮遥感影像切片的色调。然后利用另一个 CSS 过滤器将山体阴影切片反转，并将图像顶部图层设置为“亮度”混合模式。其结果是一张黑暗而纤细的地形图，具有明亮的反射地形和深厚的土地覆盖色调。

这一切就像魔术一样。熟练使用 ArcGIS API for JavaScript 就可以变地图魔法。

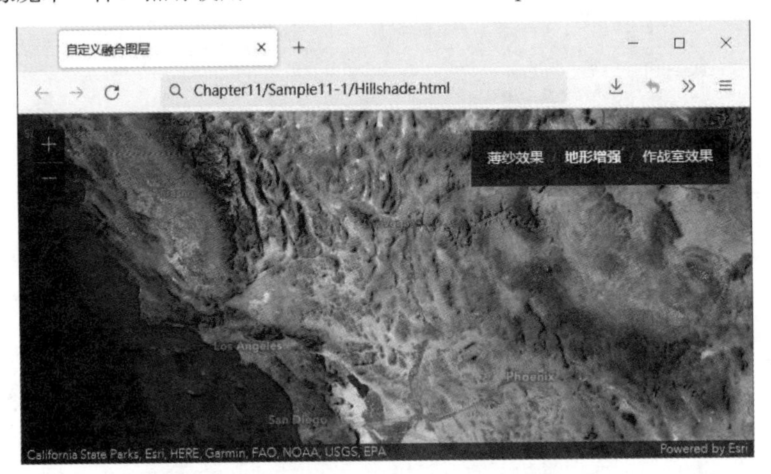

图 11.3　利用自定义融合图层实现地形增强

11.2　利用 Canvas API 创建自定义图层视图

在 11.1 中介绍了如何自定义图层，这种方式只是针对图像或切片的一次性处理，如果要对图形进行处理，则需要利用图层视图。针对二维图形，ArcGIS API for JavaScript 提供了两种方式，分别是 Canvas API 与 WebGL，分别对应 BaseLayerView2D 与 BaseLayerViewGL2D。本节介绍如何通过 Canvas API 与 BaseLayerView2D 来自定义图层视图。下一节介绍 BaseLayerViewGL2D 的使用。

11.2.1　自定义图层视图的过程

利用 BaseLayerView2D 来自定义图层视图，首先调用该类的 createSubclass()方法，然后在该方法的参数中覆盖 attach()、detach()与 render()三个方法。如果还想实现选择功能，则需要覆盖 hitTest()方法。代码框架如下：

```
var CustomLayerView2D = BaseLayerViewGL2D.createSubclass({
attach: function () { ... },
detach: function () { ... },
```

```
render: function (renderParameters) { ... }
hitTest: function (x, y ) { ... }
})
```

当图层视图加载到地图视图之后，准备开始绘制图层内容的时候，将调用一次 attach 方法。然后在该图层视图的生命周期中，在地图视图渲染阶段调用 render()方法。render()方法可以访问画布对象的上下文，以便在其中呈现可用于显示的内容。最后，从地图中删除图层后调用 detach()方法，该方法释放所有分配的资源，并停止正在进行的请求。

自定义图层视图后，还需要自定义相匹配的图层类，这个基本都是一样的内容。代码框架如下：

```
var CustomLayer = Layer.createSubclass({
// 如果使用切片，需要设置 tileInfo，否则不需要设置
tileInfo: TileInfo.create({ spatialReference: { wkid: 3857}}),
createLayerView: function (view) {
if (view.type === "2d") {
return new CustomLayerView2D({
view: view,
layer: this
});
}
}
});
```

11.2.2　点图层动画效果

这里以实现一个点符号能动态变大与缩小的图层来演示如何使用 Canvas API 创建自定义的图层视图。

新建一个名为 Sample11-2 的文件夹，在该文件夹下新建一个名为 views 的文件夹，所有的视图类都放在该文件夹下面。在该文件夹下新建一个名为 AnimatedPointsView2D.js 的 JavaScript 文件，其内容如下：

```
define(["esri/views/2d/layers/BaseLayerView2D"], function (BaseLayerView2D) {
   var AnimatedPointsView2D = BaseLayerView2D.createSubclass({
      attach: function () {
         const otherRadiusValue = this.layer.radius + this.layer.radiusChange;

         // 利用 Anime.js 来实现改变半径
         this.animationHelper = anime({
            targets: [this.layer],
            radius: otherRadiusValue,
            direction: "alternate",
            loop: true,
            easing: "easeInOutSine",
            duration: 2000,
            autoplay: false
         });
      },

      render: function (renderParameters) {
         const state = renderParameters.state;
         const ctx = renderParameters.context;

         // 半径的值存放在图层的属性中
         // 我们使用 Anime.js 来帮助改变和过渡半径的值
         const radius = this.layer.radius;

         this.layer.graphics.forEach(function (graphic) {
            const mapCoords = [graphic.geometry.x, graphic.geometry.y];
```

```
            // 从空间坐标转换为屏幕坐标
            const screenCoords = [0, 0];
            state.toScreen(screenCoords, mapCoords[0], mapCoords[1]);

            // 使用画布的渲染上下文来设置样式并绘制圆
            ctx.beginPath();
            ctx.fillStyle = "rgba(200, 0, 0, 0.33)";
            ctx.lineWidth = 3;
            ctx.strokeStyle = "rgba(200, 0, 0, 1)";
            ctx.arc(
               screenCoords[0], // 屏幕 x 位置
               screenCoords[1], // 屏幕 y 位置
               radius, // 半径
               0, // 开始角度
               2 * Math.PI // 终止角度
            );
            ctx.fill();
            ctx.stroke();
            ctx.closePath();
         });

         // 使用 Anime.js 计算半径的值
         if (this.animationHelper) {
            this.animationHelper.tick(performance.now());
            this.requestRender();
         }
      }
   });

   return AnimatedPointsView2D;
});
```

上述代码利用 Anime.js 来帮助改变和过渡半径的值，过渡计算使用的是 Sine 函数。

在 Sample11-2 文件夹下新建一个名为 layers 的文件夹，在其中新建一个名为 AnimatedPointsLayer.js 的 JavaScript 文件，这是自定义图层类。为了充分利用 GraphicLayer 管理图形对象的功能，此自定义图层类从 GraphicLayer 派生，代码如下：

```
define(["esri/layers/GraphicsLayer", "views/AnimatedPointsView2D"],
   function (GraphicsLayer, AnimatedPointsView2D) {
   var AnimatedPointsLayer = GraphicsLayer.createSubclass({
      constructor: function () {
         this.radius = 10;
         this.radiusChange = 20;
      },

      createLayerView: function (view) {
        if (view.type === "2d") {
          return new AnimatedPointsView2D({
             view: view,
             layer: this
          });
        }
      }
   });

   return AnimatedPointsLayer;
});
```

在 Sample11-2 文件夹下新建一个名为 AnimatedPoints.html 的网页文件，该网页文件的内容如下：

```
<!DOCTYPE html>
<html>
<head>
   <meta charset="utf-8" />
   <title>自定义图层视图</title>
```

```
    <link rel="stylesheet" href="https://js.arcgis.com/4.22/esri/themes/ light/main.css"/>
    <style>
        html, body, #viewDiv { padding: 0; margin: 0; height: 100%; width: 100%;
        }
    </style>
</head>

<body>
    <div id="viewDiv"></div>
    <script src="https://unpkg.com/animejs@3.2.0/lib/anime.min.js"></script>
    <script>
        var locationPath = window.location.href.replace(/\/[^/]+$/, "/")
        var dojoConfig = {
            paths: {
                layers: locationPath + "layers",
                views: locationPath + "views"
            }
        };
    </script>
    <script src="https://js.arcgis.com/4.22/"></script>
    <script src="js/AnimatedPoints.js"></script>
</body>
</html>
```

功能代码在 js 文件夹的 AnimatedPoints.js 中，代码如下：

```
require([ "esri/Map", "esri/views/MapView", "layers/AnimatedPointsLayer",
    "esri/layers/FeatureLayer", "esri/Graphic"
], function ( EsriMap, MapView, AnimatedPointsLayer, FeatureLayer, Graphic ) {
    // 创建自定义图层的一个实例
    const customLayerInstance = new AnimatedPointsLayer({
        radius: 20,
        radiusChange: 30
    });

    const map = new EsriMap({
        basemap: "gray-vector",
        layers: [customLayerInstance]
    });

    const view = new MapView({
        container: "viewDiv",
        map: map,
        zoom: 7,
        center: [20, 50]
    });

    // 增加一个要素图层
    const worldAirports = new FeatureLayer({
        url: "https://services2.arcgis.com/jUpNdisbWqRpMo35/ArcGIS/
rest/services/Airports28062017/FeatureServer/0",
        opacity: 0 // 不显示该图层
    });
    map.add(worldAirports);

    function addArrayOfGraphicsToCustomLayer(arrayOfGraphics) {
        customLayerInstance.removeAll();

        arrayOfGraphics.features.forEach(function (feature) {
            if (feature.geometry) {
                customLayerInstance.add(
                    new Graphic({
                        geometry: feature.geometry
                    })
                );
            }
        });
    }

    view.whenLayerView(worldAirports).then(function (layerView) {
        layerView.queryFeatures({
```

```
          returnGeometry: true
       }).then(function (results) {
          addArrayOfGraphicsToCustomLayer(results);
       });

       layerView.watch("updating", function (value) {
          if (!value) {
             layerView.queryFeatures({
                returnGeometry: true
             }).then(function (results) {
                console.log("on update");
                addArrayOfGraphicsToCustomLayer(results);
             });
          }
       });
    });
 });
```

上述代码利用要素图层获取机场点数据，然后加入自定义的图层中，便可实现点符号动态变化的效果。该网页程序的运行结果如图 11.4 所示。

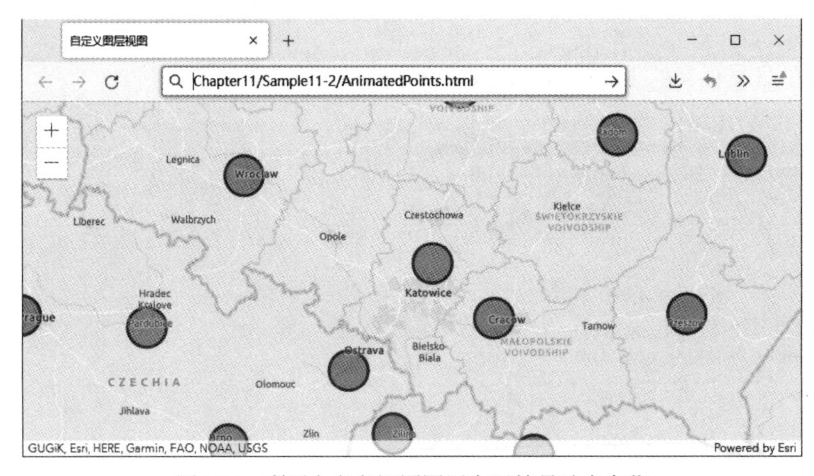

图 11.4　利用自定义视图图层实现符号动态变化

11.3　利用 WebGL 创建自定义图层视图

WebGL 是一项利用 JavaScript API 呈现 3D 计算机图形的技术，有别于过去需要加装浏览器插件，通过 WebGL 的技术，只需要编写网页代码即可实现 3D 图像的展示。WebGL 和 HTML 5 的关系就好比 OpenGL 库和三维应用程序的关系。WebGL 只是提供了底层的渲染和计算的函数，而并没有定义一个高级的文件格式或交互函数。为了提高开发效率，可使用 WebGL 辅助库或者引擎。

11.3.1　WebGL 基础

WebGL 基于 OpenGL ES 2.0，提供了 3D 图像的程序接口。它使用 HTML 5 Canvas 并允许利用文档对象模型接口。

作为一项开放的 Web 标准，WebGL 是由 Khronos Group 开发的，Google、Apple、Mozilla、Opera 等公司和组织都是其中的成员，即这一标准的制定者和积极倡导者。

WebGL 是作为 HTML 5 中的<canvas>标签的一个特殊的上下文（experimental-webgl）实现在浏览器中的，因此 WebGL 可以与所有 DOM 接口完全整合到一起。WebGL API 是基于 OpenGL ES 2.0 的，是 OpenGL ES 2.0 的子集，所以 WebGL 可以运行于许多不同的硬件设备之上，例如台式计算机、智能手机、平板电脑和智能电视。

当前绝大部分的浏览器都支持 WebGL。不过有些浏览器默认可能关闭了该功能。对于 Firefox 浏览器，在浏览器的地址栏输入“about:config”并按回车键。然后在过滤器（Filter）中搜索“webgl”，将 webgl.force-enabled 设置为 true，并将 webgl.disabled 设置为 false。接着在过滤器中搜索“security.fileuri.strict_origin_policy”，将 security.fileuri.strict_origin_policy 设置为 false。最后关闭目前开启的所有 Firefox 窗口，重新启动 Firefox。其中前两个设置是强制开启 WebGL 支持，最后一个 security.fileuri.strict_origin_policy 的设置是允许从本地载入资源。

下面我们通过绘制一个矩形来演示使用 WebGL 的基本步骤。在 Sample11-3 站点中新增一个名为 WebGL.html 的网页文件，该网页文件的框架代码如下：

```
<!DOCTYPE html>
<html>
<head>
    <meta charset="utf-8">
    <title>原生 WebGL API 介绍</title>
    <script id="vertex" type="x-shader"></script>
     <script id="fragment" type="x-shader"></script>
     <script type="text/javascript">
        function init() {
        }
     </script>
</head>
<body onload="init()">
    <canvas id="mycanvas" width="800" height="500"></canvas>
</body>
</html>
```

在以上代码中，除了 HTML 的元素之外，还增加了几个 WebGL 特定的内容，最重要的是定义了两个非 JavaScript 的脚本，我们将在其中实现着色器。另外，还增加了 canvas 元素，所有的 WebGL 都绘制在 canvas 元素上。最后，定义了一个 init 函数，网页加载完成后就会调用该函数。接下来的工作就是实现该函数。

首先在 init 函数中增加如下代码：

```
var canvas = document.getElementById("mycanvas");
var gl = canvas.getContext("experimental-webgl");
gl.viewport(0, 0, canvas.width, canvas.height);
gl.clearColor(0, 0.5, 0, 1);
gl.clear(gl.COLOR_BUFFER_BIT);
```

在上面的代码中，首先得到在 HTML 文档中定义的 canvas 元素的引用，然后通过其 getContext 方法得到 WebGL 上下文。获得上下文以后，就可以设置在哪块区域绘制 WebGL 了。在 WebGL 中，这被称为视口（Viewport）。上面的代码将 WebGL 的视口设置为整个画布的大小。然后定义了视口的默认颜色，并调用了 clear 方法将视口设置为该默认颜色。

接下来需要定义着色器，用来将图形信息转换为屏幕上的像素。着色器由顶点着色器（Vertex Shader）和片元着色器（Fragment Shader）两部分组成。顶点着色器负责将模型的坐标转换到 2D 视口，片元着色器负责将元素输出到转换后的顶点像素。

将 id 为 vertex 的脚本修改为如下代码：

```
<script id="vertex" type="x-shader">
    attribute vec2 aVertexPosition;
    void main() {
        gl_Position = vec4(aVertexPosition, 0.0, 1.0);
    }
</script>
```

这段代码不是用 JavaScript 写成的顶点着色器。尽管看起来语法很像，但事实上这段代码使用的是一种特殊的着色器语言——GLSL，很像 C 的一种语言。每个着色器都有一个名为 main 的函数，在绘制图形时调用该函数。在头部定义的变量就是该函数的参数，可以是 attribute 或 uniform 两类变量。通常，attribute 表示的是针对不同顶点位置而有所不同的数据，比如顶多的颜色或纹理坐标等，而 uniform 是对所有顶点都相同的数据，因此称为统一变量。对每个顶点调用一次顶点渲染器，而 gl_Position 包含着色器完成顶点着色以后的顶点坐标。

将 id 为 vertex 的脚本修改为如下代码：

```
<script id="fragment" type="x-shader">
    #ifdef GL_ES
    precision highp float;
    #endif

    uniform vec4 uColor;
    void main() {
        gl_FragColor = uColor;
    }
</script>
```

上述片元着色器实际上没有做任何事情，只是按照约定俗成的惯例加上这段代码，告诉显卡需要精确到浮点值的数字运算，然后指定绘制物体的时候要用 uColor 统一变量指定的颜色。

下面要实现的是在 init 函数中编译与连接着色器。在 gl.clear 代码行下面加入如下代码：

```
var v = document.getElementById("vertex").firstChild.nodeValue;
var f = document.getElementById("fragment").firstChild.nodeValue;

var vs = gl.createShader(gl.VERTEX_SHADER);
gl.shaderSource(vs, v);
gl.compileShader(vs);

var fs = gl.createShader(gl.FRAGMENT_SHADER);
gl.shaderSource(fs, f);
gl.compileShader(fs);

program = gl.createProgram();
gl.attachShader(program, vs);
gl.attachShader(program, fs);
gl.linkProgram(program);
```

由于着色器使用的不是 JavaScript 代码，不能被浏览器执行，因此需要先对它们进行编译。上述代码的前两行用于获取着色器的文本，然后创建了两个着色器对象，将文本传给它们，并进行编译。但是，至此获得的还是两个分离的着色器，需要将它们连接在一起并放入 WebGL 的 program 中。这需要使用 linkProgram 方法来实现。

下面要实现的是定义要绘制的图元（Primitive）的坐标。在上面代码的下面加入如下代码：

```
var aspect = canvas.width / canvas.height;
var vertices = new Float32Array([
    -0.5, 0.5 * aspect, 0.5, 0.5 * aspect, 0.5, -0.5 * aspect,  // 三角形 1
    -0.5, 0.5 * aspect, 0.5, -0.5 * aspect, -0.5, -0.5 * aspect   // 三角形 2
]);
```

```
vbuffer = gl.createBuffer();
gl.bindBuffer(gl.ARRAY_BUFFER, vbuffer);
gl.bufferData(gl.ARRAY_BUFFER, vertices, gl.STATIC_DRAW);

itemSize = 2;
numItems = vertices.length / itemSize;
```

WebGL 的绘制由图元组成，包含点、线与三角形 3 类。所有的实体三维对象都是由三角形组成的。我们要绘制的正方形就是由两个三角形组成的。图元的数据数组称为 Buffer，它定义了顶点的位置。

下面的工作是设置着色器的参数。代码如下：

```
gl.useProgram(program);
program.uColor = gl.getUniformLocation(program, "uColor");
gl.uniform4fv(program.uColor, [0.0, 0.3, 0.0, 1.0]);

program.aVertexPosition = gl.getAttribLocation(program, "aVertexPosition");
gl.enableVertexAttribArray(program.aVertexPosition);
gl.vertexAttribPointer(program.aVertexPosition, itemSize, gl.FLOAT, false, 0, 0);
```

最后一步是绘制图元。代码如下：

```
gl.drawArrays(gl.TRIANGLES, 0, numItems);
```

drawArrays 方法的第一个参数用于指定绘制模型，由于我们要绘制一个实体正方形，因此使用了 gl.TRIANGLES，其他两个可能值分别是 gl.LINES 与 gl.POINTS。

运行该网页程序，显示效果如图 11.5 所示。

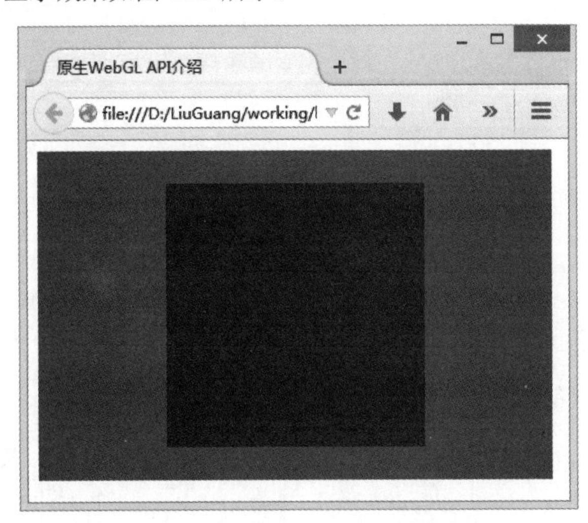

图 11.5　利用原生 WebGL API 绘图

11.3.2　利用 WebGL 自定义图层与图层视图的基本过程

前面只介绍了基本的 WebGL 知识，只是有助于理解本章后面要介绍的内容。要想利用 WebGL 制作比较有创意的地图功能，这些知识远远不够。

利用 WebGL 自定义图层与图层视图的过程与利用 Canvas API 来扩展基本类似，主要是覆盖 attach()、detach()与 render()三个方法，如果还想实现选择功能，则需要覆盖 hitTest()方法。

不过对于 WebGL，稍微有些不同。一般需要在 attach()方法中创建 WebGL 的资源，例如纹理对象、用于存储顶点数据或着色数据的缓冲区对象以及 Program 对象等，参考如下代码：

```
this.texture = this.context.createTexture();
this.vertexData = this.context.createBuffer();
this.program = this.context.createProgram();
```

最后需要在 detach()方法中释放这些资源，参考如下代码：

```
this.context.deleteTexture(this.texture);
this.context.deleteBuffer(this.vertexData);
this.context.deleteProgram(this.program);
```

这里用一个实现带电效果的图层来演示如何利用 WebGL 来扩展。在 Sample11-3/views 文件夹下新建一个名为 HighwaysViewGL2D.js 的 JavaScript 文件。为了节省篇幅，这里不列出全部代码，只介绍关键部分。

HighwaysViewGL2D.js 的代码框架如下：

```
define(["esri/views/2d/layers/BaseLayerViewGL2D", "esri/core/watchUtils",
"esri/core/promiseUtils"],
      function (BaseLayerViewGL2D, watchUtils, promiseUtils) {
    var HighwaysViewGL2D = BaseLayerViewGL2D.createSubclass({
        constructor: function () {
        },

        attach: function () {
        },

        // 释放资源
        detach: function () {
        },

        // 当每一帧渲染时调用
        render: function (renderParameters) {
        },

           // 将线转换为三角网
        processGraphic: function (g) {
        },

        // render()方法中调用
        updatePositions: function (renderParameters) {
        }
    });

    return HighwaysViewGL2D;
});
```

由于 WebGL 只绘制三角形，因此对于线、多边形需要将其转换为多个镶嵌的三角网。BaseLayerViewGL2D 提供了 tessellatePolyline()与 tessellatePolygon()方法来帮助实现。在这个实例中，使用方式如下：

```
processGraphic: function (g) {
    this.promises.push(
        this.tessellatePolyline(g.geometry, 30)
            .then(function (mesh) {
                return {
                    mesh: mesh,
                    attributes: g.attributes,
                    symbol: g.symbol
                };
            })
    );
},
```

通过 tessellatePolyline()方法处理后，一个线对象就被划分成多个三角形组成的三角网，如图

11.6 所示，对应 TessellatedMesh 类。TessellatedMesh 类的 vertices 属性表示构成三角网的顶点，indices 属性表示将顶点连接在一起的三角形的索引，每个连续的三组索引表示一个三角形。

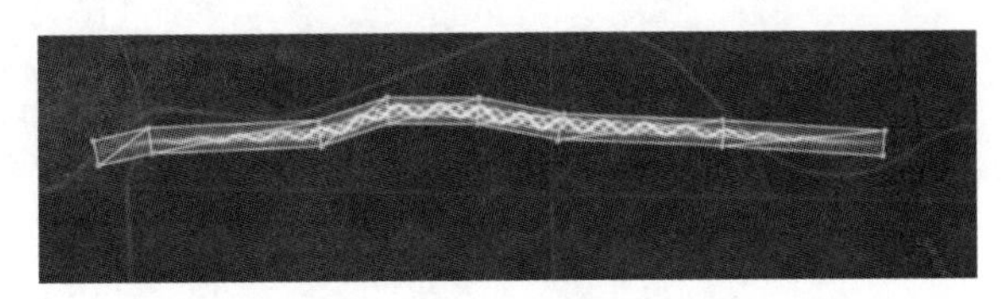

图 11.6 将线转换为三角网以便 WebGL 绘制

三角网的 vertices 属性是一个 MeshVertex 对象，它又包含 4 个属性，前 3 个是二维点，最后一个是标量值，因此每个三角网顶点总共包含 7 个数值。

首先是地理位置，包含 x 与 y 两个值，是与该顶点关联的地理点。对于范围矩形和多边形，相当于顶点本身的位置；对于点和多点（MultiPoint），是点的地理位置，以及关联到相应标记符号的锚点；对于线，位于中心线上。地理位置通常以地图单位表示，自定义顶点着色器通常需要将其转换为标准化的设备坐标。

然后是偏移向量，包含 xOffset 与 yOffset 两个值，这是一个偏移量，用于指定将地理位置挤出（Extrude）为线和四边形的量，如图 11.7 所示。对于范围和多边形，这两个值为零；对于点和多点，它是从锚点到挤出四边形顶点的屏幕距离；对于线，它是从中心线到挤出线边缘的距离。偏移向量通常以地图以外的其他单位表示，并且不需要通过与地理位置相同的变换进行变换。一个常见的约定是以点或像素表示偏移量并相应地对顶点着色器进行编码。

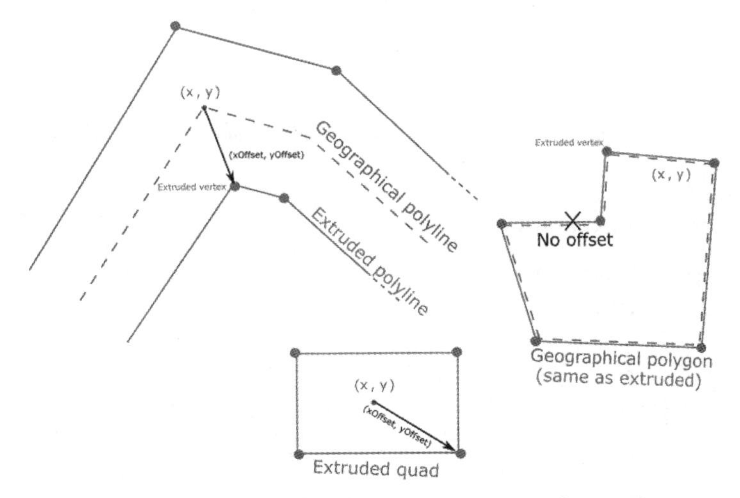

图 11.7 MeshVertex 对象中的 x、y、xOffset 与 yOffset

接着是纹理坐标，包括 uTexcoord 与 vTexcoord 两个值，是与该顶点相连的纹理坐标。对于范围矩形，左下顶点的纹理坐标为（0, 0），右上顶点的纹理坐标为（1, 1）；对于多边形，每个顶点的纹理坐标与该多边形的最小包围矩形在同一片元上的插值坐标相匹配；对于点和多点，每个四边形的左下顶点的纹理坐标为（0, 0），右上顶点的纹理坐标为（1, 1）；对于线，起始封口由两个具有纹理坐标（0, 0）和（0, 1）的顶点组成，而结束封口与（1, 0）和（1, 1）相关联，如图 11.8 所示。

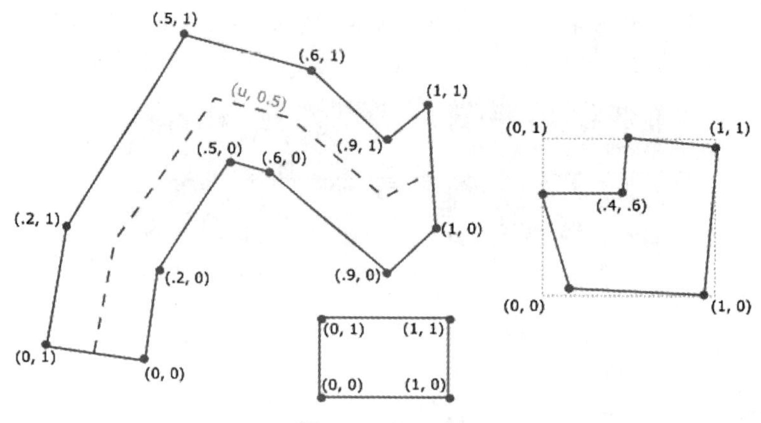

图 11.8　纹理坐标

最后一个属性是 distance，只对线有效，是指从线的起点到该顶点的距离，如图 11.9 所示。

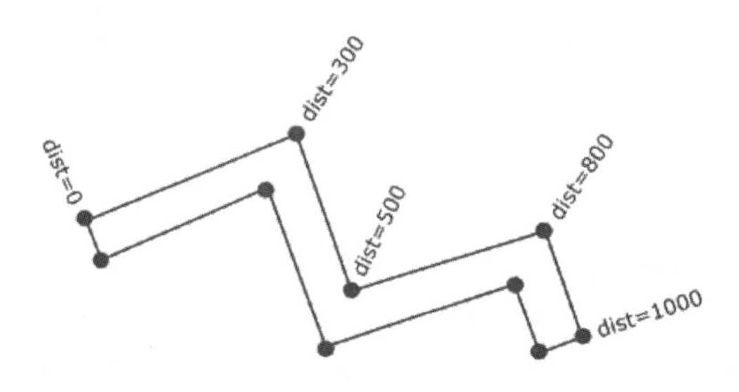

图 11.9　distance 属性

有了三角网数据之后，需要将这些顶点数据编码为顶点缓冲区。代码如下：

```
// 随机种子用于让每条线的动画略有差别
var seed1 = Math.floor(random() * 256);
var seed2 = Math.floor(random() * 256);
var seed3 = Math.floor(random() * 256);
var seed4 = Math.floor(random() * 256);

var length = mesh.vertices.length && mesh.vertices[mesh.vertices.length - 1].distance;

for (var i = 0; i < mesh.vertices.length; ++i) {
   var v = mesh.vertices[i];  // 当前顶点对象
   vertexData[currentVertex * 12 + 0] = v.x - this.centerAtLastUpdate[0];
   vertexData[currentVertex * 12 + 1] = v.y - this.centerAtLastUpdate[1];
   vertexData[currentVertex * 12 + 2] = v.xOffset;
   vertexData[currentVertex * 12 + 3] = v.yOffset;
   vertexData[currentVertex * 12 + 4] = v.uTexcoord;
   vertexData[currentVertex * 12 + 5] = v.vTexcoord;
   vertexData[currentVertex * 12 + 6] = v.distance;
   vertexData[currentVertex * 12 + 7] = seed1;
   vertexData[currentVertex * 12 + 8] = seed2;
   vertexData[currentVertex * 12 + 9] = seed3;
   vertexData[currentVertex * 12 + 10] = seed4;
   vertexData[currentVertex * 12 + 11] = length;
   currentVertex++;
}
```

然后需要触发缓冲区的更新。每当 layer.graphics 改变的时候，需要重新生成顶点缓冲区，代码如下：

```
this.needsUpdate = false;
```

```
var requestUpdate = function () {
    this.promises = [];
    this.layer.graphics.forEach(this.processGraphic.bind(this));
    promiseUtils.all(this.promises).then(
        function (meshes) {
            this.meshes = meshes;
            this.needsUpdate = true;
            this.requestRender();
        }.bind(this)
    );
}.bind(this);

this.watcher = watchUtils.on(
    this,
    "layer.graphics",
    "change",
    requestUpdate,
    requestUpdate,
    requestUpdate
);
```

自定义图层视图之后，需要自定义对应的图层。在 Sample11-3 文件夹下新建一个名为 layers 的文件夹，在其中新建一个名为 HighwaysLayer.js 的 JavaScript 文件，代码如下：

```
define(["esri/layers/GraphicsLayer", "views/HighwaysViewGL2D"],
    function (GraphicsLayer, HighwaysViewGL2D) {
    var HighwaysLayer = GraphicsLayer.createSubclass({
        createLayerView: function (view) {
            if (view.type === "2d") {
                return new HighwaysViewGL2D({
                    view: view,
                    layer: this
                });
            }
        }
    });

    return HighwaysLayer;
});
```

在 Sample11-3 文件夹下新建一个名为 ElectricHighways.html 的网页文件，该网页文件的内容如下：

```
<!DOCTYPE html>
<html>
<head>
    <meta charset="utf-8">
    <title>自定义图层与图层视图</title>
    <link rel="stylesheet" href="https://js.arcgis.com/4.22/esri/themes/ dark-
blue/main.css" />
    <style type="text/css" media="screen">
        html, body, #viewDiv { width: 100%; height: 100%; padding: 0; margin: 0;
        }
    </style>
</head>

<body>
    <div id="viewDiv"></div>
    <script src="https://cdnjs.cloudflare.com/ajax/libs/gl-matrix/ 2.8.1/gl-
matrix.js"></script>
    <script>
        var locationPath = window.location.href.replace(/\/[^/]+$/, "/")
        var dojoConfig = {
            paths: {
                layers: locationPath + "layers",
                views: locationPath + "views"
            }
        };
    </script>
```

```
    <script src="https://js.arcgis.com/4.22/"></script>
    <script src="js/ElectricHighways.js"></script>
</body>
</html>
```

在 Sample11-3/js 文件夹下新建一个名为 ElectricHighways.js 的 JavaScript 文件，代码很简单，复杂的功能都在自定义图层视图中实现了。代码如下：

```
require(["esri/Map", "esri/views/MapView", "esri/layers/FeatureLayer",
    "layers/HighwaysLayer"
], function (Map, MapView, FeatureLayer, HighwaysLayer ) {
    const highways = new FeatureLayer({
        url: "https://services.arcgis.com/P3ePLMYs2RVChkJx/arcgis/rest/
services/USA_Freeway_System/FeatureServer/2"
    });

    const query = highways.createQuery();
    query.where = "1=1";
    query.outSpatialReference = { wkid: 3857 };
    highways.queryFeatures(query).then(function (result) {
        layer.graphics = result.features;
    });

    var layer = new HighwaysLayer({
        graphics: []
    });

    var map = new Map({
        basemap: "dark-gray",
        layers: [layer]
    });

    var view = new MapView({
        container: "viewDiv",
        map: map,
        center: [-74.0, 40.7],
        zoom: 12,
        spatialReference: {
            wkid: 3857
        }
    });
});
```

该网页程序的运行结果如图 11.10 所示。

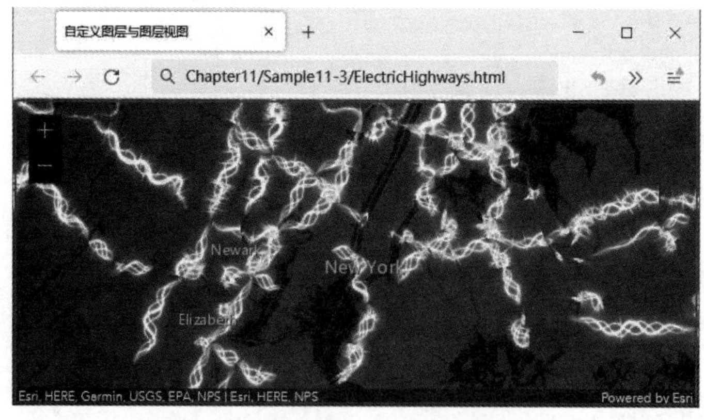

图 11.10　利用 WebGL 自定义图层视图

11.3.3 使用 WebGL 辅助库

从前面几个例子可以看到实现一个 WebGL 的着色器需要编写大量的代码，而且由于使用的是全局状态，因此很容易出错，出错以后也非常难以调试。因此，一般都使用一些已有的 WebGL 辅助库或者引擎来提高开发效率。

辅助库是对 WebGL 的进一步封装，主要解决的问题是 WebGL 的 API 过于烦琐。当前主要的辅助库有 twgl、regl 与 luma.gl 等。

twgl 的定位只是减少重复代码，并没有进一步抽象，所以使用它和直接用 WebGL 在学习成本上没太大区别，因此非常适合初学者，但也意味着它没什么独特的功能。比如在 WebGL 中创建一个常见的物体，需要反复调用 bindBuffer 和 bufferData，很容易写错：

```
    const positions = [1,1,-1,1,1,1,1,-1,1,1,-1,-1,-1,1,1,-1,1,-1,-1,-1,-1,-1, -1,1,-
1,1,1,1,1,1,1,1,-1,-1,1,-1,-1,-1,-1,1,-1,-1,1,-1,1,-1,-1,1,1,1,1,-1,1,1,-1,-1,1,1,-1,1,-1,1,-
1,1,1,-1,1,-1,-1,-1,-1,-1];
    const normals   = [1,0,0,1,0,0,1,0,0,1,0,0,-1,0,0,-1,0,0,-1,0,0,-1,0,0,0,1,
0,0,1,0,0,1,0,0,1,0,0,-1,0,0,-1,0,0,-1,0,0,-1,0,0,0,1,0,0,1,0,0,1,0,0,1,0,0, -1,0,0,-1,0,0,-
1,0,0,-1];
    const texcoords = [1,0,0,0,0,1,1,1,1,0,0,0,0,1,1,1,1,0,0,0,0,1,1,1,1,0,0,0,
0,1,1,1,1,0,0,0,0,1,1,1,1,0,0,0,0,1,1,1];
    const indices   = [0,1,2,0,2,3,4,5,6,4,6,7,8,9,10,8,10,11,12,13,14,12,14,15,
16,17,18,16,18,19,20,21,22,20,22,23];

    const positionBuffer = gl.createBuffer();
    gl.bindBuffer(gl.ARRAY_BUFFER, positionBuffer);
    gl.bufferData(gl.ARRAY_BUFFER, new Float32Array(positions), gl.STATIC_DRAW);
    const normalBuffer = gl.createBuffer();
    gl.bindBuffer(gl.ARRAY_BUFFER, normalBuffer);
    gl.bufferData(gl.ARRAY_BUFFER, new Float32Array(normals), gl.STATIC_DRAW);
    const texcoordBuffer = gl.createBuffer();
    gl.bindBuffer(gl.ARRAY_BUFFER, texcoordBuffer);
    gl.bufferData(gl.ARRAY_BUFFER, new Float32Array(texcoords), gl.STATIC_DRAW);
    const indicesBuffer = gl.createBuffer();
    gl.bindBuffer(gl.ELEMENT_ARRAY_BUFFER, indicesBuffer);
    gl.bufferData(gl.ELEMENT_ARRAY_BUFFER, new Uint16Array(indices), gl.STATIC_DRAW);
```

而使用 twgl.js 就能简化成这样：

```
    const arrays = {
      position: [1,1,-1,1,1,1,1,-1,1,1,-1,-1,-1,1,1,-1,1,-1,-1,-1,-1,-1,-1, 1,-
1,1,1,1,1,1,1,1,-1,-1,1,-1,-1,-1,-1,1,-1,-1,1,-1,1,-1,-1,1,1,1,1,-1,1,1,-1,-1,1,1,-1,1,-1,1,-
1,1,1,-1,1,-1,-1,-1,-1,-1],
      normal:   [1,0,0,1,0,0,1,0,0,1,0,0,-1,0,0,-1,0,0,-1,0,0,-1,0,0,0,1,0,0,1,
0,0,1,0,0,1,0,0,-1,0,0,-1,0,0,-1,0,0,-1,0,0,0,1,0,0,1,0,0,1,0,0,1,0,0,-1,0,0,-1,0,0,-1,0,0,-1],
      texcoord: [1,0,0,0,0,1,1,1,1,0,0,0,0,1,1,1,1,0,0,0,0,1,1,1,1,0,0,0,0,1,1,
1,1,0,0,0,0,1,1,1,1,0,0,0,0,1,1,1],
      indices:  [0,1,2,0,2,3,4,5,6,4,6,7,8,9,10,8,10,11,12,13,14,12,14,15,16,17,
18,16,18,19,20,21,22,20,22,23],
    };
    const bufferInfo = twgl.createBufferInfoFromArrays(gl, arrays);
```

和 twgl 单纯简化代码相比，regl 提供了更高层的抽象，将原本的过程式转成了函数式，使得看起来更符合直觉，比如下面这个入门三角形比原生 WebGL 要少很多代码。

```
    const drawTriangle = regl({
      frag: `
      void main() {
        gl_FragColor = vec4(1, 0, 0, 1);
      }`,

      vert: `
      attribute vec2 position;
      void main() {
        gl_Position = vec4(position, 0, 1);
```

```
    }`,

    attributes: {
      position: [[0, -1], [-1, 0], [1, 1]]
    },

    count: 3
  })
```

regl 的原理是动态生成 WebGL 相关的 JavaScript 代码然后执行，所以它比 twgl 能提供更加简化的代码，也能更灵活地设计对外 API，减少 WebGL 本身过程式带来的限制，功能也更多，比如能自动处理状态丢失。

从工程角度看 regl 做得很不错，文档详尽，有 30000 单元测试，覆盖率达到了 95%，还有工具来追踪性能变化，可以放心使用。但由于做了一层封装，导致使用它和原生 WebGL 的写法差异较大，因此不适合对 WebGL 还不熟悉的初学者，但对于熟悉 WebGL 的开发者来说，使用它的开发体验还不错。

luma.gl 是 Uber 开发的，主要用它开发地理空间数据可视化框架，比如 Desk.gl 和 Kepler.gl，还有无人车数据可视化 AVS。使用前面几个库时，如果要同时支持 WebGL 2.0 和 WebGL 1.0，则需要自己做兼容，而 luma.gl 可以自动解决这个问题，方便在支持 WebGL 2.0 的设备上优先使用 WebGL 2.0，比如直接调用 createVertexArray，不过这种 API 没几个，所以这个亮点不是很显著。它的独特功能其实是 Shader 模块化拆分，这对于写复杂的 Shader 很有帮助。

ArcGIS API for JavaScript 网站有一个直接使用 WebGL 开发的自定义图层的例子，网址是 https://developers.arcgis.com/javascript/latest/sample-code/custom-gl-visuals/，这里举例演示如何使用 luma.gl 来重写。

在 Sample11-3/views 文件夹下新建一个名为 AnimatedPointsViewGL2D.js 的 JavaScript 文件，为了节省篇幅，这里只列举与直接使用 WebGL 不同的代码。该文件的框架代码如下：

```
    define(["esri/views/2d/layers/BaseLayerViewGL2D", "esri/core/watchUtils",
"esri/core/promiseUtils"],
        function (BaseLayerViewGL2D, watchUtils, promiseUtils) {
        var AnimatedPointsViewGL2D = BaseLayerViewGL2D.createSubclass({
            constructor: function () {
            },

            attach: function () {
            },

            detach: function () {
            },

            render: function (renderParameters) {
            },

            hitTest: function (x, y) {
            },

            // 在 render()方法中调用
            updatePositions: function (renderParameters) {
            }
        });

        return AnimatedPointsViewGL2D;
    });
```

在 luma.gl 中有一个非常重要的概念是 Model（模型），一个模型可以被认为包含单次绘图调用所需的所有 WebGL 内容，例如着色器程序、属性、统一变量等。

第一步是创建着色器资源。如果直接使用 WebGL，那么需要调用如下一大段代码：

```
const vertexShader = gl.createShader(gl.VERTEX_SHADER);
gl.shaderSource(vertexShader, vertexSource);
gl.compileShader(vertexShader);
const fragmentShader = gl.createShader(gl.FRAGMENT_SHADER);
gl.shaderSource(fragmentShader, fragmentSource);
gl.compileShader(fragmentShader);
// 创建着色器程序
this.program = gl.createProgram();
gl.attachShader(this.program, vertexShader);
gl.attachShader(this.program, fragmentShader);
```

而在 luma.gl 中只需要在模型中指定顶点着色器与片元着色器文本即可：

```
this.model = new luma.Model(gl, {
   vs: "attribute vec2 a_position …",
   fs: "precision medium float …",
   ...
});
```

第二步是创建缓冲区，包括顶点缓冲区与索引缓冲区。直接使用 WebGL 的代码如下：

```
this.vertexBuffer = gl.createBuffer();
this.indexBuffer = gl.createBuffer();
gl.bindBuffer(gl.ARRAY_BUFFER, this.vertexBuffer);
gl.bufferData(gl.ARRAY_BUFFER, vertexData, gl.STATIC_DRAW);
gl.bindBuffer(gl.ELEMENT_ARRAY_BUFFER, this.indexBuffer);
gl.bufferData(gl.ELEMENT_ARRAY_BUFFER, indexData, gl.STATIC_DRAW);
```

在 luma.gl 中使用 Geometry 来表示几何图元，包含一组顶点属性。代码如下：

```
var geometry = new luma.Geometry({
   drawMode: gl.TRIANGLES,
   attributes: {
      a_position: {
         size: 2,
         value: positionData
      },
      a_offset: {
         size: 2,
         value: offsetData
      }
   },
   indices: indexData
});

this.model = new luma.Model(gl, {
   vs: "attribute vec2 a_position …",
   fs: "precision medium float …",
   geometry: geometry,
});
```

然后需要设置统一变量，如果直接使用 WebGL，代码如下：

```
gl.useProgram(this.program);
gl.uniformMatrix3fv(this.uTransform, false, this.transform);
gl.uniformMatrix3fv(this.uDisplay, false, this.display);
gl.uniform1f(this.uCurrentTime, performance.now() / 1000.0);
```

而在 luma.gl 中，则需要在 luma.withParameters 方法的回调函数参数中设置模型的统一变量，代码如下（加粗部分）：

```
luma.withParameters(gl, {
   blend: true,
   blendFunc: [gl.ONE, gl.ONE]
}, function () {
   // 设置统一变量
   model.setUniforms({
```

```
        u_transform: transform,
        u_display: display,
        u_current_time: performance.now() / 1000.0
    });

    // 绘制该模型
    model.draw();
});
```

然后设置颜色混合，直接使用 WebGL 的代码如下：

```
gl.enable(gl.BLEND);
gl.blendFunc(gl.ONE, gl.ONE_MINUS_SRC_ALPHA);
```

而在 luma.gl 中，需要在 luma.withParameters 方法中指定。

最后是绘制。直接使用 WebGL 也很简单，代码如下：

```
gl.drawElements(gl.TRIANGLES, this.indexBufferSize, gl.UNSIGNED_SHORT, 0);
```

而在 luma.gl 中，需要在 luma.withParameters 方法的回调函数参数中调用模型的 draw()方法。

自定义了图层视图之后，需要自定义图层。在 Sample11-3/layers 文件夹下新建一个名为 AnimatedPointsLayer.js 的 JavaScript 文件，在该文件中实现自定义图层。代码如下：

```
define(["esri/layers/GraphicsLayer", "views/AnimatedPointsViewGL2D"],
    function (GraphicsLayer, AnimatedPointsViewGL2D) {
    var AnimatedPointsLayer = GraphicsLayer.createSubclass({
        constructor: function () {
            this.radius = 180;
            this.radiusChange = 8;
        },

        createLayerView: function (view) {
            if (view.type === "2d") {
                return new AnimatedPointsViewGL2D({
                    view: view,
                    layer: this
                });
            }
        }
    });

    return AnimatedPointsLayer;
});
```

在 Sample11-3 文件夹下加入一个名为 AnimatedPointsGL.html 的网页文件，用来测试新加入的自定义类，该网页文件包含的代码如下：

```
<!DOCTYPE html>
<html>
<head>
    <meta charset="utf-8">
    <title>使用 luma.gl</title>
    <link rel="stylesheet" href="https://js.arcgis.com/4.22/esri/themes/ dark-
blue/main.css" />
    <style type="text/css" media="screen">
        html, body, #viewDiv { width: 100%; height: 100%; padding: 0; margin: 0;
        }
    </style>
</head>

<body>
    <div id="viewDiv"></div>
    <script src="https://cdnjs.cloudflare.com/ajax/libs/gl-matrix/2.8.1/ gl-
matrix.js"></script>
    <script src="https://cdn.jsdelivr.net/npm/@luma.gl/core@8.3.3/dist/ dist.js"></script>
    <script>
        var locationPath = window.location.href.replace(/\/[^/]+$/, "/")
```

```
        var dojoConfig = {
            paths: {
                layers: locationPath + "layers",
                views: locationPath + "views"
            }
        };
    </script>
    <script src="https://js.arcgis.com/4.22/"></script>
    <script src="js/AnimatedPointsGL.js"></script>
</body>
</html>
```

AnimatedPointsGL.js 代码很简单，这里不再列出。该网页程序的运行结果如图 11.11 所示。

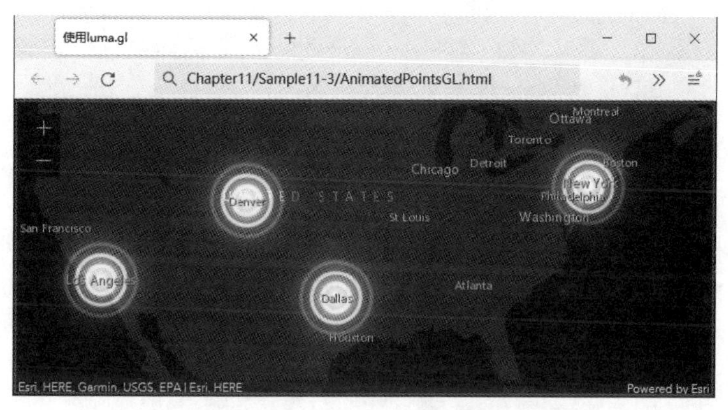

图 11.11　使用 luma.gl 辅助库来开发

11.3.4　使用 WebGL 引擎 deck.gl

前面介绍了如何使用 WebGL 的辅助库来简化 WebGL 的开发，但还是需要自己编写 GLSL（OpenGL Shading Language，OpenGL 着色语言）。编写 GLSL 对于所有开发人员来说都是一个挑战。为了进一步加快 WebGL 的开发，可以使用 WebGL 引擎。

WebGL 引擎的定位是三维物体及场景展示，它将其中的矩阵变化封装成了相机、场景，并提供了材质和光源，运行时自动生成对应的 GLSL，不需要自己写 GLSL（当然也支持自己编写 GLSL），使得即使完全不懂 WebGL 也能使用，大大降低了门槛。对于大部分应用而言，比起前面的 WebGL 辅助库，最好还是选择渲染引擎，因为大部分渲染引擎也提供了自定义着色器和 GPU 实例等功能，只是一般不能改渲染管线。

常用的 WebGL 引擎有 deck.gl、PixiJS 以及 Three.js 等。这里先介绍 deck.gl 的使用，后续两小节分别介绍 PixiJS 和 Three.js。

deck.gl 是由 Uber 开发并开源出来的基于 WebGL 的大数据量可视化框架。它具有提供不同类型可视化图层、GPU 渲染的高性能、结合地理空间数据的特点，专门用于大规模探索和可视化数据库。

Esri 与 vis.gl 基金会合作发布了@deck.gl/arcgis 库，对 deck.lg 进一步使用自定义图层视图的方式进行了封装，以便两者可以简单地集成在一起。

@deck.gl/arcgis 库提供了许多图层，例如 ScreenGridLayer、TripsLayer 与 ContourLayer 等。这里通过使用 ScreenGridLayer 聚合显示来自 ArcGIS 要素图层的点数据（学校分布点）来演示如何使用@deck.gl/arcgis。

在 Sample11-3 文件夹下增加一名为 DeckLayer.html 的网页文件，该网页文件包含的代码如下：

```
<html>
<head>
   <meta charset="utf-8" />
   <title>使用 deck.gl 聚合 ArcGIS 要素图层的数据</title>
   <link rel="stylesheet" href="https://js.arcgis.com/4.22/esri/themes/ dark-
blue/main.css">
   <style>
      html, body, #viewDiv { padding: 0; margin: 0; height: 100%; width: 100%;
      }
   </style>
</head>

<body>
   <div id="viewDiv"></div>
   <script src="https://unpkg.com/deck.gl@8.3.0/dist.min.js"></script>
   <script src="https://unpkg.com/@deck.gl/arcgis@8.3.0/dist.min.js"> </script>
   <script src="https://js.arcgis.com/4.22/"></script>
   <script src="js/DeckLayer.js"></script>
</body>
</html>
```

要使用@deck.gl/arcgis，先要加入 deck.gl 的 JavaScript 库，然后加入@deck.gl/arcgis 的 JavaScript 库，第一个支持 ArcGIS 的 deck.gl 的版本是 8.1.0，上面的代码使用的是 8.3.0 版本。

在 Sample11-3/js 文件夹下新加入一个名为 DeckLayer.js 的 JavaScript 文件，代码如下：

```
require(["esri/Map", "esri/views/MapView", "esri/layers/FeatureLayer",
   "esri/geometry/projection"],
   function (Map, MapView, FeatureLayer, projection) {
   const fl = new FeatureLayer({
      url: "https://services1.arcgis.com/Hp6G80Pky0om7QvQ/arcgis/rest/
services/Public_Schools/FeatureServer/0"
   });
   const q = fl.createQuery();
   q.where = "1=1";
   const queryPromise = fl.queryFeatures(q);

   const deckglArcGISPromise = deck.loadArcGISModules();

   const projectionEnginePromise = projection.load();

   Promise.all([queryPromise, deckglArcGISPromise,
projectionEnginePromise]).then(([result, arcGIS]) => {
      const data = result.features
         .map((feature) => projection.project(feature.geometry, { wkid: 4326 }))
         .map((point) => [point.x, point.y, 1]);

      const colorRange = [
         [180, 255, 255, 20],
         [120, 220, 250, 80],
         [80, 180, 250, 120],
         [60, 140, 250, 170],
         [30, 60, 240, 210],
         [40, 0, 180, 255]
      ];

      const layer = new arcGIS.DeckLayer({});
      layer.deck.layers = [
         new deck.ScreenGridLayer({
            id: "grid",
            data,
            opacity: 0.8,
            getPosition: d => [d[0], d[1]],
            getWeight: d => d[2],
            cellSizePixels: 32,
            colorRange,
            aggregation: "SUM",
            gpuAggregation: false
```

```
            })
        ];

        const mapView = new MapView({
            container: "viewDiv",
            map: new Map({
                basemap: "dark-gray-vector",
                layers: [layer]
            }),
            center: [-98, 39],
            zoom: 2
        });
    });
});
```

deck.gl 的大部分功能都可以使用全局的 deck 对象来获得。此外，还需要使用 deck.loadArcGISModules()方法将 deck.gl 与 ArcGIS API for JavaScript 接口模块异步加载进来。

```
deck.loadArcGISModules().then((arcGIS) => {}
```

加载 arcGIS 模块后，可使用 arcGIS.DeckLayer 类来访问这个模块。这是一个类似于 ArcGIS 图层的类，可以使用 deck.gl 图层列表进行配置并添加到 MapView 中，例如：

```
const layer = new DeckLayer({
  "deck.layers": [
    new deck.GeoJsonLayer({
      ...
    }),
    new deck.ArcLayer({
      ...
    })
  ]
});

const mapView = new MapView({
  container: "viewDiv",
  map: new Map({
    basemap: "dark-gray-vector",
    layers: [layer]
  }),
  ...
});
```

在我们这个实例中使用了 ScreenGridLayer 图层。该图层接收一组经纬度坐标点，将它们聚合到直方图中并呈现为网格。默认情况下，聚合发生在 GPU 上，当浏览器不支持 GPU 聚合或 gpuAggregation 属性设置为 false 时，聚合回退到 CPU。

从上面的实例代码可以看到，当使用 deck.lg 时，仅仅是几行代码就实现了强大的功能。该网页程序的运行结果如图 11.12 所示。

图 11.12　使用 deck.gl 加速开发

11.4　自定义外部渲染器

场景视图使用 WebGL 在屏幕上绘制地图与场景。ArcGIS API for JavaScript 提供了一个底层的接口用于访问场景视图的 WebGL 上下文，因此可以创建自定义的可视化效果。这个接口就是 externalRenderer，称为外部渲染器，可以直接使用 WebGL 代码，也可以集成第三方 WebGL 引擎库。

11.4.1　自定义外部渲染器的过程

要自定义 externalRenderer，需要创建一个最少实现 setup()与 render()两个方法的对象。

```
var myExternalRenderer = {
  setup: function(context) {
  },
  render: function(context) {
  }
}
```

当外部渲染器加入视图时，调用 setup()方法。可以在该方法中初始化所有的静态 WebGL 资源，包括着色器与缓冲区等。在画布上绘制几何图形每一帧都会调用 render()方法。在该方法中需要更新动态资源的状态，设置渲染需要的 WebGL 状态，以及执行绘制。

WebGL 上下文变量会作为参数传递给外部渲染对象的所有方法，有了这个上下文对象之后，便可以直接执行 WebGL 命令了。例如：

```
var myExternalRenderer = {
  vbo: null,
  setup: function(context) {
    this.vbo = context.gl.createBuffer();
    context.gl.bindBuffer(gl.ARRAY_BUFFER, this.vbo);
    var positions = new Float32Array([0, 0, 0,   1, 0, 0,   0, 1, 0]);
    context.gl.bufferData(gl.ARRAY_BUFFER, positions, gl.STATIC_DRAW)
  },
  render: function(context) {
    // 绑定着色器程序等
```

```
    context.gl.bindBuffer(gl.ARRAY_BUFFER, this.vbo);
    context.gl.drawArrays(gl.TRIANGLES, 0, 3);
  }
}
```

场景视图仅仅在视图发生更改时渲染一帧，例如当相机移动或有新数据可供显示时。帧总是从头开始重新绘制，这意味着在绘制的每一帧中都会调用外部渲染器。

如果外部渲染器需要重新绘制，例如因为数据改变了，则必须调用 externalRenderers.requestRender(view)，这将触发要渲染的单个帧。如果要连续渲染，例如在动画期间，则必须在 render()方法中的每一帧都调用 externalRenderers.requestRender(view)：

```
var myExternalRenderer = {
  render: function(context) {
    // 更新 WebGL 资源，并执行绘制调用
    externalRenderers.requestRender(view);
  }
}
```

ArcGIS API for JavaScript 在调用 setup()与 render()方法时，要保证所有 WebGL 状态变量都根据 WebGL 规范设置了默认值。唯一的例外是 gl.FRAMEBUFFER_BINDING，要设置为内部使用的帧缓冲区。因此，需要在将控制器返回给 API 之前，把 WebGL 上下文恢复到相同状态。不这样做可能会导致未定义的行为。为方便起见，为传递给 setup()与 render()方法的 context 参数提供了一个 resetWebGLState()函数。可以通过调用该函数来完全重置 WebGL 状态。但这会产生性能开销，因此建议用户跟踪被修改的特定 WebGL 状态，并手动重置这部分状态。

在实现时，场景视图渲染到一个中间渲染目标上，而不是 WebGL 上下文提供的默认帧缓冲区。在调用 setup()与 render()时，此渲染目标已经绑定，并且对正确的缓冲区进行绘图调用。但是，如果通过调用 gl.bindFramebuffer(null) 绑定到另一个帧缓冲区，那么请注意随后对 gl.bindFramebuffer(null)的调用将不会绑定到 ArcGIS API for JavaScript 预期的正确渲染目标。因此，之后发出的 WebGL 绘制调用不会显示在屏幕上。相反，应该调用传递给 setup()与 render()方法的参数（RenderContext 对象）的 bindRenderTarget()方法，才能绑定正确的颜色与深度缓冲区，示例代码如下：

```
// ArcGIS API for JavaScript 渲染到一个自定义离屏缓冲区，而不是默认的帧缓冲区
// 必须将这段代码注入 three.js 运行时中，以便绑定这些缓冲区，而不是默认缓冲区
var originalSetRenderTarget = this.renderer.setRenderTarget.bind(this.renderer);
this.renderer.setRenderTarget = function (target) {
    originalSetRenderTarget(target);
    if (target == null) {
        context.bindRenderTarget();
    }
}
```

在使用外部渲染器接口时，尤其是在 WebGL 上下文中，必须在场景视图的内部渲染坐标系中指定坐标。这个坐标系取决于视图的 viewingMode 属性。如果 viewingMode 设置为 local，那么该坐标系等于视图空间参考中定义的坐标系。如果 viewingMode 设置为 global，那么该坐标系是一个 ECEF 坐标系，其中 X 轴指向 0°N 0°E，Y 轴指向 0°N 90°E，Z 轴指向北极。虚拟地球被绘制成一个半径为 6 378 137 米的完美球体，所以坐标系的单位应该是米。

可以调用 toRenderCoordinates()与 fromRenderCoordinates()方法在渲染坐标系之间进行转换，而不必担心 viewingMode 与确切的坐标系。

自定义外部渲染器之后，还需要将该渲染器注册到一个场景视图实例中，代码框架如下：

```
require(["esri/Map", "esri/views/SceneView", "esri/views/3d/externalRenderers"],
```

```
    function(Map, SceneView, externalRenderers) {
    var view = new SceneView({
      map: new Map({
        basemap: "hybrid",
        ground: "world-elevation"
      }),
      container: "viewDiv"
    });

    var myExternalRenderer = {
        setup: function(context) {
        },
        render: function(context) {
        }
    }

    // 注册自定义外部渲染器
    externalRenderers.add(view, myExternalRenderer);
});
```

11.4.2 自定义外部渲染器实例

这里通过一个实例（Sample11-4）来演示如何自定义外部渲染器。在这个实例中，我们跟踪并可视化国际空间站的位置，此外在地球表面上绘制一个蓝色圆圈，表示在夜晚可以看到空间站的区域。使用了流行的开源库 three.js 来加载并可视化国际空间站的三维模型。空间站的当前位置是从 open-notify.org 查询得到的。

在 Sample11-4 文件夹下新加入一个名为 InternationalSpaceStation.html 的 HTML 页面，需要引入 three.js，内容如下：

```
<!DOCTYPE html>
<html>
<head>
    <meta charset="utf-8">
    <title>空间站当前位置</title>
    <link rel="stylesheet" href="https://js.arcgis.com/4.22/esri/css/main.css">
    <style>
        html, body, #viewDiv { padding: 0; margin: 0; height: 100%; width: 100%;
        }
    </style>
</head>
<body>
    <div id="viewDiv"></div>
    <script src="https://js.arcgis.com/4.22/"></script>
    <script src="js/three.js"></script>
    <script src="js/OBJLoader.js"></script>
    <script src="js/InternationalSpaceStation.js"></script>
</body>
</html>
```

主要代码在 js/InternationalSpaceStation.js 文件中，代码如下：

```
require(["esri/Map", "esri/views/SceneView", "esri/views/3d/externalRenderers",
    "esri/geometry/SpatialReference", "dojo/request/script"],
    function (Map, SceneView, externalRenderers, SpatialReference, script) {
    var map = new Map({
        basemap: "gray",
        ground: "world-elevation"
    });
    var view = new SceneView({
        container: "viewDiv",
        map: map,
        viewingMode: "global",
        camera: {
            position: {
```

```
            x: -9932671,
            y: 2380007,
            z: 1687219,
            spatialReference: { wkid: 102100 }
        },
        heading: 0,
        tilt: 35
    },
});
view.environment.lighting.cameraTrackingEnabled = false;

// 创建自定义的外部渲染器
var issExternalRenderer = {
    renderer: null,     // three.js 渲染器
    camera: null,       // three.js 相机
    scene: null,        // three.js 场景
    ambient: null,      // three.js 环境光源
    sun: null,          // three.js 太阳光源

    iss: null,  // 空间站模型
    issScale: 40000,  // 空间站模型比例
    issMaterial: new THREE.MeshLambertMaterial({color: 0xe03110}),// 材质

    cameraPositionInitialized: false,
    positionHistory: [],       // 到目前位置所有查询到的空间站位置
    markerMaterial: null,
    markerGeometry: null,

    setup: function (context) {
        // 初始化 three.js 着色器
        this.renderer = new THREE.WebGLRenderer({
            context: context.gl,
            premultipliedAlpha: false
        });
        this.renderer.setPixelRatio(window.devicePixelRatio);
        this.renderer.setViewport(0, 0, view.width, view.height);

        // 防止 three.js 清除 ArcGIS API for JavaScript 创建的缓冲区
        this.renderer.autoClearDepth = false;
        this.renderer.autoClearStencil = false;
        this.renderer.autoClearColor = false;

        // ArcGIS API 渲染到一个自定义离屏缓冲区，而不是默认的帧缓冲区
        // 必须将这段代码注入 three.js 运行时中
        // 以便绑定这些缓冲区，而不是默认缓冲区
        var originalSetRenderTarget = this.renderer.setRenderTarget.bind(this.renderer);
        this.renderer.setRenderTarget = function (target) {
            originalSetRenderTarget(target);
            if (target == null) {
                context.bindRenderTarget();
            }
        }

        this.scene = new THREE.Scene();
        this.camera = new THREE.PerspectiveCamera();
        this.ambient = new THREE.AmbientLight(0xffffff, 0.5);
        this.scene.add(this.ambient);
        this.sun = new THREE.DirectionalLight(0xffffff, 0.5);
        this.scene.add(this.sun);

        this.markerGeometry = new THREE.SphereBufferGeometry(12 * 1000, 16, 16);
        this.markerMaterial = new THREE.MeshBasicMaterial({ color: 0xe03110,
transparent: true, opacity: 0.75 });

        // 加载空间站模型
        var issMeshUrl = "data/iss.obj";
        var loader = new THREE.OBJLoader(THREE.DefaultLoadingManager);
        loader.load(issMeshUrl, function (object3d) {
            this.iss = object3d;
```

```
                this.iss.traverse(function (child) {
                    if (child instanceof THREE.Mesh) {
                        child.material = this.issMaterial;
                    }
                }.bind(this));
                this.iss.scale.set(this.issScale, this.issScale, this.issScale);

                // 在场景中加入空间站模型
                this.scene.add(this.iss);
            }.bind(this), undefined);

            // 创建地平线模型
            var mat = new THREE.MeshBasicMaterial({ color: 0x2194ce });
            mat.transparent = true;
            mat.opacity = 0.5;
            this.region = new THREE.Mesh(
                new THREE.TorusBufferGeometry(2294 * 1000, 100 * 1000, 16, 64),
                mat
            );
            this.scene.add(this.region);

            // 开始查询当前空间站的位置
            this.queryISSPosition();
            context.resetWebGLState();
        },

        render: function (context) {
            var cam = context.camera;
            this.camera.position.set(cam.eye[0], cam.eye[1], cam.eye[2]);
            this.camera.up.set(cam.up[0], cam.up[1], cam.up[2]);
            this.camera.lookAt(new THREE.Vector3(cam.center[0], cam.center[1],
cam.center[2]));
            this.camera.projectionMatrix.fromArray(cam.projectionMatrix);

            // 更新空间站与地平线的位置
            if (this.iss) {
                var posEst = this.computeISSPosition();

                var renderPos = [0, 0, 0];
                externalRenderers.toRenderCoordinates(view, posEst, 0,
SpatialReference.WGS84, renderPos, 0, 1);
                this.iss.position.set(renderPos[0], renderPos[1], renderPos[2]);
                posEst = [posEst[0], posEst[1], -450 * 1000];

                var transform = new THREE.Matrix4();
                transform.fromArray(externalRenderers. renderCoordinateTransformAt(view,
posEst, SpatialReference.WGS84, new Array(16)));
                transform.decompose(this.region.position, this.region.quaternion,
this.region.scale);

                if (this.positionHistory.length > 0 && !this.cameraPositionInitialized) {
                    this.cameraPositionInitialized = true;
                    view.goTo({
                        target: [posEst[0], posEst[1]],
                        zoom: 5,
                    });
                }
            }

            // 更新光照
            view.environment.lighting.date = Date.now();
            var l = context.sunLight;
            this.sun.position.set(
                l.direction[0],
                l.direction[1],
                l.direction[2]
            );
            this.sun.intensity = l.diffuse.intensity;
            this.sun.color = new THREE.Color(l.diffuse.color[0], l.diffuse.color[1],
l.diffuse.color[2]);
```

```
        this.ambient.intensity = l.ambient.intensity;
        this.ambient.color = new THREE.Color(l.ambient.color[0], l.ambient.color[1],
l.ambient.color[2]);

        // 绘制场景
        this.renderer.resetGLState();
        this.renderer.render(this.scene, this.camera);

        // 由于我们需要平滑地移动空间站的位置，因此需要立即绘制下一帧
        externalRenderers.requestRender(view);
        context.resetWebGLState();
    },

    lastPosition: null,
    lastTime: null,

    // 根据当前时间计算空间站的位置
    computeISSPosition: function () {
        if (this.positionHistory.length == 0) { return [0, 0, 0]; }
        if (this.positionHistory.length == 1) {
            var entry1 = this.positionHistory[this.positionHistory.length - 1];
            return entry1.pos;
        }

        var now = Date.now() / 1000;
        var entry1 = this.positionHistory[this.positionHistory.length - 1];
        if (!this.lastPosition) {
            this.lastPosition = entry1.pos;
            this.lastTime = entry1.time;
        }

        var dt1 = now - entry1.time;
        var est1 = [
            entry1.pos[0] + dt1 * entry1.vel[0],
            entry1.pos[1] + dt1 * entry1.vel[1],
        ];
        var dPos = [
            est1[0] - this.lastPosition[0],
            est1[1] - this.lastPosition[1],
        ];
        var dt = now - this.lastTime;
        if (dt === 0) { dt = 1.0 / 1000; }

        var catchupVel = Math.sqrt(dPos[0] * dPos[0] + dPos[1] * dPos[1]) / dt;
        var maxVel = 1.2 * Math.sqrt(entry1.vel[0] * entry1.vel[0] + entry1.vel[1] *
entry1.vel[1]);
        var factor = catchupVel <= maxVel ? 1.0 : maxVel / catchupVel;
        var newPos = [
            this.lastPosition[0] + dPos[0] * factor,
            this.lastPosition[1] + dPos[1] * factor,
            entry1.pos[2]
        ];

        this.lastPosition = newPos;
        this.lastTime = now;

        return newPos;
    },

    // 每隔 5 秒钟从 open-notify.org 获取空间站当前的位置
    queryISSPosition: function () {
        script("https://open-notify-api.herokuapp.com/iss-now.json", {
            jsonp: "callback"
        }).then(function (result) {
            var vel = [0, 0];
            if (this.positionHistory.length > 0) {
                var last = this.positionHistory[this.positionHistory.length - 1];
                var deltaT = result.timestamp - last.time;
                var vLon = (result.iss_position.longitude - last.pos[0]) / deltaT;
                var vLat = (result.iss_position.latitude - last.pos[1]) / deltaT;
                vel = [vLon, vLat];
```

```
                }

                this.positionHistory.push({
                    pos: [result.iss_position.longitude, result.iss_position.latitude, 400 *
1000],
                    time: result.timestamp,
                    vel: vel,
                });

                if (this.positionHistory.length >= 2) {
                    var entry = this.positionHistory[this.positionHistory.length - 2];

                    var renderPos = [0, 0, 0];
                    externalRenderers.toRenderCoordinates(view, entry.pos, 0,
SpatialReference.WGS84, renderPos, 0, 1);

                    var markerObject = new THREE.Mesh(this.markerGeometry,
this.markerMaterial);
                    markerObject.position.set(renderPos[0], renderPos[1], renderPos[2]);
                    this.scene.add(markerObject);
                }

                // 间隔 5 秒发送一次新的位置请求
                setTimeout(this.queryISSPosition.bind(this), 5000);
            }.bind(this));
        }
    }

    // 注册外部渲染器
    externalRenderers.add(view, issExternalRenderer);
});
```

在上面的代码中，使用 queryISSPosition()函数每隔 5 秒获取一次当前空间站的位置。在该函数中，利用 dojo/request/script 来向 open-notify-api.herokuapp.com/iss-now.json 发送请求，而没有像前面章节那样使用 esri/request。这主要是因为 open-notify-api.herokuapp.com 不支持跨域访问，要访问其 iss-now.json 必须使用 JSONP 方式，然而自 4.9 版本之后，esri/request 不再支持 JSONP 方式了。

通过使用 HTML 的 script 标签来进行跨域请求，并在响应中返回要执行的脚本代码，其中可以直接使用 JSON 传递 JavaScript 对象，执行结果存储在本地浏览器。这种跨域的通信方式称为 JSONP。

script 标签不仅可以静态添加到页面中，也可以被动态插入页面中，而且通过 DOM 操作方式动态插入的 script 标签具有与静态 script 标签一样的效果，动态 script 标签引用的 JavaScript 文件也会被执行。例如下面的代码展示如何动态创建 script 标签：

```
function createScript() {
    var element = document.createElement("script" );
    element.type = "text/javascript" ;
    element.src = url;
    document.getElementsByTagName("head" )[0].appendChild(element);
}
```

script 标签既可以放在页面的 head 部分，也可以放在 body 部分。

动态插入 script 标签的一个问题是如何判断返回的 JavaScript 执行完了，只有在执行完之后才能引用 JavaScript 中的对象、变量，调用它中间的函数等。最简单的方法是“标志变量法”，即在脚本中插入标志变量，在脚本最后给这个变量赋值，而在浏览器的脚本中判断这一变量是否已经被赋值，如果已经被赋值则表示返回的脚本已经执行完。但是这种方法的缺点也很明显，如果一个页面有很多动态 script 标签，而每个 script 标签引用的 JavaScript 都使用一个标志变量，那就有很多变量需要判断，而且这些变量的命名可能冲突，因为这些 JavaScript 是由不同的组织、公司提供的，难保不产生冲突。另外，在浏览器本地脚本中需要轮询这些变量的值，虽然可以实现，但实在不是高明的做法。目前被广泛使用的是 JSONP 方法。JSON 表示返回的 JavaScript 其实就是一个 JSON 对象，这是使用 JSONP 这种方式的前提条件。Padding 表示在 JSON 对象前要附加上一些东西，究竟是什么呢？

JSONP 的思路很简单，与其让浏览器脚本来判断返回的 JavaScript 是否执行完毕，不如让 JavaScript 在执行完毕之后自动调用我们想要执行的函数。使用 JSONP 这种方法只需要在原来的 JavaScript 引用链接上加上一个参数，把需要执行的回调函数传递进去。请看下面的两个 script 标签。

```
<script src= " http://url/js.aspx?parameter= … . " >
<script src= " http://url/js.aspx? parameter= … .&callbackname=mycallback" >
```

如果第一个 script 标签返回的是 JSON 对象{result:"hello,world"}，那么第二个 script 标签返回的则是 mycallback({result: "hello, world"})，这一函数将在写入浏览器后立即被执行，这样就实现了在 JavaScript 执行完之后自动调用我们需要执行的回调函数。

以上就是 dojo/request/script 实现的原理。有了这些知识就比较好理解 queryISSPosition()函数了。

使用 Three.js 一般需要如下步骤：

步骤 01 设置 Three.js 渲染器。

步骤 02 设置相机。

步骤 03 设置物体。

步骤 04 设置场景，并将物体加入场景中。

步骤 05 渲染循环。

前 4 步都在自定义外部渲染器对象的 setup()方法中完成，当然在绘制阶段也可以设置相机与场景。

在 setup()方法中，首先调用 new THREE.WebGLRenderer()新建一个 WebGL 着色器对象。

```
this.renderer = new THREE.WebGLRenderer({
   context: context.gl, // 可用于将渲染器附加到已有的渲染上下文中
   premultipliedAlpha: false
});
```

然后设置设备的像素比，可以避免在 HiDPI 设备上绘图模糊：

```
this.renderer.setPixelRatio(window.devicePixelRatio);
```

接着设置视口大小，和三维场景的大小一样：

```
this.renderer.setViewport(0, 0, view.width, view.height);
```

为了防止 Three.js 清除 ArcGIS JS API 提供的缓冲区，需要添加以下代码：

```
this.renderer.autoClearDepth = false;      // 定义 renderer 是否清除深度缓存
this.renderer.autoClearStencil = false;    // 定义 renderer 是否清除模板缓存
this.renderer.autoClearColor = false;      // 定义 renderer 是否清除颜色缓存
```

ArcGIS JS API 渲染自定义离屏缓冲区，而不是默认的帧缓冲区。我们必须将这段代码注入 Three.js 运行时中，以便绑定这些缓冲区而不是默认的缓冲区。

```
const originalSetRenderTarget = this.renderer.setRenderTarget.bind(
   this.renderer
```

```
);
this.renderer.setRenderTarget = function(target) {
    originalSetRenderTarget(target);
    if (target == null) {
      context.bindRenderTarget();
    }
};
```

接着新建相机、环境光、太阳光与场景，并把环境光与太阳光加入场景中。

然后使用 THREE.OBJLoader 加载国际空间站模型，并加入场景中。

然后创建一个三角网模型用于表示地平线。

接着调用 queryISSPosition()来查询当前空间站的位置。最后调用上下文的 resetWebGLState()重置 WebGL 的状态值。

渲染的代码很简单，在自定义外部渲染器的 render()方法中实现，代码如下：

```
this.renderer.render(this.scene, this.camera);
```

但是我们通常需要进行循环渲染，调用 externalRenderers.requestRender()函数来实现，它会非常智能地处理浏览器中的动画问题。

由于需要加载本应用程序提供的 OBJ 模型文件，因此还需要告诉服务器如何处理 OBJ 模型文件。在 Sample11-4 文件夹下新建一个名为 web.config 的文本文件，在其中加入如下配置：

```
<?xml version="1.0" encoding="utf-8"?>
<configuration>
    <system.webServer>
        <staticContent>
            <remove fileExtension=".obj" />
            <mimeMap fileExtension=".obj" mimeType="application/octet-stream" />
        </staticContent>
    </system.webServer>
</configuration>
```

可以在 Visual Studio 中打开网站的方式打开 Sample11-4 实例，然后运行 InternationalSpaceStation.html 网页程序，运行结果如图 11.13 所示。

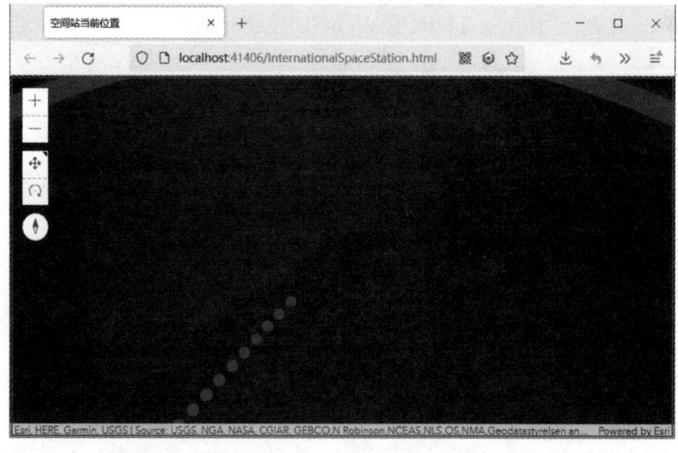

图 11.13　用自定义外部渲染器的方法实现显示国际空间站当前的位置

第12章

混搭地图应用实例

在互联网进入 Web 2.0 时代后，众多站点为用户提供了可供调用的 API 接口，我们可以利用这些 API 接口将所需的各类服务整合起来，实现内容的集成。这就是混搭应用，英文术语为 Mashup。

对于 Mashup 技术，目前有一个比较统一的定义：Mashup 是通过其他站点对外提供 API 接口调用来为特定站点带来新的功能或增加新的内容，即从多个分散的站点获取信息源，组合成新的网络应用的一种站点模式。Mashup 的产品形式有很多种，既可以是一家服务商把自己的多个产品或多个功能模块，通过各自的 API 接口在自己的平台实现统一的服务整合；也可以是服务商搭建一个通用的平台，将其他服务商的服务转化成统一的服务接口，供用户在平台上自由组合调用。

本章将通过具体实例讲解如何使用 Mashup API 调用，将 Web 2.0 站点提供的服务与地图应用结合来丰富站点的内容。

12.1　混搭维基百科

维基百科（Wikipedia）是一个基于 Wiki 技术的多语言百科全书协作计划，也是一部用不同语言写成的网络百科全书，其目标及宗旨是为全人类提供自由的百科全书——用他们所选择的语言来书写而成的，是一个动态的、可自由访问和编辑的全球知识体，也被称作“人民的百科全书”。

本节的实例要演示的是利用 GeoNames 提供的 Web 服务查询地图显示范围内的维基百科文章。

12.1.1　GeoNames

GeoNames 是一个免费的全球地理数据库。GeoNames 的目标是把各种来源的免费数据进行集成并制作成一个数据库或一系列 Web 服务。GeoNames 的用户包括 Microsoft Popfly、Slide.com、

LinedIn 和 Tagzania。

GeoNames 地名辞典包含 650 万个地点将近 200 种语言的 850 万个地名和 200 万种别名。所有特征均分门别类地放入 9 个特征类，这些特征类再细分为 645 个特性代码。地理信息还详细到坐标、行政区划、邮政编码、人口、海拔和时区。GeoNames 的数据收集自（美国）国家测绘机构、国家统计署、国家邮政局，还有美国陆军。数据可通过一系列 Web 服务和数据库导出免费使用。并且，GeoNames 采用了维基百科的风格允许用户纠正数据和添加新的地名。2007 年 4 月，GeoNames 报告宣称已有 15 000 次数据库下载和 3000 万次 Web 服务查询。

GeoNames 回答了诸如此类的问题：这个地方在哪儿？它的坐标是多少？它属于哪个地区或哪个省？有哪些城市或地址靠近这个给定的经纬度？GeoNames 的用户一般将这些数据或服务用于计划旅游、房地产、在线社区、商店定位、交通工具追踪、地址确认或关于地理地图方面的应用。

也可以通过其丰富的 Web 服务来使用 GeoNames。它是基于 REST 风格设计的，所以可以使用任何用来从 URL 请求数据的代码。在 GeoNames 上所能执行的查询的种类很多，例如：

- 找到某个邮编所代表位置的周边地区，按国家返回（返回 XML 文件或 JSON 提要）。
- 找到接近给定纬度/经度的邮编（返回 XML 文件）。
- 找到具有给定地理特征的“子集（例如，某个国家的省、该省管辖的各地区，返回 XML 文件或 JSON 提要）。
- 找到接近给定纬度/经度、邮编或地名的相关维基百科文章（返回 XML 文件或 JSON 提要）。
- 找到某个国家的所有邻国（返回 XML 文件或 JSON 提要）。
- 找到由 4 个纬度/经度所确定的地理范围内的全部气象台及其最新的气象观测（返回 XML 文件）。
- 获得给定纬度/经度所在的时区（返回 XML 文件或 JSON 提要）。
- 获得代表陆地地区的纬度/经度所对应的以米为单位的海拔（返回 XML 文件或 JSON 提要）。

可以从 https://www.geonames.org/export/ws-overview.html 查看 GeoNames 提供的服务列表，如图 12.1 所示。

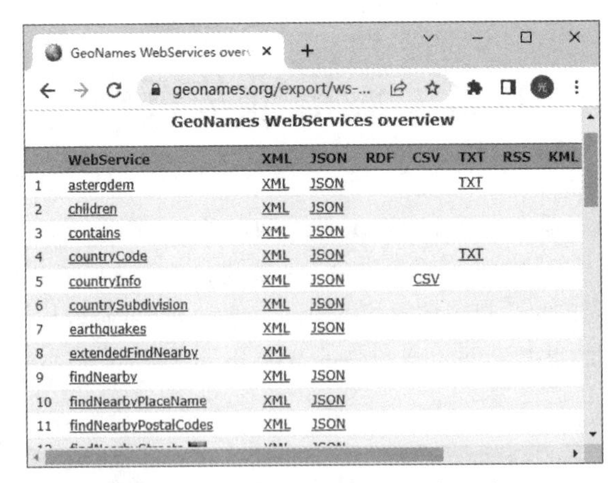

图 12.1　GeoNames 提供的服务列表

12.1.2 实例

这里以实例 12-1 来演示如何使用 GeoNames 提供的 Web 服务查询当前地图显示范围内的维基百科文章。新建一个站点，在其中加入一个名为 WikipediaMapViewer.html 的网页文件，该网页文件包含的代码如下：

```
<!DOCTYPE html>
<html>
<head>
    <meta charset="utf-8">
    <title>维基百科地图视图</title>
    <link rel="stylesheet" href="https://js.arcgis.com/4.22/dijit/themes/ claro/claro.css" />
    <link rel="stylesheet" href="https://js.arcgis.com/4.22/esri/themes/ light/main.css"/>
    <link rel="stylesheet" href="Main.css" />
</head>
<body class="claro">
    <!--布局容器-->
    <div id="mainWindow" data-dojo-type="dijit/layout/BorderContainer"
         data-dojo-props="design:'headline'">

        <!--顶部区域-->
        <div id="header" data-dojo-type="dijit/layout/ContentPane"
             data-dojo-props="region:'top'">
            <div style="margin:10px"><center>维基百科地图视图</center></div>
        </div>

        <!--左部区域-->
        <div data-dojo-type="dijit/layout/BorderContainer"
             data-dojo-props="region:'left',design:'headline',splitter:true"
style="width:40%;">
            <div id="leftTop" data-dojo-type="dijit/layout/ContentPane" data-dojo-
props="region:'top'">
                <div style="margin:5px;">
                    <b>显示文章数目: </b>
                    <input id="maxCount" data-dojo-type="dijit/form/TextBox" value="25" />
                    <div id="refreshBtn" data-dojo-type="dijit/form/Button">刷新</div>
                </div>
            </div>
            <div id="wikiInfo" data-dojo-type="dijit/layout/ContentPane" data-dojo-
props="region:'bottom'"></div>
            <div id="viewDiv" data-dojo-type="dijit/layout/ContentPane" data-dojo-
props="region:'center'"></div>
        </div>

        <!--中央区域-->
        <div data-dojo-type="dijit/layout/ContentPane"
             data-dojo-props="region:'center'" style="width:60%; background-
color:whitesmoke;">
            <iframe id="wikiPage" src="https://zh.wikipedia.org"
style="width:99.9%;height:99.9%" frameborder="0"></iframe>
        </div>
    </div>
    <script>
        var dojoConfig = {
            isDebug: true,
            async: true,
            packages: [{
                "name": "ext",
                "location": location.pathname.replace(/\/[^/]+$/, "") + "/ext"
            }]
        };
    </script>
    <script src="http://js.arcgis.com/4.22/"></script>
    <script src="WikipediaMapViewer.js"></script>
</body>
```

```
</html>
```

JavaScript 代码都放置在 WikipediaMapViewer.js 文件中了。

全局变量以及页面与地图初始化代码如下：

```
var app = {};
require(["esri/Map", "esri/views/MapView", "esri/core/watchUtils", "esri/geometry/Extent",
   "esri/geometry/SpatialReference", "esri/geometry/support/ webMercatorUtils",
   "esri/geometry/Point", "esri/Graphic", "dojo/_base/array", "dojo/window",
   "dojo/parser", "dijit/registry", "dojo/string", "ext/HtmlTableFactory",
   "ext/HtmlTableColors", "dijit/layout/BorderContainer", "dijit/layout/ContentPane",
   "dijit/form/TextBox", "dijit/form/Button"
], function (Map, MapView, watchUtils, Extent, SpatialReference, webMercatorUtils,
   Point, Graphic, array, win, parser, registry, string, HtmlTableFactory,
HtmlTableColors) {
   parser.parse();
   var pointSymbol = {
      type: "simple-marker",
      style: "circle",
      color: [255, 255, 0, 0.5],
      size: "16px",
      outline: { color: [0, 0, 0], width: 1 }
   };

   var selectedSymbol = {
      type: "simple-marker",
      style: "circle",
      color: [0, 255, 255, 0.5],
      size: "24px",
      outline: { color: [255, 255, 255], width: 2 }
   };

   var wgs84 = new SpatialReference({ wkid: 4326 });
   var initialExtent = new Extent(-117.38917350769043, 32.499704360961914,
  -116.51026725769043, 33.02292823791504, wgs84);
   const map = new Map({
      basemap: "satellite"
   });

   const view = new MapView({
      container: "viewDiv",
      map: map,
      extent: initialExtent
   });

   var htmlTables = new HtmlTableFactory();
   app.selectItemByTitle = selectItemByTitle;
});
```

地图视图加载后，可以加入一些事件处理函数，在上面的代码后面加入如下代码：

```
view.when(() => {
   watchUtils.whenTrue(view, "stationary", findWikipediaByCurrentExtent);

   registry.byId("refreshBtn").on("click", function () {
      findWikipediaByCurrentExtent();
   });
});
function clearUI() {
   // 删除所有的图形
   view.graphics.removeAll();
   // 关闭信息窗口
   view.popup.close();
   // 清除维基百科文章条目列表
   document.getElementById("wikiInfo").innerHTML = '';
}
// 查询当前显示范围内的维基百科文章条目
function findWikipediaByCurrentExtent() {
   // 清除用户界面
```

```
        clearUI();
        findWikipediaByExtent(map.extent);
    }
```

最重要的函数就是 findWikipediaByExtent，该函数用于查询指定范围内的维基百科文章条目。其代码如下：

```
    function findWikipediaByExtent(ext) {
        // 重新设置维基百科 URL
        document.getElementById('wikiPage').src = "http://zh.wikipedia.org";

        // 得到最大条目数
        var maxCount = registry.byId('maxCount').get('Value');

        // 构造 GeoNames 服务请求
        ext = webMercatorUtils.webMercatorToGeographic(ext);
        var geonamesRequest = string.substitute("http://api.geonames.org/ wikipediaBounding
BoxJSON?&username=jolones&north=${ymax}&south=${ymin} &west=${xmin}&east=${xmax}&maxRows=" +
maxCount, ext);

        // 发起 GeoNames 请求
        getWikiJSON(geonamesRequest);
    }
    // 调用 GeoNames REST 服务
    function getWikiJSON(wikiUrl) {
        fetch(wikiUrl).then(response => response.json())
            .then(geoNamesCallback).catch(errorCb);
    }
```

在上述代码中，首先构造用于调用 GeoNames 服务请求的 URL，然后通过 JavaScript 的 Fetch API 中的全局 fetch()方法向该 URL 发出跨网络异步资源获取请求，查询指定空间范围内的文章条目。成功后将调用 geoNamesCallback 回调函数，失败则调用 errorCb 函数。这两个函数的代码如下：

```
    // 查询得到维基百科文章条目后的回调函数
    function geoNamesCallback(data) {
        try {
            var geonames = data.geonames;
            for (var geoIdx = 0; geoIdx < geonames.length; geoIdx++) {
                var wikiTitle = geonames[geoIdx].title;
                var wikiSummary = geonames[geoIdx].summary;
                var maxSumLength = 160;
                wikiSummary = (wikiSummary.length < maxSumLength) ? wikiSummary. slice(0,
maxSumLength) : wikiSummary.slice(0, maxSumLength) + " (...)";
                var wikiURL = 'http://' + geonames[geoIdx].wikipediaUrl;
                var wikiThumbnail = (geonames[geoIdx].thumbnailImg == null) ? wikiSummary :
"<img src='" + geonames[geoIdx].thumbnailImg + "'>";
                var wikiFeature = (geonames[geoIdx].feature == "") ? "" : "Type: " +
geonames[geoIdx].feature + "<br />";
                var lng = geonames[geoIdx].lng;
                var lat = geonames[geoIdx].lat;

                // 增加图形
                var wikiPoint = new Point({
                    longitude: lng,
                    latitude: lat
                });
                var wikiAttributes = {
                    title: wikiTitle,
                    summary: wikiSummary,
```

```
                url: wikiURL,
                thumbnail: wikiThumbnail,
                feature: wikiFeature
            };
            var pointGraphic = new Graphic({
                geometry: wikiPoint,
                symbol: pointSymbol,
                attributes: wikiAttributes,
                popupTemplate: {
                    title: wikiTitle,
                    content: wikiThumbnail
                }
            });

            view.graphics.add(pointGraphic);
        }

        var tableColors = new HtmlTableColors('lightcyan', 'lightgray', 'white', 'E6FEE8',
'yellow');

        var htmlTable = htmlTables.createFeatureList(view.graphics.items, 'title',
tableColors, 'app.selectItemByTitle');

        document.getElementById("wikiInfo").innerHTML = htmlTable.asHTML();
    }
    catch (e) {
        alert(e.message);
    }
}

// 错误时的回调函数
function errorCb(type, data, evt) {
    console.log(data);
}
```

可以查看从服务器返回的查询结果包含的属性字段，如图 12.2 所示。

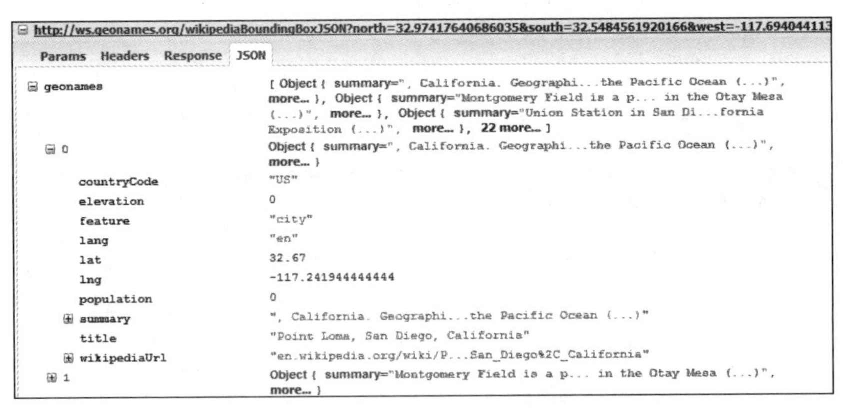

图 12.2　查看从 GeoNames 服务器返回的查询结果

在上面的代码中，利用 HtmlTableFactory 创建了一个简单的 HTML 表格。该类及其辅助类放置在 resource 文件夹中，这里不再列出。

通过上面的代码，在地图中以点状图形的形式显示了文章内容的位置，并将标题列在了表格中。下面要实现的是，当用户将鼠标移动到某图形上时，以信息窗口的形式显示详细信息，在标题列表框中高亮显示对应的标题，并在右边窗口中显示文章的内容。用户将鼠标移动到某个图形上时，将触发视图的 pointer-move 事件，该事件处理函数的代码如下：

```
view.on("pointer-move", (event) => {
    const opts = {
        include: view.graphics
    }
    view.hitTest(event, opts).then((response) => {
        if (response.results.length) {
            var graphic = response.results[0].graphic;
            selectItemByTitle('title', graphic.attributes.title);
        } else {
            view.popup.close();
        }
    });
});
```

在上面的代码中实现选择的是 selectItemByTitle()函数，当用户在标题列表框中单击某个文章标题时也将调用该函数。该函数的代码如下：

```
function selectItemByTitle(displayFieldName, wikiTitle) {
    var items = array.forEach(view.graphics.items, function (graphic) {
        if ((graphic.attributes != null)
            && (graphic.attributes[displayFieldName].toString() == wikiTitle)) {
            selectItemByGraphic(graphic);
        }
        else {
            graphic.symbol = pointSymbol;
        }
    });
}
```

在上述函数中，对所有的图形进行循环，找到匹配的图形后，调用 selectItemByGraphic 函数实现具体的功能。该函数的代码如下：

```
function selectItemByGraphic(graphic) {
    if (graphic.attributes != null) {
        var wikiTitle = graphic.attributes.title;
        selectListItem(wikiTitle);

        graphic.symbol = selectedSymbol;
        // 显示信息窗口
        view.popup.open({
            location: graphic.geometry,
            features: [graphic],
            featureMenuOpen: true
        });

        var wikiURL = graphic.attributes.url;
        if (document.getElementById('wikiPage').src != wikiURL) {
            document.getElementById('wikiPage').src = wikiURL;
        }
    }
}
```

在上面的代码中，首先调用 selectListItem 函数在标题列表框中选择对应的文章标题，然后调用 view.popup.open 来显示信息窗口，最后将右边窗口的 src 属性设置为文章的 URL。

selectListItem 函数的代码如下：

```
function selectListItem(wikiTitle) {
    var radItem = document.getElementById("rad" + wikiTitle);
    if (radItem != null) {
        if (radItem.checked == false) {
            radItem.checked = true;
```

```
            win.scrollIntoView(radItem);
        }
    }
}
```

该网页程序的运行结果如图 12.3 所示。

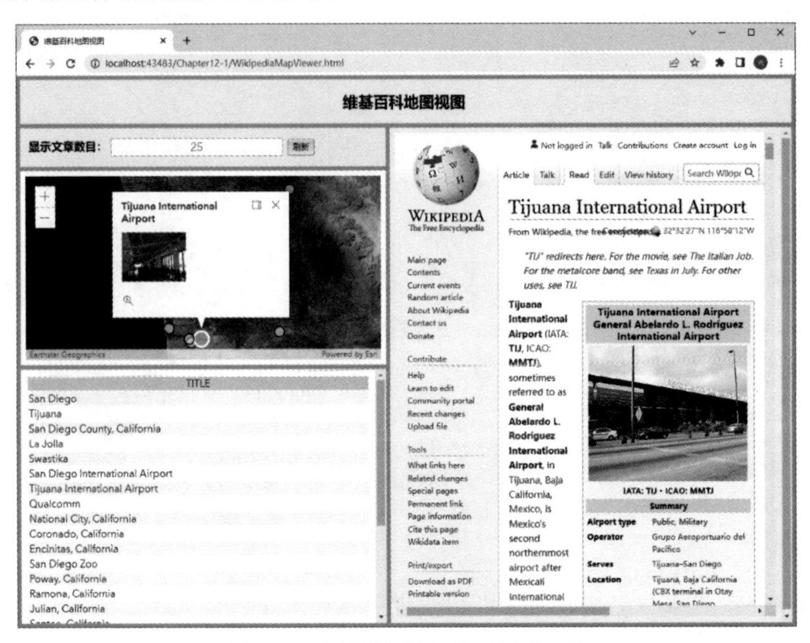

图 12.3　通过地图导航维基百科文章

12.2　混搭天气服务

天气也是一个常用的混搭资源，结合网络上的天气服务可以设计很多有创意且有实际利用价值的 GIS 系统。在设计天气 GIS 系统时，最经常使用的是获取当前位置的天气，那么首先要得到当前位置的经纬度，而这可以通过 HTML 5 的 Geolocation 接口来得到。本节先介绍这个接口，然后用实例介绍如何展示全球主要城市的天气。

12.2.1　Geolocation API

Geolocation API 存在于 navigator 对象中，只包含 3 个方法，分别是 getCurrentPosition、watchPosition 与 clearWatch。前两个方法分别用于单次定位请求与重复性位置更新请求。

getCurrentPosition 函数的原型如下：

```
void getCurrentPosition(updateLocation, optional handleLocationError, optional options);
```

这个函数接收一个必选参数和两个可选参数。

必选参数 updateLocation 为浏览器指明位置数据可用时应调用的函数。获取位置操作可能需要较长时间才能完成，用户不希望在检索位置时浏览器被锁定，这个参数就是异步收到实际位置信息后，进行数据处理的地方。它同时作为一个函数，只接收一个参数：位置对象 position。这个对象包含坐标（coords）和一个获取位置数据时的时间戳，许多重要的位置数据都包含在 coords 中，比如 latitude（纬度）、longitude（经度）与 accuracy（准确度）。毫无疑问，这 3 个数据是最重要的位置数据。latitude 和 longitude 包含 HTML 5 Geolocation 服务测定的十进制用户位置。accuracy 以米为单位指定纬度和经度值与实际位置间的差距。局限于 HTML 5 Geolocation 的实现方式，位置只能是粗略的近似值。坐标还可能包含其他一些数据，但不能保证浏览器对其都支持，如果不支持则返回 null，这些数据包括 altitude（海拔高度，以米为单位）、altitudeAccuracy（海拔高度的准确度，以米为单位）、heading（行进方向，相对于正北而言）、speed（速度，以“米/秒”为单位）。

可选参数 handleLocationError 为浏览器指明出错处理函数。位置信息请求可能因为一些不可控因素失败。API 中已经定义了所有需要处理的错误情况的错误编号。错误编号 code 设置在错误对象中，错误对象作为 error 参数传递给错误处理程序。这些错误编号有：

- UNKNOWN_ERROR（对应值为 0）：不包括在其他错误编号中的错误，需要通过 message 参数查找错误的详细信息。
- PERMISSION_DENIED（对应值为 1）：用户拒绝浏览器获得其位置信息。
- POSITION_UNVAILABLE（对应值为 2）：尝试获取用户信息失败。
- TIMEOUT（对应值为 3）：在 options 对象中设置了 timeout 值，尝试获取用户位置超时。

可选参数 options 对象可以调整 Geolocation 服务的数据收集方式。该对象有 3 个可选属性：

- enableHighAccuracy：如果将该属性设置为 true，浏览器会启动 Geolocation 服务的高精确度模式，这将导致机器花费更多的时间和资源来确定位置，默认值为 false。
- timeout：单位为微秒，指定浏览器获取当前位置信息所允许的最长时间。如果在这个时间段内未完成，就会调用错误处理程序，默认值为 Infinity，即无穷大（无限制）。
- maximumAge：单位为微秒，表示浏览器重新获取位置信息的时间间隔，默认值为 0，这意味着浏览器每次请求时必须立即重新计算位置。

有时候，仅获取一次用户位置信息是不够的。比如用户正在移动，随着用户的移动，页面应该能够不断更新显示附近的餐馆信息，这样所显示的餐馆信息才对用户有意义。这时可以使用 updateLocation 函数来处理新的数据，及时通知用户。该函数的参数及其意义与 getCurrentPosition 函数的参数完全一致。

如果应用程序不需要再接收用户的位置更新消息，只需调用 clearWatch 函数关闭更新即可。

12.2.2 OpenWeatherMap 介绍

OpenWeatherMap 提供了广泛的气象数据，如包含当前天气的地图，以及一周的预报（含温度、湿度、风速、云量等）。数据结果提供 JSON、XML 以及 HTML 等多种格式。免费用户可以使用绝大部分功能，与收费用户比起来，只是对每分钟的查询次数有限制（60 次/分钟），但这个也足够我们使用了。

要使用 OpenWeatherMap 的服务，需要到官网（openweathermap.org）上免费注册一个账号，然后再用这个账号注册一个 apikey。这个在后面获取气候信息时的参数中需要带上。

OpenWeatherMap 提供了 4 种调用方式。

- 第一种方式是按城市名称来调用，例如（还需要在后面加上用账号获取的 apikey，如果只是暂时使用，则可以使用&appid=4777ef9542a7f83e5d83631fe2262bbd）：

```
api.openweathermap.org/data/2.5/weather?q=London
api.openweathermap.org/data/2.5/weather?q=London,uk
```

- 第二种方式是按城市 ID 来调用，例如：

```
api.openweathermap.org/data/2.5/weather?id=2172797
```

- 第三种方式是按地理坐标来调用，例如：

```
api.openweathermap.org/data/2.5/weather?lat={lat}&lon={lon}
```

- 最后一种方式是按邮政编码来调用，例如：

```
api.openweathermap.org/data/2.5/weather?zip=94040,us
```

此外，还可以使用 lang 参数以指定的语言输出，例如简体中文用 zh_cn 指定：

```
http://api.openweathermap.org/data/2.5/forecast/daily?id=524901&lang=zh_cn
```

12.2.3 获取气象条件实例

这个实例用一个自定义小部件来获取并显示指定位置的气象条件，如果没指定位置，就使用用户当前的位置。

新建一个名为 Sample12-2 的文件夹，在其中新增一个名为 js 的文件夹，再在其中新增一个名为 widgets 的文件夹，我们在其中的 WeatherWidget 文件夹实现小部件。

在 WeatherWidget 文件夹中增加一个名为 CurrentWeatherDetails.js 的 JavaScript 文件，这里只给出调用 OpenWeatherMap 的核心代码 getWeather()方法：

```
    getWeatherData: function () {
        var that = this;
        var url = this.url + 'lat=' + this.lat + '&lon=' + this.lon + '&lang=zh_cn&appid=' +
this.apikey;
        fetch(url).then(response => response.json())
            .then(data => {
                that.weather.innerHTML = Math.round(data.main.temp - 270) + " deg C " +
                    data.weather[0].main + ' (' + data.weather[0].description + ')';
                var imagePath = "http://openweathermap.org/img/w/" + data.weather[0].icon +
".png";
                domAttr.set(that.weatherIcon, "src", imagePath);
                that.windSpeed.innerHTML = data.wind.speed + ' kmph';
                that.cloudiness.innerHTML = data.clouds.all + ' %';
                that.pressure.innerHTML = data.main.pressure;
                that.humidity.innerHTML = data.main.humidity + ' %';
                that.pressure.innerHTML = data.main.pressure + ' Pa'
                that.sunrise.innerHTML = that._processDate(data.sys.sunrise);
                that.sunset.innerHTML = that._processDate(data.sys.sunset);
                that.coords.innerHTML = data.coord.lon + ', ' + data.coord.lat;
            })
            .catch(error => {
                console.log("Error: ", error.message);
            });
    },
```

在 Sample12-2 文件夹中新增名为 Weather.html 的网页文件，该网页文件的内容如下：

```
<html>
<head>
    <meta charset="utf-8" />
    <title>天气服务</title>
    <link rel="stylesheet" href="https://js.arcgis.com/4.22/esri/themes/ light/main.css"/>
    <link href="css/style.css" rel="stylesheet" />
</head>
<body>
    <div id="viewDiv"></div>
    <div class="panel panel-default panelCon" style="bottom:auto;top:100px; width:330px;
height:376px;left:60px;">
        <div class="panel-heading">
            <span class="panel-titletext">当前气象</span>
            <span class="pull-right clickable" data-effect="slideUp"><i class="fa fa-
times"></i></span>
        </div>
        <div class="panel-body">
            <div id="weatherWidgetCon"></div>
        </div>
    </div>
    <script>
        var package_path = window.location.pathname.substring(0,
window.location.pathname.lastIndexOf('/'));
        var dojoConfig = {
            packages: [{
                name: "appWidgets",
                location: package_path + '/js/widgets'
            }]
        };
    </script>
    <script src="https://js.arcgis.com/4.22/"></script>
    <script src="js/Weather.js"></script>
</body>
</html>
```

JavaScript 代码在 Weather.js 文件中，代码如下：

```
require(["esri/Map", "esri/views/MapView", "esri/layers/FeatureLayer",
    "appWidgets/WeatherWidget/CurrentWeatherDetails"
], (Map, MapView, FeatureLayer, CurrentWeatherDetails) => {
    var url = "http://services3.arcgis.com/HVjI8GKrRtjcQ4Ry/arcgis/rest/
services/Major_World_Cities/FeatureServer/0";
    const citieLayer = new FeatureLayer({
        url,
        renderer: {
            type: "simple",
            symbol: {
                type: "simple-marker",
                style: "circle",
                size: 10,
                color: "#FF7F00",
                outline: {
                    style: "solid",
                    color: "#3A3B3B",
                    width: 0.5
                }
            }
        }
    });

    const map = new Map({
        basemap: "hybrid",
        layers: [citieLayer]
    });

    const view = new MapView({
        container: "viewDiv",
        map: map
    });
    var weatherWidget;
```

```
    view.when(() => {
        weatherWidgct = new CurrentWeatherDetails({
            view: view
        }, "weatherWidgetCon");
    });

    view.on("click", (event) => {
        const opts = {
            include: citieLayer
        }
        view.hitTest(event, opts).then((response) => {
            if (response.results.length) {
                var graphic = response.results[0].graphic;
                weatherWidget.showPosition({
                    coords: {
                        longitude: graphic.geometry.longitude,
                        latitude: graphic.geometry.latitude,
                        accuracy: 1000
                    }
                });
                console.log(graphic.geometry);
            }
        });
    });
});
```

该网页程序的运行结果如图 12.4 所示。

图 12.4　混搭天气服务

12.2.4　显示气象雷达数据

AerisWeather API 是一个很常用的天气服务，以切片的方式提供了气象雷达数据。对于 ArcGIS API for JavaScript，只需要用 WebTileLayer 类来直接访问即可。

在 Sample12-2 文件夹下面新增一个名为 RadarAnimations.html 的网页文件，网页中只有一个用于显示底图视图的 ID 为 viewDiv 的 div 元素。JavaScript 代码在 RadarAnimations.js 文件中，内容如下：

```
const frameCount = 10, startMinutes = -300, endMinutes = 0;
```

```
    const pauseOnLoadTime = 500, waitTime = 2000, stepTime = 750;
    const AERIS_ID = 'wgE96YE3scTQLKjnqiMsv';
    const AERIS_KEY = 'tlyy22v5uBRBcm8lWeP0Y6ZISPLDVKGWXTJH9kYb';
    const NUM_COLORS = '256';
    const layers = [
        'radar-global',
    ];

    require(["esri/layers/WebTileLayer", "esri/Map", "esri/views/MapView"
    ], function (WebTileLayer, Map, MapView) {
        function getTileServer(stepNumber, layers, opacity = 0) {
            const interval = (endMinutes - startMinutes) / frameCount;
            const timeOffset = startMinutes + interval * stepNumber;
            const layerStr = layers.join(",");
            const url = `https://maps{subDomain}.aerisapi.com/ ${AERIS_ID}_${AERIS_KEY}/
${layerStr}/{level}/{col}/{row}/ ${timeOffset}min.png${NUM_COLORS}`;

            return new WebTileLayer({
                urlTemplate: url,
                subDomains: ["1", "2", "3", "4"],
                opacity: opacity
            });
        }

        let map = new Map({
            basemap: 'streets',
            ground: "world-elevation"
        });

        let view = new MapView({
            container: "viewDiv",
            map: map,
            zoom: 4,
            center: [-95.7, 37.1]
        });

        view.when(function () {
            setTimeout(() => {
                const frames = [];
                for (let i = 0; i < frameCount; i += 1) {
                    const opacity = (i === 0) ? 1 : 0;
                    const tileLayer = getTileServer(i, layers, opacity);
                    frames.push(tileLayer);
                    map.add(tileLayer);
                }

                let currentOffset = 0;
                let previousOffset = currentOffset;

                setTimeout(() => {
                    setInterval(() => {
                        previousOffset = currentOffset;
                        currentOffset += 1;
                        if (currentOffset === frames.length - 1) {
                            currentOffset = 0;
                        }
                        frames[previousOffset].opacity = 0;
                        frames[currentOffset].opacity = 1;
                    }, stepTime)
                }, waitTime)
            }, pauseOnLoadTime);
        });
    });
```

该网页程序的运行结果如图 12.5 所示，以动画的方式显示当前气象雷达数据。

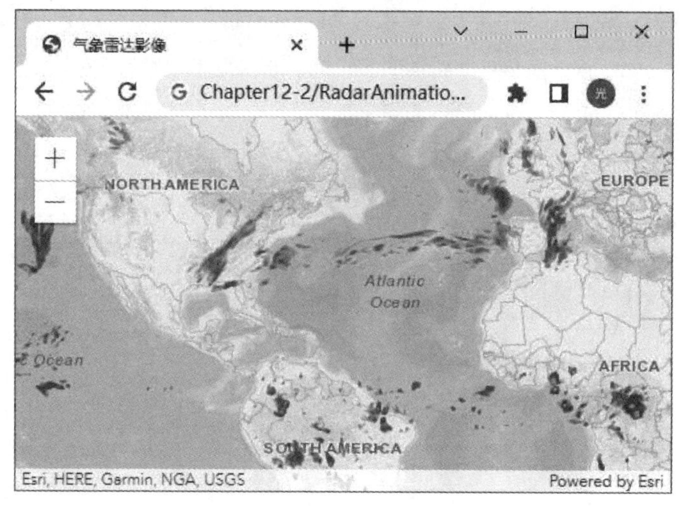

图 12.5 混搭气象雷达数据

12.3 新冠疫情地图

当前新冠疫情依然很严重，利用 ArcGIS API for JavaScript 结合互联网上提供的实时数据可以开发很有创意的新冠疫情地图。

https://coronavirus-tracker-api.herokuapp.com 网站提供了有关新冠病毒爆发的最新数据，包括有关确诊病例、死亡和康复人数，而且支持多个数据源。所有服务接口都位于 https://coronavirus-tracker-api.herokuapp.com/v2/。例如，可以使用 https://coronavirus-tracker-api.herokuapp.com/v2/locations 获取每个位置的数据，可以通过访问 https://github.com/ExpDev07/coronavirus-tracker-api 来查看其他服务接口。

这里用实例 12-31 来展示如何利用上述数据源来创建疫情地图。新建一个名为 Sample12-3 的文件夹，在其中加入一个名为 CoronavirusTracker.html 的网页文件。该网页中只有一个用于显示地图视图的 ID 为 viewDiv 的 div 元素。JavaScript 代码在 CoronavirusTracker.js 文件中，内容如下：

```
require(["esri/layers/FeatureLayer", "esri/Map", "esri/views/MapView",
   "esri/Graphic", "esri/widgets/Legend"
], function (FeatureLayer, Map, MapView, Graphic, Legend) {
   let map = new Map({
      basemap: 'streets',
      ground: "world-elevation"
   });

   let view = new MapView({
      container: "viewDiv",
      map: map,
      popup: {
         defaultPopupTemplateEnabled: true
      }
   });

   let legend = new Legend({
      view: view
   });
   view.ui.add(legend, "bottom-right");
```

```
view.when(async () => {
    var url = "https://coronavirus-tracker-api.herokuapp.com/v2/ locations";
    var response = await fetch(url);
    var data = await response.json();
    var locations = data.locations;
    var graphics = [];
    var minDataValue = 9999999, maxDataValue = -9;
    for (var i = 0; i < locations.length; i++) {
        var pt = {
            "type": "point",
            longitude: locations[i].coordinates.longitude,
            latitude: locations[i].coordinates.latitude
        };
        var attr = {
            OBJECTID: locations[i].id + 1,
            country: locations[i].country,
            country_population: locations[i].country_population,
            last_updated: locations[i].last_updated,
            confirmed: locations[i].latest.confirmed,
            deaths: locations[i].latest.deaths,
            recovered: locations[i].latest.recovered
        };
        var graphic = new Graphic({
            geometry: pt,
            attributes: attr
        });
        graphics.push(graphic);

        if (minDataValue > locations[i].latest.confirmed) {
            minDataValue = locations[i].latest.confirmed;
        }
        if (maxDataValue < locations[i].latest.confirmed) {
            maxDataValue = locations[i].latest.confirmed;
        }
    }

    const defaultSym = {
        type: "simple-marker", // 自动转换为new SimpleMarkerSymbol()
        color: "palegreen",
        style: "circle",
        size: "8px",
        outline: { color: "seagreen", width: 0.5 }
    };

    const sizeVisVar = {
        type: "size",
        field: "confirmed",
        legendOptions: {
            title: "确诊人数"
        },
        minDataValue,
        maxDataValue,
        minSize: 3,
        maxSize: 30
    };

    var fields = [
        { name: "OBJECTID", type: "oid" },
        { name: "country", alias: "国家", type: "string" },
        { name: "country_population", alias: "人口", type: "integer" },
        { name: "last_updated", alias: "更新时间", type: "string" },
        { name: "confirmed", alias: "确诊人数", type: "integer" },
        { name: "deaths", alias: "死亡人数", type: "integer" },
        { name: "recovered", alias: "康复人数", type: "integer" }
    ];
    const featureLayer = new FeatureLayer({
        source: graphics,
        objectIdField: "OBJECTID",
        outFields: ["*"],
        fields,
```

```
            renderer: {
                type: "simple",
                symbol: defaultSym,
                visualVariables: sizeVisVar
            }
        });
        map.add(featureLayer);
    });
});
```

在上面的代码中，调用 fetch()函数从 https://coronavirus-tracker-api.herokuapp.com/v2/locations 接口处获取数据，然后对返回的数据进行解析，对于每个位置的数据，创建一个 Graphic 对象，最后利用这些 Graphic 对象创建一个要素图层。在该要素图层中利用 visualVariables 根据确诊人数字段创建等级符号专题图。

该网页程序的运行结果如图 12.6 所示。

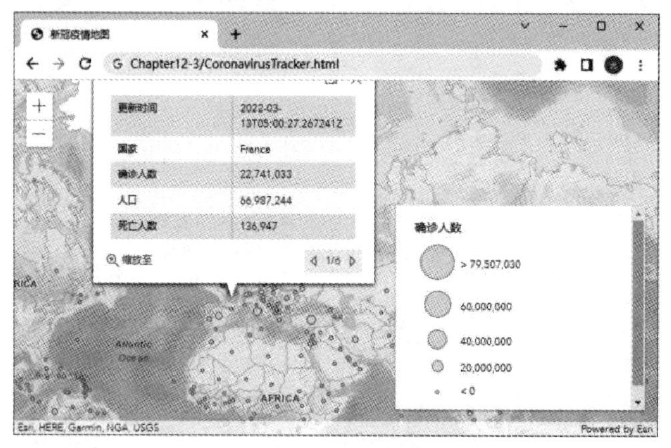

图 12.6　新冠疫情地图